高原山地生态与湖泊综合治理保护(三)

滇池流域农业面源污染防控技术体系研究

段昌群　刘嫦娥　张国盛　洪丽芳　著
李　元　苏文华　和树庄

科学出版社
北　京

内 容 简 介

本书是水体污染控制与治理国家科技重大专项滇池流域面源污染防控课题组的研究成果——“高原山地生态与湖泊综合治理保护”丛书之一。本书以滇池流域农业农村面源污染防控技术需求为出发点，系统总结流域富磷区面源污染防控技术、传统农业的面源污染防控技术、湖滨区设施农业面源污染防控技术、村落污水处理技术、农田沟渠系统优化、面山水源涵养林保护与清水产流功能修复技术、五采区污染防控与生态修复技术。

本书适合从事农业、农村环境保护与生态修复，特别是水体和流域生态环境研究有关人员以及高校师生阅读，也可供生态环境保护企业进行技术研发时予以参考。

图书在版编目(CIP)数据

滇池流域农业面源污染防控技术体系研究 / 段昌群等著.—北京:科学出版社，2021.4

ISBN 978-7-03-063747-5

Ⅰ. ①滇… Ⅱ. ①段… Ⅲ. ①滇池–流域–农业污染源–面源污染–水污染防治–研究 Ⅳ. ①X524

中国版本图书馆 CIP 数据核字（2019）第 281052 号

责任编辑：孟 锐 / 责任校对：彭 映

责任印制：罗 科 / 封面设计：墨创文化

科学出版社 出版

北京东黄城根北街16 号

邮政编码：100717

http://www.sciencep.com

成都锦瑞印刷有限责任公司印刷

科学出版社发行 各地新华书店经销

*

2021 年 4 月第 一 版 开本：787×1092 1/16

2021 年 4 月第一次印刷 印张：22 3/4

字数：540 000

定价：182.00 元

（如有印装质量问题，我社负责调换）

"高原山地生态与湖泊综合治理保护"丛书编辑委员会

《滇池流域农业面源污染防控技术体系研究》编著人员

主　编：段昌群　刘嫦娥

副主编：张国盛　洪丽芳　李　元　苏文华
和树庄

编　委：范亦农　陆轶峰　卿小燕　付登高
卢昌艾　洪昌海　赵永贵　胡正义
吴伯志　李世玉　张乃明　纪中华
莫明和　付立波　张光飞　尹　梅

总　序

滇池作为昆明人的母亲湖，曾是滇中红土高原上的一颗明珠。但自 20 世纪 90 年代以来，伴随着滇池流域社会经济的快速发展，滇池水体污染日趋严重，如何治理已成为我国三大湖泊污染治理的重点之一。作为我国严重富营养化高原湖泊的代表，滇池水体污染的原因很多，最根本的原因在于大量外源污染物源源不断地输入。进入滇池的外源污染源主要有三类，即生活源污染、工业源污染、面源污染。对前两者的污染治理主要在城市和工业区域，污染物便于收集和处理，且国内外的研究多，技术进步突出，目前整体治理成效十分显著。相形之下，面源污染来源分散，形成多样，输送过程复杂，往往成因复杂、随机性强、潜伏周期长，识别和防治十分困难。在滇池外源污染中，面源污染占比达 30%以上，成为滇池治理的难点和重点。事实上，在世界范围内，农业面源污染具有污染物输出时空高度随机、发生地域高度离散、防控涉及千家万户等特点，如何治理是全球性的环境难题。因此，如何对污染贡献高达三分之一的面源污染进行有效治理，是滇池水污染防治的关键问题。

根据滇池流域地形地貌特征、土地利用类型及污染物输出特征，整个流域可分为三大单元：水源控制区、过渡区与湖滨区。滇池流域先天缺水，流域内各入湖河流在进入滇池湖盆之前都被大小不同的各级水库和坝塘截留，通过管道供给城镇生产和生活用水。这些水库和坝塘控制线以上的山地区域称为水源控制区。该区域的面积为 1370km^2，占流域面积的 43%，由于水库和坝塘的作用，该区域的污染物不易直接进入滇池，通过灌溉和循环使用，只有很少(约 3%以下)的氮磷进入滇池。水源控制区以下至湖滨区之间的地带为过渡区，主要由台地、丘陵组成，面积约 1250km^2，是流域面源山地径流和部分农田径流形成的主要区域，坡耕地、梯地比例大，是传统农业最集中的区域，据估算，入湖面源负荷中一半以上来自该区域。过渡区至湖岸之间的地带为湖滨区，主要是环湖平原，面积约 300km^2，农田径流和村落污水是该区域的主要面源污染来源，而且农田大多为设施农业所主导。虽然面积不大，但单位面积污染负荷大，因临近滇池，对湖泊的直接影响大。目前，滇池过渡区和湖滨区的相当部分被昆明市不断扩展的城市、城镇和工厂企业所割据，导致滇池流域的景观要素高度镶嵌，面源污染的形成和迁移过程高度复杂。不仅如此，滇池流域雨旱季分明，降雨十分集中，雨季前期暴雨产生的地表径流携带和转移的污染负荷量大，面源污染的发生高度集中在这个时段。滇池流域面源污染时空格局的复杂性在国内外十分突出，对它的研究和防控需要把山地生态学、流域生态学与湖泊水环境问题有机结合起来，属于湖泊污染与恢复生态学领域的重大科技难题。

滇池生态环境问题研究始于 20 世纪 50 年代曲仲湘教授指导研究生对水生生物的研究。对水环境的研究始于 20 世纪 70 年代末，曲仲湘、王焕校教授先后组织研究力量对湖泊生物多样性、重金属污染开展工作，而针对流域面源污染问题在“六五”期间才纳入滇池污染防治的工作内容，较为深入的研究始于“七五”期间，当时，中国环境科学院组织多家单位在滇池开展攻关研究，在“八五”期间中国环境科学院继续开展滇池流域城市饮用水源地面源污染控制技术研究，同期，云南大学等单位开展流域生态系统与面源污染特征研究，“十五”期间清华大学等单位组织开展滇池流域面源污染控制技术，中国科学院南京土壤研究所等完成“863”课题(城郊面源污水综合控制技术研究与工程示范)，这些都为当时治理滇池提供了重要的科技支持。但是，进入 21 世纪以后，滇池流域成为我国城市化发展、产业变更最大的区域之一，这势必导致湖泊水环境恶化的主控因素在不同阶段存在明显的差异，如何科学分析不同阶段滇池面源污染的规律，形成控制对策，有针对性地开展技术研发，通过工程示范推进滇池流域面源污染的治理，从而取得经验并对未来滇池治理工作提供启示，进而为我国其他类似湖泊的治理提供参考背景和科学指导，显得尤其紧要和迫切。

近十年来，云南大学组织国内优势研究力量，在课题组长段昌群教授的领导下，通过云南省生态环境科学研究院、云南省农业科学院、云南农业大学、中国农业科学院、中国科学院大学等多家参与单位以及160多名科技人员持续10余年的联合攻关，在“十一五”期间承担完成了国家重大科技水专项课题“滇池流域面源污染调查与系统控制研究及工程示范”(2009ZX07102-004)，基本掌握了滇池流域面源污染在新时期的产生、输移、入湖的规律，在小流域汇水区的尺度上研究面源污染控制技术，进行工程示范。“十二五”以后，又进一步承担完成国家水专项“滇池流域农田面源污染综合控制与水源涵养林保护关键技术及工程示范”(2012ZX0710-2003)课题，针对滇池流域降雨集中、源近流短、农田高强度种植、山地生态脆弱、面源污染强度大等特点，集成创新大面积连片多类型种植业镶嵌的农田面源控污减排、湖滨退耕区土壤存量污染的群落构建、新型都市农业构建与面源污染综合控制、山地水源涵养与生态修复等关键技术，形成山水林田系统化控污减排、复合种植与水肥联控的农业面源污染防控技术和治理模式的标志性成果；建成农田减污和山地生态修复两个万亩工程示范区，示范区农田污染物排放总量减少 30%以上，农村与农业固体废弃物排放量削减 25%，面山水源涵养能力提高 20%以上，圆满完成了国家水专项对课题确定的技术经济指标，为昆明市农业转型发展及其宏观决策提供了技术支撑，为我国类似的高原湖泊在快速城镇化条件下的面源污染治理提供了科学借鉴。

在国家重大科技水专项领导小组和办公室的指导下，在参与单位的积极支持下，云南大学国家重大科技水专项滇池面源污染防控课题组圆满完成了各阶段的研究任务，顺利通过课题验收。根据国家重大科技水专项成果产出要求，课题承担单位云南大学组织工作组，对近十年的研究工作进行综合整理。秉承“问题出在水面上，根子是在陆地上；问题出在湖泊中，根子是在流域中；问题出在环境上，根子是在经济社会中”的系统生态学理念，编写完成“高原山地生态与湖泊综合治理保护”丛书，主要从陆域生态系统的角度化解水域污染负荷问题，为高原湖泊以及其他类似污染治理提供借鉴。

在课题执行和本书编写过程中，得到国家科技重大水专项办公室、云南省生态环境厅、昆明市人民政府、云南省水专项领导小组办公室、昆明市水专项办公室、昆明市滇池管理局、昆明市农业农村局等相关局(办)的大力支持，得到国家水专项总体专家组、湖泊主题专家组、三部委监督评估专家组、项目专家组的指导和帮助，对此表示由衷感谢。

云南大学长期围绕高原湖泊，从湖泊全流域生态学、区域生态经济的角度进行综合研究。本系列丛书的整理，不仅是对我们承担国家重大科技水专项工作的阶段性总结，也是对云南大学污染与恢复生态学研究团队多年来开展高原湖泊治理、服务区域发展、支撑国家一流学科建设工作的回顾和总结，更多的工作还在不断延续和拓展。研究工作主要由国家水专项支持，书稿的研编和数据集成整理得到云南省系列科技项目（2018BC001，2019BC001）、人才项目（2017YLXZ08，C6183014）、平台建设项目“高原山地生态与退化环境修复重点实验室”（2018DG005）和“云南省高原湖泊及流域生态修复国际联合研究中心”（2017IB031）的支持，并纳入“云南大学服务云南行动计划项目”（2016MS18）工作中。

由于编著者水平经验有限，书中难免出现疏漏，恳请专家同行和读者不吝指正。

云南大学国家重大科技水专项滇池面源污染防控课题组

2019 年 8 月

前　　言

近 20 年来，滇池治理是云南生态环境保护的重大问题，也是云南省生态文明建设的标志性工作。十年前，滇池治理的重点偏重于解决城市和工业点源污染，但面源污染的氮磷负荷占整个滇池总负荷的比例居高不下(37%左右)，尤其进入 21 世纪后，全流域经济社会发展速度快，土地利用、生态格局变化十分剧烈，面源污染情势出现了新变化。而解决面源污染面临着整体家底不清、系统方案缺乏、技术路线不明、工程效果不清等问题，缺少综合系统的科技支撑是滇池流域面源污染防控的关键难题。

围绕上述问题，国家重大科技水专项面源污染防控课题根据滇池项目的整体设计和要求，开展了四个方面的工作。①摸清家底：掌握滇池流域面源污染产生的主要源头、重点区域和关键环节，揭示和预测面源污染对整体水污染的贡献方式。②做好方案：制定出适合滇池流域特点的面源污染负荷削减系统方案和区域生态景观优化与功能修复的整体方案。③技术研发与示范：开展面源污染系统削减和整体控制的关键技术研发和集成，并进行工程示范。④探寻机制：提出一整套适合不同尺度和治理单元需求的协调农业和环保要求的技术体系和综合管理体系。经过持续十余年的努力，滇池流域面源污染治理课题组完成了任务，为滇池流域及云南甚至国内其他类似高原湖泊的治理提供了科技支撑。

本书是“高原山地生态与湖泊综合治理保护”丛书的第三部。该书抓住滇池流域面源污染的特点，研发了流域面源污染重点防控区域的关键治理技术，包括富磷区面源污染防控技术、传统农业的面源污染防控技术、湖滨区设施农业面源污染防控技术、村落污水处理技术、农田沟渠系统优化、面山水源涵养林保护与清水产流功能修复技术、五采区污染防控与生态修复技术，还集成整装了农田径流的导流技术、循环利用技术、蓄积过滤技术、节肥调控技术、防污控害技术、露地蔬菜作物优化种植综合管理技术体系，吸收消化了减污滴灌技术，创新研发了污染防控型水肥循环利用技术和农田废弃物太阳能增效脱毒除臭处理技术，形成了以提高水肥综合利用效率、强化固废资源化利用为突破口的农田面源污染防控技术体系。以上技术可根据生产条件、投入水平和管理条件进行遴选和组装，可为经济欠发达地区解决农村农业面源污染提供技术支撑。

本研究在组织进行和书稿编写中得到了昆明市水专项办、昆明市农业农村局、昆明市滇池管理局、昆明市生态环境局、昆明市林业和草原局、昆明市园林绿化局、昆明市国土资源局、昆明市水务局、昆明市统计局、昆明市气象局、昆明市测绘研究院、昆明市自然资源和规划局、昆明市扶贫开发办公室、云南省生态环境科学研究院的大力支持，谨此一并致谢。

面源污染治理涉及因素多、环节多、区域性强、易变性突出，是一项系统性、综合性十分突出的生态环境工作，往往需要根据项目区的经济社会条件因地制宜开展技术遴选和应用实践。本书所阐述的主要技术包括单项技术和复合技术，主要针对山地条件下的水体或高原湖泊，也可以为各种水库、坝塘及集中式饮用水源地的面源污染防控所选用。鉴于我们能力水平有限，存在的疏漏请批评指正。

云南大学国家重大科技水专项滇池面源污染防控课题组

2019 年 9 月

目　　录

第 1 章　滇池流域农业面源污染防控的技术需求研究

世界上很多湖泊都面临着程度不同的面源污染的困扰。在我国湖泊和开放水体存在的水环境问题上，面源污染的贡献大多占比 30%以上。面源污染按照来源的不同，可分为农业面源污染和城市面源污染。随着城市污水收集管道和雨污分流工程的建成，城市面源污染正逐步得到解决。相对城市地区，农业面源污染不但多年来一直是我国大江大河污染的主要污染源，而且正逐渐成为农村地表水体污染的主要贡献者，严重威胁全国人民的饮水安全。

来自农业农村的面源污染主要来自种植业化肥农药与农业秸秆等废弃物、养殖业畜禽粪便等废弃物、农村的生活污水与生活垃圾等三方面。对于高原湖泊最集中的省份云南而言，其 30 多个高原湖泊中，绝大多数湖泊都存在这种农业农村的面源污染现象。以滇池为例，这些污染主要来自三个方面：①农田过量施用化肥导致的氮磷流失，是最大的农业面源污染来源；②农村生活固体废弃物包括农村生活垃圾、人畜粪便、作物秸秆，是第二大农业面源污染来源；③农村生活污水，是第三大农业面源污染来源。这三方面的污染来源也可以归结为种植业污染、养殖业污染和农村生活污染三类。不同的湖泊在上述三个方面的贡献比例有所差异，但毫无疑问，涉及千家万户的农村和农田，成为高原湖泊水环境治理与区域发展关注的重点对象。

滇池农业面源污染治理工作始于“九五”时期。从梳理滇池流域水污染防治“九五”至“十三五”计划中有关的项目和工程措施中发现，流域水污染防治计划从“九五”时期(1995～2000 年)开始布设农业面源污染治理方面的项目，但是较少，更多的面源污染工作从“十五”期间(2001～2005 年)开展。“十五”期间的项目涉及农业面源污染控制类、生态修复类和科技示范类三方面；“十一五”期间(2006～2010 年)的项目涉及饮用水水源地污染控制(含农业面源污染控制)、生态修复和研究示范类项目；“十二五”期间(2011～2015 年)主要涉及生态村建设工程、农业产业结构调整、清洁农业生产工程等项目；“十三五”期间(2016～2020 年)涉及农村污染综合整治、生态循环农业、农业清洁生产等项目。

本章在简单阐述面源污染特点及研究意义的基础上，对我国农业面源污染特征及防控措施进行初步分析，提出滇池流域污染防控的技术需求。

1.1 面源污染及其防控

面源污染(non-point source pollution)也称非点源污染或分散源污染，是指溶解的和固体的污染物从非特定地点，在降水或融雪的冲刷作用下，通过径流过程汇入受纳水体(包括河流、湖泊、水库和海湾等)并引起有机污染、水体富营养化或有毒有害等其他形式的污染。与点源污染(point source pollution)相比，面源污染起源于分散、多样的区域，地理边界和发生位置难以识别和确定，随机性强、成因复杂、潜伏周期长，因而识别和防治十分困难(陈吉宁 等，2004)。

农业面源污染(agricultural non-point source pollution)是指农村地区在农业生产和居民生活过程中产生的、未经合理处置的污染物对水体、土壤和空气及农产品造成的污染，具有位置、途径、数量不确定，随机性大，发布范围广，防治难度大等特点。

农村面源污染(rural non-point source pollution)是指农村生活和农业生产活动中，溶解的或固体的污染物，如农田中的土粒、氮素、磷素、农药重金属、农村禽畜粪便与生活垃圾等有机或无机物质，从非特定的地域，在降水和径流冲刷作用下，通过农田地表径流、农田排水和地下渗漏，使大量污染物进入受纳水体(河流、湖泊、水库、海湾)所引起的污染，具有分散性和隐蔽性、随机性和不确定性、不易监测性和空间异质性等特点。

据2010年《第一次全国污染源普查公报》结果显示，农业污染源是造成我国水环境污染的“大户”，其化学需氧量(COD)、总氮(TN)和总磷(TP)排放量分别占地表水体污染总负荷的43.7%、57.2%和67.4%。研究表明，滇池约30%的总氮、40%的总磷来自面源污染，太湖约58%和40%比例的总氮和总磷来自农业产生的面源污染。为了防控农业污染及其影响，我国政府明确提出，2020年中国将形成“环境友好型、资源节约型”两型农业。因此，迫切需要开展农业面源污染源防控工作。当前，农业农村面源污染治理正处于攻坚期，然而农业农村面源污染问题不是一朝一夕形成的，其污染形势依然严峻且将持续相当长时间，要充分认识防控治理这项工作的长期性和艰巨性，且当务之急要摸清家底，研发针对性强、技术经济效能高的适用技术，破解困扰我国水环境的主要难题。

1.2 我国农业面源污染现状及控制技术措施

我国农业面源污染对水环境造成的污染主要来自于种植业广泛使用的化肥和农药、养殖业废弃物、农村的生活污水与垃圾。在降雨或灌溉过程中，污染物经地表径流、农田排水、地下渗漏等途径而造成水体污染。目前，针对这三大污染源研发了大量的农业农村面源污染防控与治理技术。其中，种植业污染的控制技术主要有发展精准农业(precision agriculture)，改进施肥技术，施用生物肥料、微生物发酵剂与土壤微生物增肥剂来减少化肥的过量投入，发展节水农业以减少化肥中氮、磷营养物质的流失；使用生态田埂、生态沟渠、植被缓冲带技术来截留氮磷营养物；使用天敌生物、有益微生物、生物克生作用、农田生物多样性调控等手段来逐步减少对化学农药的依赖，减少农药污染。另外，使用堆肥技术处理农业秸秆等实现农田废物的还田，使用降解农膜控制农膜污染等。养殖业污染控制技术主要有用生物生态手段处理畜禽养殖业的废水、集约化畜禽养殖再生水灌溉、堆肥化处理畜禽粪便、改进饲料的配制。农村生活污染控制技术主要有堆肥化处理种植业和养殖业固体废弃物，用湿地系统、人工复合生态床处理农村生活污水，堆肥化处理生活垃圾等。

1.2.1　种植业污染来源及控制措施

1.2.1.1　化肥施用过量造成的氮磷污染控制

降低化肥施用量是防治面源污染的重要措施。通过种植业结构调整、大力推广测土配方施肥、开展有机肥替代化肥等行动将切实减少化肥用量等，从统计数据来看，化肥用量从 2001 年到 2015 年处于减量趋势，2015 年全国化肥施用总量减至最低，为 6022.6×10^4t。且该年度化肥用量增长率 21 世纪以来首次降至 1%以内，为 0.4%(图 1-1)。

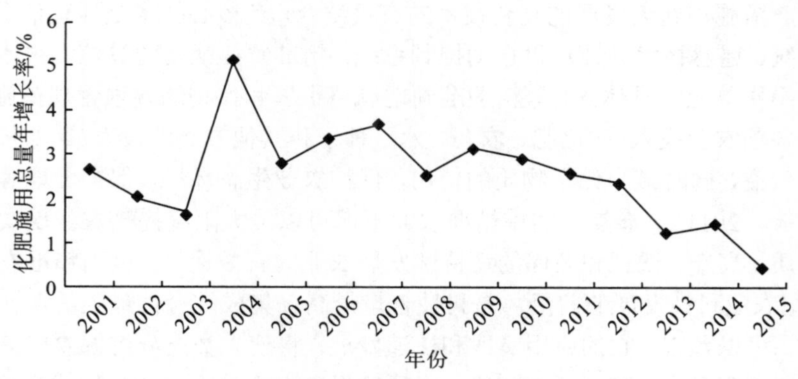

图 1-1　2001—2015 年化肥用量年增长率(数据来源：《中国农村统计年鉴》)

通过对滇池、太湖、巢湖、鄱阳湖、洪泽湖、洞庭湖、河北白洋淀、山东南四湖、云南异龙湖和三峡库区等流域状况进行汇总，发现 20 世纪 60 年代以来中国重要流域耕地氮和磷的量发生了显著变化，因为大量施用化肥，造成氮和磷在化肥、畜禽粪便和农村生活排污中总值的比例急剧增加(表 1-1)。针对化肥这一最大的农业面源污染源，我国已开展了大量的技术研究。主要通过发展精准农业、改进施肥技术、施用生物肥料、使用微生物发酵剂、土壤微生物增肥剂来减少化肥的过量投入；通过使用减少营养物流失的节水农业技术；使用生态田埂、生态沟渠、植被缓冲带技术来进行氮磷营养物的截留。

表 1-1 中国主要流域耕地 N、P 产生量(张维理 等，2004)

来源	20 世纪 60 年代		20 世纪 80 年代		目前	
	N	P_2O_5	N	P_2O_5	N	P_2O_5
化肥	5	1	135	22	368	154
畜禽粪便	19	11	101	56	128	74
农村生活排污	29	8	49	13	56	15
总养分量	53	20	285	91	552	243
化肥：畜禽排放：农村生活排污	1：4：5	1：5：4	5：4：1	2：6：2	7：2：1	6：3：1

注：流域农田耕地面积为流域总面积的 17.5%(各流域变化范围为 6%～61%)，农村人口为流域总人口的 86%(80%～87%)；氮、磷发生量指分别来自化肥、畜禽和农村生活排污三个方面的氮、磷养分量，以 kg $N·ha^{-1}$、kg $P_2O_5·ha^{-1}$ 表示。

1. 减少化肥用量的技术

1) 精准农业

传统农业的发展在很大程度上依赖于生物遗传育种技术以及化肥、农药、矿物能源、机械动力等投入的大量增加。由于化学物质的过量投入引起生态环境和农产品质量下降，高能耗的管理方式导致农业生产效益低下，资源日显短缺，在农产品国际市场竞争日趋激烈的时代，这种管理模式显然不能适应农业持续发展的需要。

“精准农业”(precision agricultrue)是近年来国际上农业科学研究的热点领域，它是现有农业生产措施与新近发展的高新技术的有机结合，其核心技术是地理信息系统、全球卫星定位系统、遥感技术和计算机自动控制系统。精准农业就是通过核心技术的应用，根据田间每一操作单元的具体条件，精细准确地调整土壤和作物的各项管理措施，最大限度地优化使用各项农业投入(如化肥、农药、水、种子和其他方面的投入)，以获取最高产量和最大经济效益，同时减少化学物质的使用，保护农业生态环境、保护土地等农业自然资源(姜莉莉 等，2011)。显然，实施精准农业不但可以最大限度提高农业现实生产力，而且是实现优质、高产、低耗和环保的可持续发展农业的有效途径。因而精准农业技术被认为是 21 世纪农业科技发展的前沿，是科技含量最高、集成综合性最强的现代农业生产管理技术之一。可以预言，它的应用实践和快速发展，将使人类充分挖掘农田最大的生产潜力、合理利用水肥资源、减少环境污染、大幅度提高农产品产量和品质成为可能。实施精准农业也是解决我国农业由传统农业向现代农业发展过程中所面临的确保农产品总量、调整农业产业结构、改善农产品品质和质量、资源严重不足且利用率低、环境污染等问题的有效方式(图 1-2)，将在世纪之交成为我国农业科技革命的重要内容。

1994 年，中国科学家提出在我国进行精准农业研究应用的建议，由于当时条件所限，没有引起政府有关部门的重视。近年来随着信息技术的飞速发展，精准农业的应用也提到了重要的议事日程。国家计委刘江副主任访美后，认为中国应该跟踪国际农业生产技术的前沿领域，开展“精准农业”的研究应用。科技部原副部长徐冠华在谈发展“数字地球”时认为，“精准农业”是中国“数字地球”发展战略的切入点之一。国家在“863 计划”中已列入了精准农业的内容，国家计委和北京市政府共同出资在北京搞精准农业示范区。中国科学院也把精准农业列入知识创新工程计划。总体上，中国精准农业仍处于试验示范

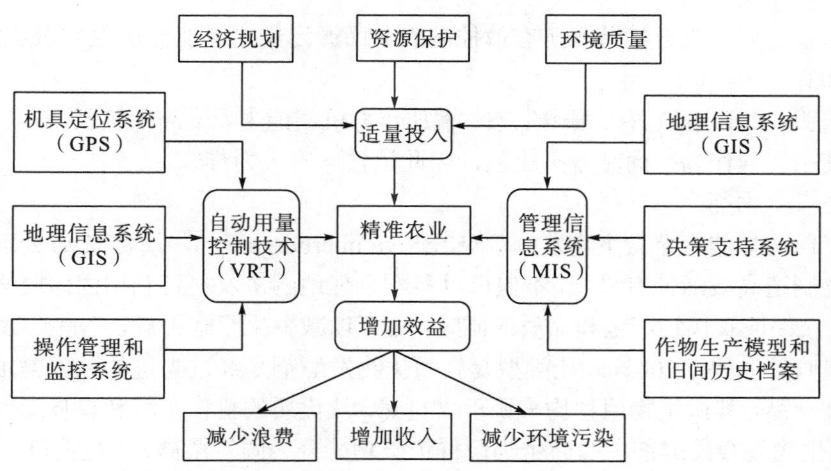

图 1-2　精准农业系统示意图(金继运，1998)

阶段和孕育发展过程，与发达国家相比，中国的精准农业在技术水平、经营管理和经济效益等方面，仍存在着较大差距(刘焱选　等，2007)。

研究表明，精准农业对农场适用，对承包到户的分割小地块不适用！由于长期差异化耕种，土地差异较大，不能以一概全。而要达到精确、精准的成本高、工作量大，难于推广应用。但是其在高附加值的花卉、蔬菜设施农业上是适用的。

2) 改进的施肥技术

目前，改进的施肥技术(improved fertilization technology)包括测土配方平衡施肥技术、控释氮肥、磷肥等技术。控释肥料(CRF-controlled release fertilizers)是以速效化肥为基体，依据平衡施肥的理论，用物理、化学、物理化学及生物化学的手段调节与控制养分缓释和促释，通过工业制造生产包容平衡施肥原理和技术等农艺措施的科学施肥技术载体，其控释效果能依据作物营养阶段性、连续性等特性，调控各种养分供应的强度与容量，使缓释和促释相协调，达到供肥缓急与作物的需求相一致，提高肥料利用率，减少肥料对环境的污染。不管是测土配方平衡施肥技术，还是控释肥技术，其原则都是在作物生长期按需供肥，保证“稳、匀、足、适”地供给作物 N、P、K 等营养物质，是智能型的施肥方式，可以从源头上减少化肥的用量。

总体而言，控释肥与缓释肥均可实现控制并最大程度减少化肥污染，是最有效的技术；但是目前，由于生产厂家以及生产量少，导致其价格太高，阻碍了该技术的普及推广。如果生产厂家增多、生产产量增大，则成本可以降至农户可以接受的程度。因此应扶持一批化肥生产厂家生产控释肥和缓释肥，让其早日走进农户家，为面源污染控制服务。

3) 光合细菌可以作为生物肥料

光合细菌(photosynthetic bacteria，简称 PSB)是一类以光为能源、以 CO 和有机物为碳源，以有机物、硫化氢、氨等作为供氢体而进行繁殖的原核生物的总称。PSB 独特的生理生化特性使其在防治农业面源污染中具有广泛的应用前景。由于大多 PSB 都具有生物固氮的能力，因此能提高土壤的肥力、促进植株生长、降低土壤氮素的流失和污染、减少氮肥的施用量。可见光合细菌既可有效控制农业面源污染，又能促进生态农业发展(熊万永 等，2003)。

研究表明，PSB 可改善土壤微生态，增加作物抗病能力，提高土壤肥力，从而减少化肥农药的使用。其作为叶面肥效果更佳，因此该技术应大力推广。

4) 有益微生物剂

应用专门选择的有益微生物发酵剂(effective microorganism，简称 EM)处理农村可利用固体废物制造高效活性有机肥，不但可以科学合理地解决农村可利用固体废物的资源化问题，而且在保证农作物产量和品质的同时，还可以减少化肥施用量，改良土壤，减少氮、磷的流失量(戴丽 等，2002)。该类型复合微生物发酵剂是经过先进的微生物工程技术研制的高科技产品，其微生物菌种均来源于大自然，从优质的耕作土壤和森林土壤中采集而来。此类微生物复合发酵剂中的微生物菌群依照功能分为固氮菌群、硝化菌群、解磷菌群、酵母菌群、乳酸菌群、光合菌群、放线菌群和生长菌群八大类群。这类高科技肥料能大幅度降低堆肥的时间。将其从常规堆肥耗时 60～90d 左右降低到 7～30d 左右，从而减少堆肥的占地面积，操作较为简单实用。在日本和台湾经过多年的实际应用证明此类微生物复合菌群发酵生产的活性有机肥是一类集肥效、作物生长刺激剂、农药为一体的高科技产品，有利于减少目前存在于农村的面源污染，发展可持续农业。

有益微生物技术在国内外已普及，但滇池流域应用不多，且从应用情况分析，效果大起大落，难于掌握。这是由于有益微生物菌群也是有适用条件的，不能乱用。云南省是微生物多样性最丰富的省份，应研发自有知识产权的有益微生物菌群，开发山地、坝平地、设施农业土壤的有益微生物菌群，提高有效性。

5) 土壤微生物增肥剂

由澳大利亚珀斯生物遗传实验室研制的 SC27 土壤微生物增肥剂(以下简称 SC27)，含有 27 种高活性的土壤微生物，包括磷细菌、固氮细菌、硝化细菌和纤维素降解细菌及刺激作物生长的各种微生物。该肥料近年来在美国、加拿大、新西兰等国广泛使用，反映良好。使用 SC27 可提高化肥肥效，减少化肥用量，改良土壤环境，防治面源污染。1998 年嘉兴、杭州等地进行了 SC27 在蔬菜上的试验，证明了 SC27 具有极佳的防治农业面源污染的效果(陆贻通 等，2000)。

有益微生物 SC27 技术在嘉兴、杭州等地蔬菜上的试验，滇池流域并没有应用。云南省是微生物最丰富的省份，应研发具有自有知识产权的有益微生物菌群，开发山地、坝平地、设施农业土壤的有益微生物菌群，提高有效性。

2. 节水农业

节水农业是减少化肥中氮、磷营养物质随灌溉水流失的有效方法。我国在节水农业应用基础及前沿与关键技术研究、节水农业关键设备与重大产品研发及产业化、节水农业技术集成与示范等方面都取得了显著的成果(吴普特 等，2007)。

应用生物技术充分挖掘植物本身的节水潜力，利用作物生理调控和现代育种技术，基于作物本身机能来提高产量和水分利用效率的生物节水技术是节水农业研究的一个热点，是实现农业用水从传统丰水高产型向现代节水优质高产型转变的关键性技术。例如，利用转基因技术培育抗旱节水作物品种，能有效利用植物节水潜力，改良品种，但是必然会对小气候造成影响，从而影响滇池水文循环。

基于植物生理需水调控的非充分灌溉技术。调亏灌溉(regulated deficit irrigation，RDI)、分根区交替灌溉(alternate root zone irrigation，ARDI)和部分根干燥(partial root drying，PRD)高效用水技术，可明显提高作物水分利用效率。RDI、ARDI、PRD 三种高效用水技术可杜绝灌溉水渗入地下水，既可防止种植业污染地下水，也可防止形成地表径流污染地表水，从而形成节水、节肥、高效、无污染的高效清洁农业模式。

非传统水资源开发利用技术。天然雨水、污水以及微咸水等非传统水资源的开发利用已成为许多国家和地区解决用水危机的新途径，并已成为现代节水农业领域关注的重点内容之一。雨水收集、存蓄、利用技术是适用于滇池流域的节水技术，既可减少雨水形成径流造成的污染，又可利用雨水资源。污水资源化在以色列运用得最好，其方式是“污水收集—污水提升—污水储存库(防渗的污水水库)—污水处理系统—污水脱盐系统—再生水过滤系统—滴灌系统—农田”，平均循环 7～8 次，实现了全球最高水平的水循环利用。滇池流域最适合建设防渗的污水水库，污水处理技术也成熟掌握，适合采用以色列模式利用污水，化害为利，控制污染，节约水资源。

节水设备技术进步与升级。多功能化、低能耗化、环保化、智能控制化是节水灌溉产品发展的新趋势。微灌技术、滴灌技术和膜下滴灌技术是目前最高效的灌溉方式，并可以通过灌溉系统施肥、施农药；关键是怎样应用于滇池流域土地碎块化经营方式。

信息技术、智能技术与 3S 技术不断推进节水管理高效化和现代化。作物水分监测与信息采集、作物生长决策模拟、支持农田信息实时采集的各种传感技术和传输技术已引起广泛关注。计算机管理系统使灌溉用水实现了由静态向动态的转变。用水管理已向将数据库、模型库、知识库和地理信息系统有机结合的综合决策转化。灌溉系统智能化必须依赖信息技术、智能技术与 3S 技术，达到精确灌溉，节水减污。

3. 营养物截留技术

1) 生物田埂技术

农田地表径流是养分损失的重要途径之一，现有农田的田埂一般只有 20cm 左右，遇到较大的降雨时，很容易产生地表径流。根据估算，把现有田埂加高 10～15cm，就可有效防止 30～50mm 降雨时的地表径流，从而减少大部分的农田地表径流。同时在田埂的两侧可栽种某种植物，形成隔离带，在发生地表径流时可有效阻截养分，控制地表径流的养分损失。

在三峡库区耕地选择 7 种不同的生物篱笆，设立小区试验以研究生物埂对治理坡耕地水土流失的机理。通过试验得出以下结论：应用生物埂技术可以保持水土，主要是减少土壤中小于 0.02mm 大小的泥砂颗粒(养分的主要载体)的流失，从而有效保护生态环境，增大库区环境容量(姜达炳　等，2004)。

生物田埂技术在泸沽湖区域广泛运用，在控制水土流失，保水保肥方面作用显著，并具有改善农田小气候、防虫、防鼠等功效。其高度 0.5～1.2m，应该称之为“生态墙”。该技术易于推广，成本低廉、农民容易接受，易于大面积推广应用。

2)生态沟渠技术

在经济发达地区，大部分沟渠均采用硬质化技术，产生的地表径流通过硬质化渠道直接排放到河流，造成河流的富营养化。因此可将现有硬质化渠道改为生态型渠道，即在硬质板上留适当的孔，使作物或草能够生长，既能吸收渗漏水中的养分，也能吸收利用径流中的养分，对农田损失的养分进行有效拦截，达到控制养分损失和再利用养分的目的。同时，在沟渠的中央可布设一定的植物带，既可减缓水流的速度，增加滞留时间，提高植物对养分的利用时间，也能提高水体的自净能力(杨林章 等，2004)。

生态沟渠技术应用于农田排水系统，起到拦截泥沙、过滤营养物、补充地下水、增加生物多样性等作用。

3)植被缓冲带技术

缓冲带(又称护缓冲带)是一类水土保持和面源污染控制的生物治理措施的总称，是指利用永久性植被拦截污染物或有害物质的呈条带状且受保护的土地。由于缓冲带在转移面源污染方面的有效作用，在美国已被推荐为最优管理模式。

林带对太湖地区农业面源污染的控制效应进行研究，结果表明：农田与沟渠间的缓冲林带有利于截留和净化土壤径流中的氮、磷等物质，从而在一定程度上控制农业面源污染(陈金林 等，2002)。杨树生长快、用途广，适于太湖地区营造水环境保护林带。根据缓冲林带模型研究结果，农田与林带宽度比例为(100～150)∶40 或(150～200)∶60 较为合理。这种模型既能少占耕地，又能净化水质、保护生态环境。

在了解国内外对农业面源污染控制技术研究的基础上，针对上海的农业面源污染状况，采用潜层渗流方式，进行了滨岸缓冲带对农业面源污染氮、磷吸收效果的初步试验研究，证明了滨岸缓冲带可以在很大程度上减少营养物向附近水源的扩散(董凤丽 等，2004)，从而在源头上减少面源污染营养物质的产生，为在上海郊区使用缓冲带技术以有效控制农业面源污染提供科学依据。

实践证明植被缓冲带技术对于去除泥沙、过滤营养物、地表水与地下水交换与净化，是最经济、最有效的，去除 TP 的效果与植被缓冲带宽度成正比。一般情况，宽度大于 50m 即可达到 90%TP 去除率。氮的去除率随着地下水位的变化有 40 倍的变化，即高地下水位的缓冲带比低水位的缓冲带 TN 去除率高 40 倍！因此对于氮的去除关键是地下水水位，即植被缓冲带应有湿地的成份，以提高植物缓冲带的地下水水位，增加 TN 去除率。

1.2.1.2 农药污染及其控制

根据统计资料，2001～2015 年全国农药施用总量如图 1-3 所示。虽然统计数据显示 2015 年农药用量比上年已经减少了 2.4×10^4t，但农药减量具有很多不确定性。一方面是底数不清，目前国家层面的统计数据反映的是农药制剂量，近年来在 180×10^4t 左右，但是在农药工业和农业生产部门，普遍使用的是基于活性成分的折纯(折百)量，一般认为在 32×10^4t 左右，但缺乏官方公开发布的连续、准确数据。考虑对环境、健康和质量安全的影响，折百量显然更有意义，如若使用该指标，未来就需要进一步完善农药使用的监测和统计，获取一套较为准确的数据。另一方面由于农药对作物产量的影响甚于化肥，农民会采取更审慎的态度，无论是打药频次还是每次剂量都会更加倾向于多施(金书秦 等，2018)。

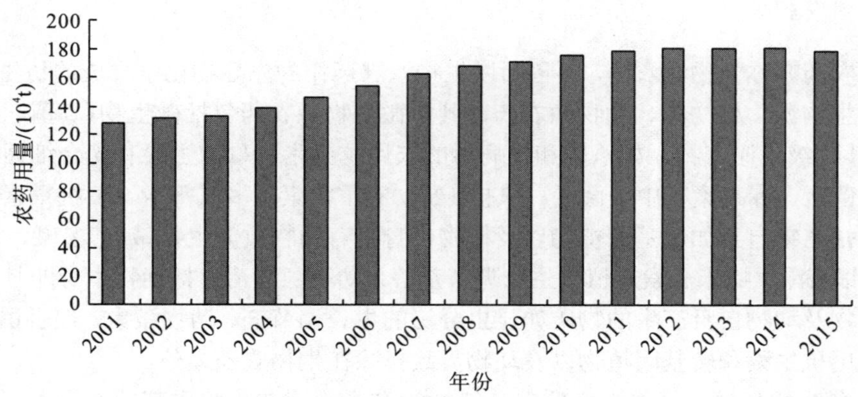

图 1-3　2001～2015 年全国农药施用总量(数据来源：《中国农村统计年鉴》)

目前，我国农药年生产能力为 76.7×10^4t，品种达 250 多种，成为世界上仅次于美国的农药生产大国。我国每年使用的杀虫剂超过 30×10^4t，其中仅有 1%作用于靶标，30%残留于植物，其余的分别进入土壤和包括地下水在内的江河湖海等水系。因此，农药对环境的污染也已经引起了社会的广泛关注(刘庆玉 等，2008)。

农药对农村生态环境的影响主要表现为：①大多数农药以喷雾剂的形式喷洒于农作物上，只有 10%左右的药剂附在作物体上，而大部分喷洒于空气中，通过与人体皮肤和眼睛黏膜表面接触而损害人体；或通过呼吸吸入引起呼吸道疾病，严重的会导致急性中毒、慢性中毒，甚至致癌。②田间施药时部分农药落入土中，附在作物上的农药也因风吹雨打渗入土中，大气中农药又降至土壤中，严重污染土壤，使土壤中农药残留量及衍生物含量增加。③土壤中农药被灌溉水、雨水冲刷到江河湖海中，污染了水源。不同水体遭受农药污染的程度次序为：农田水＞田沟水＞径流水＞塘水＞浅层地下水＞河流水＞自来水＞深层地下水＞海水。④农药的不合理使用，导致农产品农药残留量增加。各种农作物施用农药后，在一定时间内或多或少都有部分残留或超量残留或有毒的代谢产物附在农作物上，严重影响了人民的身体健康和出口贸易。农药剂型中以乳油农药残留量较大，乳粉和可湿性粉剂次之，水剂较低。从施药方法看，种子处理、土壤处理比喷雾、喷粉农药残留量大。⑤因长期不合理使用农药，农田内蛇、青蛙、蚯蚓等数量已明显减少，泥鳅、黄鳝等几乎绝迹，有益天敌加速消亡、有益生物种群数量急剧下降，生物多样性遭到严重破坏，生物链单一，不少地区农田生态平衡失调。同时，病虫产生抗药性，病虫危害加剧，结果农药施用量越来越大，加重了农业生态环境污染，使其陷入恶性循环之中。

目前我国在农药使用上存在以下问题：①用量偏大；②农药产品结构不合理：杀虫剂用量过大，这是造成农作物残留量超标而引起中毒的客观原因；③剂型不配套，成为影响环境质量和人体健康的潜在因素；④农药质量达标率不高。目前，通过生物农药、沼气发酵残留物代替化学农药、使用微生物和植物对农药污染土壤进行修复等措施来减少农药对农村生态环境的污染(薛旭初，2006)。

1. 生物农药

生物农药亦称生物源农药，不包括以生物源农药作为先导物化学合成的仿生农药，主要包括微生物源、植物源、动物源农药，其中微生物源农药包括微生物(真菌、细菌、病毒等)及其次级代谢产物，如杀菌和抗病毒的农用抗生素，目前主要有光合细菌、井冈霉素、阿维菌素、赤霉素、中生菌素、农抗 120、春雷霉素、多氧霉素、多抗霉素等；植物源农药包括植物自身如转基因植物以及植物自身具有的物质如生物碱(苦参碱、烟碱等)、苦楝素、银杏酮、蛇床子素及植物生长调节剂等；动物源农药包括动物本身即具有商业化的天敌生物及动物自身产生的物质如昆虫分泌的生长调节剂、动物激素、性引诱剂等。而国外把农用抗生素和转基因植物以及动物天敌排除在生物农药之外。

1992 年世界环境与发展大会要求，在 2000 年前全世界生物农药的产量占农药总产量的 60%，虽然目前全世界生物农药的销售量仅占农药总量的 1%，还远未达到这个要求，但全球对生物农药未来的发展已达成共识。更令人振奋的是，2008 年 4 月国家发展和改革委员会制定了《发展生物产业中长期规划》，完整地表达了生物产业中生物农药发展的重要性和迫切性，制定了可行的中长期发展规划(沈迎春，2008)。据预测，2014—2020 年间全球生物农药在消费量和市值需求上将获得 10%以上的快速增长，而亚太地区有望获得最快速的增长。我国从 2014 年开始大力推进低毒低残留农药示范补贴工作，每年在 10 个省份实施低毒生物农药补贴试点，引导农民使用低毒低残留生物农药(邱德文，2015)。

生物农药不仅有“选择性杀灭作用”“无残留”等作用，而且能保护天敌、维护农田生态系统平衡，应大力推广。

2. 沼气发酵残留物代替化学农药可以减少农药污染

沼气发酵残留物是一种很好的生物农药，它能有效地防治农作物病虫害，并且不会像化学农药那样在环境中残留，污染环境。据报道，沼气发酵残留物对小麦、豆类和蔬菜蚜虫等 14 种农作物虫害以及甘薯软腐病、小麦全蚀病、小麦赤霉病和玉米大、小斑病等 26 种病害均有防治效果。利用沼液浸种，比清水浸种有明显优势，不仅可以提供种子发芽所需营养，促进种子的生理代谢，激活胚细胞分裂以提高种子发芽、成秧率，为作物的稳产高产打下坚实的基础；而且能有效杀灭病菌和虫卵，减少病虫害的发生，增强秧苗的抗寒、抗病、抗逆能力，具有较好的经济效益。现在沼液浸种在我国农村得到大面积推广，据统计，我国每年应用沼液浸种技术的耕地面积都在百万公顷以上。另外，利用沼气贮粮，可杀灭虫害，能有效抑制微生物生长和繁殖，保持粮食品质，避免贮粮药剂污染，节约成本 60%以上，减少粮食损失 11%左右。可见，沼液浸种和根外追肥效果较好，可大面积推广应用。

3. 农药污染土壤的生物修复技术

利用人工分离筛选培养的农药降解菌(代号为 DLL－1)对土壤中残留农药进行生物降解与修复的实验，结果表明，DLL-1 菌对土壤中的农药具有较强的降解能力，投加降解菌在土壤中的作用深度约 0～6cm。在实验条件下，最适菌剂用量约 $30kg/hm^2$，对土壤中农药降解去除率达 80%以上。南京农业大学已经分离到高效农药残留降解菌株达 500 多株，建立起国内最大菌种库，制定了田间应用操作规程和菌剂生产行业标准，推广应用面积在 $20\times10^4hm^2$ 以上，产生经济效益 5 亿余元，投入产出比在 1∶5 以上(林玉锁，2007)。综述国内外有机农药污染的植物修复研究进展，认为通过植物的直接吸收、植物酶的降解以及植物根际环境联合作用等一系列修复机制，植物可以对有机农药污染的土壤进行有效的生物修复(张伟 等，2007)。

可见，农药降解菌(代号为 DLL－1)对土壤中农药降解去除率达 80%以上，能够防止二次污染。

1.2.1.3　农田废弃物的处理

按照近年来我国农作物种植面积测算，2017 年我国秸秆理论资源量为 8.84×10^8t，可收集资源量约为 7.36×10^8t。由于秸秆综合利用技术推广力度不足，以及秸秆利用的一些关键性技术难题尚未突破，目前约有 1/3 的秸秆尚未很好地利用，近 10^8t 的秸秆直接露天焚烧，不仅污染了环境，而且影响到航空、高速公路、铁路的正常运行。还有大量的秸秆被弃置于河湖沟渠中或道路两侧，污染水体，影响农村的环境卫生。加强秸秆禁烧的环境管理、秸秆综合利用的技术创新与推广已成为当务之急。

秸秆等农田固体废物多与养殖业的固体废物一起进行处理，常见的有堆肥，堆出的有机一无机复合肥肥效高，可以减低化肥的施用量。还可以用秸秆和畜禽粪便来生产沼气，以较好地解决农户日常生活中的能源问题，间接保护农村的森林资源。

因此，秸秆堆肥化利用是解决秸秆二次污染的出路之一，存在的问题是秸秆 C/N 比高，发酵周期长，一般要 100d 才能完全发酵，成为优质稳定的堆肥。

1.2.1.4　农膜污染及其控制

2017 年我国农膜年产量达 240×10^4t，且以每年 10%的速度递增。随着农膜产量的增加，使用面积也在大幅度扩展，现已突破亿亩①大关。无论是薄膜还是超薄膜，无论覆盖何种作物，所有覆膜土壤都有残膜。据统计，我国农膜年残留量高达 35×10^4t，残膜率达 42%，也就是说，有近一半的农膜残留在土壤中。累积于土壤中的地膜影响了土壤通透性和农作物根系的生长，既导致农作物减产，又形成了不同程度的白色污染，破坏了生态环境(楼迎华 等，2007)。

目前我国使用的地膜多为聚乙烯农膜，化学性质不稳定，不易分解和降解，因而会造成对土壤环境的污染。可降解的地膜是一种在覆盖时有足够的强度，并对土壤起到保温作用，且在作物成熟或收获后能被光或生物降解成对土壤无害的物质的农用薄膜。这种可降解的地膜一旦开发应用，不仅对农业生产起到重要的作用，而且能消除“白色污染”，但由于经济和技术的原因，这种地膜目前还不能大面积推广使用(吕江南 等，2007)。在现有的经济和技术条件下，我国多对农田残膜进行回收处理。

① 1 亩≈666.667 平方米。

农膜包括地膜和大棚膜两种，地膜一季一换，大棚膜 3～5 年一换，目前，滇池流域农膜 90%以上实现回收利用，但是，回收前农民必须将其在河道、沟道内清洗干净，这时地膜和大棚膜上附着的泥沙、TN、TP 进入排水系统，流入滇池。此外，在滇池流域乡村的“农膜再生厂”用收购的废农膜就地加工成“再生塑料颗粒”，冷却水与气体内大量 POPs、VOPs 直接或间接进入滇池。因此，应尽快规范滇池流域农膜管理，防止农膜二次污染。

1.2.2 养殖业污染控制

1.2.2.1 畜禽养殖业的污染控制

随着我国农牧业的迅猛发展，畜禽养殖业污染也成为我国农村污染的主要来源之一。根据国家环保总局对我国规模化畜禽养殖业污染情况的调查，规模化养殖主要分布在广东、山东、河南、河北、湖南、辽宁、吉林、宁夏等地区。对环境影响较大的大中型畜禽养殖场 80%集中在人口比较集中、水系比较发达的东部沿海地区和诸多大城市周围。2005 年，我国畜禽粪便产生量约为 22×10^8t，是我国固体废弃物产生量的 2.4 倍。其中规模化养殖产生的粪便相当于工业固体废弃物的 30%；畜禽粪便化学耗氧的排放量已达 7118×10^4t，远远超过我国工业废水和生活废水排放量之和。调查发现，由于多种原因，我国许多规模化畜禽养殖场地处居民区内，8%～10%的规模化养殖场距当地居民水源地的距离不超过 50m，30%～40%的规模化养殖场距离居民区或水源地最近距离不超过 150m。全国 90%的规模化养殖场未经过环境影响评价，80%左右的规模化养殖场缺少必要的污染防治措施。而且环境污染投资力度明显不足，80%左右的规模化养殖场缺少必要的污染治理投资。据调查分析，过去一些地方将规模化畜禽养殖作为产业结构调整、增加农民收入的重要途径加以鼓励，环境意识相对薄弱，污染治理严重滞后，加上养殖业与种植业日益分离，畜禽粪便用作农田肥料的比重大幅度下降，绝大多数规模化畜禽养殖场没有相应的配套耕地消纳其产生的畜禽粪便，客观上形成了严重的农牧脱节，致使畜禽养殖成为各地农业面源污染的重要来源之一。

目前我国对畜禽养殖业造成的污染，主要由以下四个方面的技术来处理。

1. 用 PSB 处理畜禽养殖业的废水

用 PSB 处理畜禽粪尿废水已经取得了成功。试验表明，将粗滤后的牛粪尿稀释液用 PSB 处理后，BOD 降解率达 93%，将经 PSB 处理过的废液再经过生物氧化法处理，BOD 可降至 30mg/L，达到国家排放标准。另有数据表明，直接用 PSB 处理猪场污水，一个月后 BOD 降低了 36.4%，SS 降低了 68.87%。但 PSB 处理畜禽粪尿废水后 COD_{cr} 仍有近 1000mg/L，并需要 100～200d 的停留时间，一般养殖场的场地条件不能满足；因此推广时应注意水力停留时间(Hydraulic Residence Time，简称 HRT)。

2. 集约化畜禽养殖再生水灌溉

集约化养殖废水的处理方法有很多种，目前常采用的方法有自然生物处理法、厌氧处理法、好氧处理法等。但是畜禽养殖废水经合理处理后，科学、合理地应用于农田灌溉，已成为提高水肥资源利用效率和保护农村水环境的有效途径(曾向辉 等，2007)。而农业学大寨时期就有郭凤莲在大寨山头养猪，夺取农业生产丰收的故事，即利用“山头养猪场”产生的粪尿肥水，达到农业丰收；目前，不乏利用养殖业水肥资源达到农业生产和环境保护双丰收的例子。因此，养猪场到河流、湖泊的距离与养殖场 TN、TP、COD 入湖量成反比，养猪场选址应尽量远离河流和湖泊，最好选择分水岭地区，从而达到发展生产、减少污染、恢复生态的目的。

3. 畜禽养殖固体废物的污染控制

对畜禽粪便最常用的处理方式是堆肥化。生粪与秸秆共堆肥，可以利用秸秆的骨架作用，改善通风条件，实现全过程的好氧堆肥，同时解决秸秆的环境污染问题。这样产生的有机－无机复合肥，还可以减少化肥的施用量。畜禽粪便与秸秆还可以用来生产沼气，成为农村生活的主要能源来源。总之，畜禽粪便堆肥化处置。既解决了畜禽粪便污染又解决了秸秆污染，是解决畜禽粪便和秸秆污染的有效方法。

4. 合理配制饲料

通过配制低污染饲料、合理使用饲料添加剂，改进饲料加工工业都可以减少牲畜粪便中氮、磷的排出，从而减少对环境的污染。欧美养殖业在畜禽粪便中添加 $CaSO_4$ 以减少畜禽粪便的 TP 流失率，从而在源头控制 TP 的流失。在饲料添加剂中增加 $CaSO_4$ 等物质，也能减少牲畜粪便中氮、磷的流失率。应积极开展研究示范工作。

1.2.2.2　水产养殖业的污染控制

20 世纪 80 年代开始，我国水产业取得了举世瞩目的成就，渔业发展快速。2005 年水产品总产量达到 5102×10^4t，渔业总产值 4180 亿元，占中国农业总产值的比重由 1978 年不足 2%上升到 12%以上(李绪兴，2007)。根据《2017 年全国渔业经济统计公报》，2017 年渔业经济总值 24761.22 亿元，其中渔业产值 12313.85 亿元，可见水产业在我国的国民经济，特别是在农业经济发展中占有越来越重要的地位。而在水产养殖生产过程中，由于会向养殖水体中投入大量饵料、渔用药物等，加之生产操作过程不规范，特别是施用不合理时，养殖水体中残饵、排泄物、生物尸体、渔用营养物质和渔药等大量增加，造成氮、磷、渔药以及其他有机或无机物质在封闭或半封闭的养殖生态系统中的生存能力超过了水体的自然净化能力，从而导致对水体环境的污染，造成水质恶化。

目前针对我国由畜禽养殖业造成的污染，主要采用 PSB 处理水产养殖业的废水。PSB 对各种有机物质、胺、氨、硫化氢等具有极强的利用能力，能有效降低这些物质在水中的浓度，自然净化已经被污染的水体。中国水产科学院的试验表明，PSB 能使水体中的 NH_3-N、H_2S 含量降低 50%以上，DO 提高 14%～85%，pH 升高 0.15～1.01(丁爱中 等，2000)。此外，PSB 应用于水产养殖能节约饲料、改善水质、提高产量和品质。但也发生过劣质 PSB 引发大量死鱼事件。因此，应首先保证 PSB 产品的安全性，才能大规模推广应用。

1.2.3 农村生活污水和垃圾污染

我国农村人口 9 亿多，占全国人口的 70%以上，若按每人每天产生垃圾 0.5kg 计算，全国农村每年生活垃圾产生量超过 2.7×10^{8}t。农村因人口居住分散，大多数村镇没有也不可能有专门的垃圾收集、运输、填埋及处理系统，生活垃圾被随意抛在田头、路旁、农田、河流，已成为污染农村水源和土地的一大公害。此外，城镇生活污水处理设施建设严重滞后，绝大部分城镇的生活污水未经处理直接排入河道，成为农村内水污染的主要来源。

1.2.3.1 生活污水处理技术

1. 湿地系统

湿地污水处理技术从 20 世纪 70 年代发展起来，被认为是控制面源污染的一种费用低、且有一定效果的方法。湿地系统一般分为天然湿地和人工湿地 2 种，其中天然湿地大多要经过改造才能发挥作用。

目前应用较为广泛的是人工湿地。人工湿地具有以下优点：氮、磷去除能力强；投资低；处理效果好；操作简单；维护和运行费用低；在湿地内种植去除氮、磷能力高、又具有一定经济性的植物，不但可净化废水，又可创造一定的经济效益；对环境进行生物调节：在暴雨期间，人工湿地可输运和存贮大量的雨水，减小雨水对土地的冲刷，并可去除雨水中绝大部分污染物；干旱季节为多种生物提供良好的栖息地。减小雨水对土地的冲刷，并可去除雨水中绝大部分污染物：干旱季节为多种生物提供良好的栖息地。通过研究证明人工湿地工程对农业面源污染物具有较好的净化作用。在正常运行情况下，其对非点源主要污染物去除率：TN 达 60%，TP 达 50%，TDN 达 40%，TDP 达 20%，TSS 达 70%，COD 达 20%，同时对泥沙等无机物有良好的吸附、沉降作用(刘文祥，1997)。

湿地净化技术已有二百年的历史，其低投资、低运行费、低技术要求等优势使其具有强劲的竞争力和广泛的适用性，其不但能去除泥沙、TN、TP，还能去除 POPs、重金属等污染物，但是，湿地净化系统也是需要人工维护的，否则将会因失效而报废。人工维护即清理沉积物和及时收获收割植物，保证设计的 HRT。

2. 人工复合生态床

人工复合生态床是在人工湿地形式的基础上，以如何提高系统负荷，减少占地面积以及填料费用等为目的发展起来的。人工复合生态床选择最佳的植物栽种方式，并在床体内部填充多孔的、有较大比表面积的介质，以改善湿地的水力学性能，为微生物提供更大的附着面积，同时增强系统对污染物，尤其是对氮、磷的去除能力。用不同深度的人工复合生态床处理滇池地区的农村生活污水，结果表明，在 30cm/d 高水力负荷的条件下，深度为 60cm 的床体对 COD、总氮、氨氮和总磷的去除率分别为 66.0%、57.7%、78.7%和 63.2%。证明人工复合生态床系统在处理农业生活污水中具有广阔的应用前景(刘超翔 等，2003)。

本着投资运行费用少、管理维护简便的原则，虽然采用综合自然生态系统净化功能的生态工程处理技术是控制村镇生活污水面源污染的一种简便而有效的途径。但是伴随农村城市化的进程，农村生活污水产生的量和所含污染物的浓度都在急剧上升，仅仅依赖自然生态系统净化功能来净化水质是不可行的。在用地紧张、人口密集、毗邻水体的乡镇，建立有效的污水收集系统和污水处理设施才是控制农村生活污水最有效的途径。

人工复合生态床具有省地、高效、可控等特点，但其对进水浓度、HRT、布水均匀性、收割、清淤等要求较高，是典型的“高投入、高技术、高管理要求、低宽容度”的污水处理系统；由于农村污水受水质变化大，水量变化大、泥沙含量高、管理技术缺乏等条件限制，在农村不易推广普及。

1.2.3.2　生活垃圾堆肥化

堆肥化是依靠自然界广泛分布的细菌、放线菌、真菌等微生物，有控制地促进可被微生物降解的有机物向稳定的腐殖质转化的生物化学过程。通过堆肥处理，不仅有效地解决了固体废弃物的出路，解决了环境污染和垃圾无害化的问题，同时也为农业生产提供了适用的腐殖土，从而维系了自然界良性的物质循环。堆肥化的产物称为堆肥。堆肥是一种深褐色、质地松散、有泥土味的物质，其主要成分是腐殖质，氮、磷和钾的含量一般在 0.4%～1.6%、0.1%～0.4%和 0.2%～0.6%。这种物质的养料价值不高，但却是一种极好的土壤调节剂和改良剂。研究了利用垃圾堆肥来降解农药的可能性，结果表明当垃圾堆肥的施用量达到 20%～40%的时候，在温室里条件下经过 4 个星期或实验室条件下经过 16 个星期，85%的氟乐灵、100%的丙草安和 79%的胺硝草都能够被降解。可见，垃圾堆肥施用量与农药污染土壤的修复作用具有相关性(Liu，1996)。因此，堆肥不但可以减少生活垃圾造成的面源污染，还是处理农药污染的一种经济有效的方法。

堆肥技术是利用微生物对有机物进行发酵，使“高 C/N 比、低 C/N”的有机物腐殖质化，形成 C/N 比在 20～25 的稳定腐殖质，从而变废为宝、化害为利，同时，经过高温发酵杀灭附着于秸秆上的虫卵、病原体，并通过提高土壤保水保肥能力，减少病虫害。

综上所述，在滇池流域针对农药污染防控方面尚未见有效的控制措施和技术，而对于化肥施用过量造成的氮磷污染、营养物截留、种植业和养殖业固体废弃物的处理、养殖业污染控制、农村生活污水和垃圾污染等方面，已经开展了大量的技术研究和工程项目实施。

1.3　滇池流域农业面源污染治理的技术措施及存在问题

滇池流域包括五华区、盘龙区、西山区、官渡区、呈贡县、晋宁县及嵩明县的滇源镇，其土地面积 2920km^2，乡村人口为 74.57 万人，耕地面积 54.44 万亩(水田 27.07 万亩、旱地 27.37 万亩)，农林牧渔总产值 44.54 亿元，农民人均纯收入 4429 元，蔬菜播种面积 45.09 万亩、果园面积 14.74 万亩，花卉生产面积 7.71 万亩，农业产业化程度高，设施农业面积已发展到 22.69 万亩，在昆明农业生产中占有重要地位，是昆明蔬菜、花卉产业的核心产区。

根据 2008 年综合调查统计，滇池水平面海拔 1887.5m，上延 100m 范围内有各类农作物生产面积 1 万亩，家畜 1152 头，家禽 21.8 万只，养殖户 7626 户；100～500m 范围有各类农作物生产面积 31500 亩，家畜 3258 头，家禽 17.7 万只，养殖户 2244 户；500～2000m 范围内有各类农作物生产面积 25700 亩，家畜 17882 头，家禽 70.71 万只，养殖户 18825 户。

面源污染弥散发生的基本特性决定了单纯依靠点位治理的无效。在认识源、汇空间特征的基础上，还应把握污染物输移的基本过程和环节。

根据《昆明市污染源普查技术报告》，滇池流域氮、磷总排放量 12560.50t。其中，农业生产排放量 2799.20t，占 22.29%；农村生活排放量 442.76t，占 3.53%；工业和城镇生活污染排放量 9318.54t，占 74.19%。农业生产和农村生活排放占全流域磷、氮总排放量的 25.81%，全流域氮、磷污染以工业和城镇生活为主的总体格局没有变化(表 1-2)。

表 1-2 滇池流域农业污染与工业和城市生活污染氮磷排放情况对比

污染源类别	总氮/t	总磷/t	合计/t	贡献率/%	贡献率/%
种植业肥料	1609.50	145.42	1754.92		
畜禽养殖业	829.09	180.25	1009.34		
水产养殖业	28.42	6.52	34.94		
农业生产合计			2799.20	22.29	25.81
农村生活污水	364.40	55.97	420.37		
农村生活垃圾	18.78	3.61	22.39		
农村生活合计			442.76	3.53	
工业、城镇生活	8022.96	1295.58	9318.54	74.19	74.19
总计	10873.15	1687.15	12560.50		

1.3.1 滇池流域农业面源污染的构成、来源和特征

1.3.1.1 滇池流域农业面源污染的构成

调查发现，滇池流域农业面源污染主要来自三个方面。

农田施用化肥和农药：滇池流域共有农田 76467hm^2，多分布于自然条件较好的湖滨及台地上，随着城市的发展和流域人口的增加，土地利用强度增大，特别是湖滨区，复种指数由原来的 1.5 增加到 1.75 左右。土地利用强度的增加，使单位面积土地上的肥料、农药、劳力等投入量增加，其对总氮(3786t)的贡献率是 64%，对总磷(662t)的贡献率是 38%，成为最大的污染来源，如图 1-4 所示。

农村生活固体废弃物包括农村生活垃圾、人畜粪便、作物秸秆等，如图 1-5 所示，其对总氮(3786t)的贡献率是 20%，对总磷(662t)的贡献率是 27%，是第二大农业面源污染来源。

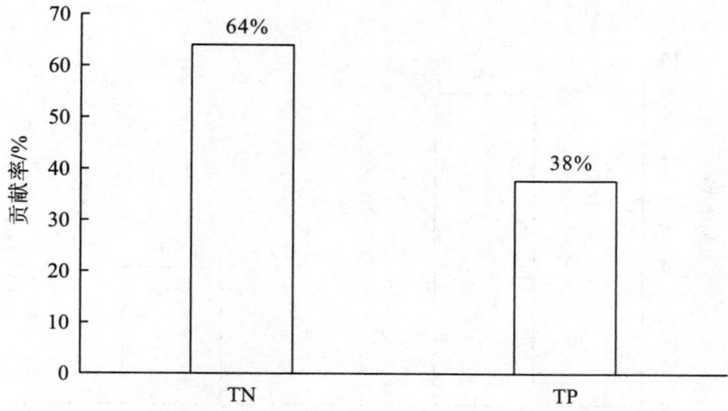

图 1-4　滇池流域化肥、农药在农村农业面源污染的贡献率

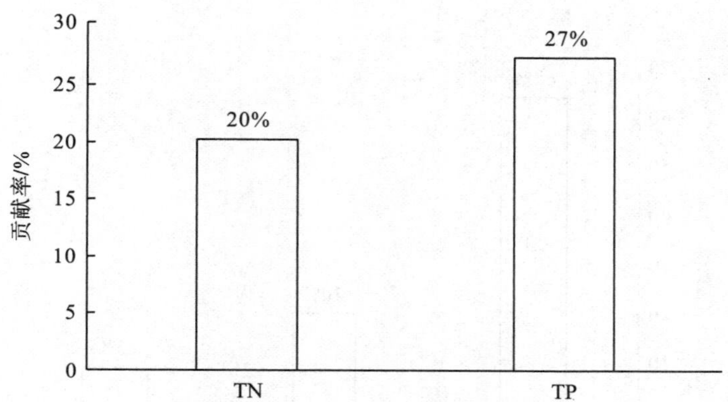

图 1-5　滇池流域固体废弃物在农村农业面源污染中的贡献率

农村生活污水：滇池流域有农业人口 70 余万，分散在全流域的大小村落，绝大部分农村无排水系统，污水都积蓄在房前屋后的地表及下渗在土壤中，在暴雨期随径流向下游输送。如图 1-6 所示，其对总氮(3786t)的贡献率是 9%，对总磷(662t)的贡献率是 4%，是第三大农业面源污染来源。上述三个方面的污染来源也可以归结为种植业污染、养殖业污染和农村生活污染三类。因此，调研从上述三个类别的角度出发，对相关的工程和项目进行了调研。

化肥农药流失 TN 在农村农业面源污染中占主要作用，其次是固体废弃物，农村生活污水对农村农业面源污染的贡献率最低(没有考虑化肥农药挥发后直接入湖，没有考虑化肥农药通过地下水入湖)，如图 1-7 所示。

此外，化肥农药流失 TP 在农村农业面源污染中占主要作用，其次是固体废弃物，农村生活污水对农村农业面源污染的贡献率最低(没有考虑化肥农药挥发后直接入湖，没有考虑化肥农药通过地下水入湖)，如图 1-8 所示。

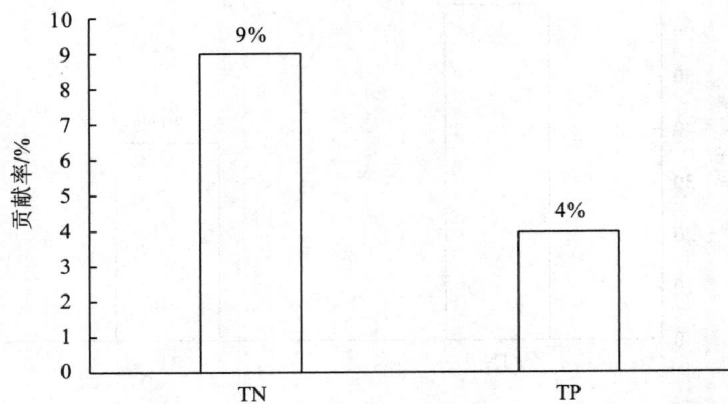

图 1-6 滇池流域农村生活污水在农村农业面源污染中的贡献率

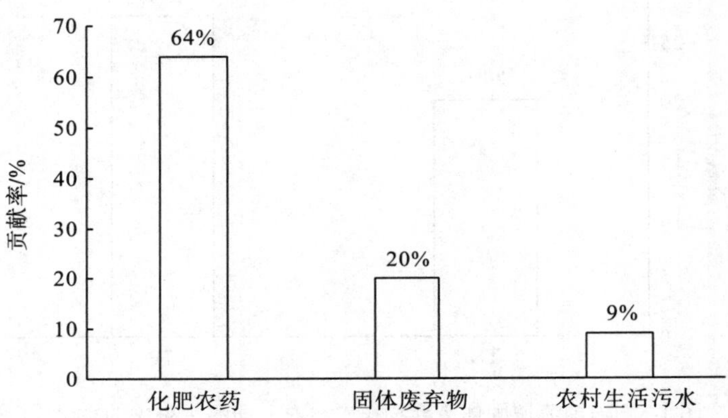

图 1-7 滇池流域不同来源 TN 在农村农业面源污染中的贡献率

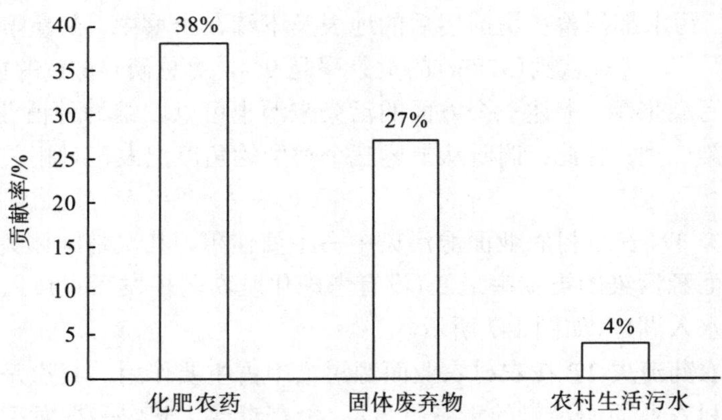

图 1-8 滇池流域不同来源 TP 在农村农业面源污染中的贡献率

1.3.1.2　滇池流域农业面源污染的来源和特征

滇池流域农业面源污染的来源主要包括种植业、养殖业、农村生活污染三方面。

1. 种植业

农药、化肥不合理使用：氮肥(施入土壤后可粗分为三部分：作物吸收、土壤吸附和损失。损失途径有两种，通过水以淋溶和径流方式损失，以氮气或氮氧化物气态挥发方式损失)；磷肥(施入土壤后粗分三部分，同氮肥。由于其形态较稳定，损失较少，主要损失途径为土表径流)；农药(主要为杀虫剂、杀菌剂和除草剂，有机磷农药是主要的杀虫剂，对环境影响较大，除草剂、杀菌剂等对环境影响较小。有机磷农药占使用总量的 60%～70%，在农药使用过程中，大部分进入土壤，占 50%～60%，部分被作物吸收或残存在农作物表面，占 10%～20%，另一部分挥发进入大气，占 20%～30%。农药在自然环境中经过衍生、异物化、光化、裂解和轭合作用分解，在生物体内被降解为磷酸盐形态，有机磷农药的残留期一般较短，多数在几天内被分解)。

污水灌溉：污水和劣质水的开发利用为缓解农业缺水起到了重大作用，但其对水质造成的污染也不能忽略。污水灌溉带来主要环境问题就是其自身的污染。污水灌溉水源在进入农田之前的许多地区就是利用原有河道、渠道及其他水利设施，造成原有水源污染，之后再引入农田。另外在污水灌溉过程中缺少必要的水利设施，无灌溉的定额管理，超量引水造成污水下渗，污染地下水。

秸秆废弃物的污染：农田产生大量的秸秆废弃物，农民的处置方式一般有三种，即秸秆还田、直接焚烧或者丢弃。秸秆还田一般采用的比较少，一是因为秸秆携带的病害微生物多，一般农民都担心直接还田会影响下一茬作物的收成；二是因为农田要用肥时，大量的作物秸秆不可能在短期内得到完全腐熟，不如畜禽粪便肥效见效快。故或直接焚烧，焚烧后的直接危害就是造成大气的污染，或乱放、乱堆、乱倒。

农膜的使用：给土壤造成了严重污染，由于其难以降解，残留于土壤中会破坏耕层结构，妨碍耕作，影响土壤通气和水肥传导，对农作物生长发育不利。

综上，氮通过地下水和挥发态污染为主，磷通过地表径流冲刷搬运污染为主；COD 以地表径流污染为主；水源区(山区)、台地区土壤缺 TN、TP、有机质，污染物主要是泥沙；湖滨带 TN、TP 过量，大量使用未发酵的“生肥”“鲜肥”，污染物主要是 COD、TN、TP。

2. 养殖业

滇池流域的养殖业以猪、鸡、鸭、牛、羊和鱼为主，其特点是规模小，分散，农户为基本养殖单元，规模化养殖场数量不多。据 2002 年调查资料，滇池流域规模化养殖场分布情况为：养猪场 113 个，肉牛场 1 个，奶牛场 13 个，肉鸡场 10 个，蛋鸡场 107 个，养鸭场 9 个，养羊场 0 个，合计 253 个(云南省畜禽养殖污染现状调查报告，2005，云南省环境监测中心站)。养殖业产生的污水及粪便的处理不当均会对滇池产生一定的污染。

根据云南省畜禽养殖污染现状调查报告(2005，云南省环境监测中心站)，滇池流域 COD、

BOD、NH_4^+-N 、TP、TN 的产生量和入湖量都是“九大高原湖泊”中最大的。养殖业与城市化相关，城市化的结果必然催生规模化养殖场，关键在于布局、选点，即产生量不变，但入湖量与离湖、离河距离成反比。因此，养殖场选点应以远离湖岸、河岸的“分水岭”地带为主，从而在满足供给的前提下，实现养殖业污染最小化，并促进分水岭地区生态恢复。

3. 农村生活污染

生活污水：其中对环境影响最大的是磷，其随地表径流进入水体或通过渗滤进入地下水，其中一部分在土壤中积累。2007 年滇池流域农村生活污水产生量 955.61×10^4t/a，排放量 862.73×10^4t/a，排放量占产生量的 90.28%；化学需氧量(COD)产生量 17432.66×10^4t/a，排放量 15718.18t/a，排放量占产生量的 90.17%；总磷产生量 62.79t/a，排放量 55.97t/a，排放量占产生量的 89.14%；总氮产生量 401.82t/a，排放量 364.40t/a，排放量占产生量的 90.69%；氨氮产生量 59.82t/a，排放量 53.02t/a，排放量占产生量的 88.63%。

生活垃圾：随意堆放普遍。挥发出有害气体如甲烷、硫化氢等污染大气；长期堆放，在降水作用下，有害物质(如重金属等)及病菌进入土壤；部分垃圾随水一起流入河流，污染水体。2007 年滇池流域农村生活垃圾产生量 8.48×10^4t/a，排放量 0.75×10^4t/a(其中有机垃圾产生量 5.66×10^4t/a，排放量 0.38×10^4t/a，分别占垃圾产、排量的 66.74%和 50.67%)，排放量占产生量的 8.84%；生活垃圾总氮产生量 220.64t/a，排放量 18.78t/a，排放量占产生量的 8.51%；生活垃圾总磷产生量 39.19t/a，排放量 3.62t/a，排放量占产生量的 9.24%。

生活污水、生活垃圾旱季积累在“房前屋后”“田间地角”，雨季在雨水或洪水的冲刷下进入河流、滇池，因此，现有系统的生活污水及垃圾是“零存整取”“旱存雨取”。解决问题的关键是乡村的“深挖沟、深挖塘、深挖河”，以及定期(每季、每半年)清淤，干化场干化淤泥，资源化利用。

总之，滇池流域由于农村产业结构的调整、设施农业的普及等引起化肥、农药的大量施用，蔬菜、花卉等多汁秸秆产量大幅度增加，规模化养殖的发展使禽畜粪便大量增加，从而加大了滇池流域农业面源污染的负荷。

1.3.2 滇池流域“九五”农业面源污染治理措施

滇池农业面源污染治理工作始于“九五”时期，国务院 1998 年 9 月 6 日批复了滇池流域水污染防治“九五”计划及 2010 年规划，但是根据“九五”计划目标、行动计划及完成情况来看(云南省发改委滇池水污染综合防治调研报告，2007 年 2 月)，当时“九五”计划中的相关农业面源污染控制的项目，没有一项全部完成。“十五”继续实施的“九五”未完成的续建项目有：昆明市农业局的世界银行贷款“昆明农村环境卫生示范工程项目”(建设斗南、乌龙、小河、渠东里、石碑村、矣六乡等六个小型面源污染控制示范区)，科技部、省科技厅、市环保局的滇池流域面源污染控制技术研究项目(在 12.5km^2 的小流域内进行面源污染控制技术示范研究)。“十五”末期只完成了“九五”转接项目“滇池流域面源污染控制技术研究项目”，对于湖周农村环保示范项目：斗南、乌龙、小河、渠东里、石碑村、矣六乡等六个小型面源污染控制示范区，只完成了斗南、乌龙示范项目。

1.3.3 滇池流域“十五”农业面源污染治理措施

2003 年 3 月 12 日，国务院批复了滇池流域水污染防治“十五”计划。滇池流域农业面源污染控制的大量项目集中在“十五”期间开展并完成，涉及“十五”计划中农业面源污染控制类、生态修复类和科技示范类三大类项目，主要介绍农业面源污染控制类工程实施情况及面源污染治理过程中存在的问题。

1.3.3.1 农业面源污染控制工程及其实施

1. 工程内容及完成情况

在“十五”计划中，农业面源污染控制工程项目的预期效果是减少垃圾污染，预计每年可减少因过量施肥造成的氮、磷流失 130t、10t。沿湖 15 个乡镇农田废弃物资源化率达到 60%，湖滨区(指沿湖村镇)生活垃圾收集清运率及处置率达 60%，滇池沿湖周边 2km 范围内禁止或限制使用化学农药和化肥，流域其他范围限制使用化肥。为达到预期目标，共设新建呈贡、晋宁农村固体废弃物处理场，建设沼气池，建设少废农田、平衡施肥，推广农村卫生旱厕四个子项目。

1) 新建呈贡、晋宁农村固体废弃物处理场(未完成)

截至 2006 年 1 月，呈贡、晋宁农村固体废弃物处理场项目仅进入可行性研究、厂址选择阶段。建设工程内容接转至“十一五”实施。但由于后续资金不足，呈贡的农村固体废弃物处理场一直未建成，有的已被改为有机肥厂。然而，有机肥发展无配套政策支持，10t 有机肥的 N、P、K 有效含量不如 1t 30%的复合肥，价格却为其 3.75 倍。也就是说在不考虑环保成本的情况下，用有机肥的成本是化肥的 3.75 倍，因此，在无政府调控管理状态下，农民不可能用有机肥。同时，上海市在落实“鼓励农民使用有机肥，减少面源污染”政策中，实施每吨有机肥补助农户 400 元的政策，使农民可以承受 520～600 元/t 的有机肥的价格，达到农民增产增收与面源污染控制成本“内部化”的效果。

2) 建设沼气池(完成)

2001～2005 年，昆明市农业局、区县政府和农业部门在滇池流域新建沼气池 8922 口，其中：官渡区建 502 口，西山区 759 口，呈贡县建 4347 口，晋宁县建 3314 口。截至目前全流域共建成沼气池 30204 口，推广节柴改灶 12169 眼，推广农村液化气 6418 户(台)，建成 300m^3 秸秆气化站 3 座，供气 686 户，年节柴 1029t，省柴节煤灶保有量 19104 眼。项目建设内容见表 1-3。

表 1-3　2001～2005 年滇池流域农村能环建设

区县	官渡	西山	呈贡	晋宁	合计
沼气池(口)	502	759	4347	3314	8922
节柴改灶(眼)	900	6500	300	4469	12169
秸秆气化站(座)				3	3

流域内农村沼气池建设在“十五”计划中没有明确指标，但农村沼气池建设现状完成情况较好，且它对减少农村传统烧柴灶燃用烧柴，替代部分照明用能源起到了良好积极的作用。另外，建设沼气池项目保护了滇池流域森林植被。据思茅经验，一口沼气池一年节柴 7～10m^3，2001～2005 年沼气池工程每年减少砍伐森林 7×10^4～9×10^4m^3，并起到提供“速效液肥”和“速效叶肥”——沼液，以及有机肥——沼渣的作用。同时，还能减少秸秆污染和杀灭秸秆上的病虫害病原体，减少病虫害。呈贡沼气池新建最多，其次是晋宁，而西山和官渡最少；节柴改灶工程也可减少砍伐森林的量，但效果比沼气池差很多。实践证明，农村能环建设是有效控制农村农业污染的高效工程技术。西山 2001—2005 年节柴改灶最多，其次是晋宁，官渡和呈贡最少。此外，秸秆气化站只有晋宁新建 3 座，其他区县没有推广。但是，在滇池流域沼气池、节柴改灶实际效果如何仍缺乏系统研究，秸秆气化普及的制约因素是什么？如何解决？

3) 建设少废农田、平衡施肥(完成)

在昆明市农业局土肥站的牵头下，各区县政府和农业部门积极推广平衡施肥技术，2001～2005 年，滇池流域累计推广平衡施肥 105 万亩(表 1-4)；推广“双室堆肥坑”2390 个，其中官渡区 2000 个，呈贡县 90 个，晋宁县 300 个。

表 1-4　十五期间滇池流域各区县平衡施肥情况

年份	官渡	西山	呈贡	晋宁	合计
2001	10000	20000	20000	100000	150000
2002		39000	20000	125000	184000
2003		23725	20000	171000	214725
2004	22000	24795	25000	178496	250291
2005	31000	30555	50000	145000	256555
合计	63000	138075	135000	719496	1055571

滇池流域湖滨地区农田平均每亩用化肥 58.1kg，平衡施肥平均可减少化肥施用量 20%～50%，对减少农田养分流失有积极有效的作用。平衡施肥可显著减少氮、磷肥的施用量，其中，氮肥用量减少 25%左右，磷肥用量减少 50%左右。施肥试验表明，平衡施肥可提高 7.2%的尿素利用率，使氮、磷流失率减少。如图 1-9 所示，晋宁推广最多，其次是呈贡和西山，官渡最少；平衡施肥是解决盲目施肥的有效方法，但是，目前采用的方法是指导性方法，即对面上进行粗略地、平均地指导，并没有根据具体土地提出指导，即没有实现一对一服务；不能达到精确施肥，仍达不到“缺什么补什么，缺多少补多少”的标准。没有对施肥总量进行控制，即没有按国际安全施肥量 15kg/(亩·a)进行控制，所以应进行“双控”，即“缺什么补什么，缺多少补多少”及施肥量(折纯 N、P_2O_5)小于或等于国际安全施肥量 15kg/(亩·a)。

理论上平衡施肥对减少化肥使用，减少氮、磷流失有十分有效的作用，但实施过程需要较大技术力量支持，且存在技术指标难以考核，实施效果无从检查的问题。

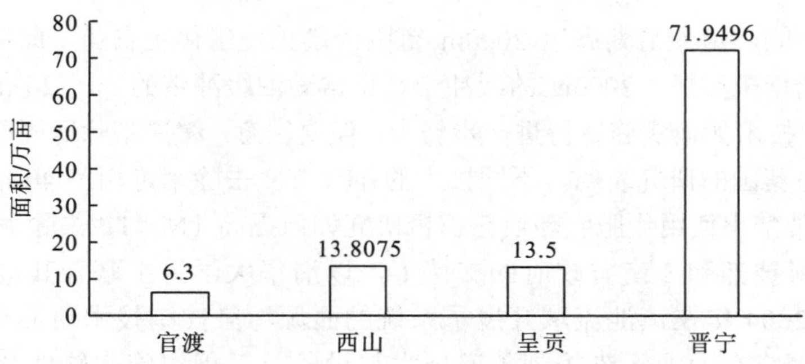

图 1-9　滇池流域 2001～2005 年平衡施肥推广情况

4) 推广农村卫生旱厕(完成)

旱厕技术是联合国环境规划署推荐的控制“人粪尿污染”的最佳实用技术，其目的是利用前置“固液分离器”将粪与尿分开，二者分别进入粪发酵器与尿发酵器，生产出高质固体有机肥与液体有机肥，变废为宝、化害为利，从根本上杜绝农村人粪尿污染问题。据 2007 年调查，昆明市政府计划在 2005－2007 年间，在滇池流域和松华坝、云龙水库水源地的农村推广普及旱厕技术，并在各县市城区主要饮用水源地进行示范，计划建设家庭卫生旱厕超过 10 万户，堪称一场声势浩大的“厕所革命”。截至 2006 年 1 月 9 日，全市已建成户厕 53806 个，公厕 183 个，户厕超计划建设完成 22410 个，但公厕的建设任务未能按计划完成，只完成了 33%。但经统计，各县(区)户厕的平均使用率仅在 15%～40%。实地调研中发现有些乡村使用率更低，如整个六甲乡建成的户厕有 5519 个，但投入使用的仅有 10 户左右，使用率不到 0.2%。有部分村子的使用率甚至为零，旱厕建好以后没有 1 户投入使用，如六甲乡的小河咀村。原因是建成的旱厕没有按滇池流域农民生活习惯设计，没有按示范带动、奖罚结合的办法实施，没有调动农民的积极性，所以造成旱厕变农具房的悲剧。新建旱厕应与旧厕所结合，并尽可能建在农户住房内，粪发酵器与尿发酵器则设在户外，设计容积应达到 180～360d 清一次的标准。并着重解决防臭、防虫、取有机肥、液肥口安全防盗问题。

2. 计划考核指标完成情况

“十五”末期，沿湖 15 个乡镇农田废弃物资源化率达到 60%，但是，呈贡、晋宁农村固体废弃物处理场并没有建成，因此这项考核指标没有完成。调查数据表明，固废在农村农业面源污染中 TN 占 20%、TP 占 27%，因此，固废资源化是解决固废的关键，否则将出现“垃圾围村”“垃圾围湖”问题。

“十五”末期，在官渡区、西山区、呈贡县、晋宁县滇池沿湖乡镇共建设 700 个垃圾收集间，配备 57 辆垃圾清运车。其中官渡区开展工作较早，投入较大，沿湖村镇垃圾收集清运处置率达到 60%，但其他区域工作处于起步状态，考核指标未达到。垃圾清运是实现垃圾“资源化”“无害化”“减量化”的前提，必须首先实现及时清运，才能实现控制固废污染。

“十五”期间，滇池沿湖周边 2000m 范围内禁止使用化肥农药，此项指标实施效果不明显，考核指标未完成。2000m 的缓冲带是正常湖泊缓冲带的 10～20 倍，可见政府决心之大，该工程技术如何实施有待进一步努力；但要注意，缓冲带除氮固磷是有一定技术条件的，荷兰与英国的研究表明，不同技术的 TP、TN 去除率可相差 40 倍。因此，在实现 2000m 缓冲带禁止使用化肥农药后应积极研究如何提高 TN、TP 去除率。

此外，在科技部和云南省政府的支持下，以清华大学为主联合其他单位组成的课题组于 2000～2004 年在滇池流域开展了系统的面源污染控制技术研究与示范，近 4 年的攻关工作，围绕在面源污染控制关键技术与设备、工程实施、软件开发、污染控制示范工程建设与运行等方面开展，主要在村镇生活污水氮磷污染控制、农村固体废物无害化处理、台地水土和氮磷流失控制、坝区农田产业基地氮磷污染控制、暴雨径流与农田排灌水氮磷污染控制、滇池面源污染综合控制与管理等六个方面取得了一系列重要研究成果(陈吉宁 等，2004)，为未来我国大规模面源污染控制提供了有益的经验和探索。

1.3.3.2 “十五”计划实施中存在的问题

农业面源污染治理投资严重不足。“十五”期间滇池农业面源污染治理工程项目投资 4687 万元，其中农村卫生旱厕投资 3500 万元，其余投资大多为各相关部门的日常工作经费，基本没有针对已批复的规划项目的专项经费。投资严重不足使项目难以达到农业面源污染治理的预期目标。

发展生产，增加农民收入与禁止或限制化肥农药使用的矛盾比较突出。目前推广的一些新型农药和生物菌肥、有机肥、微量元素肥料价格偏高，农民难以接受，使得相关污染治理项目实施困难。

农村固体废弃物处理场(垃圾收集池建设)污染治理效果不明显。虽然起到一定的示范作用，但作为推广项目，并没有形成一个有效的完整解决农村废弃物的运作机制。因为缺乏后续处理程序，部分农村固体废弃物堆放场变成了无法继续使用的无效场地。

沼气池和农村卫生旱厕的适用范围有限。虽然在滇池流域生态建设和农村卫生环境改善方面起到了很大的作用，但由于这两项技术有较大的区域选择性，因此并非全流域的农村地区都适用。

投资的结构性失衡。整个已完成的投资中，农村农田废弃物的资源化和农村生活垃圾清运和处理项目的投资占 1.6%，这对于日益严重的农村固体废弃物造成的面源污染来说，很不合理；对于预计能产生良好污染防治效果的平衡施肥项目来说，2.6%的投资比例同样显得远远不够。

减少化肥农药使用量、平衡施肥类项目在实施过程中存在的指标难以考核。实施效果无从检查，需要建立一套保障实施、考核检查的方法体系。

农村污水处理重视不够。随着农村生活质量和生活习惯的改变，农村人口生活污染的问题日趋严重，再加上农村大中型畜禽养殖场、农家乐度假村等的发展，农村生活污染对滇池污染的贡献日益加大，农村污水处理工程应给予足够重视。

1.3.4　滇池流域“十一五”农业面源污染防治措施

“十一五”期间，把发展生态农业、减少滇池农业面源污染作为滇池流域农业面源污染防治的重要举措，紧紧扣住昆明市滇池流域城乡一体化发展 6 年规划提出的“四退三还一护”(四退，即退耕、退塘、退房、退人；三还，即还湖、还林、还湿地；一护，即护水)工作，强化综合推进措施，全面开展农业面源污染治理工作。在滇池流域开展了涉及种植业、畜禽养殖业、水产养殖业及农村生活源四个污染源的普查工作，进一步明晰了农业面源污染对滇池污染的贡献率，为不同结构污染源产生的途径、贡献比例提供了基础数据；并实施农业面源污染防治项目与试验示范。

1.3.4.1　实施滇池流域农业面源污染治理工程项目

1. 农村面源污染控制示范工程

2007 年，在西山区、晋宁县启动了“滇池流域农业面源污染控制示范工程”的前期项目，按照《滇池流域农田径流污染控制示范工程实施方案》的原则组织实施。主要内容如下。

(1) 西山区海口镇芦柴湾村滇池流域农业清洁生产与面源污染综合防治项目。项目资金 50 万元。实施“大棚—三池”配套工程，建设“大棚—三池”98 套，使大棚种植形成“雨水—雨水池—灌溉”和“秸秆、粪肥—堆沤—耕地”相结合的封闭循环系统；实施村庄污水、裸地径流水处理工程，建设人工生态湿地 1646.8m^2；实施植保(IPM)综合防治技术工程，安置振频式杀虫灯 8 盏，增加覆盖面积 200 亩；实施测土配方施肥推广工程，实施面积 270 亩。通过项目实施，使芦柴湾村的生产、生活综合生态环境得到有效改善，总氮、总磷入湖负荷消减率达到 59.4%。

(2) 晋宁县上蒜镇石寨上海埂村滇池流域农业清洁生产与面源污染综合防治项目。项目资金 50 万元。实施双室堆沤池及“三池”配套工程，建设双室堆沤肥池 50 座，集粪池 30 个，三池配套(灌溉水回收池、粪池、堆沤池)农户 6 户；实施生态湿地修复工程，建设人工生态湿地 9.2 亩；实施植保(IPM)综合防治技术工程，安置振频式杀虫灯 8 盏，改造 17 盏，覆盖面积 600 亩；实施测土配方施肥推广工程，实施面积 1000 亩。通过项目实施，总氮削减率 69%，总磷削减率 55.2%。

(3) 村容村貌整治工程。2008 年省级下达昆明市村容村貌整治工程村 51 个，项目村共完成投资 3453.21 万元，除省级补助 510 万元外(每村补助 10 万元)，引导投入资金 2943.2 万元，占总投资的 85%；在 2943.2 万元拉动资金中，市、县、乡投入 1007.68 万元，占拉动经费的 34.2%；社会资金 624.39 万元，占拉动经费的 21.2%；群众自筹集资 1311.15 万元，占拉动奖金的 44.6%；群众累计投劳 46739 个。通过整治工程，项目村完成村庄道路硬化 49346.21m，新建村庄道路 22060.74m，支砌排灌沟渠 12362.37m，安装人畜引水管道 25189m，种植绿化树 161604 棵，绿化花草 27635m^2，安装路灯 247 盏(其中，太阳能 LED 路灯 40 盏)，建设文化室 67 个(共 2618.9m^2)、公厕 73 座、垃圾收集点 139 个，项目村村容村貌整治取得明显成效。

2008 年，结合省农业厅安排的七彩云南保护行动计划和乡村清洁示范工程项目，在西山区碧鸡镇选了两个基础条件较好的白草村和杨林港村做实验示范，共投入经费 26 万元(白草村投入 18 万元、杨林港村投入 8 万元)，主要实施了太阳能路灯(21 盏)亮化工程，农村生活污水处理工程(对原有的设施进行修复、完善)，建设 3 个垃圾收集池和 1 座公厕。

项目实施对项目村的村容村貌、卫生状况、农村生活污水减排起到了积极作用，为滇池水污染治理工作积累了一些经验，值得认真总结。

2. 水源区推广沼气池

按照“因地制宜、整体推进、多能互补、综合利用、讲求效益、开发与节约并举”的原则，以沼气建设为核心，把“一池三改”农村沼气建设与农民生活、农业生产、生态环境保护、农业面源污染治理和农民增收结合起来。在重点水源区已建设了户用沼气池 5277 口，同时，在滇池流域内建设大型沼气工程，使大型养殖场污水畜粪得到综合利用。农村可再生能源的普及进一步提高，促进了生态环境保护和地区经济的协调发展。

3. 测土配方施肥技术及面源减污控释化肥技术示范

计划在滇池流域实施测土配方施肥 12 万亩。项目经市政府立项，从 2007 年开始在松华水源区开展测土配方施肥推广，2008 年又启动了云龙水源区的测土配方施肥项目，2009 年新增晋宁县大河、柴河水源区、官渡区宝象河流域、五华区自卫村水库、寻甸清水海等重点水源区测土配方施肥推广。目前，在松华坝、云龙水库已累计完成测土配方施肥推广 28.5 万亩，投资 2100 万元，已完成“十一五”目标计划任务。

4. 畜禽养殖污染防治

按照昆明市“一湖两江”“四全”工作会议及“四退三还”工作要求，市政府出台了《昆明市人民政府关于昆明地区“一湖两江”流域范围规模畜禽养殖迁建扶持的指导意见》(昆政发〔2008〕60 号)、《昆明市人民政府关于进一步加快畜牧业发展的意见》(昆政发〔2008〕61 号)文件，已完成了集中养殖区、禁养区和限养区的划定工作，并对集中养殖区进行污染防治，很大程度上有效遏制了污染物的排放。截至 2009 年 9 月 30 日，滇池流域五华、盘龙等七个县区包括高新区、经开区、度假区等禁养区域已关闭搬迁畜禽养殖户 15751 户，畜禽 502.5894 万头(只)，其中：散养户 14203 户，畜禽 195.7192 万头(只)；规模户 890 户，畜禽 306.8702 万头(只)。

5. 农村秸秆粪便资源化利用工程

开展农田秸秆直接还田及农村固体废弃物、粪便的资源化利用。项目一直无专项经费，协调省级投资 100 万元，2008 年度在西山区海口镇海丰村委会芦柴湾村、晋宁县石寨村委会上海埂村实施清洁农业生产示范工程，共建设双室和三室堆沤池 148 个，年可堆沤秸秆 2960t(每池年堆沤 20t)。同时在流域内的规模养殖场启动建设了两座大中型沼气工程。

1.3.4.2　开展试验示范，积极探索滇池农业面源污染防治模式

1. 乡村清洁工程及农业面源污染防治技术示范

2006 年，开展“西山区羊草山乡村清洁工程及农业面源污染防治技术示范”项目。通过在示范村实施农村生活垃圾收集、农村生活污水净化处理、作物秸秆无害化处理、农田废弃物收集、病虫害生物防治、测土配方施肥、无公害生产技术培训等技术措施，取得了良好的示范效果，对全市乡村清洁工程及滇池农业面源污染防治技术的推广具有较好的带动和示范作用。

2. 实施“清洁乡村”工程

结合新昆明建设、滇池治理及新农村建设目标，围绕滇池流域水环境治理的要求，近年来，以农村新能源建设为突破口、农业清洁生产与面源污染综合防治为手段，实施“乡村清洁”工程。昆明市乡村清洁工程建设试点最早起步于 2001 年，主要做法：一是在不同区域建设生态农业模式，创造了“三结合”(沼气池、畜厩、厕所)、“五配套”(沼气池、畜厩、厕所、太阳能热水器及浴室、一眼节能灶)、“八个一”(一个沼气池、一眼节能灶、一个卫生厩、一个卫生厕所、一个太阳能热水器及浴室、一个小水池或水窖、一个青贮饲料氨化池、一块防护林或经济林)的以沼气为中心环节的生态农业建设模式。二是按照“公共植保、绿色植保”理念，在滇池流域和水源区围绕农业清洁生产、滇池面源污染治理等重要工作，以降低滇池面源农药施用量、避免农业环境和农产品中的农药残留污染为目的，创建“IPM 示范村”推广模式，实施“IPM”技术措施，实施“五个一”工程，即：“一盏灯”(物理灭虫灯)、“一张纸”(黄板)、“一瓶水”(性诱剂)、“一所学校”(有害生物农民田间培训学校)、“一袋肥”(生物有机肥)，有效降低农药、化肥使用量，减少农业面源污染。

“十一五”期间，昆明市 14 个县(市)区共累计建立“IPM 示范村”50 个(2005 年 1 个，2006 年 3 个，2007 年 17 个，2008 年 22 个，2009 年 7 个)，其中在滇池流域建立“IPM 示范村”15 个(2005 年 1 个，2006 年 2 个，2007 年 5 个，2008 年 4 个，2009 年 3 个)。通过示范，“IPM 示范村”示范区减少农药施用量 53.9%，病虫控制效果 91%～95%，降低施药和药剂成本 156～267 元/亩，产生经济效益 346.86 万元，所有农产品农残检测为零，农田土壤和地下水无新增农药残留。各示范区村社建设向生态、和谐方向发展；辐射区减少农药施用量 28.4%，病虫控制效果 83%～95%，降低施药和药剂成本 57～129 元/亩，产生经济效益 10927.5 万元，农产品农残检测不超标，为全市、全省乃至全国作出示范表率，同时受到联合国粮农组织考察官员、农业部相关部门的高度评价。

3. 实施农村沼气工程

按照“因地制宜、整体推进、多能互补、综合利用、讲求效益、开发与节约并举”的原则，以沼气建设为核心，把“一池三改”农村沼气建设与农民生活、农业生产、生态环境保护、农业面源污染治理和农民增收结合起来。按照“十一五”期间每年建设农村户用沼气池 10000 口的规划目标，2006 年至 2008 年，共建设农村户用沼气池 34000 多口，全

市累计建池 138535 口，至 2009 年 9 月 30 日，滇池流域及重点水源区建设沼气池 5683 口。按户均产气量 $400m^3$ 计算，总产气量达 $5541\times10^4m^3$，年可节约薪柴 27.7×10^4t，相当于 48 万亩薪炭林一年的生长量，减少水土流失 44×10^4t，减排二氧化碳 22.3×10^4t，二氧化硫 0.19 万吨，节约燃料费、电费 8312.1 万元，同时为农户增收节支 13853.5 万元。农村可再生能源的普及程度进一步提高，促进了生态环境保护和地区经济的协调发展。

4. 生态示范村建设

围绕《中共中央国务院关于推进社会主义新农村建设的若干意见》提出的社会主义新农村建设“生产发展、生活宽裕、乡风文明、村容整洁、管理民主”五方面内容，“十一五”期间，在滇池流域范围内配合整村推进实施了 50 个生态示范村建设。主要做法是在不同区域建设生态农业的模式，创造了“三结合”（沼气池、畜厩、厕所）、“五配套”（沼气池、畜厩、厕所、太阳能热水器及浴室、一眼节能灶）、“八个一”（一个沼气池、一眼节能灶、一个卫生厩、一个卫生厕所、一个太阳能热水器及浴室、一个小水池或水窖、一个青贮饲料氨化池、一块防护林或经济林）的以沼气为中心环节的生态农业建设模式，以循环经济的思路对资源再利用，减轻生活源的污染负荷。项目村以昆明市社会主义新农村建设“九有”目标和村容村貌整治工程为主要内容，充分发挥整治资金导向作用，广泛动员和组织群众集资、投工投劳，以“三清三改”（清垃圾、清路障、清污沟、改水、改厕、改路）为突破口，实施生态保护工程；规范“五堆”，整治“五乱”，改变脏、乱、差的状况；优化调整产业结构，发展生态经济和绿色经济；改善农村基础设施建设，实现经济、社会事业和环境保护的协调发展；培育新农民、发展新产业为支撑，以生态示范村建设和村容村貌整治为切入点，改善生态环境状况，提高人居环境质量。

5. 加快农业产业结构调整

滇池流域农业生产依托昆明市，土地开发强度高，环境污染负荷重，同时城市扩张速度也在加快。从中长期城市区域经济发展的角度，滇池流域农业产业的比较优势将会逐渐减小。为此，市委市政府制定出台了《中共昆明市委、昆明市人民政府关于加快推进滇池流域城乡一体化工作的指导意见》（昆通〔2008〕10 号文），2009 年出台了《昆明市人民政府办公厅关于全力推进都市型现代农业发展 4210 工程的实施意见》（昆政办〔2009〕107 号文）等农业产业规划有关文件。按照“三化”化“三农”、带“三农”、服务“三农”的思路，规划滇池流域农业产业结构，以生态农业、循环经济的生产模式从事农业生产。

规划在滇池流域地区的种养殖业，实施“东移北扩”工程。滇池核心区域内继续巩固完善“四退三还”成果，以生态效益替代农业效益。核心区外的地区按照“都市型现代农业的发展规划”要求，在保证提供城市必需农副产品的基础上，适当降低土地复种指数，发展以精品蔬菜、花卉苗木、优质草坪等为主的园艺产业，建设精品农业和旅游农业，把“四个中心”作为发展方向，增加农业附加值，促进农业发展的产业化、园区化和规模化。

1.3.4.3　滇池流域农业面源污染治理存在的问题

1. 农业面源污染形势日益严峻

由于滇池流域核心区高密度、高强度的农业开发，农药、化肥使用量大。蔬菜(4 茬计)花卉每年每亩施用尿素、复合肥、普钙、钾肥的用量一般为 280kg。其中氮肥 38.40kg、磷肥 18.47kg、钾肥 17.96kg、复合肥 179.89kg，中量元素 23.09kg，微量元素 2.47kg。过度使用化肥，给滇池周边农业生态环境带来了不同程度的破坏；过度开垦，使得滇池湿地面积缩小，加之缺乏农业源治理项目，农业面源污染防治仍是当前的重要工作。

2. 农业面源污染治理的政策措施不配套

退耕难度大。在滇池流域核心区 2920km^2 范围内，实施“四退三还”的重大决策，实施蔬菜花卉生产东扩南移的发展计划，这不仅是治理滇池污染的重要举措，更是落实科学发展观、推进滇池流域城乡一体化进程的迫切要求。滇池流域核心区以外的宜良、石林、寻甸、禄劝、东川等地发展蔬菜花卉生产的潜力巨大，但基础条件和栽培设施比较薄弱，远不能满足生产的需要。东扩北移进展缓慢。截止到现在，环湖公路以内已退出耕地 6850 亩，缺乏必要的引导性扶持政策，退耕难度较大。

规模养殖户搬迁新建进展迟缓。虽然部分县(市)区已积极规划了部分养殖区域，为承接禁养区的养殖户转移做了大量基础工作，但由于新的养殖小区占地面积大，一般都规划在远离村庄、相对偏僻的位置，“三通一平”的投入较大，仅仅依靠养殖迁建户投资建设，困难较大。由县(市)区政府投入，又因承接县区财力困难，投入有限，导致新的养殖小区短时间内难以落实建成，禁养搬迁新建工作进展缓慢。

散养户“禁养”工作难以落实。目前，虽然各县(市)区都按照要求积极开展了散养畜禽“禁养”工作，但由于种种因素，处置工作难度较大，工作进展缓慢，部分地方还出现回复饲养现象。据调查了解，主要原因：一是散养户的生活传统难改。多数农户都有养年猪杀年猪的生活习俗，常年延续下来的生产生活习俗很难改变。二是散养具有普遍性。散养户虽然涉及畜禽量不大，但涉及农户多，带有一定的普遍性。按规定散养户不享受政策补偿，导致禁养工作难度增大。三是散养户的禁养阻力大。家庭式养殖是大多数散养户的主要经济来源，“禁养”后大部分农户暂时难以找到合适的替代产业，“禁养”工作阻力很大。四是扶持政策不配套。部分有一定规模，但又达不到补偿标准的养殖户，普遍对“禁养”存在抵触情绪。

推广有机肥、生物肥、生物农药阻力大，困难多，工作难以开展。滇池流域有耕地 55.43 万亩，大部分还沿袭着粗放的传统农耕方式，集约化、规模化、现代化程度不高，推广新的栽培技术和有机肥、生物肥，以及低毒、低残留农药，工作难度很大。主要原因是，使用化学肥料、农药成本低，见效快，操作方便，劳动强度低。使用有机肥、生物肥及生物农药，成本高，见效慢，劳动强度大，缺乏政策引导和资金补助，农户不易接受。

3. 农业农村面源污染治理投资严重不足

滇池流域面源污染治理工作已经纳入各级政府的议事日程。工业治理有资金，城市污水治理有专项投入，农业面源污染治理仍然是个空白，还没有引起足够重视。根据滇池流域“十一五”防治规划，晋宁区农业农村局需承担的五个项目(农村面源污染控制示范工程、水源区推广沼气池、测土配方施肥技术及面源减污控释化肥技术示范、畜禽养殖污染防治、农村秸秆粪便资源化利用工程)共需投资 2.3 亿元，目前，专项经费尚未落实。农村面源污染治理必要的试验示范及推广经费应纳入财政预算。因此，建议各级政府重视此项工作，落实专项治理经费。

1.3.5 滇池流域“十二五”农业面源污染治理措施

1.3.5.1 滇池流域水污染防治总体情况

《滇池流域水污染防治规划(2011—2015 年)》综合分析了规划期内滇池流域社会经济发展压力和水环境质量改善需求，根据滇池“十一五”规划的经验及延续，以“六大工程”(环湖截污、外流域引水及节水工程、入湖河道整治工程、农业农村非点源污染治理工程、生态清淤工程)为主线推进滇池的治理。

“十二五”期间，规划项目分 5 大类，共计 101 个项目，总投资 420.14 亿元。5 大类项目包括：城镇污水处理及配套设施项目 35 个，投资 148.59 亿元；饮用水源地污染防治项目 6 个，投资 3.61 亿元；工业污染防治项目 5 个，投资 4.41 亿元；区域水环境综合整治项目 54 个，投资 263.41 亿元；畜禽养殖污染防治项目 1 个，投资 0.12 亿元。

截至 2015 年底，已完成项目 67 个，在建项目 25 个，项目完成率 66%，完成投资 289.79 亿元，投资完成率 69%。“十二五”期间规划剩余 23 个项目转接至“十三五”。

截至 2015 年底，滇池流域化学需氧量排放量为 1.78×10^4t，比 2010 年削减 12.8%；化学需氧量工业和生活源、农业面源排放量分别为 1.47×10^4t 和 0.31×10^4t，比 2010 年分别削减 11.6%和 18%。氨氮排放量为 0.48×10^4t，比 2010 年削减 13%，其中工业和生活源、农业面源排放量分别为 0.43×10^4t 和 0.04×10^4t，比 2010 年分别削减 12%和 22%。总氮和总磷(工业和生活)排放量分别为 0.52×10^4t 和 340t，比 2010 年削减 10.5%和 11.5%。完成了《滇池流域水污染防治规划(2011—2015 年)》的总量控制目标。

2015 年，滇池外海除化学需氧量(48mg/L)、总磷(0.106mg/L)外，其他指标达到Ⅳ类水标准；滇池草海除化学需氧量(42mg/L)、总氮(5.09mg/L)外，其他水质指标达到 V 类水标准。16 个考核河流断面中，除新运粮河、海河两条河流外，其余 14 条河流达到考核要求；滇池水质指标基本达到《滇池流域水污染防治规划(2011—2015 年)》的目标要求。2015 年考核的 7 个集中式饮用水源地水质良好，松华坝水库、自卫村水库、宝象河水库、双龙水库水质为Ⅱ类，其余三座水库水质为Ⅲ类，完成了《滇池流域水污染防治规划(2011—2015 年)》集中式饮用水源地保护目标。

1.3.5.2　滇池流域农业面源污染治理主要任务

滇池流域在昆明市经济发展中的区域位置十分重要，不仅是昆明市农副产品主要的生产加工基地，也是云南省农产品主要的物流贸易中心。流域内由于土地集约化经营程度高，城市化水平相对较低，农业面源污染治理任务繁重。

农业面源污染来源复杂，涉及面广，由于滇池流域所处的特殊地位，在制定污染防治措施时，应重点规划，统筹兼顾，以农业产业规划为引导，按照生态农业建设标准，结合各项污染物减排措施，降低农业面源污染负荷，形成污染防治长效机制。“十二五”期间，滇池流域农业面源污染治理主要工作任务包括 5 个方面。

1. 建立动态农业面源污染监测体系

流域范围内对种养植业的化肥、农药、作物秸秆、畜禽粪便的生产、利用情况进行年报统计。按照不同类别的污染源，设置监测点，对主要的污染物指标进行定期、定量监测，及时分析数据，为污染防控提供决策依据。①土壤养分长期监测定位点。滇池流域重点水源区、主要入湖河道周围、滇池沿湖范围内为主要设点区域，建立土壤养分长期监测定位点，对土壤中氮、磷的变化及流失进行取样监测，摸清不同土壤在不同栽培模式下的养分变化状况，计划流域设置定位监测点 200 个。②化肥、农药使用情况监测体系建设。在流域范围内，以县、乡一级为统计填报单元，对区域内主要推广运用的化肥、农药品种的使用情况进行定期统计。同时，在污染监控重点区域设置一定数量的典型农户调查表，进行抽样统计。③秸秆、农用地膜资源利用情况调查。流域范围内，以行政区划为统计单元，按年度对不同种类的农作物秸秆及农业地膜的产生量、丢弃量、利用率等使用情况进行调查。④养殖业污染监测。对流域内猪、奶牛、肉牛、蛋鸡、肉鸡专业养殖户和规模养殖户的存栏、出栏及生产污水等排放情况，以县级为单位进行统计上报，通过折算，分析畜禽粪便、污水排放量。

2. 农业标准化生产体系建设

推进无公害农产品基地建设，加快无公害农产品、有机、绿色食品质量安全认证，制定完善、安全、生态、环保的种、养殖业生产规范标准。

3. 生态村建设工程

以滇池流域推进城乡一体化进程为引导，加快城市化服务水平。按照生态村建设标准，以建设“清洁水源、清洁家园、清洁田园”为目标，以乡村清洁工程为载体，流域范围内全面实施“乡村清洁工程”，加快以建路、改水、改房、改厨、改厕、改厩、公共卫生、村庄绿化工程、生活污水集中处理为主要内容的村容村貌及环境整治工程；在有条件的区域，积极推广农村户用沼气，加快规模养殖场大中型沼气建设工程。加快电能、沼气、秸秆燃气、太阳能、水能、风能、秸秆等可再生清洁能源的推广运用。据统计，滇池流域涉及昆明市 7 个县(市)区的 56 个乡镇(办事处)，应首先以滇池流域重点水源区、36 条入湖河道周边、滇池沿湖的农村为重点，分批实施生态村建设工程。制定可行的实施方案，统一规划，分步实施，完善和细化生态村评价标准，通过 3～5 年的建设周期，逐步达到或接近国家生态村标准要求。

4. 农业产业结构调整

滇池流域农业生产依托昆明市，土地开发强度高，环境污染负荷重，同时城市扩张速度也在加快。从中长期城市区域经济发展的角度，滇池流域农业产业的比较优势将会逐渐减小，随着城乡一体化进程的加快，区域内农业产业的发展，要符合市委市政府“城乡一体化”规划及“四中心二平台十大措施”农业规划有关要求。按照“三化”化“三农”、带“三农”、服务“三农”的思路，规划滇池流域农业产业结构，以生态农业、循环经济的生产模式从事农业生产。制定滇池流域都市农业产业结构规划。规划滇池流域种养殖业，实施“东移北扩”工程。滇池核心区域内继续巩固完善“四退三还”成果，以生态效益替代农业效益。核心区外的地区按照“都市型现代农业的发展规划”要求，在保证提供城市必需农副产品的基础上，适当降低土地复种指数，发展以精品蔬菜、花卉苗木、优质草坪等为主的园艺产业，建设精品农业和旅游农业，把“四个中心”作为发展方向，增加农业附加值，促进农业发展的产业化、园区化和规模化。转变农业生产模式，以生态农业、循环经济的理念发展农业生产，通过政府主导，引进龙头企业，以市场为纽带，通过不同的生产要素，将具有上下游共生关系的农副产品加工企业集中在一个相对封闭的园区内，让有害污染物在园区内闭路循环，实现资源的“减量化、资源化、再利用”；促使农业向节本增效、精准农业的生产方式转变，推广设施农业，发挥集约种植优势；建设无公害农产品、绿色食品和有机食品基地，完善地方性农产品标准化体系建设。

5. 清洁农业生产工程

①测土配方施肥推广。测土配方施肥是农业节本增效，减少化肥流失，降低面源污染负荷的主要技术措施之一。根据调查统计，滇池流域七个县区 2008 年化肥施用总量为 34787.37t，其中，氮化肥 14895.82t，磷肥 6052.758t，并有逐年升高的趋势，化肥流失在农业面源污染构成中占有较大的比重。加快在流域范围内全面推广测土配方施肥，建立流域不同土壤、不同作物区域类型的施肥指标体系，加大生物有机肥、缓/控施肥的推广运用。②IPM 生物综合防治技术推广。引导农民安全、合理使用农药，禁用、禁售高毒、高残留农药。全面在流域内推广病虫害高毒高残留农药替代技术，并给予财政扶持。加大财政投入，建立“IPM 示范村”。开展“IPM 农民田间学校”培训，让农民学习掌握并在生产中使用各类物理、生物技术和高效低毒无残留农药。③沼气池推广工程。以沼气建设为核心，按照“因地制宜、整体推进、多能互补、综合利用、讲求效益、开发与节约并举”的原则，推广农村户用沼气，把“一池三改”农村沼气建设与农民生活、农业生产、生态环境保护、农业面源污染治理和农民增收结合起来；对专业养殖小区及规模养殖场，需加快大中小型沼气池处理建设工程，集中对畜禽粪便及生产生活污水进行集中处理，达标排放。④秸秆资源化利用工程。针对秸秆产生的途径、种类的不同，结合滇池流域生产特点，因地制宜，加快秸秆资源化利用方式的多元化发展，合理确定秸秆用作肥料、饲料、食用菌、燃料、工业原料和生物质发电等不同用途的发展目标。推广秸秆还田，加快秸秆气化

技术的运用研究。⑤农田径流水污染控制示范工程。针对滇池流域农村面源污染构成及污染程度的不同，在农业生产用水和农村生活污水集中排放的区域，采用综合工程措施对设计范围内的村庄生活污水、农田面源径流污水和农业固废进行有效的控制处理。实施农田径流水的减排技术，采取生物拦截工程和湿地处理相结合的方式，恢复农田耕地生态沟渠建设，种植水生植物，实施氮、磷拦截过滤工程，减少氮、磷流失，因地制宜建设生态湿地，末端处理氮、磷流失，达到清洁排放的目的；开展植保综合防治技术(IPM)工作；开展农作物秸秆双室或三室堆沤和微生物腐熟剂堆沤成有机肥后还田技术推广工作；推广测土配方工程，从源头减少化肥使用量。

1.3.6 滇池流域“十三五”农业面源污染治理措施

《滇池流域水环境保护治理“十三五”规划(2016—2020 年)》的规划目标为，到 2018 年，草海稳定达到Ⅴ类，到 2020 年滇池湖体富营养化水平明显降低，蓝藻水华程度明显减轻(外海北部水域发生中度以上蓝藻水华天数降低 20%以上)，流域生态环境明显改善，滇池外海水质稳定达到Ⅳ类(COD≤40mg/L)；“十三五”期间，盘龙江、洛龙河水质稳定保持Ⅲ类，新宝象河、马料河、大河(淤泥河)、东大河水质稳定保持Ⅳ类，船房河、茨巷河、大观河、捞鱼河、金汁河水质稳定保持Ⅴ类；到 2020 年，西坝河等其他主要入湖河流水质稳定达到Ⅴ类，7 个集中式饮用水源地水质稳定达标。

规划项目总计 107 个，总投资 159.24 亿元。其中新建项目 84 个，投资约 98.56 亿元，结转“十二五”项目 23 个，投资 60.68 亿元。

107 个规划项目分为四类，其中：城镇污水处理及配套设施项目 33 个，投资 78.51 亿元；饮用水源地污染防治项目 9 个，投资 1.55 亿元；区域水环境综合治理项目 47 个，投资 71.85 亿元，环境管理类项目 18 个，投资 7.33 亿元。

截至 2018 年底，44 个项目完成建设，项目完工率达 41.12%，52 个项目正在实施，10 个项目在开展前期工作，1 个项目受地铁施工影响尚未启动。转接到“十三五”的 23 个项目，有 12 个完成建设，11 个正在加紧实施。

水质目标完成情况具体为：①湖体，2016 年滇池全湖年均水质由劣Ⅴ类好转为Ⅴ类，2017 年滇池全湖年均水质继续保持Ⅴ类，2018 年，全湖年均水质为Ⅳ类，营养状态转为轻度富营养化，草海、外海水质达到国家考核要求。②河道，截至 2018 年底，滇池 35 条主要入湖河道水质为Ⅰ—Ⅲ类的优良断面有 12 个，水质为Ⅳ类的轻度污染断面有 10 个，水质为Ⅴ类的中度污染断面有 3 个，水质为劣Ⅴ类，评价为中度污染的断面有 6 个。与 2014 年相比，河道优良断面的比例由 12.5%上升至 38.7%，劣Ⅴ类水质比例由 31.3%下降为 19.4%，河道总体水质状况由中度污染好转为轻度污染。③重要水源地，滇池流域纳入国家考核的 7 个集中式饮用水源地，除晋宁区柴河水库年均水质超标为Ⅳ类水外，其余 6 个饮用水源地年均水质均达到Ⅲ类及以上。

“十三五”期间，滇池流域全面推进农业生态建设。大力发展生态循环农业，开展农业清洁生产，实现“一控两减三洁净”(即控制农业用水总量，减少化肥农药使用量，实现畜禽粪便、农膜、秸秆基本资源化利用)；2017 年推广农村太阳能热水器 6700 台，占任务数的 100%；省柴节煤炉灶 13500 眼，占任务数的 100%；完成滇池流域水环境综合治理推广测土配方施肥面积 33 万亩，100%完成全年任务；建设完成大型沼气工程 4 座，秸杆还田 125 万亩，规模养殖场畜禽畜禽粪便综合化利用 187.63×10^4t，综合利用率 96.59%。

1.4　滇池流域农村面源污染治理项目技术概要与实施情况

基于收集到的具体工程的实施方案、可行性研究报告或项目实施总结报告，根据项目处理的污染类别，将滇池流域有关农业面源污染治理的具体工程项目进行了分类总结。可分为种植业与养殖业污染控制类、农村生活污染控制类和农业面源污染综合控制类三大类。现简述几个典型性、代表性较好的实施项目。

1.4.1　种植业与养殖业固废污染控制类

1. 秸秆粪便资源化科技实验示范研究

2004 年，在马金铺乡庄子村投资 20 余万元，建成了 15t/d 节能型 A^2/O 液固联合发酵高温堆肥集中处理、100m^3/d 农业生态工程处理农村分散污水、农田排废三联循环处理池等工艺试验装置。系统开展了秸秆粪便资源化集中处理，集水区农业生态工程处理农村生活污水，农田排废收集循环处理利用，基质育苗、全面平衡组合施肥等技术工艺研究试验等工作，取得阶段性成果。

为了满足秸秆粪便集中深化处理和有机复合栽培机制、缓释性有机－无机复合肥等资源化产品规模化、标准化、工业化生产的要求，2004 年 5 月起，提出进行工业化实验装置建设实施的技术方案，在马金铺村昆洛公路 26km 处关坡，采用 A^2/O 液固联合发酵堆肥处理、半化成喷浆复混工艺建设秸秆粪便复肥化综合处理示范工厂。截至 2004 年底已累计完成投资近 400 万元，初步建成 100t/d 秸秆粪便液固联合发酵堆肥集中处理工业化生产试验装置，对各种蔬菜、花卉、水葫芦、紫茎泽兰及各种禽畜粪便等混合多汁秸秆粪便进行堆肥集中处理试验，取得良好试验效果。

秸秆处理与有机肥生产结合，化害为利，变废为宝。农村农业生产生活污水资源化利用，基质育苗的基质生产等技术是具有运用前景的技术。

2. 利用畜禽粪便和农业固体废弃物生产生物活性有机肥

利用鸡、猪、牛、羊等畜禽粪便及农作物秸秆为原料，运用生物发酵技术，经科学加工处理(高温发酵、杀菌、出臭、干燥)，制成具有生物活性、品质优良、肥效稳定的绿色、环保的有机肥料。将畜禽粪便和农业废弃物集中处理，并进行资源化利用，减少入湖污染物排放量，控制滇池面源污染。利用畜禽粪便及农业废弃物生产生物活性有机肥并大面积推广应用，以减少化肥施用。传统有机肥加工方法是将畜禽粪便收集，人工进行堆沤；20 世纪 70 年代，意大利等国研究并应用烘干法处理鸡粪，80 年代末我国引进该方法；近年来，各国研究利用高新技术处理畜禽粪便加工有机肥，美国、芬兰、日本研制出生物发酵法。该项目采用翻抛发酵加工工艺，使用自主开发的菌种进行有机肥工厂化生产，工艺流程为：新鲜作物秸秆物物理脱水—干原料破碎—分筛—混合(菌种＋鲜畜禽粪便＋粉碎的农作物秸秆＋草煤＋中微量元素)—堆腐发酵—温度变化观测—翻堆—水分控制—分筛—成品—包装—入库。同传统有机肥加工方法相比，有如下特点：①发酵时间短。首先采用工厂化发酵工艺，接种高效活性菌种，使微生物快速形成优势菌，缩短发酵时间，加速脱臭，一般 7～8d 即可完成脱臭腐熟，而农家肥常规堆沤，夏天需 15～20d，冬天需 2～3 个月。②能耗低。该发酵工艺利用生物热可蒸发大量水分，耗能低，省煤、省电、劳动强度小，能较好控制发酵湿度，减少有效态物质的损失。③环境污染小。采用封闭设备，加强工厂化生产的可控性，减少蚊蝇寄生源的传播。

3. PGPR(植物根际促生菌)生物有机肥产业化生产及试验、示范与推广

将畜禽粪便、农作物秸秆等农业有机废弃物通过微生物发酵技术进行集中无害化、资源化利用，实现生物有机肥产业化生产；在滇池沿湖地带 2000m 范围内，通过增施生物活性有机肥，开展化肥、化学农药减量施用的试验、示范和大面积推广应用；将两者结合，实现工业产品(化肥)—农业生产—农业废弃物(畜禽粪便、秸秆等)—农业生产的养分资源重复循环利用，以控制土壤、滇池水体富营养化，减轻、治理滇池流域农业生产产生的农业面源污染。

4. 微生物发酵秸秆垫料养猪技术

猪圈挖深 1.5m，铺 30～50cm 秸秆，猪排粪有其固定点，将粪摊匀，之上再铺秸秆。形成厌氧环境，经乳酸菌等发酵，可除臭味，之后一起清理。由于粪料已经发酵，成为有机肥料，因此可达到零排放。该技术示范项目目前在五华区落实 16 户养殖户，每户养殖量 50～300 头。

5. 梅子村生物菌肥厂

采用江西“大地旺”菌剂进行农业固体废物的处理利用：将“大地旺”微生物菌液进行培养扩大，然后喷洒到混合均匀的农家肥和农业固体废物进行沤制，根据制作形成的状态可分为固体肥和液体肥，其中，固体肥可作为底肥和追肥施用。

自梅子村生物菌肥厂建成(2001 年 4 月)至 2003 年 11 月 18 日，共处理了农业固体废物 2562t，加工生产生物有机肥 2050t，实现推广应用面积约 400 亩，同时也为梅子村农村卫生环境改善带来了良好的效果。但是梅子村生物菌肥厂运行费用较高，约 57～72 元/t，自从村上接手，仅 2004 年就已补贴了 3 万元的费用。另外，该厂生产出的生物有机肥养分，有机物含量、无害化指标均不能达到国家颁布的有机肥标准，也没有相应的包装和储存条件，致使常在市场上流通销售不畅，农民接受程度低，且产生农户需肥与肥料厂生产之间的矛盾，增加了处理成本，几乎没有经济效益。因此，这个生物菌肥厂现在是否还在

正常运行就不得而知了。

6. 宝兴村秸秆气化站

秸秆气化是一种生物质热解气化技术，该技术利用气化炉等系列装置，将作物秸秆进行气化，使其生成 CO、H_2 和甲烷等可燃气体。2000 年在市县乡政府的帮助下投资 112.4 万元建起了一座占地 5 亩，日处理干秸秆 200kg，产气 500m^3 的秸秆气化站，使全村 160～170 户农户受益。气化站建成后共计运行了约 800 多天，一定程度改善了农村的卫生环境及农村生活。由于运行费用、管理等问题导致该站于 2003 年停运，使得农村固体废物处理恢复到昔日的“农户随意处理处置”的状态。

1.4.2 农村生活污染控制类

1. 滇池流域农村生态卫生旱厕科技示范项目

生态卫生旱厕使用后，将使农村每年产生的人类粪便得到有效利用，从而减少对滇池 N、P 污染物的注入。推广生态卫生旱厕替代水冲厕所，具有五个方面的显著特点：有效回收粪便、改善农村卫生条件、资源化利用、节约水资源(与普通水冲厕所相比，每农户可节约水 40L/d，使居民生活用水量相应减少 1/3、节约污水处理投资(生活污水中 85%以上的氮、磷、有机污染物及 30%的水量来自厕所，采用生态卫生厕所替代传统的水冲厕所，在滇池流域相应区域，可减少集中式污水处理厂的建设)。粪尿分集式生态卫生旱厕把粪和尿分开收集，把数量较多、富含养分且基本无害的尿直接利用；把数量较少、危害性较大的粪便单独收集进行无害化处理，处理后的粪便作为优良的土壤改良剂用于农业生产，实现生态上的循环。

在滇池流域 3 个村庄分别试点实施了农村生态卫生旱厕技术，共计示范生态卫生旱厕户厕 256 座，公厕 4 座。其中：晋宁县中和乡太史村委会湾子村建立户厕 127 座，公厕 2 座；呈贡县大渔乡大河村委会中和村建立户厕 112 座，公厕 2 座；呈贡县七甸乡胡家庄村委会胡家庄建立户厕 17 座。

2. 滇池流域农村生活垃圾集中收运处置实施方案

主要包括管理方面和系统建设两方面。管理方面建立了“组保洁、村收集、乡(镇)办事处运转、县(区)处置”的机制，明确了各级责任，确定责任主体，层层落实，确保生活垃圾得到有效收集、清运和处置。系统建设方面建立和完善滇池流域三县四区农村垃圾收集清运处置系统，进行基础设施建设(垃圾收集间、垃圾收集站、垃圾中转站、垃圾处置场)，配置清运保洁人员，购置清运车辆。

当然实施过程中发现，“组保洁、村收集、乡(镇)办事处运转、县(区)处置”的机制不适用于山区，只适用于“湖滨带”“山前台地”，因为“中山山地”交通成本太高，只能“就地处理”。

3. 官渡区宝丰、海东、福保社区生活污水处理项目

“短程沟酸化沉降处理＋土地处理＋湿地处理系统＋调控处理”技术可用于城市居民小区生活污水、村镇污水以及与其水质相类似的养殖等行业废水的处理，有效削减面源污染负荷。该技术由集水区排水沟系汇至总排水沟道，在沟道末端，根据水量、水质情况，改造建设短程氧化沟，短程氧化沟主要由初沉池、多级渗滤氧化沟和配水池组成。在正常状态下，对农村面源污水进行除渣、沉降、酸化、过滤、氧化处理；暴雨状态下，对农村面源污水进行分流、泄洪和正常处理，经短程氧化沟预处理后，面源污水进入土地生态系统，进行以土壤渗滤、植物强化为主的深度处理，达到脱磷、脱氮、去除悬浮物、削减 COD 的作用，同时增加土壤水分和空气湿度，实现污水处理与资源化利用一体化，通过去除水体污染物和减少污水排放量的双重作用，削减农村面源污水对水环境的污染负荷。

示范建设 3 套农村社区面源污水分散式处理工程。单套工程直接控制面积：$2km^2$，收集、处理、利用社区面源污水 $30×10^4m^3/a$。其中：农村生活污水处理能力 $120m^3/d$，农村面源污水处理能力 $2000m^3/d$。处理出水排入河、湖水质达到《城镇污水处理厂污染物排放指标》(GB 18918—2002)中一级 A 标准。

4. 盘龙江入湖河口农村面源污水处理示范工程

在滇池流域建设农村垃圾、污水、农田径流等污染治理工程，分散污水处理系统(一体化净化槽)。示范建设 2 套农村社区面源污水分散式处理工程，工程控制面积：$0.5km^2$，收集、处理、利用洪家小村面源污水 $33.46×10^4m^3/a$。污水经处理达到地表水Ⅴ类水质标准后排入滇池。

5. 分散生活污水处理技术

为解决滇池沿岸无法采用集中处理的方式处理生活污水的问题(城市管网不覆盖，临湖岸较近等情况)，以及为集中处理不经济的分散生活污水提供技术支持，需筛选成熟、有效的污水处理技术用于分散生活污水的处理，达到“提高技术成熟程度，提高可操作性”的科技示范预期效果。因此，应对滇池流域分散生活污水进行分类，根据分散生活污水的不同类型和处理后排放的不同去向、用途提出最佳适用技术工艺。

根据分散生活污水的来源分为四大类：集镇类，散布的村落类，疗养、独家、别墅类，生活社区类。分别选择呈贡县马金铺、高海公路沿线古莲村、滇池旅游度假区华信房地产开发建设的别墅区、晋宁昆阳农场为示范点，分别代表这四类分散生活污水来源并选择接触氧化、人工湿地、一体化氧化沟、A^2/O 法四类工艺分别进行处理。

1.4.3 农业面源污染综合控制类

1.4.3.1 “滇池流域面源污染控制技术”研究报告

为了寻求系统的面源污染控制与治理技术，基于滇池流域面源构成类型与输移途径，开展“滇池流域面源污染控制技术”的研究与示范。研究的总体思路是：源头控制、资源回用、技术实用、总量削减和优化管理，通过区域内面源污染的有效控制和生态环境的显

著改善、促进示范区经济效益的提高和生活品质的改善。由此，村镇生活污水氮磷污染控制、农村固体无害化处理、台地水土和氮磷流失控制、坝区农田产业基地氮磷污染控制、暴雨径流氮磷污染控制、流域面源污染综合控制与管理构成课题的关键创新技术。

创新技术在面源污染控制关键技术与设备、工程实施、软件开发、污染控制示范工程建设与运行等方面取得了重要研究成果。在处理村镇生活污水的复合生态床、地下土壤渗滤技术和缺/好氧低能耗生物滤池技术，农村固体废物资源化处置的有机-无机多功能复混肥生产技术，农户型双室堆沤肥成套技术，农业化肥减量的精准化平衡施肥技术及其智能化配肥和施肥技术，暴雨径流污染控制的复合沸石强化湿地生态技术，多功能复合型谷、液旋流技术，以及面源污染模拟与控制决策支持系统等成套技术和工程示范与运行方面取得创新与突破。

1. 村镇生活污水处理成套技术

村镇生活污水处理成套技术本着如下原则：①综合考虑环境、经济和社会效益，并与生态环境和景观建设相结合；②考虑远期发展及水量，设计留一定的富裕；③采用适当的处理工艺，尽量减少运行费用，以降低运行维护的技术难度为主要设计原则，分别在示范区的大渔村、大河口村、太平关和新村建立了 4 个村镇生活污水处理示范工程。

(1) 大渔村村镇生活污水处理示范工程：在该村镇的 3 个区域分别修建了生活污水沟渠收集系统，共建设生活污水收集干渠 830m，支沟 2548m，生态沟 150m，沟渠接入到户的比例为 90.1%，使全村 90%以上的生活污水得到了收集处理。不同的区域采用了不同的方式进行生活污水处理。①村镇中心区污水：这部分区域集中了全村大部分农户。沿地势区域的生活污水能够较集中地汇入到村里一处叫龙潭的低洼沼泽处，并经农灌渠进入到滇池。由于人口集中，污水量大，并且处理厂选址明确，故采用人工复合生态床工艺对这部分生活污水进行集中处理。②村镇下游区污水：该区域由于污水分散，难以选择明确的处理厂地址，加之附近为农田，处理厂用地难以协调。这部分污水最终可通过暴雨沟渠进入到滇池边上的暴雨湿地。③村镇公路上游区污水：该区污染汇集入农田沟渠，最终流入滇池，需要经过很长时间的流露。因此可以充分利用农田沟渠的生态净化作用来处理这部分污水。

工程效果：①以复合生态床集中处理为主，结合暴雨湿地联合处理方式和生态沟处理工艺，对示范区大渔村生活污水进行了处理，使大渔村生活污水处理率达 90%以上。②1 年的运行结果表明，复合生态床示范工程对村镇生活污水的处理效果良好。进水 COD、NH_4^+-N、TN 和 TP 浓度分别为 100～700mg/L、2.4～60mg/L、5～85mg/L 和 1.4～13mg/L，出水中 COD、NH_4^+-N、TN 和 TP 的平均浓度为 52.2mg/L、1.4mg/L、2.3mg/L 和 0.55mg/L，COD、 NH_4^+-N、TN 和 TP 的平均去除率分别为 80.6%、89.9%、85.1%和 85.1%，达到了设计要求。③复合生态床表现出了良好的抗暴雨冲击负荷能力，能够削减雨水带来的大量面源污染物。在 20 年一遇的暴雨中，共接纳暴雨量约 4408m^3，削减暴雨所带来的污染物 COD、NH_4^+-N、TN 和 TP 的量分别为 273kg、14.1kg、6.7kg 和 7.3kg，污染物负荷去除率分别为 63.1%、62.7%、59.5%和 74.6%。同时能及时排洪，保持正常运行。

(2) 大河口村镇生活污水处理示范工程：在大河口村建设生活污水收集干渠 1015m，支沟 600m，连接支沟 2550m，生态沟渠 155m，使大河口生活污水的收集处理率达 90.8%。

①集中处理：根据大河口村的地形特点，在村内修建了污水收集主干沟、支沟，将村内大部分污水(约 80%)汇入村出口奎心阁处，选择缺/好氧低能耗生物滤池技术进行处理。②池塘附近污水的分散处理：结合现场条件，对村内池塘附近的部分散流生活污水，采用强化的生态塘技术进行处理。

工程效果：通过对大河口示范工程 1 年多的运行情况进行监测，获得了以下结果和运行经验。①以缺/好氧低能耗生物滤池为主体的大河口生活污水处理示范工程对 COD、NH_4^+-N、TN 和 TP 各项污染物去除情况良好，出水 COD、NH_4^+-N、TN 和 TP 浓度分别为 45.65mg/L、0.36mg/L、3.49mg/L 和 0.63mg/L。②由于该村农灌水和生活污水收集沟渠难以严格分开，进水受农灌水混入的影响很大，相应地污染物去除率也会受进水浓度的影响，当进水 TN 和 TP 浓度在正常设计水质范围内时，其去除率分别可达到 85%和 80%以上。③COD 和氮主要由生物滤池去除，TP 由生物滤池去除大部分，地下渗滤对磷的去除起到了很好的补充作用。

(3) 太平关村镇生活污水处理示范工程：在太平关建设生活污水收集干渠 920m，支沟 650m，连接支沟 1436m，生态沟渠 400m，太平关村镇生活污水的收集处理率为 91.9%。①新河以南区域：修建了污水收集主干沟、支沟，使太平关村内大部分生活污水经污水收集沟渠汇集于村西南侧的一块废弃土上。使用地下渗滤处理系统进行处理，处理出水排入新河。②太平关乡政府以西、新河以北的区域：由于地形原因，这个区域内的 126 户居民的生活污水无法汇集到太平关村西南侧的污水干渠中，这些污水直接汇入新河，最终进入太平关村西北侧的暴雨沸石床处理系统进行处理。③由于地形原因，这个区域内的污水也无法汇集到太平关村西南侧的污水干渠中，因此，在乡政府大院后侧建设了一套简易的人工湿地处理系统。

工程效果：太平关地下渗滤污水处理示范工程经过 10 个月的运行，处理效果良好。进水 COD、TN 和 TP 平均浓度分别为 50～450mg/L、5～50mg/L、0.5～9.5mg/L；出水 COD、TN 和 TP 平均浓度分别为 28.17mg/L、3.53mg/L、0.13mg/L。COD、TN 和 TP 去除率与进水浓度有关，在大部分情况下分别为 80%～90%、80%～90%和 80%～98%。

地下渗滤污水处理要求 SS 小，而一般农村污水 SS 较高，从而易使系统提前报废。

(4) 新村村镇生活污水处理示范工程：在新村建设生活污水收集干渠 526m，支沟 1115m。新村经济较为发达，已有比较完整的污水收集沟渠系统，对生活污水的收集处理率达到 95.4%。新村为新村村委会驻地，距滇池约 1000m，全村共约 540 户共约 1600 人，村内大部分生活污水经排灌水渠道流入滇池岸边的农田排灌水人工湿地处理系统进行处理，其中村东南区域约 100 户家庭的生活污水经污水收集沟渠系统进入建设在村委会旁边的新村生活污水地下渗滤处理示范工程，该工程位于村委会老年人协会北侧 130m^2 的废弃荒地上。

工程效果：新村地下渗滤污水处理示范工程经过 9 个多月的运行，处理效果良好。进水 COD、TN 和 TP 浓度分别为 300～1000mg/L、10～300mg/L 和 0.1～140mg/L，出水 COD、TN 和 TP 平均浓度分别为 83.11mg/L、21.12mg/L、0.92mg/L。COD、TN 和 TP 去除率与进水浓度有关，在大部分情况下分别为 70%～90%、80%～90%和 80%～98%。

2. 农村固体废物无害化处理成套技术

有机—无机多功能复合肥生产示范工程、固体废物收集系统、河道漂浮物阻截系统、农户型双室堆沤肥示范工程等是构成农村固体废物无害化处理成套技术的重要内容，具体包括以下内容。

(1) 农业固体废物堆肥和复合肥生产示范工程建设：在大渔乡小河口村三叉路口东侧建设了处理规模为30t/d的堆肥化示范工程。以堆肥化示范工程为基础，建成有机-无机复合肥生产线，年生产能力为1×10^4t。在复合肥厂建成纤维素分解菌剂现场扩大培养系统，后为榕正公司大渔沼气站的工厂。有机-无机复合肥生产与缓释肥生产促进了滇池流域“农化”技术水平，关键是市场化、商业化的“做大做强”。

(2) 固体废物收集、阻截和管理：对于固体废物收集系统，共建设固体废物收集站37套，主要分布在大渔村、太平关、大河口和新村。其中生活垃圾收集站21套，主要分布于村镇之中，为双室结构，其中1室投放生活垃圾，另1室投放可堆肥固体废物，分为有顶棚和无顶棚两类；种植固体废物收集站16套，主要分布于田间地头固体废物集中产出地和习惯投放点，为单室结构。虽然建成了固体废物分类收集池，并在池壁上也有所注明，但是大多数村民并不按照要求分类丢弃，仍然随意丢弃。对于河道漂浮物固体废物阻截系统，在捞渔河下游中河村断面建成悬吊旋转式手动机械格栅清污除渣系统。由于固体废物收集、阻截系统管理问题较大，主体不明确，项目验收后成为“晒太阳工程”。

(3) 分散式双室堆沤肥技术示范工程：在示范区建设12套农户型双室堆沤肥示范系统，每个的容积在2～4m^3，一室生产固体底肥，另一室生产液态追肥。10套新建于大河口中和村道路两旁，2套为原试验系统，继续运行。固液分离分别利用非常适用，但设计体积偏小。

3. 农田排灌水污染控制示范工程

(1) 新村湿地工程：新村湿地示范工程地处滇池边的低洼处，地下水位较高，采用表面流人工湿地。农田灌水由两条沟渠水合并引入到湿地，其中1条流经新村村落，汇集了部分生活污水和过境水。新村湿地设计分南北两块湿地。雨季和旱季的运行结果表明，湿地对污染物的去除效果较好，关键在于设计需放够安全限，即计算出“最大冲击负荷”，否则雨季不能运行。

(2) 王家庄湿地工程：王家庄湿地位于呈贡县大渔乡新村村委会王家庄村西，为表面流人工湿地。利用布水沟将所有处理对象的末端连接起来，使全部进水都进入布水沟后，再通过布水堰各段堰口的不同分布来控制流量的均匀分配，使湿地较为宽阔的部分承受较多的流量，最大限度地发挥湿地的净化效果。同样，其关键在于设计需放够安全限，即计算出“最大冲击负荷”，否则雨季不能运行。

1.4.3.2 滇池沿岸芦柴湾村和上海埂村农业清洁生产与面源污染综合防治

开展滇池流域农业清洁生产模式与农业面源污染综合治理示范工程建设。示范工程要求以自然村为单位，针对村庄农业面源污染的结构特点、污染程度，对重点领域采取相应的技术措施和工程措施，探索滇池流域农业面源污染治理的方法和模式，从农业生产的源头防治农业面源污染。

选择了西山区海口镇海丰村委会芦柴湾村和晋宁县上蒜镇石寨村委会上海埂村 2 个村作为试点。芦柴湾村位于海口镇东南、滇池西岸，高海公路和安宁晋宁公路交汇处，是一个农业生产力水平相对较高，大棚面积较大，设施农业比较完善的地方。上海埂村位于滇池南岸，距滇池 2km，农业生产力水平相对较低，农民收入不高，是一个典型的种植和养殖结合的村庄。这两个村庄的污染问题主要来自作物秸秆、畜禽粪便、农田径流水和农村生活污水。

技术上采用杀虫灯、黄板诱杀、药剂熏蒸等综合防治病虫害的方式，减少农药的使用；采用测土平衡施肥的方式减少化肥的施用；作物秸秆、畜禽粪便采用双池堆沤后还田，减少作物秸秆对水体的污染；耕地径流水通过截污沟渠截污，沉淀池沉淀后进入湿地处理；对生活污水通过截污、厌氧发酵、沟渠曝气后进入湿地处理。

大棚采用大棚、蓄水池、堆沤池、粪水池结合的“三室堆沤池”循环技术。雨水通过大棚外的沟道，灌溉水通过灌溉沟渠进入蓄水池，再抽取蓄水池进行灌溉；秸秆通过堆沤池堆沤后作为有机肥施用，堆沤的汁液进入粪水池作为粪水浇灌。

建设工程内容具体如下。

1. 芦柴湾村

(1)“大棚-三池”配套工程：在大棚种植区，共建设“大棚-三池(蓄水池、粪水池、秸秆和粪便堆沤池)”98 套(每户 1 套)。江浙一带为保证“设施农业”水质，采取“灌溉水—湿地—蓄水池－灌溉－收集－湿地”技术，既保证了农灌溉水水质又预防了排灌水污染；滇池流域应积极应用该技术，减污防污，脱盐并防止土壤次生盐渍化。

(2)村庄污水、陆地径流水处理工程：建设村庄生活污水收集沟 73m，清理修复村庄污水收集沟 30.8m，修建村庄污水和陆地径流水沉淀池 52m^3，建设湿地生态系统 1646.18m^2，打捞物堆放池 107.5m^3，打捞物堆放场 87.4m^2。该技术设计全面，填补了空白，即湿地净化系统一般无污泥干化场设计、无湿地收割秸秆干化场设计。

(3)安置杀虫灯：安置杀虫灯 8 盏，增加杀虫灯覆盖面积 200 亩；建立放心农药门市 1 个，农药包装及废弃物回收站 1 个，建立有害生物综合防治(IPM)农民田间学校 1 所，病虫害发生趋势宣传栏 1 个。推广黄板诱杀技术 270 亩，性诱剂技术 200 亩，熏蒸器示范 140 亩，灭鼠毒诱站安全灭鼠技术 300 亩，生物及无公害化学农药技术 300 亩。“诱杀”“毒杀”应分别处理，“诱杀”可做“饲料”；“毒杀”只能做“肥料”深埋处理。

(4)开展测土配方平衡施肥：在 270 亩耕地中开展测土配方平衡施肥，合理施用化肥，控制化肥用量，减少化肥流失。目前的“测土配方施肥”基于农业生产“NPK 平衡施肥”，目的是“增产增收”，而不是环境保护“减污增效”和“控制 NP 营养污染”。国际“化肥安全使用量”是控制“纯 N+纯 P_2O_5”＜15kg/(亩·a)。目前，我们经研究提出以土壤“可流失态 NP”为施肥量控制依据，既可达到“野外速测”的目的，又可与地表水和地下水 TN、TP 有较好的相关性。

2. 上海埂村

(1) 建设 36 个双室堆沤池：把作物秸秆堆沤后还田，控制作物秸秆对滇池水体的污染。双室堆沤池技术利用“上池”发酵“渗滤液”后，自流到“下池”经过“后熟发酵”后成为“叶肥”“液肥”，用于农作物“根外施肥”；上池的固体成分经过“后熟发酵”成为“有机肥”，用于农作物基肥，使用量＜20t/(亩·a)。任何“未腐熟”的有机肥，都会引发作物受害，因此，发酵时间必须够长。最有效的手段是发酵后有机肥 C/N 比在 20～25，这时的有机肥就是“成熟的”有机肥，“安全的”有机肥。

(2) 修建 30 个畜禽粪便堆沤池：堆放畜禽粪便，改变畜禽粪便随意堆放的状况，减少畜禽粪便对环境和水体的污染。中国的畜禽养殖污染主要是“尿”的“直接”污染，和“粪”的“间接”污染。尿流失较多，不易收集处理，最佳实用技术是尿直接入“沼气池”，可实现“零污染”；粪的“二次污染”主要是堆沤过程“发酵液”流失污染、“雨水淋溶”流失污染、“鲜粪”施入后发酵液渗滤液流失污染。因此，彻底解决畜禽粪尿污染的办法首先是“源头治理”，即“选址尽可能远离接纳水体—河流和湖泊”；其次是“尿自流入沼气池”生产液肥和“粪运入堆肥厂”生产有机肥，畜禽粪便堆沤池只是“治标”而非“治本”。

(3) 建设和改造 2 座垃圾收集池：改造原有的 1 座垃圾收集房，新建 1 座，拆除 1 座，防止垃圾扬散，污染周围环境。垃圾房较垃圾池好，能防止塑料袋、恶臭、蚊蝇、扬尘等二次污染，但又会新派生“鼠害问题”。由于垃圾房的投料口与出料口管理不善，垃圾房成为“鼠的天堂”。因此，设计出适合农村生活习惯和管理水平的“垃圾房”是关键。

(4) 建设 6 户大棚露地三池配套示范户：在大棚种植户中，建设“大棚－三池(水池、粪水池、秸秆和粪便堆沤池)”3 户示范户；在露地的农户中，建设“露地－三池”3 户示范户。但土地经营承包后形成土地“碎块化”，不利于“三池”技术的推广与普及；“水池”没有收集到自己农田的肥水，实现“肥水不流外人田”，而是造成宝贵的“肥水”外流，既损失了 N、P、COD，又污染了环境。应进一步优化设计，改善“水池设计”，防止“肥水外流造成污染损失”。另外，“粪水池”和“秸秆—粪便堆沤池”的“防水层”不完善，有外渗现象，造成“N、P、COD 二次污染”。应完善“粪水池”和“秸秆—粪便堆沤池”的“防水层”设计，防止二次污染。

(5) 建设耕地径流水、村庄污水收集和处理系统：修建耕地径流水和村庄污水收集沟 1020m，拓宽村庄道路，污水收集沟加盖板 200m。修建污水沉淀池、厌氧处理池 122m^3。耕地径流含泥沙量大，但 COD、BOD 低，因此，设计沉砂池是合理的，但是，COD＜1000mg/L 的污水用厌氧处理是不合理的。厌氧处理技术的特点是低能耗，高 HRT、SRT，一般出水 COD≤1000mg/L，因此，村庄污水和耕地径流污水不宜用厌氧处理技术，而应该采用氧化塘、湿地、净化沟等技术。

(6) 恢复湖滨湿地 9.2 亩：在湖滨带恢复湿地 9.2 亩。2010 年 10 月至第 2 年 4 月村庄污水和耕地径流水通过污水沉淀池沉淀后，经过 760m 沟渠曝气进入湖滨湿地，湿地处理后再排入滇池。4 月至 9 月雨季耕地径流水和村庄污水，进入 165 亩稻田沉淀、吸收后，进入湿地排入滇池。“污水+沉淀池+沟渠曝气+湿地—滇池”“污水—稻田—湿地—滇池”工艺中湿地面积太小，一般“农地：湿地=15：1～30：1”，因此，9.2 亩湿地只能处理 276 亩农地污水(不包括村落污水)。

(7)维修和安装 24 盏杀虫灯：维修原来安装的 17 盏杀虫灯，新安装 7 盏杀虫灯，覆盖面积 1000 亩，减少农药施用量。在石寨村委会安装杀虫灯 23 盏，建立放心农药门市 1 个，建立有害生物综合防止(IPM)农民田间学校 1 所。推广性诱剂 500 亩，生物农药 500 亩。杀虫灯、性诱剂、生物农药技术都是“环境友好型”技术，是对环境有益无害的技术。

1.4.4　案例工程的现场考察结果与分析

对滇池流域种植业、养殖业污染控制类和农村生活污染控制类每类工程和项目进行了案例调查，通过实地考察已经实施的 12 个项目和工程，认为在滇池流域种植业(2 个)、养殖业污染控制类工程(2 个)和农村生活污染控制类工程中均有成功的治污工程(3 项)，但是也有失败的案例(共 5 项)，主要为农村生活污染控制类工程。比较成功的示范治污工程，可以为日后滇池流域农业面源污染控制提供有力的技术支撑。

1.4.4.1　滇池流域农业面源污染治理的示范工程

1. 种植业污染控制类

(1)荷兰方德波尔格花卉公司：种植温室花卉，占地 53 亩，投资 1000 万元，精准施肥，回收 40%的废水，经过处理后，重新用于滴灌。该公司的示范是现代精准农业技术在滇池流域应用的一个典型。无土栽培技术，以椰壳为基质，以营养液为滴灌水，未吸收的营养液收集后过滤、消毒、调整 pH 值、加压、回用于滴灌，循环利用，达到“零排放”。

(2)榕正公司的大渔沼气站：昆明榕正生物能源工程有限公司的大渔沼气站，位于云南省昆明市呈贡县大渔乡，投资 156 万元(企业投资 66 万元、昆明市科技专项补助 90 万元)，占地 2 亩，应用太阳能中温湿式发酵技术，设施包括 $200m^3$ 保温发酵罐、$150m^3$ 水封储气罐、$400m^2$ 太阳能热水板阵、$30m^3$ 循环水罐、$100m^3$ 料场、$20m^3$ 配料池。30kW 沼气一燃油混合发电机，液体有机肥的简易分装线，实用型沼气热风炉、沼气熬胶炉、大型沼气灶，日处置水葫芦和蔬菜废弃秸秆 15t，2006 年 7 月 1 日建成投产。该公司的沼气技术可以有效地将农田废弃物进行资源化利用，减少农田废弃物的污染。产品以复混肥、缓施肥(PP 肥)为主，秸秆资源化利用以新鲜秸秆为主，属试验阶段，未实现规模化、产业化。在实现规模化以前，产品没有竞争力。

2. 养殖业污染控制类

(1)九园有机肥肥料厂：2004 年建成，每年生产 1×10^4t 鸡粪有机肥，没有二次污染、有一定的社会经济效益，是养殖业废弃物资源化利用的一个有效途径。以鸡粪为主料、经过添加辅料发酵后成为合格的有机肥，已达到规模化、商品化目的。有效改善农民使用“鲜粪”的环境问题，减少污染。

(2)乌龙村的牛尿资源化利用厂：2007 年建成，就地收集牛尿，每天处理周围农村 $7m^3$

牛尿。采用发酵池集中无害化处理，加工成液态肥，减少了入湖污染量，也解决了直接施用造成疾病传播等问题，化解了养殖业发展与环境保护之间的矛盾，既没有二次污染，又具有一定的社会经济效益，是养殖业废弃物资源化利用的一个有效途径。但是，牛粪用槽车收集运输，成本较高。该技术属小规模试验阶段，未实现规模化、产业化。

3. 农村生活污染控制类

根据实地考察的结果，滇池流域以下工程处理生活污水的效果较好。

(1) 晋宁县白鱼河口湿地恢复项目：项目地处上蒜镇石寨村委会下海埂村滇池东北岸，河口区总体以河道为中轴呈扇形分布，由于上游水土流失，经过长年淤积，形成典型的河口滩地。该项目在充分尊重河口自然生态特征的基础上，保护与恢复并重，辅以适当的人工干预，沟塘相连，适当种植湿生乔木、灌木、大型挺水植物，与原有植物共同构成河口生态群落，形成仿自然"河－沟－塘－湖"湿地生态系统，滞留和净化区域水体，并展现出滇池湖滨区的自然美景。运行良好，可以发挥湿地净化水质的功能。区位是河口湿地，设计为"河岸湿地+湖岸湿地"；功能以增加生物多样性、改善景观为主，滞留洪水、防止风浪冲刷为辅；目前的问题是如何有效管理，即收割加大湿地的 N、P、C 输出，防止二次污染；清淤防止二次污染。

(2) 滇池西岸截污治污工程南富善人工湿地系统：工程占地面积为 17788m^2，日处理水量 800m^3/d。南富善的生活污水及周边初期暴雨径流经收集沟渠汇入及沉淀池沉淀处理后，分别进入南部自然湿地和北部潜流湿地＋表面流湿地。在缓慢流动的水体中，污水通过细菌的新陈代谢和物理沉降作用，有效去除污染物质，然后进入同一个稳定塘，达标排入滇池。工艺：污水—收集—污水渠—闸—滇池；闸—沉淀池—补水系统—潜流湿地—表明湿地—滇池。目前，"闸"没关，污水直排滇池，湿地成为"干地"和"荒地"。设计沉淀池过小，不能适应农村高 SS 污水，造成潜流湿地过早堵塞而报废。

(3) 呈贡县捞鱼河河口湿地：呈贡县大渔乡捞鱼河入湖河口湿地，紧靠滇池湖滨，属于滇池水污染防治"十五"计划中生态建设的内容之一，也属于"环滇池生态保护规划"中滇池东岸湖滨生态带建设的实施范围。

捞鱼河河口生态湿地建成于 2005 年，占地 241 亩，整体布局为扇形，属典型的河口湿地类型。主要由格栅、节制闸、沉淀塘、表流湿地和出水沟等几部分组成。其中，右岸沉淀塘 5.5 亩，左岸沉淀塘 6.9 亩，布水渠共 2 条 483m，收割道路 1141m，管理道路 1672m。在沉淀塘进水口下方设钢筋混凝土节制闸 1 座，以抬高控制湿地水位升降，让整个湿地常年保持流水湿润。

湿地植物配植按设计整体布局以大群、大丛、大片为设计单位。由防浪堤向陆地依次为：芦苇、茭草单元至柳树＋芦苇单元至落羽杉＋芦苇单元至落羽杉＋阔叶植物单元。

工艺流程：捞鱼河汇集了上游的地表径流和农村生活污水，水质劣Ⅴ类，经节制闸雍高水位后进入两侧的沉淀池使泥沙得以沉淀，格栅拦截河道垃圾等漂浮物，河道来水经布水沟进入表流湿地进行生物净化，最后汇进滇池。

沉淀池设计过小，不能满足雨季洪水的沉淀作用和蓄洪作用；高程设计不合理，旱季关闸蓄水会淹没农田，因此，造成"雨季不敢关闸蓄水使洪水进入湿地""旱季不敢关闸蓄水使污水进入湿地”，即旱季不敢运行，雨季运行不了。此外，河口“防浪堤”大部分未清除，致使已建湿地不能发挥作用。

1.4.4.2　滇池流域农业面源污染治理中失败的工程及其原因分析

滇池流域农业面源污染治理中失败的工程主要集中在农村生活污染控制类项目，多数为农村生活污水净化类，例如滇池西岸截污治污工程杨林港人工湿地、呈贡土家村 YEB 污水净化系统、斗南村污水处理工程和呈贡大渔乡新村农田排灌水人工湿地。

1. 滇池西岸截污治污工程杨林港人工湿地

湿地系统采用高负荷的潜流湿地处理工艺，处理杨林港村生活污水及周边的初期暴雨径流，每天处理水量 360m^3。潜流湿地系统(SFS)是一种由高渗透性材料(如砾石、瓷土或合成垫料)覆盖床体的湿地，床体上种植挺水植物(如香蒲、茭草等)。污水从亚表层水平穿过湿地植物的根系区域，在土壤中发生过滤、吸收和沉淀过程，通过微生物的降解被净化。

由于收集不到污水，因此没有运行。污水收集系统不正常，污水不能进入湿地净化系统。农村污水收集系统特点是“分散、水量小、泥沙多、易在收集系统淤积”，因此，农村生活污水收集系统的设计应该“分片、分段设计沉砂池”以保证污水收集系统通畅。

2. 呈贡土家村 YEB 污水净化系统

YEB 污水净化系统集可经生物膜、人工湿地与景观融为一体，双重净化污水效率高，管理运行成本低，节约土地资源。

该系统设计高差不够。由于设计是“无动力、自流运行”，因此湿地净化系统会由于淤积而抬升。目前污水不能自流进入湿地净化系统，故没有正常运行。因此，在设计农村污水湿地处理系统时，应保证 30～50a 设计寿命。

3. 斗南村污水处理工程

该工程占地 2342m^2，用收集沟渠收集污水，经过格栅时，人工清除漂浮物，再经过沉砂调节池，使用污水泵和沉水式鼓风机对污水进行深井曝气净化，然后用于农灌或排放。

该农村污水处理系统效率是目前最高的，采用深井多方向随机均匀曝气，运行费＜0.05 元/m^3，占地面积少，与同样是世界银行贷款项目的“乌龙堡村农村污水处理项目”相比，其运行费为 0.03 元/m^3，但占地面积比斗南多 3 倍，其工艺是“污水抬升—沉淀池—藻膜滤池—沉淀池—滇池”。二者出水均达到地面水Ⅱ～Ⅲ类。目前，由于农村污水处理系统运行费的分摊无依据，没有正常运行。因此，运行费再低也无力承担，即该工程实施的限制因素是运行费分摊依据。

4. 呈贡大渔乡新村农田排灌水人工湿地

工程设计见卢少勇等(2003)。湿地运行初期能够正常发挥净化水质的作用，但是当研究人员离开该湿地后，系统就停止了运行，因为没有专人负责管理，进水堰已经被堵塞了。

农田排灌水属低污染水，但SS高、漂浮物多，因此，管理和系统设计时应有相应的对策，例如抚仙湖窑泥沟湿地为沉淀池设计了“专用泥沙-漂浮物抓斗”，1 周抓取 10～18 车泥沙与垃圾，有效防止湿地净化系统淤积和堵塞。

5. 生态卫生旱厕

截至 2005 年底，滇池流域已建设农村生态卫生旱厕 50856 座、公厕 94 座。但是由于没有充分考虑滇池周边农户的生活习惯(大部分已使用液化灶，不产生灶灰)，造成大多数卫生旱厕不能得到正常使用，多数农户依然使用自家的简易厕所。

旱厕的关键是“固液分离，分别发酵熟化，资源化利用”。已推广的滇池流域农村旱厕都是“分离式的”，即需离开住宅的单独小屋，不方便、不安全。试想，每当“方便”时都要离开住宅到“单独小屋入厕”，既不安全也不方便。应“方便”在屋内，储存尿液与粪便设施在屋外，其间用管道连接即可，辅以排臭气系统。

综上所述，造成这些工程失败的原因有多种，有的是选择的技术在滇池流域不可行，例如斗南村的污水处理工程。有的是因为没有结合实际情况而开展工程，例如生态卫生旱厕。还有的是工程的设计出了问题，例如滇池西岸截污治污工程杨林港人工湿地和呈贡土家村 YEB 污水净化系统。还有的是后期管理没有跟上的问题，例如呈贡大渔乡新村农田排灌水人工湿地。

1.5 滇池流域农业面源污染治理措施和技术需求方向

根据滇池流域的农业污染源及其负荷的调查情况，认为滇池流域的农业污染主要来源于农村生活污染、种植业污染和养殖业污染等三个方面，其中种植业污染和养殖业污染是农业面源污染的主要来源，农村生活污染只占农业面源污染的一小部分。因此，在国内农业面源污染治理技术综述和滇池流域农业面源污染治理技术调研结果的基础上，从以下三个方面分别提出适用于滇池流域的农业面源污染治理技术措施和技术需求。

1.5.1 种植业污染控制技术需求方向

1. 农田产业基地氮磷污染的控制

由于缺乏农民和农村基层人员可直接使用的科学技术，不合理施肥的现象在滇池流域十分普遍，特别在蔬菜、花卉产业基地，为了追求高的农田经济效益，化肥和有机肥的超高量使用十分常见。不仅造成肥料的浪费和大量农田氮磷径流损失，而且因土壤中长期氮磷钾及微量元素养分的不平衡，引发了蔬菜、花卉大量发生生理病害、减产以及耕地土壤质量下降。因此，本着养分需求和供给平衡、肥料配方及肥料技术实用可行、充分利用有机肥料的原则，可以使用区域性农田养分管理技术、养分平衡床技术和经济适用性滴灌施肥技术进行农田产业基地氮磷污染的控制，这些技术既可以单独使用，也可以组装集成应用。这些技术在国家重大科技专项滇池流域面源污染控制技术研究中在呈贡县均有成功的实施案例。还应该在滇池流域推广测土配方平衡施肥、控释氮肥和控释磷肥，这对于在源头上减少化肥的施用量很有意义。

另外，发展节水农业也是有效控制化肥中大量氮肥元素流失的途径，有非传统水资源开发与高效利用技术、非充分灌溉与精细地面灌溉技术。这两种技术是基于植物生理需水调控的技术，可明显提高作物水分利用效率。其中，非传统水资源开发与高效利用技术是指利用天然雨水、污水以及微咸水等非传统水资源来灌溉的技术。

种植业污染的流失动力有二：其一是每天发生的“灌溉”，形成下渗、侧渗污染物转移，污染排水沟和浅层地下水，进入河流、湖泊；其二是降雨径流，露地和地膜以水土流失的方式将污染物转移至沟渠、进入河流、湖泊；大棚以径流冲刷渗灌沟、排灌沟，进入河流、湖泊。露地可以利用秸秆覆盖保护性耕作，防止和控制水土流失，减少 80%TN、TP 流失，并达到增产增收和资源化利用秸秆，防止秸秆污染的作用。地膜与大棚作物则宜以滴灌、微灌、膜下滴灌等水肥同施手段为主，形成“不饱和灌溉”，保证农作物高产、防止浅层地下水污染。

2. 种植业固废的处理

种植业固体废物的产生量在养殖业、种植业和居民生活产生的固体废物中占有主导地位，但是目前滇池流域的种植业固体废物只有少量作为燃料或饲料得到利用。而种植业固体废物具有有机成分含量高、有害成分少、青秸秆多、富含营养成分的特点，很适合于资源回用。其中，秸秆可以直接还田(但是要接受生物菌剂处理)，也可与粪便一起在生物菌剂的作用下堆沤后还田。应用生物菌剂对秸秆进行无害化处理，杀灭病菌，转化为生物有机肥，部分代替化肥，这样既可以解决秸秆自身造成的污染问题，又可以减少化肥和农药的施用量，减少因施用化肥造成的土质破坏和 N、P、K 浸出污染问题。通过调研，认为处理效果显著的菌剂有日本丰本 18 号菌剂、江西大地旺菌剂、云南丰禾系列菌剂、云南农大榕风系列菌剂等。处理方式可采用户用型双室堆沤肥室与建立大中型固体废弃物处理点，点面结合，多层次处理。另外沼气技术也是处理种植业固废的有效技术，该技术通常是综合处理种植业固废、养殖业固废和人类粪便以及生活垃圾的综合技术，应优先在滇池流域的山区和半山区发展沼气技术。

秸秆可以利用在旱地、山地，覆盖保护性耕作，防止水土流失，减少 TN、TP 流失量 80%～90%；也可以应用于沼气池发酵，获取能量和有机肥。

3. 农药低毒化施用

在实际调研过程中发现，滇池流域中还有个别村落使用敌敌畏等高毒、高残留的农药进行农作物杀虫和杀菌，而这些高毒、高残留的农药会对人类的身体健康造成极大的威胁，因此，应该严禁施用高毒、高残留的农药，选用低毒、低残留的高效农药。选择在最佳时期施药，提高防效，减少用药次数与数量，提倡使用生物农药，以保护有益昆虫和浮游动物，减轻农药在水体中的多重危害。

选择生物农药、植物性生物农药、物理性诱捕手段、防虫网等技术手段，辅以有益微生物手段控制土传病虫害应在滇池流域大力推广。

1.5.2 养殖业污染控制技术需求方向

1. 畜禽粪便的处理

滇池流域内的畜禽粪便在产生以后，通过市场流通，主要汇集到呈贡县域内的三个主要粪便交易场(七步场、洛阳镇路边、大渔乡)交易。它们主要由农民用作蔬菜、花卉的底肥，少量用作追肥，极少数用于制沼气。虽然几乎全部畜禽粪便都能得到还田利用，但是多数粪便是露天堆放，而且未经腐熟直接施用。产生的主要问题是：热性大，容易造成烧苗、烧根、烧心，而且生粪便如果没有经过腐熟消毒，容易造成蔬菜花卉的病虫害；且生粪的含水量高，通常在80%以上，因此N、P、K等有效养分含量低。

畜禽粪便的处理和利用技术有很多，最常用的技术是堆肥化。生粪与秸秆共堆肥，可以利用秸秆的骨架作用，改善通风条件，实现全过程的好氧堆肥，同时解决秸秆的环境污染问题。因此，以种植业固体废物和养殖业粪便为原料，进行高效、安全的堆肥是解决滇池流域固体废物污染问题的最好途径。可以通过统一收集后，进入工厂生产有机－无机多功能复合肥来实现，也可以通过推广建设户用型双/三室堆沤肥系统来实现。

另外，通过配制低污染饲料、合理使用饲料添加剂、改进饲料加工工业都可以减少牲畜粪便中氮、磷的排出，从而减少对环境的污染。

养殖业粪尿分而治之，粪便制作有机肥，粪液制作液肥，全部还田；或采取秸秆垫圈、吸收尿液、固定粪便、发酵有机肥模式也能有效控制养殖业污染。

2. 厕所－沼气池－畜圈“三位一体”的养殖模式

厕所－沼气池－畜圈“三位一体”的养殖模式可以适用于分散式家庭养殖方式，该模式可以使农村畜禽、人粪、秸秆得到综合利用，同时产生的沼气又较好地解决了农户日常生活中的能源问题。另外，沼气池残渣还可直接用作农肥，是一举三得的农业面源污染控制措施，应优先在滇池流域的山区和半山区发展该项技术。该模式在山前台地、中山山地应用效果最好；在湖滨平原应用效果差，主要是由于无足够的土地建沼气池。

3. 生态养殖技术的推广使用

滇池流域的畜禽养殖对象主要以猪、鸡、鸭、牛、羊等为主，其中猪的养殖量最大，而且绝大多数的养殖污水直接排放，只有少数几个大型规模养殖场具有简单的污水处理设施。伴随规模化养猪的进展，在滇池流域推广了发酵床生态养猪技术，是控制养殖业主要污染来源的有效途径。这项技术在五华区已经进行了成功示范。

1.5.3 农村生活污染控制技术需求方向

1. 村镇生活污水的处理

滇池流域农村生活污水一般通过院内的污水沟、门外的污水沟或泼在门外空地三种方式排放。在人口密集的自然村，尤其是村委会驻地，一般具有成规模的生活污水沟，污水汇入污水沟渠后进入农灌沟渠或其他沟渠，最终进入滇池。滇池流域农村的大多数污水排水沟渠往往集纳污、泄洪与农灌等多种功能于一身，且淤积现象普遍，有相当一部分污水沟有头无尾，农村生活污水在时间和空间上呈现无规律排放特征。

本着投资运行费用少、管理维护简便的原则，虽然采用综合自然生态系统净化功能的生态工程处理技术是控制村镇生活污水面源污染的一种简便而有效的途径，但是该方法只适用于滇池流域的山区，那里人口居住分散，有大片闲置土地。伴随农村城市化的进程，农村生活污水产生的量和所含污染物的浓度都在急剧上升，仅仅依赖自然生态系统净化功能来净化水质是不可行的，在用地紧张、人口密集的湖滨区乡镇，建立有效的污水收集系统和污水处理设施才是控制农村生活污水污染水体最有效的途径。

2. 实施农村生活垃圾分类处理

滇池流域农村的生活垃圾多与农业固体废物混堆，未能实现分类收集，不仅浪费了资源，而且加重了生活垃圾的处理量。因此，应该对可利用堆肥的垃圾与不可利用堆肥的垃圾进行分类收集，并进行相应的处理。同时，要加强对农村垃圾堆放点以及垃圾分类收集处理的全程监督。

1.5.4　结论与建议

总体而言，滇池流域面源污染防控需要从以下 5 个方面加强措施布控，围绕这些方面开展相应的技术研发至关重要：

(1) 加大源头控制示范工程的示范力度。对治理等高梯田、等高绿篱、等高渗沟、山塘、水窖、雨水渗井、前置水库等面源污染的最佳实用技术应加大示范力度，加快普及和推广速度。

(2) 加强雨水储存、净化、利用的工程示范力度。下凹式绿地、山塘、水窖、雨水渗井、滞留池等最佳实用技术的示范工程偏少，应加大示范和推广工作。

(3) 缺乏硬化地面的径流收集和处理工程示范。公路、广场、庭院、步道、构筑物等不透水地面形成的径流污染大，冲刷力强，应加大示范工程力度。

(4) 村落污水处理必须因地制宜，应以自然净化技术为主。不能追求高技术、高投入、高能耗、高自动化的工程项目，否则，示范工程无法长期运行。村落污水处理应以自然净化技术的多塘系统为主，使村落污水处理由“经济负担”变为“经济来源”。

(5) 流域农业面源污染综合防控决策支持系统与长效机制。面源污染模拟与决策支持系统通过集成化和交互式的方法，有效地帮助决策者深入认识面源污染面临的问题并做出科学的决策，尤其涉及到复杂的土地利用和管理措施选择时，它所发挥的作用很强大。在滇池流域建立这样的系统，可以长期、动态地识别流域主要面源污染源的位置和污染负荷，预见不同的土地利用方式和管理措施对污染控制的效果，从大量滇池流域可行的污染控制措施组合中，选出高效、经济的控制措施组合，从而实现对滇池流域农业面源污染的可持续性控制与管理。

1.6 滇池流域面源污染防控的科技需求

依据“九五”至今滇池流域面源治理工程(项目)及滇池流域现状与分析评价，滇池流域面源防控技术需求体现在以下几个方面。

1. 流域富磷区面源污染防控技术研发

滇池流域富磷区面积近 300km^2，主要分布在南部，区域内的磷通过径流冲刷入湖成为湖泊磷的主要来源。虽然磷主要以颗粒态形式输入湖泊，但在高原浅水重营养化的滇池中，依然是湖泊磷的重要外源和内源污染的终极源头之一。在面山区，可以通过构建高效抑流的植物群落及通过筛选固磷锁磷的微生物优化生物群落，削减水土流失的侵蚀动力、降低源头污染强度及磷向系统外的输移量。当然，防控富磷区域面源污染的核心就是涵养水源、固磷锁磷、水土保持。

2. 流域传统农业的面源污染防控技术

滇池流域传统农业生产水平低、剩余少、积累慢、面源污染问题严重。结合实际，建立流域不同土壤、不同作物区域类型的控水、控肥、减药等系统，可以从固土控蚀农作系统集成技术、削减坝平地农田面源污染的玉米/蔬菜间套作技术、削减坝平地农田面源污染的间套作综合种植技术、田间植物篱构建技术、坡耕地汇流区集水截污系统构建与资源化利用技术、生物碳基尿素研发技术、解磷菌肥研发技术、露地农田控水控肥集成技术、农田减药控污技术、少废农田面源污染控制技术等方面开始实施。

3. 流域湖滨区设施农业的面源污染防控技术

在新型都市设施农业发展模式的基础上，针对滇池流域过渡区花卉、蔬菜生产，开展源头控制技术研究，减少化肥农药的滥用浪费，提高产品价值；收集利用水资源，减少面源污染输出。针对滇池流域湖滨区设施农业区面积大、分布广、农业生产水平较高、向水体排放的污染物多，且设施农业面源污染对滇池水体富营养化影响越来越大的实际状况，集成技术减低设施农用化学物资用量，从源头控制面源污染物。增加设施农作物对氮磷的吸收，就地削减面源污染物；控制设施农业农田径流养分流失量，提高设施农业水肥循环利用率；对农田固废进行无害化处理，实现农田废弃物就资源化利用的 4 个方面进行技术集成与组装，从减少氮磷用量、增加氮磷吸收、防止氮磷流失、氮磷循环利用 4 个方面考虑，形成对农业污染物的源头控制、过程阻断拦截、终点吸收固定三重拦截和消纳集成组装技术。

4. 流域村落污水处理技术研发

昆明市 89.5%的污水处理集中在主城区的 8 个污水处理厂，其他县区市的污水处理设施和配套管网建设滞后，空间分布不均衡，污水处理能力明显不足，部分农村生活污水没有经过任何处理直接排入环境，导致生活污水的处理效率低下。控制农村污水，需要建设以“城市(县区)污水处理厂—农村集镇污水处理站—村庄分散污水收集和处理设施”三位一体的流域生活污水收集和处理体系。因此，滇池流域村落污水可以采用人工复合生态床处理技术、土壤渗滤处理技术、生物滤池处理技术、一体化净化设备+人工强化湿地处理等技术。

5. 流域农田沟渠系统优化技术研发

滇池流域农田沟渠的线点率、连接度以及环度的差异性很小。因此，农业沟渠的设计有一定的搭配方式，通常根据一般耕作经验来开挖沟渠，使沟渠的网络结构具有相似的结构特征。要提高沟渠的连接度和环度，就要改变现有沟渠规划的思路，通过计算优化沟渠网络的连接度和环度，合理开挖沟渠，增加沟渠的连通性，构建具有多重环路的沟渠，以达到滞留削减农业污染负荷的目的。因此，农田沟渠系统可以采用农村沟渠—水网系统面源污染防控技术、沟渠系统资源循环及污染削减技术、沟渠及河道生态修复技术、坡耕地径流污染拦蓄与资源化利用技术、农田植物网格化技术、农田生态潭强化处理技术、农田废水仿肾型收集与再处理等技术。

6. 面山水源涵养林保护与清水产流功能修复技术研发

在滇池流域，林地与农业发展矛盾突出，当地居民毁林开荒，致使林地面积逐步减小。其次，森林林分发生不利的变化，现有植被相对较好的次生林和已成林的人工林普遍存在砍伐问题，流域内部分农村居民仍然以薪柴为能源，加剧了林木的砍伐，导致水源涵养区林地面积减少，林地植物结构简单化，现有林地水土保持、涵养水源等能力较差。另外部分石质山地、侵蚀陡坡、矿(石)开采及其废弃地、弃土(渣)场立地条件较差，水土流失问题严重。在面山垦殖区，人工经济林、现有农作物种类和结构不合理，加剧了坡耕地的水土流失。

为了使面山恢复水源涵养能力、实现清水产流的目的，本成套技术针对滇池流域不同区域面山的生态特点，通过采用封山育林与植被优化技术、面山造林困难地区植被重建技术、面山垦殖区农—林—草复合群落构建技术、“五采区”及其废弃地生态防护技术、小流域尺度面山汇水区源流系统优化控制技术等技术的集成整合，从源头控制，善面山生物群落及生态系统的结构、恢复清水产流功能、防控面源污染。

因此，针对滇池流域“四退三还”工程(在滇池外海环湖交通路以内退塘、退耕、退人、退房进行还湖、还林、还湿地工作)的大力推进、流域农业向着都市服务型发展及面源污染发生的新变化，结合流域内山地特殊的作用和面山在滇池水环境综合整治及流域生态系统健康中的重要地位，研究新形势下都市清洁农业发展和面源控污减排的方案和途径；以小流域或汇水区为控制单元，研制适于湖滨退耕区、过渡区不同环境功能导向、不同农业发展形态的面源污染综合防控的关键技术及集成技术，基于面山防控面源污染和维护景观功能的需要，对主要特殊区域和人工扰动区域如矿山及废弃地、退化山地进行综合研究，形成适合面山不同环境功能导向、不同发展形态的面源污染综合防控与生态修复的关键技术及集成技术。在典型区域集中进行技术应用和工程示范，引导流域都市服务型农业和山地尤其面山地区的转型发展，集成流域富磷区面源污染防控技术、流域传统农业的面源污染防控技术、流域设施农业的面源污染防控技术、流域村落污水处理技术、流域农田沟渠系统优化技术、源近流短山地水源涵养与清水产流关键技术 6 项成套技术，滇池流域面源污染削减技术集成与组装如图 1-10 所示；提高流域水源涵养、削减污染、维护景观等生态服务能力，探寻流域山地面源防控与生态建设的互动机制，为有效防控流域农业和面山面源污染、改善湖泊的陆地支撑生态环境、恢复流域清水产流功能提供数据支撑、理论技术支持。

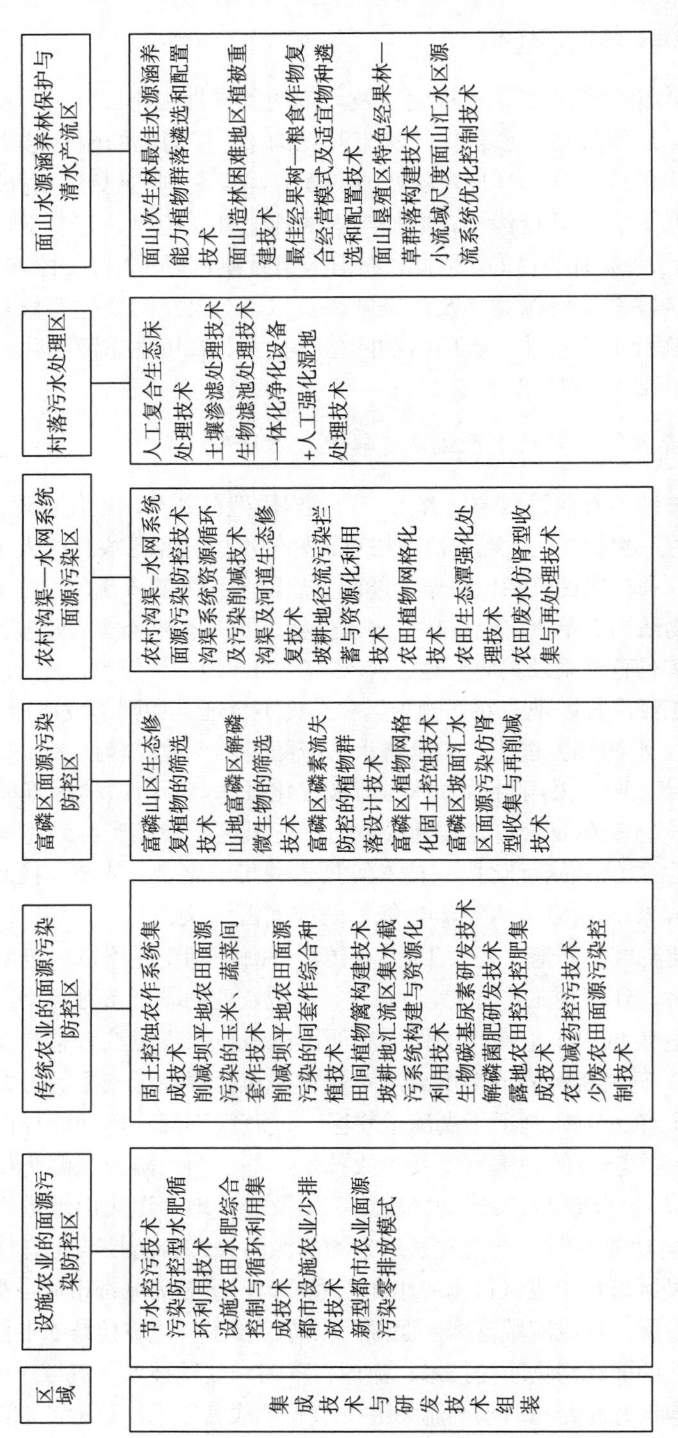

图1-10　滇池流域面源污染削减技术集成与组装

第 2 章　滇池流域富磷区面源污染防控技术

滇中湖群分布密集的区域，是磷矿集中分布区域，也是土壤磷背景含量相对较高的区域，称为富磷区(Phosphorus Enriched Area)。分布在滇池南岸的富磷山区面积近 300km^2，是流域内流入湖泊磷的主要来源地。

针对富磷区面源污染防控开展工作，采取的技术思路有三点。①强化源头控制：开展植物锁磷、减量施肥、提高复种指数等技术研究，实现面源污染负荷原位控制和源强削减。②削减侵蚀动力：开展抑流植物群落构建、抑流农田复合种植结构和种植方式等技术研发，提高土壤抗蚀性能，降低山地、农田产流及其可蚀性。③提高径流收集：利用渠—窖联结技术系统提高对山地及农田径流的收集和再利用，降低面源污染负荷向系统外的输移量；同时利用沟渠汇集径流的性能，加强沟渠系统抑沙技术研究。

针对土壤磷素高背景值，结合当地降水情况及复杂的景观类型，分别针对山区林地、坡耕地及径流冲沟，开展分地块、多层次、立体化防控富磷山区面源污染的技术研究，以期达到以下三方面的效果。

(1)针对退化林地，以封山育林、管护为主，并辅助实行人工促进植物群落恢复更新，增强植被水土保持能力。研究表明，有效的植物群落主要通过两种方式实现对磷素流失的防控：一是通过群落中的生物对磷进行吸收积累而产生的固定作用，二是通过群落综合调控降水动能与涵养水分的能力，进而避免磷素从群落内向外输移而形成锁磷作用。为此，在晋宁区富磷山区林地选择裸露地、荒坡地、蔗茅地、云南松林、华山松林、桉树林、黑荆林、针阔混交林、旱冬瓜林等 9 种典型群落类型共 709m^2，研究不同群落组成与结构条件下面源污染的输出特征及水质响应，进而指导植物群落结构的优化设计。

(2)针对山地坡耕地，采用植物网格化的方式增强径流入渗、减少土壤冲刷，并结合山地坡耕地的土地斑块类型及不同汇水面积下污染物的产生特点，选择 44 个土地斑块，主要通过植物网格化的构建，增加污染物的滞留时间，提高氮、磷及总悬浮物等物质的沉积、入渗和吸纳量，研究植物网格化对面源污染的防控效益，从而达到控制坡耕地农业面源污染的目的。

(3)针对径流输移通道，采用仿肾型径流收集与再处理系统技术减少磷素的输移。基于人体肾脏结构特征，通过建立土石拦砂坝、植物拦砂堰、沉砂池，有效削减较大粒径的土壤颗粒，并通过设立草滤带、放置不同填料的生态化沟渠进一步减少径流中的悬浮颗粒及可溶性污染物，高效削减径流中的面源污染物。

2.1 山地富磷区面源污染产生输移特征调查

云南磷矿储量高居全国各省中的第二位，磷矿产地多达35处，保有储量31.95×10^8t，约占全国总储量的21%，全省的磷矿不仅量大且矿石质量较优，且P_2O_5大于30%的富矿为3.7×10^8t，占全国富矿总储量的33%(孙毓冲，1982)。云南富磷区中，磷的空间分布差异性较大(马丽莎，2013)。

在滇池流域磷污染物总量中，由面源污染输入滇池的磷占据着约30%以上的贡献率，甚至更高(《滇池流域水污染防治规划(2011—2015 年)》)。随着滇池流域工业污染源和昆明城市生活源的全面控制和有效治理，农村和农业的面源污染对滇池水环境治理及富营养化控制的严重影响将日益突出。

滇池东南、南部、西南部是磷矿区。在磷矿分布区，由于地质原因，导致区域内土壤磷背景值异常偏高。而区域植被多为次生疏林，景观植被格局破碎化，区域内水土流失、磷素流失严重(杨树华 等，1999)。随着流域内“四退三还一护”工程和“一湖两江禁种禁养”的实施，在面源污染中，富磷区的磷素流失问题也日益突出，成为滇池水体中磷库的重要贡献部分。

以滇池流域南部的富磷区为重点，以其他区域为参照区，对富磷区的范围、分布、磷的存赋特征进行综合诊断，调查植被类型、植物群落结构、主要优势物种、植物种类、地形、地貌等，分析降雨量—径流强度—水土流失程度—磷素流失量及与植被和地形之间的关系等。

2.1.1 植被区划及现状

研究区位于柴河流域，属晋宁县上蒜镇段七村委会西南的磷矿分布地带。根据《云南植被》植被区划原则，该区域属 IIAii-1 滇中、滇东高原半湿润常绿阔叶林、云南松林区之下的 IIAii-1a 滇中高原盆谷滇青冈林、元江栲林、云南松林亚区(方瑞征 等，1987)。

研究区绝大部分区域的海拔高程约在1950～2300m，是我国亚热带内一个较为偏干旱的半湿润地区。虽然森林植被广布，但明显具有一些受较干环境影响的特征。此外，区域内的农业开发及采矿较为频繁，受人为因素干扰的影响，天然植被的保存较少，森林覆盖率相对较低。

研究区中分布面积最大的林地为云南松林，面积有0.31km^2，占整个研究区的26.6%。云南松林生态适应幅度较大，具有强阳性、耐干旱、耐贫瘠等特点。华山松和滇油杉也有零散分布，但成林少见，大都与云南松林混交。林下稀疏散生着灌木状的云南松和珍珠花、矮杨梅等阳性耐旱的灌木。云南松林在成林后，其树冠不郁闭，且针叶细而稀疏，林内十分明亮。林下的灌木层也多为喜阳的种类，以杜鹃科、蔷薇科居多，如珍珠花、乌鸦果、长穗越桔、碎米花杜鹃、炮仗花杜鹃、亮毛杜鹃、马缨花、棠梨、火把果等较为常见。草本层多为旱生的禾本科植物，种类相对较少，但该层盖度较大，以刺芒野古草、白健秆、旱茅等多种耐旱的禾本科植物组成。各类型植被分布如图2-1所示。

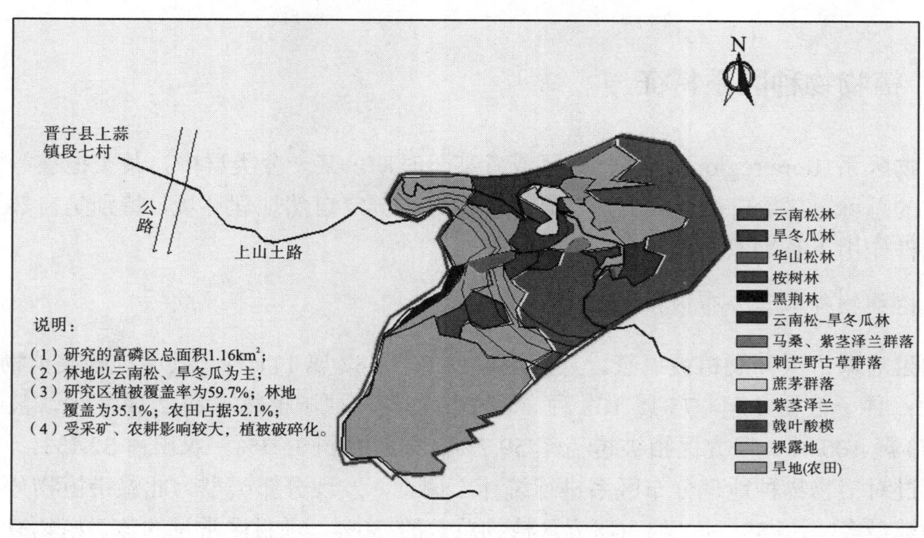

图 2-1　研究区植被现状图

综上，研究区分布面积最大的为云南松林，其余林地面积较小，且分布零散。草本植物群落中，刺芒野古草分布面积相对较大，总面积 0.178km^2，占整个研究区的 15.3%。矿区及矿渣堆放区，多为裸露，裸露面积达 0.064km^2，占整个研究区的 5.49%。在矿区，分布的戟叶酸模群落面积仅为 0.001km^2，占整个研究区的 0.09%。蔗茅群落面积为 0.029km^2，占整个研究区的 2.45%。紫茎泽兰群落面积 0.062km^2，占整个研究区的 5.35%。各类型植被分布面积见表 2-1。

表 2-1　各植被类型面积及比例状况

类别	面积/km^2	比例/%
云南松	0.310	26.6
旱冬瓜	0.014	1.22
华山松	0.013	1.16
云南松—旱冬瓜林	0.027	2.33
桉树林	0.033	2.82
黑荆林	0.011	0.96
马桑群落	0.017	1.46
刺芒野古草群落	0.178	15.3
蔗茅群落	0.029	2.45
紫茎泽兰群落	0.062	5.35
戟叶酸模群落	0.001	0.09
裸露地	0.064	5.49
农田	0.374	32.1
道路	0.032	2.75
总计	1.16	100

2.1.2 植物物种区系特征

植物区系(flora region)是某一地区或者某一时期，某一分类群中，某类植被等所有植物种类的总称。它是自然形成的产物，是植物界在一定自然地理环境，特别是自然历史等综合条件作用下长期发展和演化的结果。

1. 植物物种地理分布区系特征

通过对项目区开展植被调查，共发现植物 52 科 82 属 111 种。其中，蕨类植物 6 科 7 属 8 种；种子植物 46 科 75 属 103 种。种子植物中，裸子植物 1 科 2 属 3 种，被子植物 45 科 73 属 100 种。研究区植被覆盖率 59.7%，林地面积 35.1%。农田占 32.1%。

通过对植物物种地理分布区系进行统计、调查，发现分布类型为北温带植物分布区系的物种数最多，达 33 种，约占研究区植物总数的 30%。项目区常见的该类植物有云南松(*Pinus yunnanensis*)、华山松(*Pinus armandii*)、问荆(*Equisetum arvense*)、笔管草(*Equisetum ramosissimum*)、矮杨梅(*Myrica nana*)、旱冬瓜(*Alnus nepalensis*)、栓皮栎(*Quercus variabilis*)、毛叶蔷薇(*Rosa mairei*)、常绿蔷薇(*Rosa Sempervirens*)、老鸦泡(*Vaccinium fragile*)、米饭花(*Vaccinium sprengelii*)、碎米花杜鹃(*Rhododendron spiciferum*)、大白花杜鹃(*Rhododendron decorum*)、马桑(*Coriaria nepalensis*)、胡秃子(*Elaeagnus sarmentosa*)、黄泡(*Fragaria pentaphylla*)、戟叶火绒草(*Leontopodium dedekensii*)、白草莓(*Fragaria nilgerrensis*)、萹蓄(*Polygonum aviculare*)、倒提壶(*Elaeagnus sarmentosa*)、蒲公英(*Taraxacum mongolicum*)、刺蓟(*Cirsium japonicum*)、昆明小檗(*Berberis kunmingensis*)、扁穗雀麦(*Bromus cartharticus*)、风轮菜(*Clisnopodium chinense*)、棒头草(*Polypogon fugax*)、夏枯草(*Prunella vulgaris*)等。

其次，分布区系 1 世界分布的物种数为 27 种，占研究区物种总数的 24.3%。常见的该区系植物有：牛尾蒿(*Prunella vulgaris*)、三叶鬼针草(*Bidens pilosa*)、土荆芥(*Chenopodium ambrosioides*)、加拿大飞蓬(*Erigeron canadensis*)、芒种花(*Hypericum uralum*)、车前草(*Plantago asiatica*)、酢酱草(*Oxalis corniculata*)、悬钩子(*Rubus corchorifolius*)、戟叶酸模(*Rumex hastatus*)、土大黄(*Rumex madaio*)、田旋花(*Convolvulus arvensis*)等。

泛热带分布的物种数有 19 种，占研究区植物的 17.1%。常见的该类植物有：滇油杉(*Keteleeria evelyniana*)、黑荆(*Acacia mearnsii*)、牛筋条(*Eleusine indica*)、密蒙花(*Buddleja Officinalis*)、地石榴(*Ficus tikoua*)、铁扫帚(*Inddigofera bungeana*)、刺芒野古草(*Arundinella setosa*)、蔗茅(*Erianthus rufipilus*)、狗牙根(*Cynodon dactylon*)、四脉金茅(*Fournerve Eulalia*)、紫茎泽兰(*Eupatorium adenophora*)、白茅(*Imperata cylindrica*)、扭黄茅(*Heteropogon contortus*)、牛筋草(*Eleusine indica*)等。

旧世界温带分布的物种数有 8 种，占植物种类的 7.21%，常见的植物有：火棘(*Pyracantha fortuneana*)、棠梨(*Pyrus calleryana*)、野坝子(*Elsholtzia rugulosa*)、滇苦荬(*Sonchus oleraceus*)、梨(*Pyrus* sp.)、木帚栒子(*Cotoneaster dielsianus*)、川续断(*Dipsacus asperoides*)、燕麦(*Avena sativa*)等。

旧世界热带分布的物种数有 4 种，占植物种类的 3.6%，常见的植物有：荩草（*Arthraxon hispidus*）、柔叶荩草（*Arthraxon prionodes*）、白健杆（*Eulalia pallens*）和土牛漆（*Achyranthes asper*）。

热带亚洲和热带大洋洲分布的物种数有 3 种，占植物种类的 2.7%。研究区出现的该区系植物有：马陆草（*Eremochloa zeylanica*）、蓝桉（*Eucalyptus maidenii*）和野牡丹（*Melastoma candidum*）。

中国特有分布物种有 2 种，为一柱香（*Anotis ingrata*）和牛筋条（*Dichotomanthes tristaniicarpa*）。温带亚洲分布物种 1 种，为多花芫子梢（*Campylotropis polyantha*）。

依据植物物种地理分布统计，研究区内的植物呈现出强烈的北温带植物区系特征。北温带分布占了物种数的 30%。其次为世界分布类型，占了 24.5%，泛热带分布类型占了 17.1%。而该区域在地理纬度上，属于亚热带植被分布区，本应以常绿阔叶林为主要植被类型。但由于原生植被的破坏，次生植被演替为以暖温性针叶林为主的云南松林植物群落。在云南松林建群种的影响下，伴生的物种多数也属于北温带植物分布区系的物种。

2. 高磷浓度立地植被分布物种及其区系分析

在磷矿开采区、废弃磷矿区以及矿渣堆放区，土壤磷浓度极高。在该区域出现的植物有戟叶酸模（*Rumex hastatus*）、蔗茅（*Erianthus rufipilus*）、紫茎泽兰（*Eupatorium adenophorum*）、刺芒野古草（*Arundinella setosa*）、白健杆（*Eulalia pallens*）和马桑（*Coriaria nepalensis*）等，这些植物的地理分布区系见表 2-2。其中，泛热带分布 3 种，世界分布、旧世界热带分布和温带亚洲分布各 1 种。调查分析表明，该土壤立地下，植被分布较为单一，且立地对物种具有选择性。这些优势物种作为群落演替的先锋植物，对该土壤条件具有适应性。

表 2-2　磷矿区及周边高磷立地优势植物及分布区系

植物名称	拉丁名	植物区系	物种数(种)
戟叶酸模	*Rumex hastatus*	世界分布	1
蔗茅	*Erianthus rufipilus*		
紫茎泽兰	*Eupatorium adenophorum*	泛热带分布	3
刺芒野古草	*Arundinella setosa*		
白健杆	*Eulalia pallens*	旧世界热带分布	1
马桑	*Coriaria nepalensis*	温带亚洲分布	1

2.1.3　区域植物群落类型及结构特征

调查发现，区域共有 11 种植物群落类型和裸露地，具体如下。

1. 云南松群落

云南松群落分布在研究区的南侧山岭以及磷矿区上方的山坡，群落植被覆盖率约93%。云南松(*Pinus yunnanensis*)为绝对优势树种。树高2～9m，平均高度约5m。常伴生有旱冬瓜(*Alnus nepalensis*)和滇油杉(*Keteleeria evelyniana*)。灌木层不发达，层盖度约20%，出现的植物较为稳定，常见的有碎米花杜鹃(*Rhododendron spiciferum*)、米饭花(*Lyonia ovalifolia*)、老鸦泡(*Vaccinium fragile*)、铁仔(*Myrsine africana*)、矮杨梅(*Myrica nana*)等。草本层层盖度在40%以上，禾本科植物较多。草本层常见的植物有白健杆(*Eulalia pallens*)、戟叶火绒草(*Leontopodium dedekensii*)、四脉金茅(*Eulalia quadrinervis*)、野坝子(*Elsholtzia rugulosa*)、短葶飞蓬(*Erigeron breviscapus*)、蕨菜(*Pteridium aquilinum*)等。林下有明显的凋落物层。

2. 华山松群落

华山松群落分布在研究区的南侧山岭局部以及磷矿区北侧，呈小块片状分布。群落郁闭度较高，植被覆盖率约98%。华山松(*Pinus armandii*)为绝对优势树种。树高2～4.6m，平均高度约3m。偶尔有云南松(*Pinus yunnanensis*)伴生。灌木层层盖度约15%上下，出现的植物较为稳定，常见的有碎米花杜鹃(*Rhododendron spiciferum*)、米饭花(*Lyonia ovalifolia*)、老鸦泡(*Vaccinium fragile*)等。草本层极其不发达，层盖度在10%，常见的物种有白健杆(*Eulalia pallens*)、戟叶火绒草(*Leontopodium dedekensii*)、四脉金茅(*Eulalia quadrinervis*)、野坝子(*Elsholtzia rugulosa*)、短葶飞蓬(*Erigeron breviscapus*)、蕨菜(*Pteridium aquilinum*)等。林下凋落物层相对较为发达。

3. 旱冬瓜群落

旱冬瓜群落分布在研究区南侧，零散分布，群落植被覆盖率约87%。乔木层盖度为56%～76%，旱冬瓜(*Alnus nepalensis*)为林地优势物种，偶有云南松(*Pinus yunnanensis*)伴生。灌木层层盖度约30%，该层植物种类相对较多，常见的有碎米花杜鹃(*Rhododendron spiciferum*)、米饭花(*Lyonia ovalifolia*)、老鸦泡(*Vaccinium fragile*)、铁仔(*Myrsine africana*)、清香木(*Pistacia weinmannifolia*)、黄连木(*Pistacia chinensis*)等。草本层极其不发达，层盖度约17%，常见的植物有白健杆(*Eulalia pallens*)、戟叶火绒草(*Leontopodium dedekensii*)、野坝子(*Elsholtzia rugulosa*)、荩草(*Arthraxon Beauv*)、猪屎豆(*Crotalaria mucronata*)、蕨菜(*Pteridium aquilinum*)等。而林下凋落物层也相对较为发达。

4. 云南松、旱冬瓜群落

该植物群落分布在云南松林和旱冬瓜林的交错地带，群落植被覆盖率约为86%。乔木层盖度在75%以上，优势植物为云南松(*Pinus yunnanensis*)和旱冬瓜(*Alnus nepalensis*)，偶有滇油杉(*Keteleeria evelyniana*)伴生。灌木层层盖度约22%，该层植物种类相对较多，常见有碎米花杜鹃(*Rhododendron spiciferum*)、米饭花(*Lyonia ovalifolia*)、老鸦泡(*Vaccinium fragile*)、铁仔(*Myrsine africana*)、清香木(*Pistacia weinmannifolia*)、黄连木

(*Pistacia chinensis*)等。草本层盖度低于 30%，常见的植物有白健杆(*Eulalia pallens*)、戟叶火绒草(*Leontopodium dedekensii*)、野坝子(*Elsholtzia rugulosa*)、荩草(*Arthraxon Beauv*)、猪屎豆(*Crotalaria mucronata*)、蕨菜(*Pteridium aquilinum*)等。林下凋落物层较为发达。

5. 桉树林群落

桉树林群落为人工种植的林地，分布在研究区最南侧地势相对平缓的山地，群落植被覆盖率约 70%，乔木层盖度在 50%以上，优势植物为蓝桉(*Eucalyptus globulus*)，局部片区有残留的云南松(*Pinus yunnanensis*)，但数目极少。灌木层极不发达，层盖度低于 5%，偶见米饭花(*Lyonia ovalifolia*)、老鸦泡(*Vaccinium fragile*)、铁扫帚(*Lespedeza cuneata*)和芒种花(*Hypericum patulum*)等植物。草本层盖度低于30%，常见的植物有有白健杆(*Eulalia pallens*)、白茅(*Imperata cylindrica*)、戟叶火绒草(*Leontopodium dedekensii*)、野坝子(*Elsholtzia rugulosa*)、荩草(*Arthraxon Beauv*)、猪屎豆(*Crotalaria mucronata*)、蕨菜(*Pteridium aquilinum*)等。林下凋落物层极不发达。

6. 黑荆林群落

黑荆林群落也是人工种植的林地，分布在研究区西南侧边界以上地势相对平缓的区域，在土路的上侧。群落植被覆盖率约 60%，乔木层盖度在 52%以上，优势植物为黑荆(*Acacia mearnsii*)。灌木层极不发达，层盖度低于 4%，偶见米饭花(*Lyonia ovalifolia*)、沙针(*Osyris wightiana*)等植物。草本层也不发达，盖度低于 5%，常见的植物有三叶鬼针草(*Bidens pilosa*)、四脉金茅(*Eulalia quadrinervis*)、荩草(*Arthraxon Beauv*)、紫茎泽兰(*Eupatorium adenophorum*)等。林下凋落物层相对发达。

7. 马桑群落

马桑群落分布在磷矿开采区下方，靠近磷矿区。植被覆盖率约 34%，无乔木层，部分区域偶有旱冬瓜(*Alnus nepalensis*)，但层盖度低于 4%。灌木层以马桑(*Coriaria nepalensis*)为绝对优势植物，层盖度高于 10%。其他常见灌木有火棘(*Pyracantha fortuneana*)、山蚂蝗(*Desmodium racemosum*)、黄泡(*Rubus pectinellus*)、芒种花(*Hypericum patulum*)等。草本层较为发达，层盖度在 25%以上，常见的植物有三叶鬼针草(*Bidens pilosa*)、白茅(*Imperata cylindrica*)、蔗茅(*Erianthus rufipilus*)、紫茎泽兰(*Eupatorium adenophorum*)、四脉金茅(*Eulalia quadrinervis*)等。

8. 紫茎泽兰群落

紫茎泽兰群落分布在矿渣堆放区，或矿区的下方。植被较为稀松，植被覆盖率约 48%。无乔、灌木层。草本层比较稀疏，植物种类也极少。普遍只有紫茎泽兰(*Eupatorium adenophorum*)、蔗茅(*Erianthus rufipilus*)和戟叶酸模(*Rumex hastatus*)等植物。

9. 戟叶酸模群落

戟叶酸模群落为采矿区自行恢复的先锋植物群落。植被稀松，无乔木、灌木层，草本层植物寥寥无几。戟叶酸模(*Rumex hastatus*)为优势物种，该群落植被覆盖率约 17%。部分区域偶见紫茎泽兰(*Eupatorium adenophorum*)和蔗茅(*Erianthus rufipilus*)。

10. 蔗茅群落

蔗茅群落是在采矿区，经过一定时间恢复起来的次生演替植被。群落无乔木、灌木层，草本层分布不均衡，局部区域植被覆盖率达 90%以上。但部分区域，植被稀松、分布零散，植物种类极少。除常见的优势植物蔗茅(*Erianthus rufipilus*)外，其他物种有三叶鬼针草(*Bidens pilosa*)、紫茎泽兰(*Eupatorium adenophorum*)和悬钩子(*Rubus corchorifolius*)等。

11. 刺芒野古草群落

该植物群落分布相对较广，面积也较大，群落总盖度约 84%。群落无乔木层，灌木层不发达，层盖度低于 5%，且种类极少，生长的植物有芒种花(*Hypericum patulum*)、米饭花(*Lyonia ovalifolia*)和铁扫帚(*Lespedeza cuneata*)等。草本层相对发达，层盖度达 78%以上，刺芒野古草(*Arundinella setosa*)为绝对优势物种。其余常见的草本植物油种类相对较多，有白健杆(*Eulalia Kunth*)、白茅(*Imperata cylindrica*)、四脉金茅(*Eulalia quadrinervis*)、戟叶火绒草(*Leontopodium dedekensii*)、野坝子(*Elsholtzia rugulosa*)、荩草(*Arthraxon Beauv*)、猪屎豆(*Crotalaria mucronata*)、蕨(*Pteridium aquilinum*)等。林下凋落物层不发达。

12. 裸露地

几乎没有地被植物，为裸露地，比较荒凉，主要分布在采矿区。植被覆盖率几乎为 0。偶有戟叶酸模(*Rumex hastatus*)或紫茎泽兰(*Eupatorium adenophorum*)出现，但量极少。植被情况详见表 2-3。

此外，用双向指示种分析方式 TWINSPAN 进行等级分类，确定了 6 种生态群落类型。①戟叶酸模群落，常见伴生种为紫茎泽兰、青蒿、鸡爪刺等。主要分布在人为干扰剧烈的矿区废弃地区域。②蔗茅群落，常见伴生物种为马桑、地石榴、白薇等。主要分布在海拔较高，上坡位水分不充足的区域。③紫茎泽兰单优群落，多为单优群落，少数伴生青蒿、白薇等。主要分布在海拔较低，水分条件好的沟谷区域。④紫茎泽兰+青蒿群落，该组情况复杂，优势种不明显，二元指示物种中间物种有魁蒿、黄薇等，常见伴生种有沙针、小铁仔、刺芒野古草、干旱毛厥等。主要分布在第③类的边缘区域。⑤刺芒野古草+扭黄茅群落，常见伴生种为马陆草、地石榴、西南荀子、沙针、常绿蔷薇、紫茎泽兰等。主要分布在水分贫乏的相对海拔较第②类低的区域。⑥马桑+常绿蔷薇群落，常见伴生种为马陆草、青蒿、紫茎泽兰、白茅等。主要沿公路两侧分布。

利用排序方法发现滇中磷矿废弃地灌草群落的分布与海拔、土壤水分及人为干扰程度显著相关。具体表现为随着海拔和坡度的增加，物种丰富度呈下降趋势，物种多分布于水分条件好的下坡位地段，干扰程度高及阳坡区域的物种丰富度较低。研究认为海波、人为干扰程度及坡向等环境因素的变化导致了微地形下水文条件的变化，这种变化驱动了当地灌草群落分布格局的变化进而分异出不同的功能群落。

表 2-3　植被调查情况

植被类型	海拔/m	坡度/(°)	群落片层	植物种	胸径/cm	高度/m	层盖度/%	群落总盖度/%	物种丰富度	草本层分蘖数/(支/m²)	凋落物盖度/%	凋落物/(g/m²)
桉树幼林	2072	2～5	乔木层	桉树 37 株；细柄草、荩草等共 13 种。植被稀疏	0.8～4	0.6～4.6	60	70	14	58	20	11.3
			草本层		—	0.1～0.5	30					
黑荆林	2070	2～5	乔木层	黑荆(幼苗多)87 株，桉树沙针各 1 株，草本弱	<23	<15	60	60	9	8	20	27
			灌木层		—	—	2					
			草本层		—	0.1～0.8						
旱冬瓜林	2131	8～15	乔木层	旱冬瓜 10 株，灌木 7 种，草本 12 种	6～26	5.8～15	80	87	20	8	90	128
			灌木层		—	—	30					
			草本层		—	—	17					
华山松林	2127	2～5	乔木层	华山松 23 株；芒种花等共 4 种；白健杆等共 9 种；密闭	3～7	2.5～4.6	96	98	14	6	90	394
云南松林	2154	8～15	乔木层	云南松 57 株；铁仔等灌木 5 种；白健杆等草本 14 种	2～20	1.4～8	70	93	20	30	40	77.3
			灌木层		—	0.1～1.1	30					
			草本层		—	<0.5	80					
云南松-旱冬瓜混交林	2155	8～15	乔木层	云南松 38 株，旱冬瓜 3 株，灌木 9 种，草本 12 种	3～26	1～20	80	86%	23	23	84	214
			灌木层		—	—	20					
			草本层		—	0.01～1	30					
裸露地灌丛	2134	8～15	灌木层	旱冬瓜幼苗 6 棵，马桑幼苗 9 棵，草本等 8 种	2～5	0.5～2	6	70	10	24	30	14
			草本层		1.5～4	0.4～2.3	8					
蔗茅	2184	8～15	草本层	蔗茅为主，偶有紫茎泽兰、鬼针草、覆盆子	—	0.2～1.6	98	98	4	61	60	80
荒草坡	2065	8～15	灌木层	灌木：芒种花和铁扫帚，草本野古草、扭黄茅		0.3～0.8	8	98	13	319	20	5.75
			草本层			0.2～0.6	98					

2.1.4 群落结构特征

区域内典型植物群落的结构特征主要通过植被覆盖率、物种丰富度指数和物种多样性指数等指标来表征，各群落的指标均值见表 2-6。

1. 植物群落的植被覆盖率

各植物群落植被覆盖率见表 2-4。项目区内，各不同立地上，植被覆盖率为 2%～98%不等。华山松林植被覆盖率最高，达 98%。云南松林植被覆盖率次之，为 93%。植被覆盖率最低的为磷矿开采区的裸露地，植被覆盖率低于 2%。整个富磷区域植被覆盖率为：华山松林＞云南松林＞旱冬瓜林＞云南松-旱冬瓜林＞刺芒野古草群落＞桉树林＞黑荆林＞蔗茅群落＞紫茎泽兰群落＞马桑群落＞戟叶酸模群落＞裸露地。

表 2-4 区域内典型植物群落的植被覆盖情况

植物群落	植被覆盖率/%
旱冬瓜林	87
华山松林	98
刺芒野古草	84
桉树林	70
云南松林	93
云南松-旱冬瓜林	86
马桑群落	34
蔗茅	58
黑荆林	60
戟叶酸模	17
紫茎泽兰	48
裸露地	2

2. 植物群落的物种丰富度指数

对各主要植物群落进行物种调查，其物种丰富度指数如图 2-2 所示。区域内各植物群落物种丰富度指数均较低。相对而言，研究区内物种丰富度指数最高的为云南松-旱冬瓜林，物种数有 25 种，其次为云南松林，物种数为 22 种。磷矿开采区裸露地物种及少，仅存在 1～2 种植物生长。

富磷区各典型植物群落物种丰富度指数为：云南松-旱冬瓜林＞云南松林＞旱冬瓜林＞华山松林＞桉树林＞刺芒野古草群落＞马桑群落＞黑荆林＞蔗茅群落＞紫茎泽兰群落＞戟叶酸模群落＞裸露地。

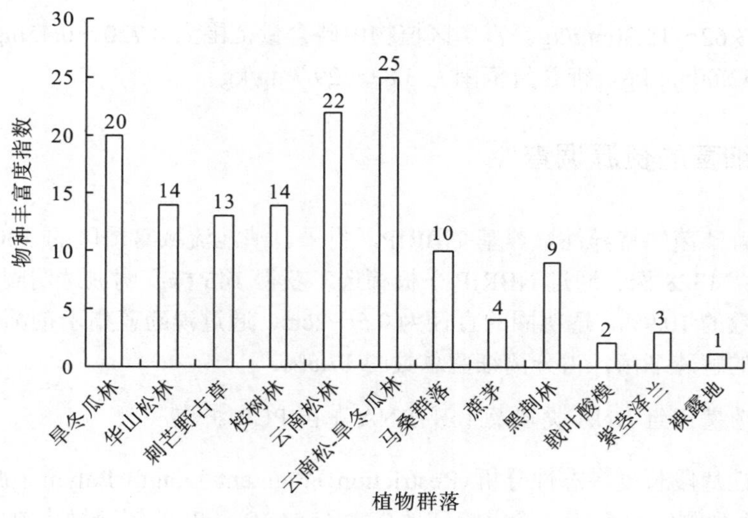

图 2-2　富磷区各植物群落物种丰富度指数

3. 植物群落的物种多样性指数

采用 Simpson：D 物种多样性指数，对各主要植物群落进行物种多样性指数的分析。分析结果如图 2-3 所示。通过对研究区内各植物群落物种多样性指数的高低进行排序，群落物种多样性指数最高的为旱冬瓜林，为 0.873；其次为云南松林，为 0.868。紫茎泽兰群落、刺芒野古草群落、戟叶酸模群落、蔗茅群落和裸露地样方的物种多样性指数极低。富磷区各典型植物群落物种丰富度指数为：旱冬瓜林＞华山松林＞云南松-旱冬瓜林＞云南松林＞马桑群落＞桉树林＞黑荆林＞紫茎泽兰群落＞刺芒野古草群落＞戟叶酸模群落＞蔗茅群落＞裸露地。

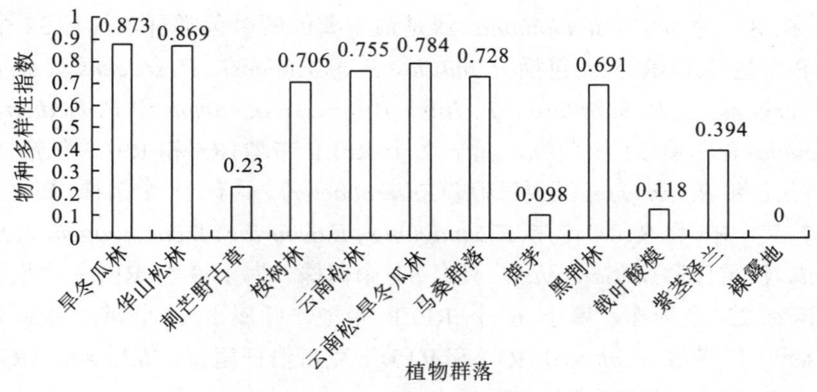

图 2-3　富磷区各植物群落物种多样性指数

4. 植物中营养元素水平

非富磷区植物中磷含量范围为 0.735～2.82mg/kg，氮含量范围为 5.51～32.80mg/kg，钾含量范围为3.62～15.30mg/kg。富磷区植物中磷含量范围为0.720～6.45mg/kg，氮含量范围为2.90～42.60mg/kg，钾含量范围为3.83～29.7mg/kg。

2.1.5 解磷细菌的资源调查

利用筛选解磷菌的特异性培养基NBRIP，将采自滇池流域富磷区的100份土壤样品分离、保存细菌1328株。通过NBRIP平板筛选，获得145株产明显透明圈的解磷细菌，占分离细菌总数的10.9%，透明圈的直径为0.5～2cm。通过溴酚蓝指示剂筛选法获得232株产生有机酸的解磷细菌，占分离细菌总数的17.5%。

1. 解磷细菌基因组DNA提取及16S rRNA基因PCR扩增

通过限制性片段长度多态性分析(Restriction Fragment Length Polymorphism，RFLP)及16S rRNA系列测定，系统分析了溶磷效果大于54.19mg/L的解磷微生物区系，共产生32种RFLP带型。之后进行Blast比对和系统发育分析，结果表明，微生物分属于细菌的3大类群：变形菌门(Proteobacteria)、放线菌门(Actinobacteria)和厚壁菌门(Firmicutes)。具体如下。

(1)变形菌门(Proteobacteria)类群：共有107个菌株归属于变形菌门(Proteobacteria)类群，分别属于26个RFLP带型，相似性在97.86%～99.93%，占总数的81.25%。属于这一类群的解磷细菌菌株归属于Proteobacteria变形菌门(Proteobacteria)类群中的β和γ亚支，大多数解磷菌(106株，25RFLP带型)归属于Gammaproteobacteria，仅有一个菌株(R26)归属于β-变形菌纲(Betaproteobacteria)的伯克霍尔德菌属(Burkholderia)。属于Gammaproteobacteria类群的菌株归属于9个属：假单胞菌属(*Pseudomonas*)、不动杆菌属(*Acinetobacter*)、肠杆菌属(*Enterobacter*)、泛菌属(*Pantoea*)、沙雷氏菌属(*Serratia*)、克雷伯杆菌属(*Klebsiella*)、勒克氏菌属(*Leclercia*)、拉恩菌属(*Rahnella*)和西地西菌属(*Cedecea*)。在这一系群中*Pseudomonas*属是最主要的解磷菌类群，具有34个菌株，属于9个RFLP带型(R17-R25)，包括*P. putida*、*P. moraviensi*、*P. koreensis*、*P. corrμgata*、*P. frederiksbergensis*、*P. mandelii*、*P. lini*、*P. brassicacearum*和*P. mediterranea*.。拉恩菌属(*Rahnella*)，具有21个菌株，属于2个RFLP带型(R8和R9)，包括2个种，即*R. ornithinolytica*和*R. terrigena*。肠杆菌属(*Enterobacter*)，具有18个菌株，属于5个RFLP带型(R1，R2，R4，R6和R10)，包括*E.amnigenus*、*E.asburiae*、*E.cancerogenus*、*E.gergoviae*和*E.ludwigii*。沙雷氏菌属(*Serratia*)，具有11个菌株，属于3个RFLP带型(R11，R12和R13)，其余23个菌株，属于6个RFLP带型，归属于5个属，包括不动杆菌属(*Acinetobacter*)、泛菌属(*Pantoea*)(R14和R15)、克雷伯杆菌属(*Klebsiella*)(R7)、勒克氏菌属(*Leclercia*)(R5)、勒克氏菌属(*Leclercia*)。

(2)厚壁菌门(Firmicutes)类群：共有13个菌株归属于Firmicutes类群，分别属于3个RFLP带型，相似性在99.45%～100%，占总数的9.38%。属于这一类群的解磷细菌菌株归属于芽孢杆菌科(Bacillaceae)中的芽孢杆菌属(*Bacillus*)和短杆菌属(*Brevibacterium*)。其中，芽孢杆菌属(*Bacillus*)，具有11个菌株，属于2个RFLP带型(R31和R32)，包括

2 个种，即巨大芽孢杆菌（*B. megaterium*）和 *B. aryabhattai*，而另外 2 个菌株属于 R30 带型，与耐寒短杆菌（*Brevibacterium frigoritolerans*）具有 99.80%的相似性。

（3）放线菌门（Actinobacteria）类群：这一类群的解磷细菌数量不多，仅包括 3 个菌株，属于 3 个 RFLP 带型（R27、R28 和 R29），相似性在 99.80%和 99.17%，占总数的 2%，包括 *A. ramosus*，*A. nitroguajacolicus* 和 *A. pascens*。

2. 趋化性解磷细菌分子检测及系统亲缘关系分析

利用 *cheA* 基因引物对解磷细菌的趋化特性进行了 PCR 检测，结果显示其中 37 株解磷细菌在 500bp 处有扩增带，表明其具有趋化性。

通过系统发育分析，具有趋向性的 37 株解磷细菌分布于 10 属（共 17 种）：*Enterobacter*、*Cedecea*、*Klebsiella*、*Raoµltella*、*Serratia*、*Pantoea*、*Acinetobacter*、*Pseudomonas*、*Brevibacterium* 和 *Bacillus*。其中，*Pseudomonas* 和 *Bacillus* 属的趋化性细菌各有 9 株。*Pseudomonas* 分属于 5 种，分别为 *Pseudomonas putida*（2 株）、*Pseudomonas koreensis*（1 株）、*Pseudomonas corrµgata*（1 株）、*Pseudomonas mandelii*（2 株）和 *Pseudomonas lini*（3 株）；*Bacillus* 分属于 1 种，为 *Bacillus aryabhattai*。其次为 *Enterobacter* 属，共 8 株，3 个种：*Enterobacter ludwigii*（2 株）、*Enterobacter asburiae*（3 株）、*Enterobacter amnigenus*（3 株）。其余 12 株分别属于 *Pantoea*（4 株，2 种）、*Pantoea conspicua*（1 株）、*Pantoea agglomerans*（3 株）、*Serratia ureilytica*)（2 株）、*Cedecea davisae*（1 株）、*Raoµltella terrigena*（1 株）、*Klebsiella oxytoca*（1 株）、*Acinetobacter calcoaceticus*（1 株）和 *Brevibacterium frigoritolerans*（1 株）。

对 37 株扩增出 *CheA* 基因的解磷细菌，采用软琼脂平板群集和滴定试验，分析其对邻苯二酚、P-Hydroxybenzoid、水杨酸和 L-天冬酰胺四种芳香烃化合物的趋化性。实验结果表明，与阴性对照相比，这 37 株解磷细菌对四种化合物都具有不同程度的趋化性。其中，PSB2、PSB12、PSB13、PSB30、PSB31、PSB39、PSB60 和 PSB61，对四种化合物的趋化性比较明显，这些解磷细菌分属于三个属，分别为 *Enterobacter*、*Pseudomonas* 和 *Bacillus*。PSB2、PSB12、PSB13 分属于 *Enterobacter* 属，平板测定显示其具有较强的趋化活性。PSB2 作为 *Enterobacter* 属的代表，在软琼脂试验法中，对天冬酰胺趋化效果较明显，其趋化形成的浑浊圈较大，且在放置相同时间后菌体形成明显的向四周扩散的趋势；在对 P-Hydroxybenzoid、邻苯二酚、水杨酸的趋化实验中也表现出相同的现象。在滴定试验法中，PSB2 对天冬酰胺、邻苯二酚的趋化效果较明显，化合物在反应过程中已经融化，但在化合物放置点附近仍形成明显的趋化圈，即菌体明显在化合物周边聚集，形成菌落线；对 P-Hydroxybenzoid 和水杨酸的趋化试验中，化合物虽没有融化，但菌体仍明显聚集在化合物周围，形成明显的趋化圈。PSB30、PSB31 和 PSB39 分属于 *Pseudomonas*，PSB30 作为 *Pseudomonas* 属的趋化性解磷菌株代表，也显示出较强的趋化性，在软琼脂趋化法中，对邻苯二酚和 P-Hydroxybenzoid 的趋化性较强，对天冬酰胺和水杨酸也形成了较明显的浑浊圈，并有向四周扩散的趋势；滴定试验中也形成了较强透明圈与菌落线。分子验证有趋化条带的菌种 *Bacillus aryabhattai*（PSB60 和 PSB61）在平板验证实验中也表现出较强的趋化性，形成了较明显的浑浊圈与透明圈。

2.1.6 土壤概况

1. 土壤基本理化性质

土壤多为酸性山原红壤，局部存在红色石灰土，pH 值为 4.94～8.35，平均值为 6.23。土壤有机质为 0.55%～11.6%，平均值为 3.21%。土壤全氮为 54.7～8978mg/kg，平均值为 778mg/kg。土壤全磷为 106～20895mg/kg，平均值为 1864mg/kg。有效磷为 7.9～184mg/kg，平均值为 80.4mg/kg。土壤速效钾为 2.9～122mg/kg，平均值为 61.2mg/kg，详见图 2-4。

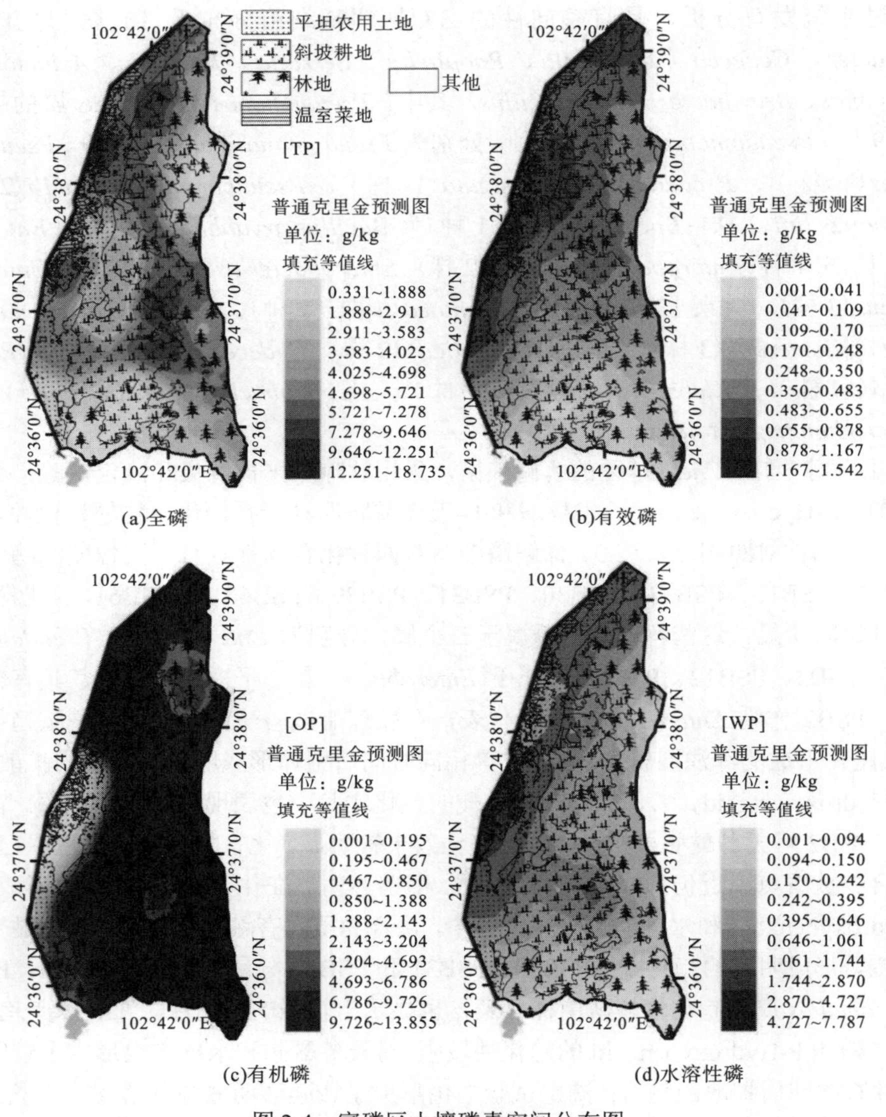

图 2-4　富磷区土壤磷素空间分布图

注：TP，全磷；AP，有效磷；OP，有机磷；WP，水溶性磷

柴河流域全磷的空间分布总趋势是：东北方向和中东部含量偏高，西部和南部含量较低。大致可以分为 3 个级别：土壤全磷含量在 0.17～3.82g/kg、11.12～25.73g/kg、>29.39g/kg。全磷含量最高值出现在东部，两点最高值处正是磷矿带采矿区位置，最低值出现在流域西部地区和南部。速效磷的空间分布结构与全磷存在一定的一致性趋势。最高值同样位于磷矿分布带，最低值仍出现在流域西部地区和南部地区，详见图 2-5。

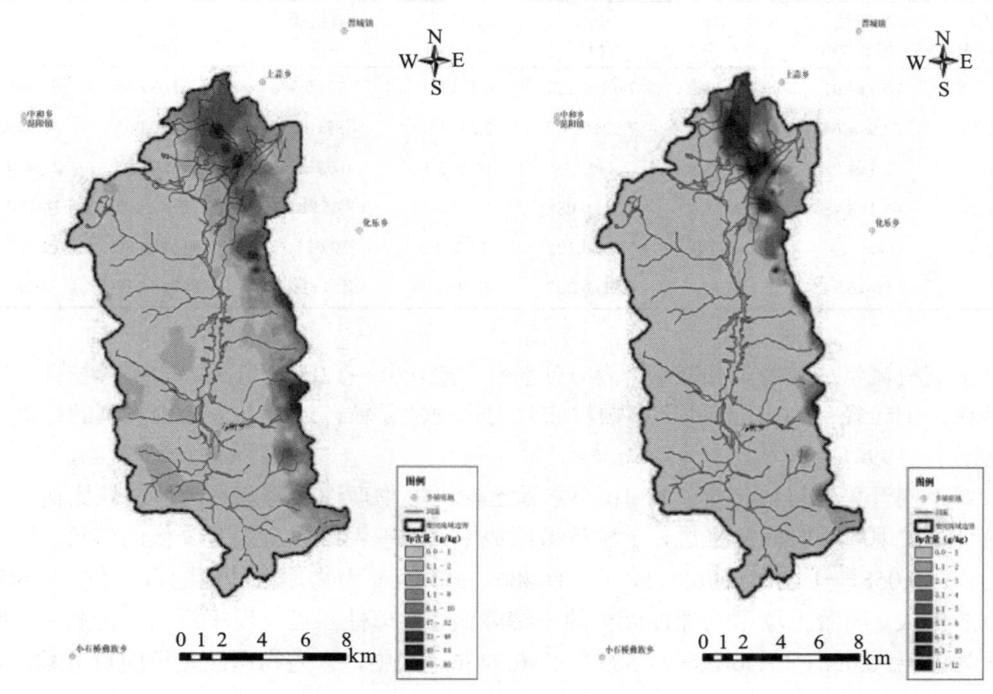

图 2-5　柴河流域土壤全磷(TP)和溶解性磷(DP)分布图

在富磷区，尤其是磷矿区，土壤全磷含量很高，但全氮含量相对很低；富磷区土壤速效磷、速效钾含量比较丰富，基本能满足植物生长需求。

在富磷区范围内，全磷含量最高点分布在东边黄色包围的区域内，含量在 6.5g/kg 以上，即磷矿带所在处；中部的绿色区域则代表全磷含量在 3.5～6.5g/kg 范围内，而全磷含量在 3.54g/kg 以下的区域相对面积较小。说明此区域磷含量相当高。

富磷区样本速效磷含量大部分都小于 40mg/kg，占富磷区采样总数的 28.16%；其次为速效磷含量分布于 200.0～1000.0mg/kg 之间的样本，占富磷区采样总数的 18.45%；速效磷含量在 40.0～100.0mg/kg 的样本占富磷区采样总数的 14.56%；而含量在 1000.0～3000.0mg/kg 范围内的样本占 16.5%；大于 3000.0mg/kg 范围内的样本占富磷区采样总数的 12.62%；速效磷含量在 100.0～200.0mg/kg 范围内的土壤样本最少，占富磷区采样总数的 9.71%。可见此区域的速效磷含量相当高，应该尤其注意此区域的磷流失，避免富磷区的磷对滇池水体磷的贡献率日益突出。

2. 土壤机械组成及肥力状况

对磷矿区 6 个区域，采集其 60 个土样，分析土壤的机械组成和主要肥力指标。土壤机械组成和肥力指标见表 2-5。

表 2-5　富磷区关键区域土壤结构及肥力状况

尾矿年限	物理性砂粒/%	物理性黏粒/%	土壤 pH	有机质/(g/kg)	有机碳/(g/kg)	全氮/(g/kg)	全磷/(g/kg)
开采区	76.7±4.01	23.3±4.01	7.68±0.202	6.42±1.01	3.73±0.588	0.361±0.046	63.7±12.3
2 年	72.9±4.64	27.1±4.64	7.52±0.267	7.54±1.09	4.37±0.633	0.454±0.065	30.5±9.35
5 年	72.1±4.98	27.9±4.98	7.41±0.19	11.6±2.41	6.73±1.4	0.556±0.095	22.4±4.73
8 年	68.1±3.43	31.9±3.43	7.31±0.088	13.2±2.89	7.65±1.33	0.721±0.072	16.9±4.65
11 年	68±3.14	32±3.14	7.29±0.125	18.2±1.9	10.6±1.1	0.816±0.082	12.7±2.36
15 年	68.4±6.54	31.6±6.54	6.81±0.207	20.9±3.06	12.1±1.77	0.862±0.112	7.65±1.95

土壤机械组成粒径等级较多。为方便统计，把 0.01～1.0mm 范围内的颗粒统计为物理性砂粒，把粒径＜0.01mm 的土壤颗粒归并为物理性黏粒，这是划分土壤类型的标准之一（刘光崧，1996）。

对不同开采和堆放年份，每 10 个立地土样土壤物理性砂粒和物理性黏粒比例均值进行统计，发现随着时间的推进，土壤机械组成中，物理性砂粒有缓慢降低的趋势，回归方程为：y=0.058x^2−1.4083x+76.411，R^2=0.9486。式中，y 为物理性砂粒的百分数，x 为矿渣区堆放年限。随着土壤中物理性砂粒的平缓降低，物理性黏粒呈现平缓上升的趋势，回归方程为：y=−0.058x^2+1.4083x+23.589，R^2=0.9486。式中，y 为物理性黏粒的百分数，x 为矿渣区堆放年限。

在磷矿区，对不同废弃时间的矿渣堆积区进行土壤采样，并测定 pH。对每组立地土壤 pH 均值进行作图，并求回归方程。研究结果表明，不同立地土壤的 pH 随着时间推移而呈现平缓降低的趋势。回归方程为：y=−0.0008x^3+0.0161x^2−0.1194x+7.6886，R^2=0.992，式中，y 为土壤 pH 值，x 为尾矿堆积年限。

有研究表明，植被演替进程中土壤有机质也将发生显著变化。有机质是植物群落同化作用过程中重要的“通货”（严小龙等，2000），且植物群落演替中，土壤有机质会对群落结构发挥生态阈值作用。对磷矿区不同遗弃年代立地土壤有机质进行测定，每组取均值作图，发现土壤有机质随时间推进而出现显著升高的趋势。回归方程为：y=−0.0035x^3+0.0787x^2−0.576x+6.3809，R^2=0.9868，式中，y 为土壤有机质，x 为尾矿堆积年限。

调查研究结果表明，土壤全氮含量是植物群落结构植被覆盖率、生物量等的主要限制因子；而土壤有效氮则是植物群落中生物多样性的主要限制因子。对磷矿开采区不同废弃年代立地土壤全氮的测定结果表明随着时间推移土壤全氮呈现缓慢上升的趋势。回归方程为：y=−0.0014x^2−0.0554x+0.3493，R^2=0.9887，式中，y 为土壤全氮，x 为尾矿堆积年限。

土壤磷是植物生长的重要养分元素之一。磷矿区土壤磷随着时间推移而呈现显著下降的趋势，这与初期水土流失、淋溶等有关。此外，植被逐步恢复中，土壤中物理性黏粒也将适度增加，有机质成分也会增加，加之植物吸收利用，一定程度上都会导致磷矿区土壤磷含量的逐年降低。土壤全磷与废弃年限之间的回归方程为：$y=-0.0594x^3+1.6724x^2-15.324x+60.982$，$R^2=0.9868$，式中，$y$ 为土壤全磷，x 为尾矿堆积年限。

2.2　富磷山区生态修复植物的筛选技术

主要以防控山地水土流失以及富磷区的磷输出为目的，针对地形陡峭、贫瘠干旱等不同立地环境，选择适宜物种，达到控制流域水土流失以及减控山地面源污染中磷输出的目的。

2.2.1　技术简介

对研究区原有植被类型特征进行调查研究，分析土壤中养分状况，确定植被恢复中的主要限制因子，引入植物功能性状作为评价植物恢复及适应环境能力的指标。对于恢复物种的选择，以往的研究多集中在定性分析上。该技术结合生态化学计量学、植物功能性状和功能群，具有很强的可操作性和目标可达性。

恢复物种的选择是恢复生态学乃至生态学的研究热点，只有了解了特定植物在特定环境中的生长情况、适应策略与限制因子的响应关系，才能正确地评价植物对待恢复环境的恢复潜力。

2.2.2　技术设计

本技术根据以下四个方面原则进行设计。

功能性原则：所选植物具有提高群落稳定性和减少磷流失风险的基本功能。

安全性原则：优先考虑本土物种，在自然环境极为恶劣区域适当考虑引入外来物种，如紫茎泽兰。

生态适应性原则：所选植物能适应当地贫瘠和干旱的环境，推广时可减小维护成本。

因地制宜性原则：不同的立地环境条件下，污染物的流失风险以及物种适生情况是不一致的，因此选择种植适宜物种，力求通过最小人工改造措施恢复群落功能。

2.2.3　技术效果

1. 筛选体系的建立

要评价物种对环境恢复的潜在能力，方法之一就是将其按照功能群划分。功能群(functional group)被定义为对特定环境因素有相似反应的一类物种(分类群)，它是依据生理、形态、生活史或其他与对某一生态系统过程相关以及与物种行为相联系的一些生物学特征来划分的，具有与传统植物分类学不同的意义。

本研究选取相关性状评价目标植物的固磷锁磷能力、贫瘠环境适生及改造能力及抗旱能力，具体情况见表2-6。

表2-6　植株能力评估及相关性状的选择

待评价能力	所选评价性状
固磷锁磷能力	叶片P含量、根系密度、生物量、生活型、比叶面积
贫瘠环境适生及改造能力	叶片N含量、叶片K含量、贫瘠条件下物种的重要值、生活型、扩散方式、比叶面积
抗旱能力	物种在旱季的表现情况、是否有地下茎、叶片毛(刺)的形态、植物(草本)根深、比叶面积

通过摄动分析，筛选了多种生态修复工程植株，具体物种名录见表2-7。

表2-7　生态修复工程植株推荐

待恢复立地类型	立地环境描述	适生植物种
1	早年磷矿开采创面，坡度大，几乎无土壤覆盖，多碎石，磷含量极高	戟叶酸模、马桑(固氮)、蔗茅 注：马桑多存活于石缝中，可能与水文条件有关
2	开采创面下方，地面紧实度高，几乎无土壤覆盖，多碎石，土壤有机质略多于1	戟叶酸模、紫茎泽兰、蔗茅、土荆芥、一炷香、鸡爪刺
3	坡度大，土壤较1、2厚，有机质缺乏，土壤容重大，土壤含水率仍然较低	蔗茅、地石榴、马桑(固氮)、紫花苜蓿(固氮)、马陆草、白背枫
4	较平缓，其余与3相似	蔗茅、紫茎泽兰、土荆芥、多花芫子梢(固氮)、旱冬瓜(固氮)、三叶草(固氮)、干旱毛蕨
5	土壤状况较好，然而磷流失风险仍然很高	紫茎泽兰、画眉草、土荆芥、洋姜等以及蓖麻、洋芋、小瓜等作物

2. 工程植株的选择

1)植物养分分析

通过比较得出富磷区植物的氮、磷和钾含量普遍高于非富磷区的植物，滇池流域植物叶片养分特征详见表2-8。

表2-8　滇池流域植物叶片养分的统计特征

项目	C含量/(mg/g)	N含量/(mg/g)	P含量/(mg/g)	K含量/(mg/g)	C∶N	C∶P	C∶K	N∶P	N∶K	K∶P
A.M./(mg/g)	441.42	16.17	2.30	13.57	37.71	267.50	39.58	8.61	1.35	7.20
SD	60.51	8.91	1.51	5.74	26.37	143.93	20.37	5.35	0.94	3.54
CV/%	13.71	55.10	65.80	42.29	49.15	53.80	51.45	62.15	69.85	49.15
G.M./(mg/g)	436.00	13.89	1.92	12.36	31.38	227.06	35.28	7.23	1.12	6.44
MIN	153.10	2.91	0.50	3.63	8.21	59.95	12.67	1.31	0.24	0.60

续表

项目	C 含量/(mg/g)	N 含量/(mg/g)	P 含量/(mg/g)	K 含量/(mg/g)	C∶N	C∶P	C∶K	N∶P	N∶K	K∶P
MAX	594.10	42.60	6.91	29.73	144.48	663.86	124.84	40.14	5.82	24.27
P	0.140	0.244	0.002	0.510	0.110	0.541	0.210	0.397	0.062	0.078
r	—	—	—	—	−0.176	−0.130	−0.039	0.433**	0.394**	0.557**
样本数量	75	75	75	75	75	75	75	75	75	75

备注：A.M.：算术平均数；SD：标准差；CV：变异系数；G.M.：几何平均数；MIN：最小值；MAX：最大值；*P*：K-S 检验 *P* 值；*r*：两元素间的 Pearson 相关系数；**：$P<0.01$；*：$P<0.05$。

统计结果表明，流域植物叶片 C、N 和 K 含量的算术平均数分别为 441.42mg/g，16.17mg/g 和 13.57mg/g；叶片 P 含量的几何平均数为 1.92mg/g；叶片 C∶N、C∶P 和 C∶K 比值的算术平均数分别为 37.71、267.50 和 39.58；叶片 N∶P、N∶K 和 K∶P 比值的算术平均数分别为 8.61、1.35 和 7.20。

高磷区域植物叶片 N、K 含量的算术平均数分别为 18.22mg/g、16.83mg/g；叶片 P 含量的几何平均数为 3.71mg/g；叶片 N∶P、N∶K 和 K∶P 比值的算术平均数分别为 4.81、1.28 和 4.65；该区域植物叶片 N、P、K 相互间呈非显著正相关。正常（参照）区域植物叶片 N、K 含量的算术平均数分别为 15.85mg/g、11.31mg/g；叶片 P 含量的几何平均数为 1.40mg/g；叶片 N∶P、N∶K 和 K∶P 比值的算术平均数分别为 11.19、1.58 和 7.97；此外高磷区域内 N、P、K 在植物体内的分布满足叶片＞枝条＞根＞韧皮＞茎干，与其他区域的研究结果相似。

滇池流域不同土壤磷水平下不同生活型植物叶片的养分含量存在很大的差异，高磷区域较正常（参照）区域，不同生活型植物（草本和木本、灌木和乔木）叶片 P 含量均呈现显著（$P<0.05$）或极显著差异（$P<0.01$）；木本植物叶片 K 含量呈极显著差异（$P<0.01$），乔木与灌木叶片 K 含量均呈显著差异（$P<0.05$），草本植物叶片 K 含量差异不明显；同时，不同生活型植物 N 含量均没有显著差异。总体而言，无论是高磷还是正常（参照）区域，草本植物的养分含量均高于木本植物，乔木与灌木间则不明显。

植物叶片 P 含量及 N∶P 比值与土壤磷水平呈极显著相关（$P<0.01$），其中植物叶片 N∶P 比值伴随着土壤磷含量升高反而降低。叶片 P 含量与土壤磷水平呈正相关，K 含量与土壤磷呈显著正相关（$P<0.05$）。

正常（参比）区域植物叶片的 N、P、K 含量分别为 13.77g/kg、1.42g/kg、7.98g/kg，植物枝条的 N、P、K 含量分别为 6.52g/kg、1.00g/kg、6.91g/kg。高磷区域植物叶片 N、P、K 含量分别为 19.27g/kg、3.15g/kg、16.60g/kg，植物枝条的 N、P、K 含量分别为 7.65g/kg、2.35g/kg、9.61g/kg，其叶片与枝条的 N、P、K 比例分别为：3.60±2.76、1.50±0.57、2.45±1.49。结果表明，两区域相比较，N、K 元素的叶片，其叶片与枝条的 N、P 比例有显著差别，P 元素则不明显。高磷区域 N、P、K 在植物体内的分布满足叶片＞枝条＞根＞韧皮＞茎干。

统计结果表明滇中磷矿区常见植物凋落叶片（22 种）的 N 含量为 5.87±2.70g/kg，范围为 1.96～10.96g/kg；P 含量为 2.01g，范围为 1.08～4.56g/kg，N∶P 为 3.11。乔木-灌木的 N 含量为 6.59g/kg，范围为 3.27～11.22g/kg；P 含量为 1.94g/kg，范围为 1.01～2.86g/kg，

N∶P 为 3.45。草本的 N 含量为 5.55g/kg，范围为 1.96～10.96g/kg；P 含量为 2.05g/kg，范围为 1.08～4.56g/kg，N∶P 为 2.91±1.53。无论是总体还是各个生活型，N、P 之间的关系都不明显，就差异性来说，草本植物体内 P 含量的变化要大于乔木-灌木，N 含量的差异不明显。

滇中磷矿区常见植物叶片在鲜叶-凋落叶间其养分特征存在很大的变化。鲜叶 N∶P 的范围是 1.55～8.98，算术平均数为 4.4；凋落叶 N∶P 的范围是 6.0～0.87，算术平均数为 3.1。鲜叶的 N∶P 显著大于凋落叶($P<0.05$)，二者的变化差异不明显。

研究表明，滇中磷矿区常见植物叶片对 N、P 的再吸收率存在显著差异，对 N 元素的再吸收率显著大于 P 元素($P<0.05$)。就各个生活型来说，乔木-灌木对 N 元素的再吸收率要显著高于 P 元素($P<0.05$)，其中乔木-灌木 NRE_N=56.95，NRE_P=27.71；草本植物对二者再吸收率的差别则不明显，其中草本 NRE_N=56.26±24.04，NRE_P=49.07±20.47。乔木、灌木与草本相比较来说，乔木较草本对磷元素的再吸收率明显较高(P=0.018)，两者对氮元素的再吸收率则区别不明显。

优势灌-草叶片的养分含量总体来说随着季节的变化而变动且变化规律不一，N 表现为旱雨交替期＞雨季＞雨旱交替期＞旱季，P 表现为雨季＞旱雨交替期＞旱季＞雨旱交替期，K 表现为旱雨交替期＞旱季＞雨季＞雨旱交替期，其中旱雨交替期的养分含量要显著高于其他时期(图 2-6)。

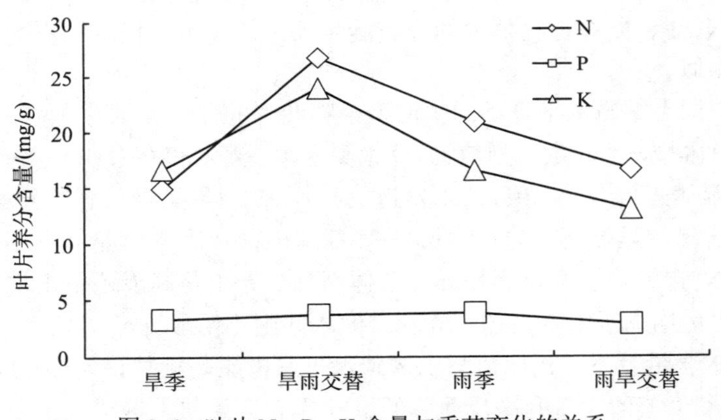

图 2-6　叶片 N、P、K 含量与季节变化的关系

2) 植物固磷锁磷能力分析

根据叶片 P 含量、根系密度、生物量、生活型、比叶面积等 5 个指标进行评价，按照摄动量由小到大界定系统优劣的原则，列出了固磷锁磷能力最优的 5 种植物，其中蔗茅排第 1，其他依次为土荆芥、紫花苜蓿、紫茎泽兰、干旱毛蕨(图 2-7)。

3) 植物贫瘠环境适生能力分析

根据叶片 N 含量、叶片 K 含量、贫瘠条件下物种的重要值、生活型、扩散方式、比叶面积等 6 个指标进行评价，按照摄动量由小到大界定系统优劣的原则，列出了贫瘠环境适生能力最优的 5 种植物，其中土荆芥排第 1，其他依次为戟叶酸模、紫茎泽兰、紫花苜蓿、白背枫(图 2-8)。

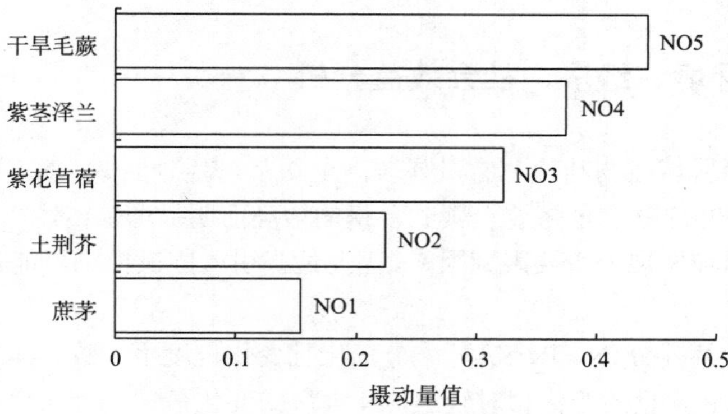

图 2-7　植物固磷锁磷能力比较

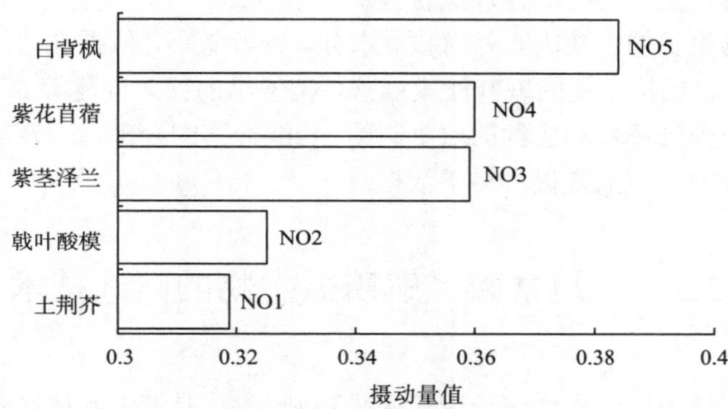

图 2-8　植物贫瘠环境适生能力比较

4) 植物抗旱能力分析

根据物种在旱季的表现情况、是否有地下茎、叶片毛(刺)的形态、植物(草本)根深、比叶面积等 5 个指标进行评价，按照摄动量由小到大界定系统优劣的原则，列出了抗旱能力最优的 5 种植物，其中单刺仙人掌排第 1，其他依次为大蓟、毛蕊花、戟叶酸模、土瓜狼毒(图 2-9)。

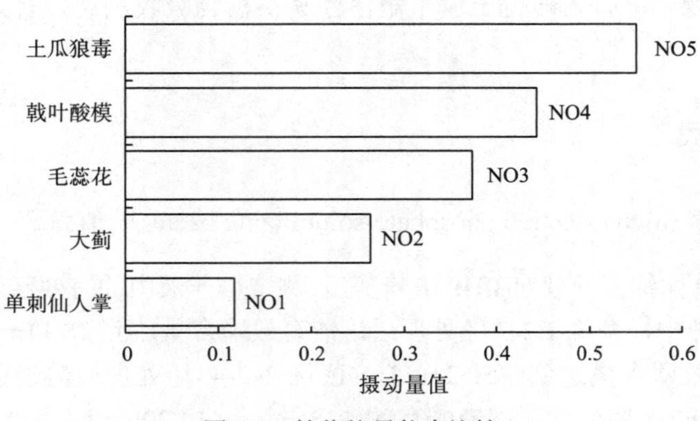

图 2-9　植物抗旱能力比较

2.2.4 技术的环境、经济、社会效益分析

滇池流域富磷区域植物叶片 P 含量显著高于正常(参照)区域，N∶P 比例小于全国乃至世界水平，植物叶片 P 含量随着土壤 P 含量的增高而明显增加。另外，计量学研究表明 N 是制约该区域植被发展的主要限制因素。因此适当引入固氮植物可能是促进该区域植被恢复的有效方法。

富磷区植物叶片养分(N、P、K)随季节变化且变化程度不一致。其中旱雨交替期的叶片养分含量最高，P 含量的变化相对较小，N 含量的变化最大，且在旱季，植物叶片的 K 含量要高于 N 含量，同时，各个植物的响应程度更是不一。了解不同植物种养分动态特征将为该区域植被恢复中物种的合理配置提供科学依据。

限制旱季植物生长的主要因素是海拔、水分、碱解氮等，依据这些因素将植物群落进行了功能群划分，包括抗干扰的戟叶酸模群落、抗干旱的蔗茅群落等 6 个群落。同时，认为该区域植物分布受到环境和物种的双重制约。功能群落的合理划分及功能定义将为该区域植被恢复中物种的合理配置提供科学依据。

2.3 山地富磷区解磷微生物的筛选技术

滇池富磷区土壤中的磷素通过径流等途径冲刷入湖，是滇池水体富营养化的重要成因之一。如何将土壤中的难溶性磷酸盐和有机磷转化为植物可吸收利用的可溶性磷、减少磷素输移和化学磷肥的使用，是控制磷素面源污染的有效途径之一。

2.3.1 技术简介

基因工程解磷菌 *Penicillium oxalicum* Mo-Po 研发的新型高效生物磷肥，对土壤无机磷和有机磷具有较好的解磷效果。适用于富磷区的农业种植，并替代化学磷肥使用；也适用于非耕区植物，可有效转化土壤中难溶性磷供植物吸收利用，有效降低土壤中总磷含量。

2.3.2 技术效果

1. 高效解磷菌(high effective phosphate-solubilizing bacteria)的筛选

在对选定的 9 株细菌处理 NBRIP 培养基后，测定培养液中的有效磷含量(表 2-9)表明，在所选的细菌菌株中，菌株 B2-7 经处理后溶液有效磷含量达到 28.11mg/L，菌株 F5-1 经处理后溶液的有效磷含量达到 25.62mg/L，菌株 N2-4 经处理后溶液的有效磷含量达到 24.33mg/L，菌株 F2-5 经处理后溶液的有效磷含量达到 14.20mg/L。因此 B2-7 是所选菌株

中解磷效果最好的，F5-1 次之，F2-5 最弱。同时测定细菌处理培养液后溶液中剩余 $Ca_3(PO_4)_2$ 颗粒的含量，结果显示菌株 F5-1 经处理后 $Ca_3(PO_4)_2$ 的分解率达到了 96.55%，C2-5 对 $Ca_3(PO_4)_2$ 的分解率只有 13.88%，所以在所选测试菌株中菌株 F5-1 的分解率最高，菌株 C2-5 的分解率最低。同时对农业土壤中筛选得到的真菌 PO-1，选择用钼蓝法测定其对 NBIRP 培养基中 $Ca_3(PO_4)_2$ 的分解效果，测定溶液中有效磷含量后数据显示其有效磷含量达到 29.12mg/L。目前测定的数据显示所选真菌 PL-1 的解磷能力高于所选细菌的解磷能力。

表 2-9 解磷菌的解磷效果

菌株号	有效磷/(mg/L)	$Ca_3(PO_4)_2$ 分解率/%	水解圈
N2-4	24.33	61.17%	有
L5-15	21.15	37.50%	有
L5-12	20.51	29.72%	有
F5-1	25.62	96.55%	无
B2-7	28.11	62.85%	有
C2-5	15.43	13.88%	无
F2-5	24.20	66.67%	有
PO-1	29.12		无
空白	15.3	9.35%	—

2. 高效解磷菌的盆栽实验、解磷菌肥的研制与大田试验

本研究选用解磷能力较强的解磷菌(Ⅰ、Ⅱ、Ⅲ)，以烟草废弃物堆肥产物为基质，研制解磷菌肥，以油菜为供试作物，通过盆栽实验评估解磷菌对作物生物量以及土壤理化性质的影响，以西葫芦为供试作物，通过大田示范评估解磷菌肥对作物生物量以及土壤理化性质的影响。

1)解磷细菌对油菜的促生效果

从分离的解磷菌中遴选出 3 株解磷效果最好的菌株(Ⅰ、Ⅱ、Ⅲ)，以采自滇池富磷区的农田土(WT)和 WT 中添加 $Ca_3(PO_4)_2$(TCP，0.2g/kg)为基质，以油菜作为供试作物，测定了解磷细菌促进作物生长的温室试验。结果表明：将解磷菌培养液(菌体浓度=10^8)按 1%的接种量与矿土混合播种油菜种子 1 个月后，供试的 3 株解磷细菌对油菜均有显著的促生效果(表 2-10)。其中：对根长的促生率为 30.22%～166.67%，以菌株Ⅰ、Ⅱ在富磷区农田土中的促进效果最显著(166.67%)；对株高的促生率为 158.86%～234.76%，以 3 个复合菌株在添加 $Ca_3(PO_4)_2$ 的农田土中促生效果最好(234.76%)；对植株鲜重、干重的促生率分别为 704.73%～1802.44%和 364.70%～881.76%，以三个复合菌株在农田土中促生效果最好(1802.44%，881.76%)；对植株叶片的促生效果为 136.22%～235.38%，以菌株Ⅲ及三个复合菌株在添加 $Ca_3(PO_4)_2$ 的农田土中促生效果最好(235.38%，217.69%)。

表 2-10 三株解磷菌（Ⅰ、Ⅱ、Ⅲ）对油菜的促生效果试验

测定参数	WT+培养基(CK)	WT+Ⅰ		WT+Ⅱ		WT+Ⅲ		WT+Ⅰ+Ⅱ+Ⅲ	
		测量值	促生率/%	测量值	促生率/%	测量值	促生率/%	测量值	促生率/%
根长/cm	2.25	6.00	166.67	6.00	166.67	2.93	30.22	4.00	77.38
株高/cm	3.5	9.33	166.57	11.33	223.71	9.06	158.86	11.33	223.71
鲜重/g	0.082	0.769	837.80	1.53	1765.85	0.999	1118.29	1.56	1802.44
干重/g	0.017	0.079	364.70	0.143	741.18	0.102	500.00	0.155	811.76
叶直径/cm	1.27	3.00	136.22	3.83	201.57	3.23	154.33	3.90	207.09
测定参数	WT+TCP+培养基(CK)	WT+TCP+Ⅰ		WT+TCP+Ⅱ		WT+TCP+Ⅲ		WT+TCP+Ⅰ+Ⅱ+Ⅲ	
		测量值	促生率/%	测量值	促生率/%	测量值	促生率/%	测量值	促生率/%
根长/cm	3.2	5.53	72.80	4.8	50.00	5.5	71.88	6.5	103.12
株高/cm	4.66	12.30	163.95	13.30	185.41	14.00	200.43	15.60	234.76
鲜重/g	0.148	1.191	704.73	1.695	1045.27	1.281	765.54	1.778	1101.35
干重/g	0.022	0.112	409.09	0.119	440.91	0.145	559.09	0.194	781.82
叶直径/cm	1.3	3.63	179.69	3.83	194.62	4.36	235.38	4.13	217.69

2）利用烟草废弃物堆肥发酵产物制备解磷菌肥颗粒剂的参数测定

从含水量、黏附剂和崩解剂的筛选及其质量方面监测制备的解磷菌肥颗粒剂。

含水量的测定。测定了烟草废弃物堆肥发酵终产物过 40 目筛部分在添加 3%黏附剂 CMC 时各种含水量下的成粒性，结果显示，当分别添加 20mL、25mL、30mL、36mL、40mL、60mL 和 80mL 水进行挤压造粒时，颗粒放置 3d 后处理的成粒率分别为 80%、82%、96%、84%、77%、0%和 0%。因此选择 30mL 水进行处理，即物料造粒前将水分含量调节到 42.86%。

黏附剂的筛选。对添加 3%浓度的四种黏附剂（CMC、淀粉、黄原胶、阿拉伯胶）进行菌株生长研究发现，CMC 对解磷菌株 HLJFQ23、KFXC111 的生长无影响，培养 48h 时菌体浓度分别为 7.65×10^8，4.28×10^8，与对照（9.06×10^8、8.67×10^8）差异不明显。淀粉对 HLJFQ23、KFXC111 的生长表现出促进作用，培养 48h 时菌体浓度分别为 1.51×10^9 和 9.65×10^8，均高于对照（9.06×10^8、8.67×10^8）。黄原胶和阿拉伯胶对生防菌株 HLJFQ23、KFXC111 的生长有明显的抑制作用，培养 48h 时菌体浓度分别为 6.14×10^5、5.72×10^5 和 7.31×10^5、4.98×10^5，显著低于对照（9.06×10^8、8.67×10^8）。选用不同浓度的 CMC 作为黏附剂造粒后放置 3d，结果显示在添加浓度为 0.1%～3%的范围内，低于 1%浓度的颗粒成粒率为 45%～80%，显著高于对照（23%）；浓度为 1%～3%时，成粒率在 90%以上，特别是在最高浓度 3%时，成粒率为 98%。因此，选用 CMC 作为黏附剂，添加浓度为 3%。

崩解剂的筛选。添加 3%浓度的四种崩解剂（CMS、氯化镁、氯化钠、滑石粉）进行影响菌株生长的研究发现，CMS、氯化镁、氯化钠对解磷菌株 HLJFQ23、KFXC111 的生长无明显影响，培养 48h 时菌体浓度分别为 8.64×10^8、5.47×10^8、4.52×10^8 和 6.41×10^8、6.53×10^8、5.74×10^8，与对照（9.06×10^8、8.67×10^8）差异不明显。滑石粉对生防菌株 HLJFQ23、

KFXC111 的生长有明显的抑制作用，培养 48h 时菌体浓度分别为 6.45×10^5 和 1.85×10^5，显著低于对照(9.06×10^8、8.67×10^8)。选用 CMS、氯化镁、氯化钠作为崩解剂，测试造粒后颗粒在水中的崩解时间，结果显示，含有 CMS、氯化镁、氯化钠颗粒剂的崩解时间分别为 15min、34min 和 38min。CMS 对颗粒剂的崩解效果最好。选用不同浓度的 CMS 作为崩解剂造粒后放置 3d，结果显示在添加含量为 0.1%～10%的范围内，随着使用浓度的提高，颗粒在水中的崩解时间逐渐缩短。其中，添加剂含量为 0.1%～1.5%时，颗粒剂在水里的崩解时间均大于 30min；添加剂含量在 3%～10%之间时，颗粒剂在水里的崩解时间在 8～15min 之间。考虑成本因素，CMS 的添加浓度选用 3%。

生物菌肥颗粒剂的质量检测。将造粒后的样品 45℃烘干，过 20 目筛，将通过筛需要重新粉碎造粒的部分称重，与总重相比，总物料的成粒率为 91%。

取 30g 样品 105℃烘烤至恒温，冷却 20min 后称重，损失水分 2.33g，得含水率为 7.8%。取 0.5g 颗粒剂样品，测试造粒后颗粒在水中的崩解时间，结果显示 16min 时物料基本崩解完全。取 10g 颗粒剂样品，加水稀释至 10^{-6} 后涂 PDA 平板，培养 5d 后计数平板上的菌落数，结果显示颗粒剂中解磷真菌的孢子含量为 1.02 亿；颗粒剂中解磷细菌的孢子含量为 3.2 亿。因此，该菌肥颗粒含水率、活菌数均符合《微生物有机肥行业标准》(NY227-94)中所规定的含水率要求(＜10%)和活菌数要求(＞1 亿)，但真菌数不能达到规定的出厂时要求上浮 30%即 1.3 亿的要求。

3)解磷菌剂大田试验示范

(1)不同肥料对西葫芦株高和茎粗的影响。

株高和茎粗是反映植株长势强弱的重要指标。研究了 A(解磷菌肥)、B(商品化生物有机肥)、C(商品化复合肥)、D(商品化复合肥)四种肥料对西葫芦生长的影响。从表 2-11 可见，生物有机肥对西葫芦植株的促长作用在生长前期表现不明显，尤其施用肥料 B 时，其株高在 8 月 25 日显著低于 A、C、D；然而使用有机肥则促进了茎粗的生长，且随着生长的进行，C、D 的生长优势逐渐消失，这可能与 C、D 的化肥处理肥效较快，但持效期较短有关。A、B 虽然在中后期的生长超过了 C、D，但因其有效养分含量较低，B 的生长优势显著低于 A，说明生物有机肥中添加的微生物对促进西葫芦生长有重要作用。

表 2-11　不同肥料处理对西葫芦不同时期株高及茎粗的影响

测定时间	株高/cm				茎粗/mm			
	A	B	C	D	A	B	C	D
8.25	6.81±0.4	6.12±0.2	8.32±0.5	8.84±0.1	0.41±0.8	0.51±0.1	0.62±1.1	0.85±0.4
9.10	13.87±1.2	12.98±0.3	11.32±0.2	12.31±0.2	1.23±0.1	1.34±0.4	0.98±1.1	1.03±0.9
9.25	36.44±0.9	35.41±0.4	30.54±0.3	31.42±0.6	2.44±0.3	2.65±0.4	2.34±0.8	2.21±0.7
10.15	48.44±1.1	46.51±0.2	44.21±0.1	40.48±2.4	4.21±0.1	3.61±1.2	3.54±2.1	3.34±0.5
10.30	49.21±3.2	49.01±0.4	47.10±0.1	43.21±1.6	3.56±0.2	3.91±1.4	4.11±1.6	3.98±0.3

注：A. 解磷菌肥；B. 商品化生物有机肥；C. 商品化复合肥；D. 商品化复合肥。后同。

(2) 不同肥料对西葫芦产量的影响。

4 种不同肥料处理对西葫芦的单果重、单株产量及亩产量均有影响，从表 2-12 可见，单果重量测定以 B 最低，D 最高，A、C 居中，说明增施化学肥料对增加果实单果重量有一定作用；但是在小区产量以及亩产量中 A 最高，B 最低，C、D 居中，说明增施生物肥料对增加果实产量有一定促进作用，分析其原因在于 D 在单果重量高于 A 的单果重量的前提下，由于 A 果实的数量多于 D 果实，因此小区产量以及亩产量中 A 处理的结果高于 D 处理。生物肥料对促进西葫芦生长发育及产量有良好的促进作用。

表 2-12　不同肥料处理对西葫芦产量的影响

肥料	单果重/g	单株产量/kg	小区产量/(kg/250m^2)	亩产量/kg
A	348±2.4	3.65±0.2	1477.72±1.2	3942.8±1.4
B	313±1.7	2.98±0.5	1206.2±3.1	3218.4±1.5
C	332±1.4	3.13±0.9	1266.9±2.4	3380.4±2.1
D	365±3.5	3.41±0.4	1380.3±2.1	3682.8±0.3

2.3.3 技术的环境、经济、社会效益分析

自主研发的新型高效生物磷肥对土壤无机磷和有机磷具有较好的解磷效果。适用于富磷区农业种植，用于替代化学磷肥使用；一方面降低了肥料的使用量，提高了作物对土壤磷素的吸收，从而降低面源污染的输出，另一方面，从经济效益方面减少了农民对化肥的购买费用，降低了农业生产成本，间接提高农民的经济收入。

2.4 滇池流域富磷区磷素流失防控的植物群落设计技术

2.4.1 技术简介

主要以山地水土流失及富磷区磷输出为防控目的，构建低成本、高效率的有效植物群落。适用于流域水土流失控制以及山地面源污染中磷输出的减控。

2.4.2 技术设计

通过种植合欢、猪屎豆、苜蓿等豆科植物，适度提高土壤氮素含量。同时，在项目区收集紫茎泽兰、蔗茅以及其他草本植物的地上部分，铺设在项目区，提高土壤有机质含量以及土壤氮含量。

(1) 土壤水分因素：在旱季，植被成活率低下。为确保成活率，在 5 月进入雨季后，开展植物群落的恢复工作，确保植物种子的萌发率和植株的成活率。

(2) 凋落物覆盖率：利用农田秸秆作为凋落物，铺设在项目区裸露地及凋落物覆盖率较低的桉树林和黑荆林等地。同时，在项目区收集紫茎泽兰、蔗茅以及其他草本植物的地上部分，也可以作为凋落物铺设在项目区。凋落物覆盖率至少控制在 30%以上，以确保水土流失控制成效明显。

(3) 基底改造：在裸露地，横向挖潜沟，供凋落物铺设以及植物种子播撒。沟深为 5～30cm 即可。

(4) 植物物种选择：短期见效植物选择方面，以白茅、蔗茅、野古草、白健杆禾本科草本植物种子为主，配以山蚂蟥、猪屎豆、合欢、苜蓿等豆科植物；此外，播撒耐旱植物坡柳等。而远期植物选择方面，在短期提高草本层覆盖率的基础上，考虑长期恢复亚热带植被，今后引入壳斗科阔叶植物以及具有高经济价值的华山松、余甘子等植物。在富磷植物的选择方面，主要考虑富集效率高的植物，有蓼科的戟叶酸模与禾本科的蔗茅等。

2.4.3　技术效果

1. 不同群落径流水质特征

在每个群落典型样地建立标准径流小区，监测不同群落径流水质特征。

通过对径流小区产流量以及产流量与植被各指标的相关分析，显示产流量与植被覆盖率、凋落物覆盖率均呈现显著的负相关关系，相关性分析详见表 2-13，表明植被覆盖率的提高，或凋落物覆盖率的提高，可以减少地表径流的输出。

表 2-13　产流系数与群落特征间相关性分析

相关系数	植被覆盖率	物种数	分蘖数	凋落物覆盖率	凋落物量
产流量	−0.858	−0.070	−0.193	−0.598	−0.384

2. 不同群落污染物输出变化

COD 输出变化。从表 2-14 可以看出，雨季初期，对于裸露地、荒草坡而言，COD 输出浓度偏低，随后有升有降，波动剧烈。而对于植被群落相对稳定的区域而言，COD 浓度维持在相对稳定的水平。

TN 输出变化。对于多数径流小区，雨季初期 TN 输出浓度变化相对稳定，这与土壤中氮储量少有一定的关联。由于土壤中有机质和氮含量高，云南松-旱冬瓜混交林群落的 N 输出浓度相对较高，并于 8 月达最大浓度，随后逐渐降低。

TP 和正磷酸盐输出变化。裸露地、蔗茅和荒草坡径流小区从雨季初期开始到末期，TP 和溶解态磷的输出浓度呈现先升后降的趋势。其余径流小区的径流输出浓度比较稳定，且维持在一个较低水平。

TSS 输出变化。对于裸露地、荒草坡而言，雨季初期各径流泥沙及悬浮物偏低，随着雨季推进，逐步升高，到雨季末期下降。其余径流小区在泥沙及悬浮物输出上相对比较稳定，维持在一个低的水平。

表 2-14 径流小区月平均产流量及水质指标状况

径流小区名称	平均产流量/m^3	TN/(mg/L)	TP/(mg/L)	有效磷/(mg/L)	COD/(mg/L)	TSS/(g/L)	N/P	溶解态磷与总磷比值/%	径流悬浮物中磷含量/%
裸露地	0.328	2.86±0.691	97.3±46.1	1.01±0.391	54.4±26.7	2.66±2.02	0.029	1.04	3.658
蔗茅	0.133	0.956±0.427	3.46±1.16	0.690±0.266	124±118	0.293±0.193	0.276	19.9	1.181
荒草坡	0.142	2.07±0.796	12.1±4.95	0.275±0.118	25.7±14.8	0.956±0.607	0.171	2.27	1.266
桉树幼林	0.771	3.84±0.876	5.60±1.39	1.45±0.657	130±110	3.12±130	0.686	25.9	0.179
黑荆	0.100	1.54±0.269	2.52±0.527	0.295±0.117	98.0±46.7	0.164±0.108	0.611	11.7	1.537
云南松	0.142	0.894±0.518	2.58±1.26	1.10±0.523	54.4±26.8	0.152±0.115	0.347	42.6	1.697
云-旱混交林	0.186	2.49±1.64	2.51±0.712	0.450±0.220	83.4±76.2	0.146±0.104	0.992	17.9	1.719
旱冬瓜林	0.147	5.01±1.74	3.45±0.496	0.437±0.255	108±125	0.116±0.104	1.45	12.7	2.974
华山松林	0.061	1.31±0.526	0.623±0.173	0.200±0.138	39.1±30.7	0.091±0.042	2.10	32.1	0.685

3. 影响不同群落面源污染物输移的主要因素

通过对污染物输出状况及群落结构属性各指标进行分析，可以看出：在 TSS 输出中，裸露地最高，其次为桉树林，华山松林最低。此外，TSS 浓度与植被覆盖率、凋落物覆盖率之间均呈现负相关关系；径流输出的 TP 浓度与物种丰富度指数呈负相关关系；径流输出的 TN 浓度与物种数量呈正相关关系；在磷的输出中，溶解态磷与总磷的比值范围为 0.045～0.563，溶解态磷与总磷的比值与物种丰富度之间呈正相关关系，表明物种丰富度指数越低，溶解态磷的含量越低；颗粒态磷在输出 TSS 中的百分含量范围为 0.1%～16.8%，颗粒态磷在输出 TSS 中的百分含量与物种数呈负相关关系，物种数越多，则颗粒态磷的含量越低(表 2-15)。

表 2-15 植被特征与径流输出水质各项指标浓度的相关性

指标	覆盖率	物种数	分蘖数	凋落物盖度	凋落物
COD	−0.257	0.363	−0.145	0.110	−0.171
TN	0.177	0.627	0.404	0.221	0.405
TP	−0.157	−0.502	0.060	−0.273	−0.214
正磷酸盐	−0.176	−0.252	−0.006	−0.147	−0.180
TSS	−0.455	−0.262	0.136	−0.533	−0.233
磷酸盐(TP)	0.194	0.684	−0.433	0.761	0.108
颗粒态磷在 TSS 中的百分含量	0.369	−0.631	0.010	0.111	−0.164

4. 最小有效植物群落的初步构建

生态系统服务价值理论认为，水土流失是植物群落及其构成的生态系统功能丧失的重要表现，而这种功能的丧失主要又源于植物群落结构的不完善。一般地，人类的干扰和影响越小，生态系统的原初状态保存得越完整，植物群落的结构就越完善，水土保持的功能就越强大。为此，假设“一个生态系统及其群落从其结构十分完善、水土流失很微弱到其结构几近崩溃、水土流失极其严重”这样一个生态过程中，存在一个临界点。在该临界点时，系统及其植物群落能够实现最基本的水土保持功能，或者是能够达到人们要求的最起码的水土保持效能(从反向的生态恢复角度上阐述也与此相同)。我们把这时的生态系统称为临界生态系统(critical ecosystems)，它的功能称为生态系统最低功能(minium ecosystem function)。鉴于植物群落是生态系统持水保土功能的决定性力量，因此把在该功能状态下的植物群落称为最小有效植物群落(minium effective plant community，MEPC)。这样，MEPC 强调的是群落处于最低功能条件下的结构状态，可以通过植物群落的物种构成及其生态属性和空间配置方式进行构建和量化分析。

为此，基于水土保持基本功能要求构建最小有效植物群落模型，研究主要细分成两个模块进行：不同群落结构特征与土壤肥力，不同群落结构特征与水分流失、养分丧失。根据生态系统功能对水土保持的最低要求[1250t/(km^2·a)]，利用研究获得的基础数据得到了群落结构与功能之间的关系，应用 STELLA 进行模拟，得出最小有效植物群落的结构参数详见表 2-16。

表 2-16　滇中标准模式下最小群落结构参数

物种数	盖度系数	性状指数	适应指数
乔木 2.1 种	1.28	0.32	0.52
灌木 2.2 种	2.26	0.47	0.46
草本 3.3 种	2.03	0.32	0.23

注：以牟定飒马场区域的自然生态环境特征为标准模式。

2.4.4　技术的环境、经济、社会效益分析

按照滇池流域富磷区磷素流失防控的植物群落设计技术，结构较好的群落，雨季径流的总磷浓度为 1～2.56mg/L，远低于结构简单的群落类型和裸露地，其中裸露地雨季径流的总磷浓度在 50mg/L 左右，由此可见良好的群落结构对总磷的临时控制效率可达到 95%。

滇池流域富磷区磷素流失防控的植物群落设计技术，不仅考虑到对磷素的防控效益，还考虑到对土壤的改善能力及水分的涵养能力，因此结构较好的群落可改善山区的土壤质量，提高水分的涵养能力，并改善当地的环境质量。

2.5　流域山地富磷区植物网格化固土控蚀技术

通过营造植物网格(plant network)削减和控制富磷山区坡地内污染物的输移。主要针对坡地水土流失较严重的区域，以削减和控制滇池流域及类似区域坡地面源污染物的输出，寻求一种有效、应用范围广、易推广而且经济实用的关于控制和治理山地面源污染的理论和方法，构建低成本、高效率、易推广和应用的网格化生态汇水沟渠及植物带。可以适用于流域水土流失控制以及坡地面源污染减控。

2.5.1 技术简介

研究本着因地制宜、因势利导的原则，主要采取网格化的生态汇水沟渠达到削减污染物和泥沙流失的目的(图 2-10)，同时通过增加污染物的滞留时间，提高了氮、磷和总悬浮物等物质的沉积、入渗和吸纳量，从而达到控制坡地面源污染的目的。该技术适用于坡地面源污染减控。

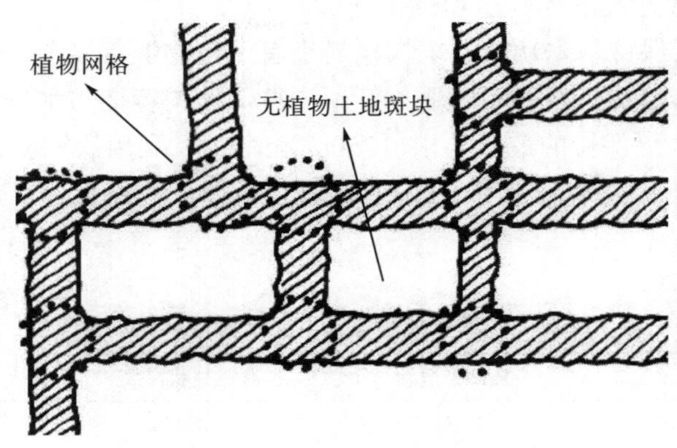

图 2-10 植物网格化固土控蚀示意图

通过研究不同立地条件下(坡度、坡长、盖度、物种丰富度等)不同面积植物网格化斑块的坡耕地，在不同生态汇水沟渠规格和不同渠内物种组配方式条件下产生的 N、P、SS 和径流量等参数，确定影响该区域山地水土流失的主要限制因子。通过综合分析和研究，在权衡保持水土效益和耕地面积、农民收入的前提下，确定不同立地条件下山地 S_{ed}(生态汇水沟面积)与 S(总面积)的较佳比值，得到投入最小但能产生较大生态效益和水土保持效益的山地植物网格化固土系统技术方案。技术源于现实，又应用于实际工作中，具有很强的可操作性、应用性和目标可达性。

2.5.2 技术设计

通过减小汇水斑块的面积(主要是通过减小坡长来实现)、增加坡耕地斑块网格化生态沟渠盖度(降低冲刷和增加吸纳入渗)和增加生态汇水沟渠的吸纳入渗接触面积(增加吸纳、入渗的效率)，为防止滇池流域及类似区域坡耕地 N、P 的流失提供一定的理论支撑和实际指导，从而防控农业面源污染。

山地植物网格化固土系统技术强调的是控制和减少“源型景观污染物”的输出和强化“流-汇型景观污染物”的滞留、入渗和吸纳。在“源”上，通过采取措施降低地表径流的流速，进而降低地表径流的冲刷能力和携带泥沙能力；在“流”过程中，通过增加生态汇水沟渠的吸纳入渗接触面积和在生态汇水沟渠中种植植物、拦截泥沙、降低流速、延长径流滞留时间和增加污染物的入渗、吸附时间，从而降低径流的冲刷和增加 N、P 等物质的吸纳入渗，达到削减该区域面源污染物输出量的目的，并强调实用性、可操作性、可推广性和最大生态效益原则。山地植物网格化固土系统技术设计示意如图 2-11 所示。

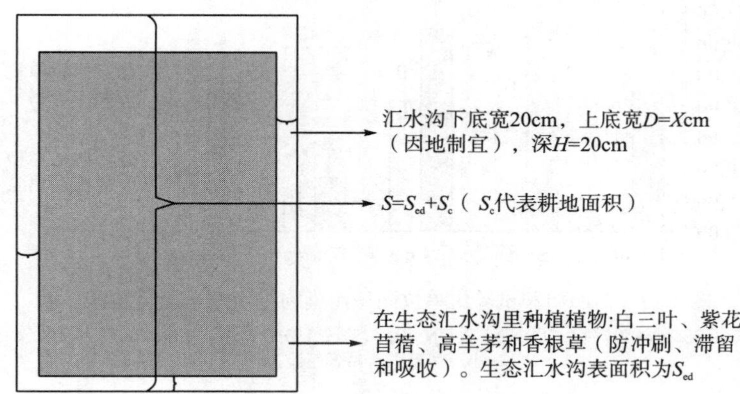

图 2-11　山地植物网格化固土系统技术设计示意图

(1) 生态汇水沟渠设计：山地植物网格化固土系统技术生态汇水沟渠的侧视剖面是一个倒置的梯形，如图 2-12 所示，其下底宽 D_1=20cm，上底宽 D_2=Xcm（20、25、30、35cm 或 40cm），深 H=20cm。

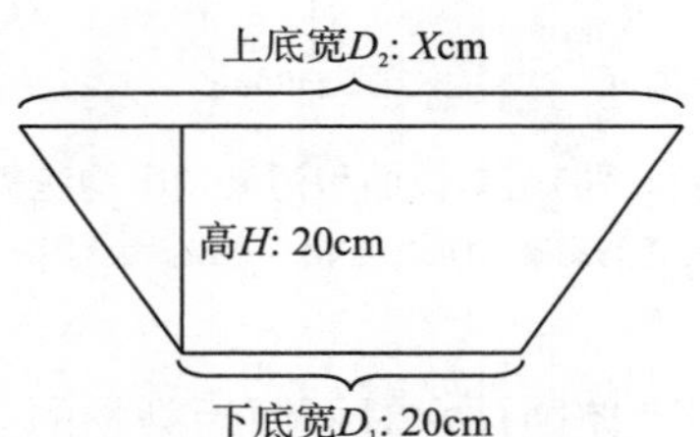

图 2-12　生态汇水沟渠断面图

(2) 植物物种选择：生态汇水沟渠内种植植物的选取遵循生长快、根系发达、耐旱耐涝原则，故选取白三叶、紫花苜蓿、高羊茅和香根草等具有较强水土保持能力的植物，紫花苜蓿还具有固氮能力，能降低当地 N 的流失和提高植物对速效氮的利用率。

2.5.3　技术效果

为了探索山地植物网格化固土控蚀技术对富磷区非点源污染的控制效果，对对照组（未网格化）和试验组（植物网格化）单位面积 V（径流量）、SS（悬浮物）、TN（总氮）、DN（溶解态氮）、UDN（非溶解态氮）、TP（总磷）、DP（溶解态磷）和 UDP（非溶解态磷）的平均流失量进行差异性分析，结果如图 2-13 和图 2-14 所示。可知富磷区山地非点源污染物的输出除对照组和试验组的 V 和 DN 间的差异显著($P<0.05$)外，其余(SS、TN、UDN、TP、DP 和 UDP)都呈极显著($P<0.01$)差异。

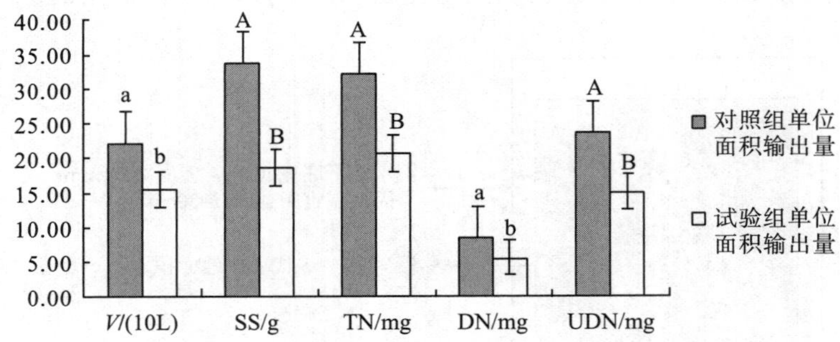

图 2-13 对照组和试验组单位面积污染物平均流失量及差异分析

注：V. 径流量；SS. 固体悬浮物；TN. 总氮；DN. 溶解态氮；UDN. 非溶解态氮。大写字母表示极显著差异，小写字母表示显著差异。

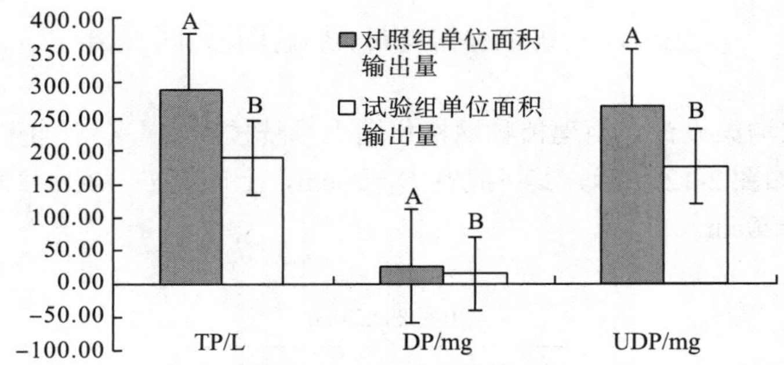

图 2-14 对照组和试验组单位面积污染物平均流失量及差异性分析

注：TP. 总磷；DP. 溶解态磷；UDP. 非溶解态磷。大写字母表示极显著差异。

富磷区山地植物网格化固土控蚀技术对面源污染物的削减效果如图 2-15 所示，该技术对 V、SS、TN、DN、UDN、TP、DP 和 UDP 等 NPSP 污染物的削减率分别达到 30.30%、44.87%、35.63%、35.63%、33.86%、36.27%、34.51%、35.68%和 34.00%。

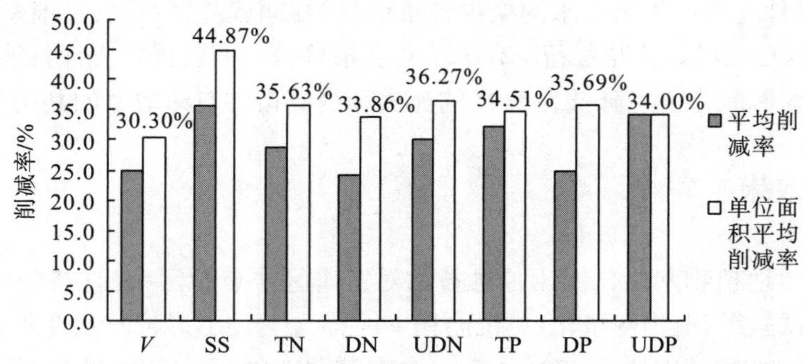

图 2-15 富磷区山地植物网格化固土控蚀技术的削减效果

注：V. 径流量；SS. 固体悬浮物；TN. 总氮；DN. 溶解态氮；UDN. 非溶解态氮；TP. 总磷；DP. 溶解态磷；UDP. 非溶解态磷。

2.5.4　技术的环境、经济、社会效益分析

在示范区内，对坡耕地的田埂进行整理，形成微型生态汇水沟渠，在田埂沟渠内种植生长快、根系发达、耐旱耐涝的白三叶、紫花苜蓿、高羊茅和香根草等具有较强水土保持能力的植物，使田埂沟渠植物的密度达到 80%以上。通过生态化田埂改造，可减少农田面源污染输出 30%以上。另外，也可在人为扰动较少的生态化田埂种植一些经济灌木，以增加农民收入。

2.6　富磷区坡面汇水区面源污染仿肾型收集与再削减技术

主要以防控山地富磷区的磷输出为目的，将土石工程与生物工程结合设计成微沟渠分流—入渗系统和导出—汇集系统，使汇水区的污染物就地消纳。适用于对山地富磷地区径流中总悬浮物、磷、氮等面源污染物的去除。

2.6.1　技术简介

采样填料处理水污染的过程中，填料堵塞是影响处理效果的一个问题。而在山地富磷区的径流中，泥沙含量较大。如何针对当地气候条件并利用当地地形，设置各级沉砂-滤砂系统以减少填料堵塞，以及如何对不同填料和植物进行组合以实现其对面源污染物的最大去除率是本技术的瓶颈。

根据当地地形和气候条件，按照仿生学原理，将地表按照生物体最大的解毒和净化器官——肾脏的工作原理，以常用的湿地填料和生物填料进行组配，依托当地植被，建立仿肾型多层次除污沟渠系统，主要实现对磷的削减。

在冲刷较严重、植物难以生长的地段，用生物量较大的植物秸秆建立植物拦砂坝；将填料放置于植生袋内，保证接触面积的同时，便于放置和回收；植物组合与填料组合搭配，实现其对面源污染物的最大去除率。

2.6.2　技术设计

1. 生态拦砂堰设计

在示范区中央冲沟建设生态拦砂堰（ecological sand barrier），根据地形情况分别建设土石拦砂堰和植物拦砂堰两种。在泥沙淤积程度较高的关键节点，通过土石堆砌形成土石拦砂堰；根据冲沟地形地势，从上而下选择多个“壶口”地形，呈阶梯状依次建若干个植物拦砂堰，植物选择区域内选择生物量大的入侵物种紫茎泽兰的秸秆作为植物拦砂堰的材

料，当径流经过时，将大颗粒的泥沙和碎石截留，防止下游沟渠系统的堵塞，并且可以减少颗粒态磷、氮的流失和泥沙输出，根据径流强度适当改变植物拦砂堰的数量，在径流产生强度大的位置增加拦砂坝的体积与数量。

2. 主要技术参数的确定

1）沉砂池的参数确定

根据斯笃克溢流公式，在一定流量下，当溢流速度小于或等于颗粒沉降速度时，该粒径的颗粒将会沉降。沉砂池的面积决定着一定流量下的溢流速度，根据斯笃克溢流速度公式：

$$\mathrm{OR} = Q / A_\mathrm{s} \leqslant \omega \tag{2-1}$$

式中，OR——溢流速度，m/s；

Q——流量，m^3/s；

A_s——沉砂池面积，m^2；

ω——沉降速度，m/s。

$$\omega = g \cdot D^2 \cdot P_\mathrm{s}^{-1} / 18V \tag{2-2}$$

式中，D——沉砂临界粒径，m；

g——重力加速度，m/s^2；

V——黏度系数；

P_s——泥沙比重。

根据项目区的降雨分析，将流量设定为 $0.099m^3/s$；通过综合考虑径流中泥沙含量、经济条件和项目需求等，将沉砂池的沉砂效率设定为70%；以径流中颗粒物的粒径分析结果为依据，得到达到所需沉砂效率时去除泥沙的临界粒径为0.05mm，由式(2-1)、式(2-2)计算得出当沉砂池的面积达到 $25m^2$(5m×5m)时，去除效率可达70%以上。

2）草滤带相关参数的确定

草滤带(grass strips)的效率受流量、坡降、草株间距、草的曼宁糙率系数、过水宽度和草滤带长度等因素影响。流量和草的曼宁糙率系数可认为是已知因素，由于受地形等实际条件的限制，坡降、草株间距和过水宽度的可选择性较差，因此，决定草滤带效率的主要因素为草滤带的长度。根据项目需求和立地条件，将草滤带的去除临界粒径设定为0.06mm，根据沉降速度公式求出沉降速度 $\omega=2.7017\times10^{-3}m/s$；项目区草滤带的坡降 E=2%，草滤带草株间距 S 设定为3mm，草的曼宁糙率系数 η 为0.35，草滤带宽度 B=9m，过流流量 $Q=0.1m^3/s$，根据曼宁公式：

$$D_\mathrm{f} = (q\eta)^{0.6} / E^{0.3} = 0.1157(\mathrm{m}) \tag{2-3}$$

式中，D_f——草滤带径流深，m；

q——单位宽度径流量，m^3/s；

η——曼宁糙率系数；

E——草滤带坡降，%。

实际草滤带径流深度设计为11cm，属于误差允许范围。

草滤带内流速：$V_s=(1/\eta)\cdot D_f^{2/3}E^{1/2}=q/D_f=0.096m/s$。

间距参数：$R_s=(S \cdot D_f)/(2D_f+S)=0.00148$m。

根据肯塔基大学研究的经验公式，去除参数 X 为：

$$X=(V_s \cdot R_s / V)^{0.82} \cdot (L_m \cdot \omega \cdot D_f / V_s)^{-0.91} \tag{2-4}$$

式中，V——运动黏滞度，一般为 10^{-6}。

依据去除参数 X 与泥沙去除率的经验关系，当 X=10 时，泥沙去除率达到 98%以上，可满足工程要求，求得草滤带长度约为 28.3m，因此，设定草滤带长度为 30m。

3) 沟渠系统的参数设定

根据实验结果，系统达到要求的去除效果时，水在沟渠系统中的停留时间需大于 20min，根据项目区的降雨量和汇水面积，并充分考虑发挥填料和植物的吸附作用，沟渠的长度设置为 310m，截面积为 0.44m^2。

4) 植物组合与填料组合的选择

根据对单个填料及填料组合的吸附性能的测试，选择填料组合为陶粒—铁矿渣—炉渣—碳渣；通过对不同植物组合下径流水质净化效果的对比，植物组合选择香根草—高羊茅—黑麦草—早熟禾—狗牙根。

2.6.3 技术效果

1. 生态拦砂堰的截留效果

通过粒径分析，土石拦砂堰对 0.25～2mm 的粒径泥沙具有较好的拦截作用，而植物拦砂堰对 1～2mm 的粒径泥沙具有较好的截留作用，如图 2-16 所示。

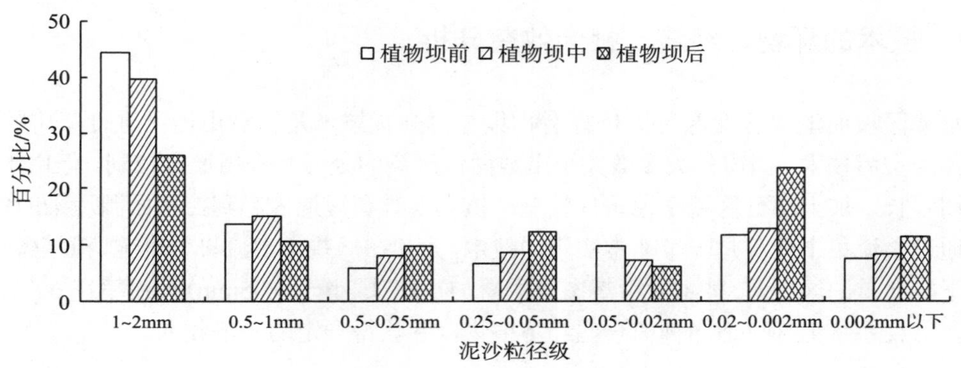

图 2-16 生态拦砂堰前后各粒径泥沙所占百分比

2. 沉砂池的去除效果

如图 2-17 所示，沉砂池前后，0.25mm 以上泥沙所占比重由大于 50%下降到不足 15%，可见沉砂池对 0.25mm 以上的泥沙具有极佳的去除效果。

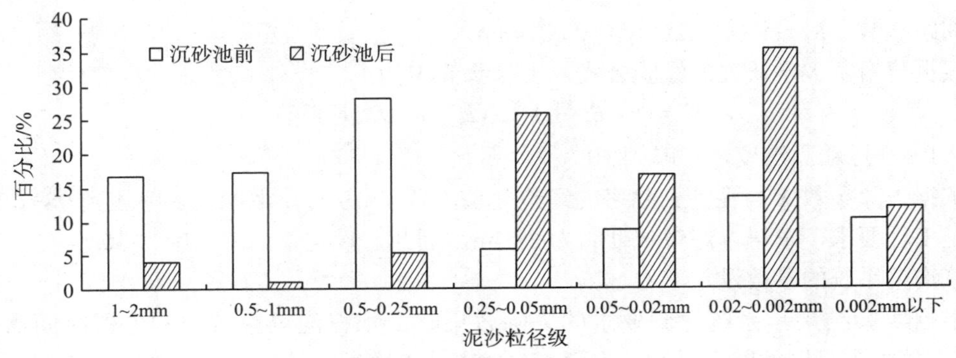

图 2-17 沉砂池前后各粒径泥沙所占百分比

3. 草滤带的截留效果

利用草的截流作用，进一步去除泥粒、细颗粒磷。依据项目区立地条件，设定草滤带长度为 30m，主要截留粒径为 0.05～0.25mm 范围内的泥沙。因此，颗粒态磷(粒径范围 0.05～2mm)基本被截留，截留率平均在 90%以上。

4. 溶解态磷素的吸收系统

微沟渠内放置各种对水中溶解态磷具有较高吸附性能的填料袋，主要为陶粒、硅藻土、炉渣和铁矿渣的组合，可对进入微沟渠中的磷进行吸附；沟渠上种植的主要植物是生物量高、生长速率快、固土能力强的工程植物黑麦草、高羊茅、早熟禾、狗牙根和香根草。通过沟上与沟内的两重吸收，可以吸附 60%以上溶解态磷素。

2.6.4 技术的环境、经济、社会效益分析

富磷区坡面汇水区面源污染仿肾型收集与再削减技术是针对山地区进行集中控制氮磷输移的实用技术。国内外大多数关于山地面源污染的处理多采用原位控制，但由于植被生长期较长，加上部分区域立地条件较差，植被很难在短期内起到控制面源污染的作用，因此通过引流集中处理是一个非常实用的技术，尤其在一些水土流失强度强、植被条件差、人为干扰严重的区域，该技术对可溶态磷酸盐(粒径范围小于 0.05mm)截流率在 60%以上。另外在沟渠系统上部可适当种植一些经济植物，并获得一定的经济收入。

第 3 章　滇池流域传统农业的面源污染防控技术

传统农业是在自然经济条件下，采用以人力、畜力、手工工具、铁器等为主的手工劳动方式，靠世代积累下来的传统经验发展，以自给自足的自然经济居主导地位的农业。整体而言，滇池流域传统农业的生产方式较为简单粗放，导致农业资源消耗过度、生态环境问题日趋严重，农产品生产成本增高、质量不能满足日益增长的社会需要。但是，传统农业要在短期内发展成现代农业也是不可能的，如何把传统农业存在的环境问题用经济合理有效的技术手段予以解决，当属客观稳妥的工作之道。针对当前滇池流域传统农业种植区的种植模式和植保、施肥、灌溉及灌排水等农田种植过程中存在的不合理问题，优化传统农业种植模式和农田种植技术，发展有效削减农业面源污染负荷输出的固土控蚀农作系统集成技术、削减坝平地农田面源污染的玉米/蔬菜间套作技术、削减坝平地农田面源污染的间套作综合种植技术、田间植物篱构建技术、坡耕地汇流区集水截污系统构建与资源化利用技术是当务之急。

3.1　滇池流域传统农业面源污染输移特征

3.1.1　坡耕地面源污染产出输移特征

1. 坡耕地种植区的主要种植模式调查

当地种植作物以蔬菜为主，作物种类有菜豌豆、西葫芦、西兰花、玉米等。各作物栽培方式基本为单作，零星分布有果树(主要为桃、苹果)与蔬菜间作的种植模式。坡耕地每年翻耕 2 次，耕深 10～15cm，早春作物用地膜覆盖。坡耕地每年种植 2 茬蔬菜作物，11 月至次年 5 月间撂荒。

2. 坡耕地种植区土壤肥料调查

滇池流域晋宁区上蒜镇段七村坡耕地种植区每亩耕地的氮磷化肥用量约为 100～150kg 纯养分$(N+P_2O_5)$/年，无有机肥投入。其中，每亩菜豌豆的施肥量为 70.0～100.0kg 纯养分$(N+P_2O_5)$/季，玉米的施肥量为 50～70.0kg 纯养分$(N+P_2O_5)$/季。根据种植作物的不同，约有 1/3～1/2 氮肥作基肥施用，其余为追肥施用；此外，钾肥、磷肥也作基肥施用，也有农户使用氮磷钾复合肥为追肥施用。肥料施用方式为撒施。调查发现氮磷肥料过量施用现象严重。

3. 坡耕地的土壤养分状况

坡耕地的土壤养分状况为：土壤有机质含量范围为12.6～26.6g/kg；土壤水解性N含量范围为79.8～109.0mg/kg；土壤有效磷含量范围为10.5～110.0mg/kg；土壤速效钾含量范围为55.4～219.3mg/kg；土壤pH范围为4.52～6.24。结果表明坡耕地种植区土壤养分含量分布差异大。

针对开展的示范工程，通过网格布点采集60个土壤剖面样品，分析土壤理化性质，将坡耕地示范区分为4个类型区。类型区Ⅰ、Ⅲ土层深度均在2.0m以上，土壤类型为山原红壤，质地较为黏重；类型区Ⅱ为古滑坡带，土层较薄(0.4～1.2m)，土壤砂砾含量高，为新成土。类型区Ⅳ土层较厚(1.6～2.0m)，土壤为砂夹黏，新成土。类型区Ⅰ、Ⅱ、Ⅳ已经完成机械作业的坡改梯工程，田块面积大，田面坡度平均为2°～5°。类型区Ⅲ的梯田与坡耕地并存，梯田田块狭长且面积小。

不同分区农田土壤剖面总氮、总磷及有机碳的含量及分布差异较大。虽然同为山原红壤，但是类型区Ⅰ的土壤养分含量明显高于类型区Ⅲ。同时，类型区Ⅳ的土壤养分含量也明显高于类型区Ⅱ。这表明同类土壤的养分高低与其分布的地形部位有着密切的关系，位于小汇水区上段的土壤养分含量明显低于下段。由于受到上段富磷区水土流失及采矿废渣堆积的影响，类型区Ⅱ土壤的总磷含量极高，显著高于其他类型区土壤。由于类型区Ⅳ位于冲沟的末端，受此影响，其土壤中总磷的含量也明显高于类型区Ⅰ、Ⅲ。

4. 坡耕地种植区的农田灌溉和集水方式调查

当地的集水设施主要为敞口式水窖，由于设计缺陷，多数水窖失去集水功能，难以起到集水效果；坡耕地种植区无配套沟渠，农田灌溉难以实施。

5. 坡耕地种植区的面源污染输移特征

坡耕地种植区面源污染产生输移以农田水土流失方式为主。由于过渡区内坡耕地大多采用垄沟+地膜覆盖耕作技术，作物种植在垄上，垄上覆膜，垄沟内无覆盖。在雨季，由于约占农田面积一半的田垄被地膜覆盖，降水无法入渗，因而农田内的田垄形成了较大的产流区，而垄沟则成为农田汇流区域。同时加之顺坡开沟起垄和垄沟内无作物种植，在垄沟内汇集的农田径流对土壤的侵蚀作用十分强烈。

3.1.2 坝平地面源污染产生与输移状况

1. 坝平地传统农业种植区的主要种植模式

对示范区段七村主要农作物种植情况进行调查，结果表明当地主要种植的农作物为蔬菜作物，种类有小瓜、西兰花、油毛菜、豌豆、玉米等，90%以上的农作物是单作栽培。

2. 坝平地传统农业种植区作物的病虫害情况

坝平地传统农业种植区豌豆的主要病害有豌豆白粉病、炭疽病、褐斑病、黑斑病、枯萎病、根腐病、细菌性叶斑病等，豌豆的虫害主要有豌豆蚜、斑潜蝇。玉米的主要虫害有玉米螟、棉铃虫、蠼螋、甜菜夜蛾等。

技术示范实验地蔬菜病虫害种类较多，各种病虫害的发生因蔬菜种类不同而有差异。主要病害有灰霉病（*botrytis cinerea* Persoon）、白粉病（*leveillula taurica*（Lev.）Arnaud）、疫病（*phytophthora capsici* Leonian）、枯萎病（*fusarium oxysporum* Schlecht）、细菌性叶斑病（*xanthomonas campestris* pv.Vesicatoria Dye）、褐斑病（*cercospora capsici* Heald et Wolf）、病毒病（TMV、CMV、PVY、BBWV、CMMY）等，其中根腐病、青枯病及病毒病的发生和危害突出。

害虫有同翅目、双翅目、鳞翅目、缨翅目、鞘翅目和膜翅目，共计23种，包括桃蚜（*Myzus persicae*）、甘蓝蚜（*Brevicoryne brassicae* Linn.）、玉米蚜（*Rhopalosiphum maidis*）、斑潜蝇（*Liriomyza sativae* Blanchard）、温室白粉虱（*Trialeurodes vaporariorum* Westwood）、小菜蛾（*Plutella xylostella*）、菜青虫（*Pieris rapae crucivora* Boisduval）、玉米螟（*Ostrinia furnacalis* Guenee）等，其中小菜蛾、斜纹夜蛾、甜菜夜蛾、温室白粉虱、斑潜蝇和蚜虫带来的危害较突出。

3. 坝平地传统农业种植区土壤养分状况

示范区段七村和竹园村坝平地的土壤养分状况为：土壤有机质含量范围为12.6～44.7g/kg，平均值为30.8g/kg；土壤水解性N含量范围为79.8～175.0mg/kg，平均值为131.1mg/kg；土壤有效磷含量范围为9.70～56.8mg/kg，平均值为30.02mg/kg；土壤速效钾含量范围为35.4～265.3mg/kg，平均值为141.4mg/kg；土壤pH范围为5.34～7.36，平均值为6.22。说明土壤养分差异大，可能是当地农民长期施肥差异很大造成的。

4. 坝平地传统农业种植区的施肥状况

坝平地地区每亩耕地的氮磷化肥用量约为200～350kg纯养分（$N+P_2O_5$）/年，部分菜地用量达到600kg纯养分（$N+P_2O_5$）/年。其中，每亩豌豆的施肥量为75.0～168.0kg纯养分（$N+P_2O_5$）/季，玉米的施肥量相对较低，为15.5～24.0kg纯养分（$N+P_2O_5$）/季。磷肥多追施，也有农户使用氮磷钾复合肥追施；氮肥多追施，施肥方式多为先撒施，后漫灌。调查发现氮磷肥料的过量施用、不合理施用以及使用方法不当，造成氮磷肥料的大量浪费。

5. 坝平地传统农业种植区土壤养分时空变化规律

在段七村主要耕作区进行网格化采样，采样间隔为600m，共选取19个点，如图3-1所示。采样深度为0～20cm和20～40cm两层。

1）土壤总氮含量空间分布特征

可以看出，土壤0～20cm总氮含量介于0.14～2.91g/kg，平均含量为1.53g/kg，最大值为编号J（1-4）的2.91g/kg，最小值为编号J（0-5）的0.14g/kg；20～40cm层的总氮含量介于0.08～2.65g/kg，平均含量为1.21g/kg，最大值为编号J（1-4）的2.65g/kg，最小值为编号J（0-5）的0.08g/kg，详见表3-1。

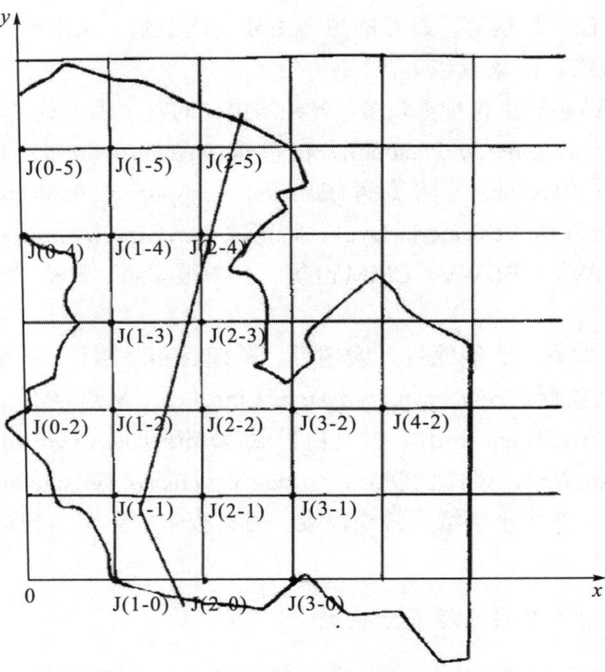

图 3-1　采样区域点位示意图(图中折线代表柴河)

表 3-1　土壤总氮、铵态氮、硝态氮和总磷含量

编号	总氮含量/(g/kg)		铵态氮含量/(mg/kg)		硝态氮含量/(mg/kg)		总磷含量/(g/kg)	
	0～20cm	20～40cm	0～20cm	20～40cm	0～20cm	20～40cm	0～20cm	20～40cm
J(0-2)	1.23	1.17	87.33	96.82	260.37	131.33	5.61	7.01
J(0-4)	1.25	0.92	66.03	49.77	50.05	25.49	5.68	4.82
J(0-5)	0.14	0.08	133.04	156.23	90.32	26.27	4.29	5.89
J(1-0)	1.34	0.42	61.66	61.90	177.68	134.42	8.28	9.20
J(1-1)	0.88	0.69	60.82	71.32	116.42	55.96	14.71	14.52
J(1-2)	1.83	1.30	75.56	72.43	99.02	39.17	27.29	18.52
J(1-3)	2.04	1.48	74.89	71.37	118.49	55.91	11.37	9.99
J(1-4)	2.91	2.65	61.28	66.52	273.76	158.88	24.22	24.82
J(1-5)	2.27	2.15	55.97	42.92	91.36	47.79	13.55	12.25
J(2-0)	1.80	1.10	84.54	64.44	134.13	60.69	2.26	3.35
J(2-1)	0.75	0.50	96.73	97.00	290.75	251.35	25.59	44.47
J(2-2)	1.26	1.16	226.47	82.77	219.38	138.13	22.52	20.41
J(2-3)	2.34	2.33	96.82	78.55	553.99	71.17	27.54	26.67
J(2-4)	1.79	1.56	59.98	56.26	208.52	66.69	17.02	16.22
J(2-5)	1.81	1.61	52.64	53.56	125.99	102.14	11.17	9.52

续表

编号	总氮含量/(g/kg)		铵态氮含量/(mg/kg)		硝态氮含量/(mg/kg)		总磷含量/(g/kg)	
	0～20cm	20～40cm	0～20cm	20～40cm	0～20cm	20～40cm	0～20cm	20～40cm
J(3-0)	1.55	1.02	58.52	59.12	35.96	27.46	14.75	11.26
J(3-1)	0.89	0.84	78.42	70.98	252.87	14.78	25.23	23.22
J(3-2)	1.81	1.17	40.54	33.67	278.22	164.61	22.50	11.34
J(4-2)	1.13	0.90	63.95	64.72	203.58	82.28	16.56	17.58
平均值	1.53	1.21	80.80	71.07	188.47	87.08	16.44	15.32

2) 土壤铵态氮含量空间分布特征

土壤 0～20cm 铵态氮含量介于 40.54～226.47mg/kg，平均含量为 80.80mg/kg，最大值为编号 J(2-2) 的 226.47mg/kg，最小值为编号 J(3-2) 的 40.54mg/kg；20～40cm 层的含量介于 33.67～156.23mg/kg，平均含量为 71.07mg/kg，最大值为 J(0-5) 的 156.23mg/kg，最小值为 J(3-2) 的 33.67mg/kg。

3) 土壤硝态氮含量空间分布特征

土壤 0～20cm 硝态氮含量介于 35.96～553.99mg/kg，平均含量为 188.47mg/kg，最大值为 J(2-3) 的 553.99mg/kg，最小值为 J(3-0) 的 35.96mg/kg；20～40cm 层的含量介于 14.78～251.35mg/kg，平均含量为 87.08mg/kg，最大值为 J(2-1) 的 251.35mg/kg，最小值为 J(3-1) 的 14.78mg/kg。

4) 土壤总磷含量空间分布特征

土壤 0～20cm 总磷含量介于 2.26～27.54g/kg，平均含量为 16.44g/kg，最大值为 J(2-3) 的 27.54g/kg，最小值为 J(2-0) 的 2.26g/kg；20～40cm 层的含量介于 3.35～44.47g/kg 之间，平均含量为 15.32g/kg，最大值为 J(2-1) 的 44.47g/kg，最小值为 J(2-0) 的 3.35g/kg。

6. 坝平地传统农业种植区的农田灌溉和集水方式

原有的农田灌溉设施破损，无人修缮，逐渐废弃，因此农田基本没有人为灌溉，靠天降雨灌溉。由于 2010 年云南大旱，当地农户种植农作物主要靠抽取井水，运送到田间浇苗，6 月中下旬降雨后，开始大面积种植作物，在降雨量大的时候，会出现田间地表径流顺着道路流失的现象。

3.2　固土控蚀农作系统集成技术

针对当前滇池流域坡台地露地蔬菜种植模式和农田管理技术中存在的导致面源污染负荷输出的问题，优化耕作方式、种植模式、轮作次序和农田药肥管理方式，形成适合该区域的有效削减坡台地雨养农田面源污染负荷输出、保持稳产高产的“固土控蚀”农作系统集成技术。该技术适用于滇池流域及滇中坡台地雨养蔬菜种植区域。

3.2.1 技术简介

在坡改梯技术的基础上，针对农田抗蚀性弱以及雨季时起垄覆膜农田产流强度和产流量增加的问题，采用保护性耕作、改良种植方式以及合理的轮作模式，通过增强土壤水稳性团聚体含量、作物覆盖垄沟以降低雨滴动能等作用，达到削减农田径流的目的。固土控蚀农作技术试验小区布置如图 3-2 所示。

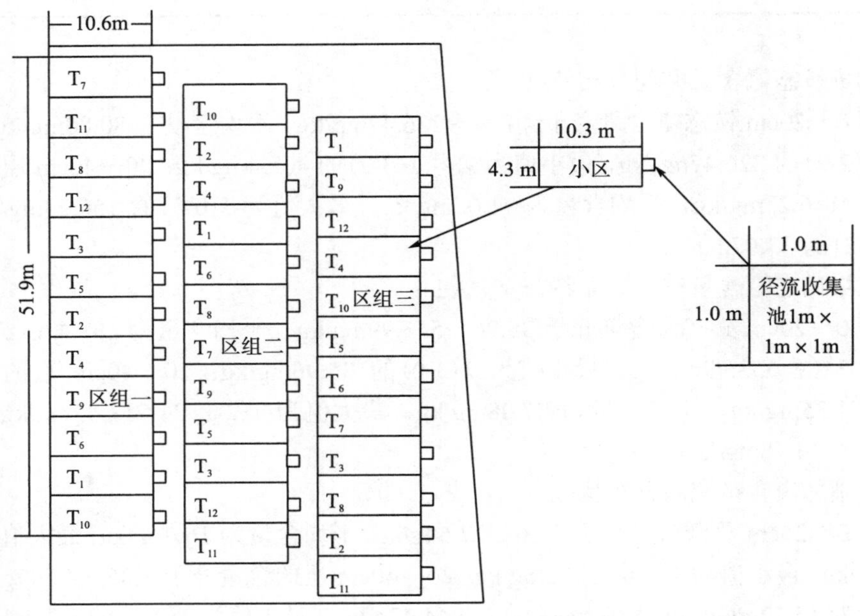

图 3-2 固土控蚀农作技术试验小区布置

3.2.2 技术设计

“固土控蚀”农作系统集成技术包括保护性耕作技术、菜—粮轮作技术、减量施肥技术、植保综合技术。

1. 技术原理

通过免耕技术结合秸秆覆盖技术，减少农田表土的扰动，增加表层土壤有机质和土壤结构的稳定性，从而增强表层土壤的抗雨滴溅蚀能力；通过秸秆覆盖和膜侧种植技术的结合，增加田间汇水垄沟的表面粗糙度，增加土壤对径流的入渗能力，提高土壤含水量，延缓径流产生的时间和冲刷侵蚀力；通过菜—粮轮作技术、测土施肥技术和植保综合技术，提高农田复种指数，延长农田作物覆盖时间，降低裸露农田表土遭受雨滴溅蚀的影响，减少肥料和农药的过量施用，从而降低污染物在表层土壤中的累积。

2. 主要技术参数

保护性耕作技术，每年 11 月底至 12 月初旋耕 1 次，耕深 10～15cm，秸秆覆盖。采用宽畦全膜覆盖或膜侧种植模式。轮作次序为：西兰花(或荷兰豆)—西葫芦—小麦(或大麦、绿肥)。

3. 技术设计

通过各项技术的合理搭配，削减农田径流产生量，增加土壤的抗侵蚀性能，最终削减坡台地农田面源污染负荷的流失。

1) 保护性耕作技术

采用小型旋耕机械耕作土壤，每年雨季结束后(11 月底至 12 月初)耕作 1 次，耕深 10～15cm，同时收集农田残膜。在此期间土壤含水量处于宜耕期内，耕作质量高，抑制杂草效率高，而且有利于下茬作物播种。

2) 菜-粮轮作技术

采用西兰花-西葫芦-小麦(或大麦)或者荷兰豆-西葫芦-小麦(或大麦)的菜-粮轮作方式。西兰花和西葫芦采用育苗移栽、膜侧种植方式，荷兰豆采用直播覆膜垄沟种植，小麦(或大麦)采用露地条播种植。小麦(或大麦)种植时不再施入肥料，收获后用秸秆覆盖地表，然后再起垄覆膜种植下茬作物。

3) 减量施肥技术

在上述轮作方式下，磷肥作为基肥一次施入土壤，作为基肥的氮肥在西兰花(荷兰豆)、西葫芦种植时分两次施入，小麦(或大麦)种植期间不施入任何肥料。严格控制蔬菜作物的追肥量。

4) 植保综合技术

设置粘蝇板、杀虫灯，诱杀作物、蔬菜害虫，从而减少农药使用次数和数量。

3.2.3 技术效果

1. 不同种植方式对农田产流和污染物输出的影响

通过两年的试验，对比了窄膜膜上种植、窄膜膜侧种植和宽畦全膜覆盖种植三种不同种植方式对坡台地蔬菜农田产流、污染物输出和经济产量的影响，结果详见表 3-2。

表 3-2　不同种植方式对坡台地农田产流、产沙的影响

时间	种植方式	降雨量/mm	产流量/mm	产沙量/(kg/hm^2)	污染负荷输出总量/(kg/hm^2)		
					TN	TP	COD
2010 年	窄膜膜侧	354.7	11.37b	174.62b	2.17b	0.30b	11.91b
	窄膜膜上		26.18a	492.11a	4.24a	0.84a	43.34a
2011 年	窄膜膜侧	355.2	25.88a	695.46a	5.04a	1.02a	74.39a
	宽膜膜上		23.60a	373.42b	3.23b	0.86b	38.51b

注：不同字母表示同一列中的相同时间内种植方式间存在显著差异($P<0.05$)。

2010 年窄膜膜侧种植小区的产流量和产沙量分别为窄膜膜上种植(传统种植)的 43%和 35%，而其污染负荷(TN、TP)的输出量仅为窄膜膜上种植的 51%和 35.7%(表 3-2)。土壤含水量的定期观测值表明窄膜膜侧种植可以明显提高 0～40cm 土层的含水量，表明窄膜膜侧种植可以显著削减坡台地农田面源污染负荷的输出量。此外，窄膜膜侧种植会导致蔬菜产量下降，特别是导致西葫芦产量的降低(表 3-3)。

表 3-3 不同种植方式对坡台地农田产出及水肥利用的影响

时间	种植方式	经济产量/(kg/hm^2)	水分利用效率/[$kg/(hm^2 \cdot mm)$]	肥料利用效率/%	
				TN	TP
2010 年	窄膜膜上	32726a	70.95a	51.62a	22.01a
	窄膜膜侧	20879b	45.46b	49.79a	22.56a
2011 年	宽膜膜上	23219a	50.43a	48.21a	22.56a
	窄膜膜侧	9021b	19.38b	26.93b	12.53b

注：不同字母表示同一列中的相同时间内种植方式间存在显著差异($P<0.05$)；肥料利用效率中未剔除土壤中原有 N、P 营养元素的效应。

为了解决窄膜膜侧种植在生产中存在的问题，2011 年度进行了窄膜膜侧种植和宽畦全膜覆盖种植方式的对比试验。研究结果表明，窄膜膜侧种植和宽畦全膜覆盖种植小区的产流量无显著差异，但是宽畦全膜覆盖种植小区的产沙量仅为窄膜膜侧种植的 53.7%，其污染负荷(TN、TP)的输出量仅为窄膜膜上种植的 64%和 84%。同时宽畦全膜覆盖种植小区的蔬菜产量显著高于窄膜膜侧种植小区，而两种种植方式下 0～200cm 范围内土壤剖面水分含量的差异不显著。这表明宽畦全膜覆盖种植不仅可以削减农田面源污染的输出，而且也能维持稳定的农田产量。

2. 不同轮作模式对农田产流和污染物输出的影响

通过试验对比了两种不同轮作模式(西兰花-西葫芦-小麦、西兰花-西葫芦-休闲)对坡台地蔬菜农田的产流、污染物输出(表 3-4)、表层土壤结构(表 3-5)和经济产量(表 3-6)的影响。

表 3-4 不同轮作方式对坡台地农田产流、产沙的影响

时间	轮作方式	降雨量/mm	产流量/mm	产沙量/(kg/hm^2)	污染负荷输出总量/(kg/hm^2)		
					TN	TP	COD
2010 年	西兰花-西葫芦-小麦	354.7	18.31a	337.86a	3.15a	0.56a	28.46a
	西兰花-西葫芦-休闲		19.24a	328.87a	3.26a	0.57a	26.79a
2011 年	西兰花-西葫芦-小麦	355.2	24.76a	529.19a	4.15a	0.94a	57.35a
	西兰花-西葫芦-休闲		24.72a	539.70a	4.12a	0.93a	55.55a

注：不同字母表示同一列中的相同时间内轮作方式间存在显著差异($P<0.05$)。

表 3-5　不同轮作方式对坡台地农田表层土壤结构的影响

轮作方式	采样深度	>0.25mm 团聚体含量/%	容重/(t/m³)	总孔隙度/%	>60 土壤孔隙度/%
西兰花-西葫芦-小麦	0～5cm	43.43a	1.15ab	0.57ab	0.19ab
西兰花-西葫芦-撂荒	0～5cm	44.94a	1.16a	0.56b	0.18b
西兰花-西葫芦-小麦	5～10cm	44.31a	1.11b	0.58a	0.22a
西兰花-西葫芦-撂荒	5～10cm	43.52a	1.14ab	0.57ab	0.21ab

注：不同字母表示同一列中轮作方式间存在显著差异($P<0.05$)。

2010 年、2011 年连续 2 年的观测数据表明，与西兰花-西葫芦-休闲的传统轮作方式相比，西兰花-西葫芦-小麦的轮作方式对农田产流、产沙的削减效果不明显(表 3-4)，而且其 0.25mm 以上的表层土壤水稳性大团聚体含量也无明显的增加(表 3-5)，这表明短期改变轮作方式不会明显削减对坡台地农田面源污染负荷的输出。与传统的轮作方式比较，西兰花-西葫芦-小麦轮作方式对水分利用效率的提高不显著，但是却显著提高了肥料的利用效率(表 3-6)。

表 3-6　不同轮作方式对坡台地农田产出及水肥利用的影响

时间	轮作方式	经济产量/(kg/hm²)	水分利用效率/[kg/(hm²·mm)]	肥料利用效率/%	
				N	P
2010 年	西兰花-西葫芦-小麦	27439a	59.75a	61.69a	27.33a
	西兰花-西葫芦-休闲	26158a	56.65a	39.73b	17.24b
2011 年	西兰花-西葫芦-小麦	16195a	35.25a	49.60a	23.28a
	西兰花-西葫芦-休闲	16045a	34.56a	25.54b	11.80b

注：不同字母表示同一列中的相同时间内轮作方式间存在显著差异($P<0.05$)；肥料利用效率中未剔除土壤中原有 N、P 营养元素的效应。

同时，西兰花-西葫芦-小麦的轮作方式在 0～20cm 土壤剖面的含水量与西兰花-西葫芦-休闲的没有显著差异，反而在 0～40cm 的土层提高了土壤含水量。表明在旱季增加一季作物种植并不会导致土壤水分的损失，反而可以增加作物产量及提高田面覆盖时间，为增加土壤有机碳提供秸秆覆盖的材料。

3. 不同覆盖方式对农田产流和污染物输出的影响

通过试验对比了两种不同覆盖方式(地膜+冬小麦秸秆、地膜)对坡台地蔬菜农田产流及土壤结构稳定性的影响。

不同覆盖方式短期内并不会对坡台地农田产流、产沙情况造成明显的影响(表 3-7)。但是，研究结果显示地膜+秸秆覆盖有降低农田污染物输出的趋势，其产沙量、TN、TP 及 COD 的输出量均低于地膜覆盖。同时，表 3-8 也反映出地膜+秸秆覆盖有降低土壤容重，提高表层土壤大孔隙含量的趋势。

表 3-7　不同覆盖方式对坡台地农田产流、产沙的影响

时间	覆盖方式	降雨量/mm	产流量/mm	产沙量/(kg/hm^2)	污染负荷输出总量/(kg/hm^2)		
					TN	TP	COD
2011 年	地膜+秸秆	355.2	24.76a	529.19a	4.09a	0.93a	55.05a
	地膜		24.72a	539.70a	4.16a	0.94a	57.35a

表 3-8　不同覆盖方式对坡台地农田表层土壤结构的影响

轮作方式	采样深度	>0.25mm 团聚体含量/%	容重/(t/m^3)	总孔隙度/%	>60 土壤孔隙度/%
地膜+秸秆	0～5cm	43.43a	1.15ab	0.57ab	0.19ab
地膜	0～5cm	44.94a	1.16a	0.56b	0.18b
地膜+秸秆	5～10cm	44.31a	1.11b	0.58a	0.22a
地膜	5～10cm	43.52a	1.14ab	0.57ab	0.21ab

注：不同字母表示同一列中覆盖方式间存在显著差异($P<0.05$)。

3.2.4 技术的环境、经济、社会效益分析

与传统的西兰花—西葫芦轮作及种植方式比较，西兰花—西葫芦—小麦(绿肥)轮作体系及宽畦平膜种植方式可以削减农田径流及污染负荷输出达到40%以上，提高水肥利用效率25%以上，同时保证农田生产力的稳定。而且小麦秸秆还田还能增加土壤有机质，改善土壤结构的稳定性，保持农业生产稳定和高效益。

3.3 削减坝平地农田面源污染的玉米/蔬菜间套作技术

3.3.1 技术简介

针对目前滇池流域蔬菜种植以单一种植模式为主，施肥量过高，农田地表径流量大，径流中氮、磷等营养物流失量高，农田面源污染严重等实际情况，提供了一套简便、易掌握、低投入的能有效削减农田径流污染的玉米/蔬菜间套作种植(maize and vegetables intercropping system)技术。

3.3.2 技术设计

玉米/蔬菜间套作种植模式包括作物种类搭配、行间距、株间距设计、秸秆处置利用等内容。通过种植模式的设计优化，尽可能提高肥料的利用率，减少土壤中肥分的过度积累，减少降雨对地面及土壤营养物的淋失作用，削减面源污染物输出。

1. 削减农田面源污染的玉米/西兰花间作-玉米/马铃薯套作技术

种植方法为玉米与西兰花菜间作，1 行玉米间作 2～4 行西兰花菜，形成 1 行玉米一畦和 2～4 行西兰花菜一畦的田间布局；西兰花菜收获后接着间作 2～4 行马铃薯，形成 1 行玉米一畦和 2～4 行马铃薯一畦的田间布局。种植规格为：1 行玉米间作 2～4 行西兰花菜或马铃薯，玉米行距 150～270cm，株距 20cm，栽培密度 1440～2500 株/亩；西兰花菜窄行距 60cm、宽行距 90cm，株距 30cm，栽培密度 2800 株/亩；马铃薯窄行距 60cm、宽行距 90cm，株距 25cm，栽培密度 3500 株/亩。

2. 削减农田面源污染的玉米/白菜间作-玉米/豌豆套作技术

种植方法为玉米与白菜间作，1 行玉米间作 2～4 行白菜，形成 1 行玉米一畦和 2～4 行白菜一畦的田间布局；白菜收获后接着间作 1～2 行豌豆，形成 1 行玉米一畦和 1～2 行豌豆一畦的田间布局。种植规格为：玉米行距 150～270cm，株距 20cm，栽培密度 1440～2500 株/亩；白菜窄行距 60cm、宽行距 90cm，株距 30cm，栽培密度 2800 株/亩；豌豆窄行距 90cm、宽行距 180cm，株距 1.2cm，栽培密度 3.7 万株/亩。

3.3.3 技术效果

针对该区域以西兰花、白菜、豌豆和马铃薯单作种植模式为主的现状，在滇池流域晋宁区上蒜镇段七村农田坝平地开展玉米/西兰花间作-玉米/马铃薯套作技术、玉米/白菜间作-玉米/豌豆套作技术示范，技术示范效果见表 3-9。

表 3-9　蔬菜单作和玉米/蔬菜间套作种植模式下农田面源污染输出情况

种植模式	径流量/(m^3/hm^2)	TN 流失量/(kg/hm^2)	TP 流失量/(kg/hm^2)	COD 流失量/(kg/hm^2)	SS 流失量/(kg/hm^2)
西兰花-马铃薯单作	127.9	2.68	0.26	10.25	12.30
玉米/西兰花间作-玉米/马铃薯套作	70.3	1.16	0.17	4.55	8.78
白菜-豌豆单作	137.7	2.46	0.29	11.00	22.51
玉米/白菜间作-玉米/豌豆套作	76.6	1.22	0.13	6.04	12.58

玉米/西兰花间套作种植模式设计为：LD，裸地(对照)；DZ1，玉米单作(对照 1)，盖膜种植；DZ2，西兰花单作(对照 2)，覆膜种植；JZ1，玉米‖西兰花(1∶2)，覆膜种植；JZ2，玉米‖西兰花(1∶3)，覆膜种植；JZ3：玉米‖西兰花(1∶4)，覆膜种植；JZ4：玉米‖西兰花(1∶3)，膜侧种植；JZ5，玉米‖西兰花(1∶3)，无膜种植。

从图 3-3(a)可以看出，地表径流量从大到小依次为：LD＞DZ1＞JZ2＞JZ4＞DZ2＞JZ3＞JZ1＞JZ5。裸地产生的地表径流量最大，为 88.67m^3/hm^2，最小的是玉米‖西兰花(1∶3)无膜种植模式，为 43.33m^3/hm^2。玉米‖西兰花(1∶3)无膜种植模式产生的地表径流量，是西兰花单作模式的 81.8%。

从图 3-3(b)可以看出，TN 流失量从大到小依次为：LD＞JZ2＞DZ1＞JZ1＞JZ4＞DZ2＞JZ3＞JZ5。裸地产生的 TN 流失量最大，为 1.03kg/hm²，最小的是玉米‖西兰花(1∶3)无膜种植模式，为 0.39kg/hm²。玉米‖西兰花(1∶3)无膜种植模式产生的 TN 流失量，是西兰花单作模式的 72.2%，能削减 37.6%的 TN 流失量。

从图 3-3(c)可以看出，TP 流失量从大到小依次为：LD＞JZ2＞DZ1＞JZ4＞JZ3=JZ1=DZ2＞JZ5。裸地产生的 TP 流失量最大，为 0.47kg/hm²，最小的是玉米‖西兰花(1∶3)无膜种植模式，为 0.16kg/hm²。玉米‖西兰花(1∶3)无膜种植模式产生的 TP 流失量，是西兰花单作模式的 72.7%，能削减 35.9%的 TP 流失量。

从图 3-3(d)可以看出，COD 流失量从大到小依次为：JZ2＞LD＞DZ1＞JZ1＞DZ2＞JZ4＞JZ5＞JZ3。玉米‖青花(1∶3)覆膜种植产生的 COD 流失量最大，为 3.41kg/hm²，最小的是玉米‖西兰花(1∶4)覆膜种植模式，为 1.52kg/hm²。玉米‖西兰花(1∶4)覆膜种植模式产生的 COD 流失量，是西兰花单作模式的 63.9%，能削减 36.1%的 COD 流失量。

从图 3-3(e)可以看出，SS 流失量从大到小依次为：JZ2＞LD＞JZ4＞JZ1＞DZ2＞DZ1＞JZ3＞JZ5。玉米‖青花(1∶3)覆膜种植产生的 SS 流失量最大，为 66.82kg/hm²，最小的是玉米‖西兰花(1∶3)无膜种植模式，为 17.56kg/hm²。玉米‖西兰花(1∶3)种植模式产生的 SS 流失量，是西兰花单作模式的 41.1%，能削减 58.9%的 SS 流失量。

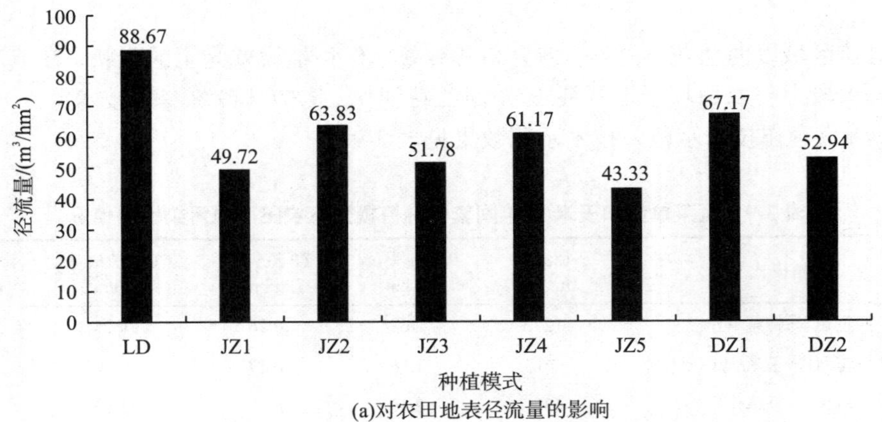

(a)对农田地表径流量的影响

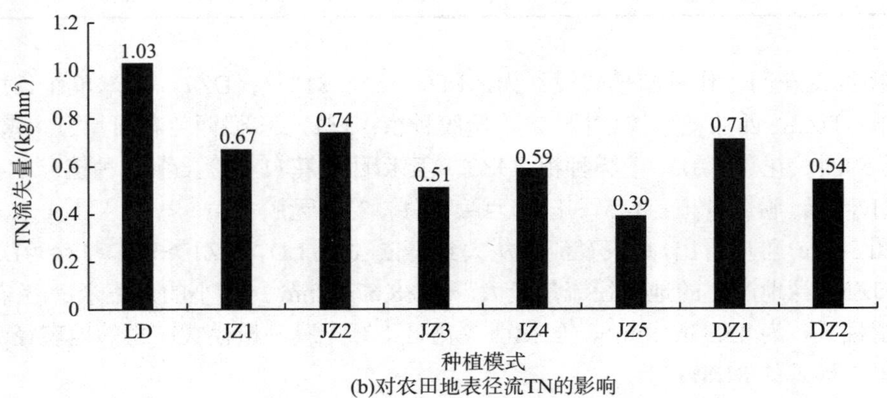

(b)对农田地表径流TN的影响

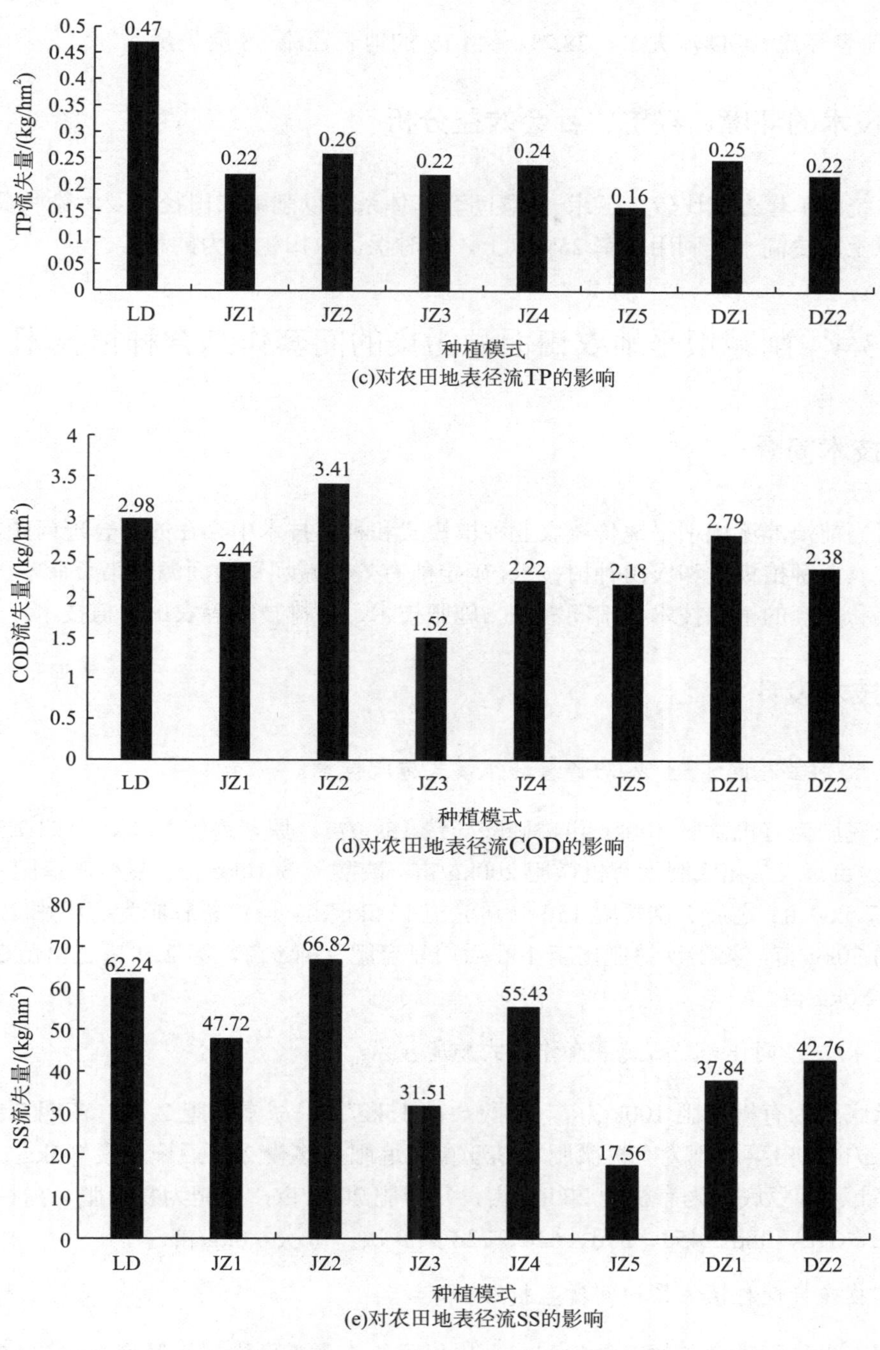

(c)对农田地表径流TP的影响

(d)对农田地表径流COD的影响

(e)对农田地表径流SS的影响

图 3-3　玉米与西兰花间套作的影响

白菜-豌豆单作和西兰花-马铃薯单作种植模式的小区地表径流量和径流污染流失量大于玉米/蔬菜间套作种植模式，玉米/蔬菜间套作模式能够削减 44.3%～45.0%的地表径流量，53.0%～56.7%的地表径流 TN 流失量，35.6%～54.8%的地表径流 TP 流失量，45.1%～

55.6%的地表径流 COD 流失量，28.7%～44.1%的地表径流 SS 流失量。

3.3.4 技术的环境、经济、社会效益分析

与传统的单作方式比较，玉米-蔬菜间套作体系可以削减农田径流及污染负荷输出达到 30%以上，提高水肥利用效率 25%以上，同时保证农田生产力的稳定。

3.4 削减坝平地农田面源污染的间套作综合种植技术

3.4.1 技术简介

针对当前滇池流域坝平地传统农业种植模式和种植技术中存在的不合理问题，优化坝平地传统农业种植模式和农田种植技术，确定能有效削减坝平地面源污染负荷输出的农业种植模式和配套的植保技术、田间覆盖、施肥技术、灌排技术等农田种植技术。

3.4.2 技术设计

1. 玉米/西兰花间作-玉米/马铃薯套作模式施肥技术

玉米底肥为有机微肥 100kg/亩，磷酸一铵 15kg/亩；尿素追肥 2 次，苗期 7.5kg/亩，穗期 15kg/亩。西兰花底肥为有机微肥 200kg/亩，磷酸一铵 10kg/亩；复合肥追肥 4 次，移栽 7d 后 7.5kg/亩；之后 3 次每隔 15d 分别追施 12.5kg/亩。马铃薯底肥为有机肥 200kg/亩，过磷酸钙 20kg/亩，第 1 次追肥出苗 10d 后用复合肥 9.0kg/亩，第 2 次追肥出苗 25d 后用复合肥 12.0kg/亩。

2. 玉米/白菜间作-玉米/豌豆套作模式施肥技术

玉米底肥为有机微肥 100kg/亩，磷酸一铵 15kg/亩；尿素追肥 2 次，苗期 7.5kg/亩，穗期 15kg/亩。白菜底肥为有机微肥 200kg/亩，追肥为移栽 25d 后施尿素 7.5kg/亩和复合肥 7.5kg/亩。豌豆底肥为有机肥 200kg/亩，复合肥 20kg/亩，追肥为复合肥，播种后 10d、17d、24d、31d、38d、45d、52d、62d、72d 共 9 次，每次 6.0kg/亩。

3. 作物多样性种植体系田间覆盖技术

利用玉米秸秆为覆盖物，垄间和垄上均匀覆盖，覆盖量为平均厚度 2cm，0.5kg/m^2。

4. 作物多样性种植体系植保技术

设置佳多频振式杀虫灯。利用佳多频振式杀虫灯诱杀作物及蔬菜害虫，是一种较为经济、安全、有效、简便、易操作的物理防治方法。每 2hm^2 设置 1 台杀虫灯，可诱杀鳞翅目、鞘翅目、直翅目、半翅目、双翅目等多种害虫，从而减少或不使用农药防治，大幅度

降低农药对作物、土壤、水体及空气的污染。

5. 作物多样性种植体系灌排与养分循环利用技术

在耕作区采用塘、井、沟渠等工程手段组成灌排系统。暴雨径流期间，径流经系统对径流水滞留、沉淀等合适停留时间设计后排出系统，以减少面源污染物输出。在作物种植期间，尤其是在旱季，利用系统为示范区提供灌溉用水，实现水资源、水中养分的有效利用。

3.4.3　技术效果

1. 玉米秸秆覆盖模式与技术研究

玉米秸秆覆盖模式设置西兰花单作-马铃薯单作、白菜单作-豌豆单作、油毛菜单作-西葫芦单作、玉米单作、西兰花单作+秸秆覆盖-马铃薯单作+秸秆覆盖、白菜单作+秸秆覆盖-豌豆单作+秸秆覆盖、油毛菜单作+秸秆覆盖-西葫芦单作+秸秆覆盖、玉米单作+秸秆覆盖 8 种种植模式。

结果表明，玉米秸秆覆盖能削减农田地表径流的产生，削减率为 32.5%(13.1%～51.9%)，其中对西兰花单作-马铃薯单作种植模式产生地表径流的削减效果最好。除油毛菜单作-西葫芦单作种植模式外，玉米秸秆覆盖能削减农田地表径流 TN 的流失量的产生，平均削减率为 39.1%(18.9%～59.3%)，对西兰花单作-马铃薯单作种植模式产生地表径流 TN 流失量的削减效果最好。玉米秸秆覆盖能削减农田地表径流 TP 的流失量，平均削减率为 28.7%～81.6%，对西兰花单作-马铃薯单作和白菜单作-豌豆单作种植模式产生地表径流 TP 流失量的削减效果最好。玉米秸秆覆盖能削减农田地表径流 COD 的流失量，平均削减率为 38.8%(18.7%～58.8%)，对玉米单作种植模式产生地表径流 COD 流失量的削减效果最好。除油毛菜单作-西葫芦单作种植模式外，玉米秸秆覆盖能削减农田地表径流 SS 的流失量，削减率为 10.6%～51.3%，玉米秸秆覆盖对玉米单作种植模式产生地表径流 SS 流失量的削减效果最好。

2. 水稻秸秆覆盖模式与技术研究

水稻秸秆覆盖模式处理设：LD(裸地)、DZ1(玉米单作，地膜覆盖)、DZ2(西兰花单作，地膜覆盖)、DZ3(玉米单作，无覆盖)、DZ4(西兰花单作，无覆盖)、FG1(西兰花单作+秸秆覆盖)、FG2(玉米单作+秸秆覆盖)。

研究表明：地表径流量从大到小依次为 LD＞DZ3＞DZ2＞DZ1＞DZ4＞FG2＞FG1。裸地产生的地表径流量最大，为 88.67m^3/hm^2，最小的是西兰花单作+秸秆覆盖种植模式，为 34.31m^3/hm^2。西兰花单作+秸秆覆盖种植模式产生的地表径流量，是西兰花单作地膜覆盖模式的 64.6%，能削减 35.4%的地表径流量。

水中 TN 流失量从大到小依次为：LD＞DZ3＞DZ2＞DZ4＞FG2＞DZ1＞FG1。裸地里水中 TN 流失量最大，为 1.03kg/hm^2，最小的是西兰花单作+秸秆覆盖种植模式，为 0.40kg/hm^2。西兰花单作+秸秆覆盖种植模式产生的水中总氮流失量，是西兰花单作模式的 64.3%，能削减 35.7%的水中 TN 流失量。

水中 TP 流失量从大到小依次为：LD＞DZ3＞DZ1＞DZ4＞DZ2＞FG2＞FG1。西兰花地膜覆盖种植模式里水中 TP 流失量最大，为 0.468kg/hm^2，最小的是西兰花单作+秸秆覆盖种植模式，为 0.137kg/hm^2。西兰花单作+秸秆覆盖种植模式产生的水中 TP 流失量，是西兰花单作模式的 64.5%，能削减 35.5%的水中 TP 流失量。

水中 COD 流失量从大到小依次为：DZ2＞DZ3＞LD＞DZ1＞DZ4＞FG1＞FG2。西兰花单作地膜覆盖种植模式水中 COD 流失量最大，为 3.160kg/hm^2，最小的是西兰花单作+秸秆覆盖种植模式，为 1.450kg/hm^2。西兰花单作+秸秆覆盖种植模式产生的水中 COD 流失量，是西兰花单作地膜覆盖模式的 48.2%，能削减 51.8%的水中 COD 流失量。

SS 产生量从大到小依次为：LD＞DZ3＞DZ1＞DZ4＞FG2＞FG1＞DZ2。裸地产生的 SS 量最大，为 66.29kg/hm^2，最小的是西兰花单作覆盖地膜种植模式，为 29.85kg/hm^2。西兰花单作覆盖地膜种植模式产生的 SS 量，是西兰花单作模式的 57.09%，能削减 42.91%的 SS 量。

秸秆覆盖能削减农田地表径流的产生和径流污染的流失，削减 13.1%～51.9%的地表径流量，18.9%～59.3%的农田地表径流 TN 流失量，28.7%～81.6%的农田地表径流 TP 流失量，18.7%～58.8%的农田地表径流 COD 流失量，10.6%～51.3%的农田地表径流 SS 流失量。

3. 减量施肥技术研究

尽管当氮肥减量为 25%及 50%时，较农民习惯施氮量的总氮流失量差异不显著（P＜5%）；当不施用氮肥时其总氮流失量较农民习惯施氮量的总氮流失量差异显著。说明短期内通过减少氮肥用量，难以降低总氮流失量。该现象可能是由于径流水中氮素绝大部分是颗粒态氮素（约 86%～91%），而颗粒态氮素主要来源于土壤氮素，短期内难以通过减少氮肥用量来降低土壤的氮素含量所致。

研究可知，尽管磷肥减量 25%～50%，甚至不施用磷肥时，其总磷流失量较农民习惯施磷量处理的总磷流失量差异不显著（P＜5%）。说明短期内通过减少磷肥用量，难以降低总磷流失量。该现象可能是由于径流水中磷素绝大部分是颗粒态磷（约占 92%～96%），而颗粒态磷来源于土壤颗粒中的磷素，短期内难以仅仅通过减少磷肥用量来降低土壤的磷素含量所致。

氮肥肥料减量施用条件下，西兰花季各施肥处理产量间差异不显著，西葫芦季各施肥处理间差异显著。说明一个生长季节内，氮磷化肥用量减少 25%，可以保证作物减产不明显（P＜0.05）。

3.4.4 技术的环境、经济、社会效益分析

与传统种植方式比较，坝平地农田间套作综合种植技术体系可以削减农田径流及污染负荷输出达到 30%以上，提高水肥利用效率 25%以上，同时保证农田生产力的稳定，而且秸秆还田还能增加土壤有机质，改善土壤结构的稳定性，保持农业生产稳定和高效益。

3.5　田间植物篱构建技术

植物篱(alley cropping)为无间断式或接近连续的狭窄带状植物群，是一种传统的水土保持措施。等高植物篱能通过机械拦阻作用有效减轻坡地土壤侵蚀和养分流失，具有较好的生态效益和经济效益。有研究表明，植物篱可减少 6%的地表径流和 75%的泥沙。

3.5.1　技术简介

针对雨季时滇池流域坡台地农田及机耕道路产流导致面源污染负荷输出的问题，构建以农田草皮水道、坡面植物篱带、机耕道路植物篱带为组成部分的控制径流、增强泥沙沉积的植物抑流、抑沙网格体系，形成适合该区域的有效削减坡台地雨养农田面源污染负荷输出的植物篱带集成技术。该技术适用于滇池流域及滇中坡台地雨养蔬菜种植区域。

根据示范区地形、土地利用现状及产流区特征，技术研究分别针对坡台地农田、机耕道路和冲沟坡面的抑流植物篱带如何构建而设计。

以分散性植物篱集水区为节点，链接不同植物篱带，形成系统的水土流失防控网络，减缓坡地径流速度，拦截流失土壤，既增加系统产出，又降低由于水土流失带来的面源污染物输出。通过建立径流小区，观测分析不同植物篱/生态缓冲带径流泥沙及坡度变化，确定最适组合方式和构建技术，抑流植物缓冲带试验设计如图 3-4 所示。

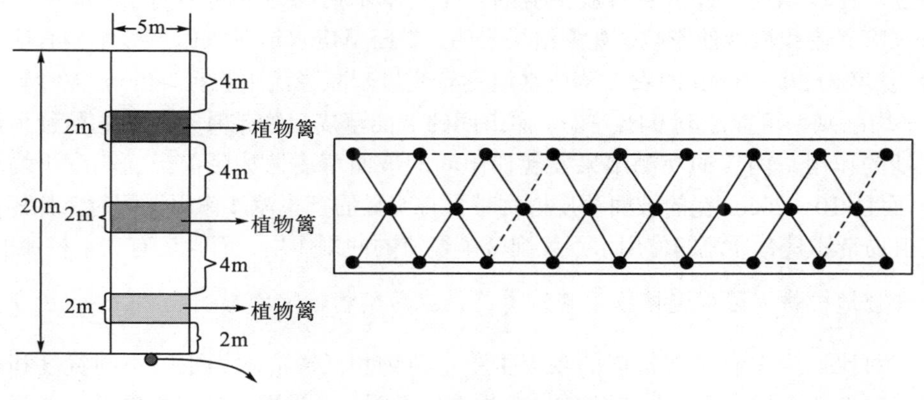

图 3-4　抑流植物缓冲带试验设计

3.5.2　技术设计

滇池流域雨季多暴雨，坡台地水土流失主要由于农田地膜覆盖和种植结构单一而导致。由于坡台地农田径流中面源污染负荷输出主要以固相为主，因此利用田间及沟道植物篱减缓径流流速以削减径流的挟砂力和冲刷力，既能明显削减径流中泥沙含量，又能减缓坡台地农田的坡度。农田之间植物篱以低矮密生的植物为主，植物篱宽度为 20～30cm；农田草皮水道以匍匐型多年生植物为主，草皮水道宽度为 20～30cm。沟道植物篱以有经济和景观价值的灌木及其他木本植物为主，主要种植在沟道边坡，按等高线密植排列，根据植物特性确定株距，行距 10～15m。

1. 田间植物篱构建技术

不同田块之间走道和地垄坡面选取蔗茅、苜蓿等多年生密生植物，按等高线栽植植物篱，通常宽度为 20～30cm；如不同田块地垄坡面宽度为 2～3m，则构建 2 条植物篱带，其间隔为 1.0～1.5m；田间草皮水道构建选取香根草、地石榴等多年生匍匐植物，宽度为 20～30cm。

2. 沟道植物篱构建技术

沟道植物篱选取桃树、梨树、枣树、金雀花、花椒等有经济价值的灌木及木本植物，在沟道边坡和沟底按等高线密植排列，根据植物特性确定株距，行距 10～15m；选取香根草、地石榴等多年生匍匐植物构建沟底草皮水道，宽度在 150～800cm 之间，水道两侧选取蔗茅等多年生密生植物构建防冲刷植物篱，宽度 50cm。

3.5.3 技术效果

1. 坡台地农田抑流植物篱带对农田径流污染物输出的影响

通过对比以当地有经济和景观价值的多年生草本植物为主的不同宽度和密度的植物篱带对农田产流和输沙的影响。观测结果表明，农田草皮水道对农田产沙量具有明显的抑制作用。宽度为 20～30cm 的农田草皮水道具有明显削减径流中粒径＞2mm 泥沙颗粒的作用，其平均削减率可以达到 94%左右。梯田间的坡面草皮植物带具有明显的防径流冲刷和富集泥沙的作用。两年的观测结果发现梯田间的坡面草皮植物带前土面高度平均增加了 0.4cm，而且 10～20cm 宽的坡面草皮植物带具有明显的富集泥沙作用。同时，梯田间的坡面草皮植物带还具有导流的作用，不仅削减了径流的冲刷作用，而且还有利于径流的收集。

2. 坡台地机耕道路抑流植物篱带对道路径流污染物输出的影响

通过对比以当地有景观价值的多年生草本植物和低矮灌木为主的不同宽度和密度的植物篱带对坡地机耕道路输沙的影响，观测结果表明，机耕道路径流植物缓冲带对输沙量具有明显的抑制作用。宽度为 20～30cm 的植物缓冲带具有明显削减径流中泥沙颗粒的作用，其平均削减率可以达到 50%左右，同时还有效削减了径流对道路两侧的冲刷。

3. 坡台地冲沟坡面抑流植物篱带对坡面径流污染物输出的影响

通过对比以当地有经济和景观价值的多年生草本和木本植物为主的不同宽度和密度的植物篱带对冲沟坡面产流和输沙的影响，观测结果表明，冲沟坡面草带对坡面产流和输沙量具有明显的抑制作用。坡面草带对坡面产流和输沙量的平均削减率可以达到 25%和

65%。由于试验中在冲沟坡面栽植的灌木和木本植物尚小，因此对坡面产流和输沙量的削减不明显。但是，观测坡面原有农民种植的金针菜条带(50cm 宽)，其对坡面产流和输沙量的削减率可以达到 30%和 75%左右。

3.5.4　技术的环境、经济、社会效益分析

在滇池流域晋宁区上蒜镇段七村东侧坡台地农田区域道路、沟道和田间共建设植物篱 15km。根据观测，目前建成的植物篱已经可以起到阻截部分坡台地农田径流泥沙输出的作用。

3.6　坡耕地汇流区集水截污系统构建与补灌技术

3.6.1　技术简介

滇池流域山地机耕道路是山地产流区域，也是农田径流汇集输送的主要通道。雨季时产生的径流不仅对道路的冲刷十分严重，而且还造成水资源的浪费。坡耕地汇流区集水截污系统构建与补灌技术是利用集水设施雨季收集道路及农田径流，然后补灌农田，防止缓冲降水不均对农作物产生不良影响。这项技术简便易行、投入低，适合在滇池流域雨养旱地和坡台地机耕道路两侧推广应用。

3.6.2　技术设计

1. 集水技术

集水设施由集水渠、沉砂池和集水窖三部分构成。

集水渠。山地机耕路的排水渠道通常不牢固，容易发生垮塌堵塞。因此，在需要建设集水设施的道路两旁建设较为牢固的集水和引水渠道，渠道立面可以用带孔砖砌或毛石砌，孔内种植多年生匍匐型生长的草本植物。集水和引水渠道的深度、宽度及构形应根据道路宽度和排水条件而定。

沉砂池。沉砂池是平流式的，在集水窖前端与其串联设置。沉砂池的去除对象是粒径在 0.2mm 以上的砂粒。沉砂池大小根据集水窖的大小而定，通常 10～15m^3 的集水窖其沉砂池深度应为 1.0～1.2m，面积为 0.8～1.0m^2。目前沉砂池常用形式有单厢式和井式，但沉砂效果一般，迷宫式沉砂池的沉砂效果较好。沉砂池与集水窖连接处应设置格栅。

集水窖。集水窖是一种地下埋藏式蓄水工程，可以采用圆形断面式或矩形宽浅式。而不同形式的水窖可以根据土质、建筑材料等条件选择。根据滇池流域坡台地农田情况，容积为 10～15m^3 的混凝土顶拱水泥砂浆薄壁水窖的建设可以采用简化的施工程序，防渗效

果也较理想。混凝土顶拱水泥砂浆薄壁水窖窖体由窖颈、拱形顶盖、水窖窖筒和窖基等部分组成。

2. 补灌技术

雨季时，集水窖收集的径流可以针对作物关键生长期间的降水不足进行补灌。同时，可以在雨季来临前提前 10～15d 进行蔬菜作物的移栽定植，利用集水窖保存的水分对其进行灌溉。这不仅能使蔬菜提早上市，在一定程度上提高农田利用强度，增加经济收入，而且还可以延长坡台地农田地面覆盖时间，降低农田水土流失。

3. 技术设计

滇池流域雨季多暴雨，坡台地水土流失主要由于农田地膜覆盖以及种植结构单一而导致。同时，滇池流域由于季节性干旱，坡台地农业发展受到水资源紧缺的严重制约，因此强化利用自然降水是提高滇池流域山地农业可持续能力和削减坡台地面源污染负荷输出的必然选择。滇池流域山地机耕道路不仅是山地产流区域，还是农田径流汇集输送的主要通道。利用串联式集水设施在雨季时收集道路径流，然后在旱季或降水不均时补灌农田，既有效减少了径流和污染物的输出，又可以缓解农田季节性干旱。根据滇池流域气候特征和山地条件，机耕路两侧集水窖密度在 15～20km 为宜，坡台地农田中单个集水窖的集水面应该达到 1800～2000m^2。如建成一个容积为 15m^3 的水窖，在雨季时可以满水收集道路径流 4～6 次，累积收集约 60～90m^3 径流；这些收集的径流能为补灌坡台地农田约增加 90～130mm/亩的贮水量。

3.6.3 技术效果

1. 坡台地机耕道路产流面集水技术

根据滇池流域降水特征，通过实测的示范区机耕道路产流系数和分析测定相应集水设施的布设、集水效率和用水量，发现坡台地机耕道路产流面集水设施以水窖+沉砂池的集水和利用效率最好。集水窖应分布于道路两侧 4～5m 的范围内，且道路两侧应设生态沟渠以削减径流中泥沙和联结集水窖，每 1km 机耕路两侧集水窖（10～15m^3）设置 15～20 个为宜。2 年的观测结果表明，雨季时机耕道路两侧的集水窖可以满水收集径流 4～6 次左右，削减机耕道路产流总量 23%～35%。

2. 坡台地农田产流面集水技术

根据滇池流域降水特征，通过实测坡台地农田的产流系数和分析测定相应集水设施的布设、集水效率和用水量，坡台地农田中单个集水窖的集水面应该达到 1800～2000m^2，集水窖沿农田径流汇集方向分布，各集水窖之间用草皮水道和田间植物篱带联结以收集径流和削减泥沙量。两年的观测结果表明，雨季时农田中集水窖可以满水收集径流 2～3 次左右，削减农田产流总量 23%～35%。

3. 荒坡产流面集水技术

根据滇池流域降水特征，通过实测示范区荒地的产流系数和分析测定相应集水设施的布设、集水效率和用水量，荒地集水窖应布设于临近农田的区域，集水窖前端须设置生态引水渠和拦砂堰。由于受到地形、植被和距离农田远近的影响，集水窖的数量和大小应根据具体情况而定。观测结果表明，由于集水面大，集水窖的集水效率较高，通常可以满水收集径流 9～12 次。

3.6.4　技术的环境、经济、社会效益分析

针对该区域机耕道路现状，在滇池流域晋宁区上蒜镇段七村东侧坡台地农田区域开展了径流收集及补灌技术示范，共建设和改造集水设施总容积约 2325m^3，起到了集水和补灌的作用，对坡台地农业生产和面源污染削减均产生积极的意义。根据测算，建成的集水补灌设施已经可以削减坡台地农田径流输出的 20%～30%以上。

3.7　生物炭基尿素研发技术

3.7.1　技术简介

滇池流域种植业高度集中，复种指数较高，长期以来大量耕地用于种植花卉、蔬菜、烤烟等农药、化肥施用量大的作物。化肥、农药的大量施用及农田废弃物、养殖业排泄物等成为滇池流域农业面源污染的主要因素，化肥氮损失成为水体氮的重要来源，长期过量的化肥施用导致土壤质量下降，氮流失加剧。亟需研发能够兼顾土壤改良和控制氮流失的新型肥料，以减少化肥施用对水体的影响。

因此，研发了能够兼顾土壤调理和控制氮流失功能的生物炭基尿素(biochar-based coated urea，BCU)及分层包膜技术(一种生物炭包膜尿素的配方及包膜制备方法.公开号：105294363)。利用生物炭的电化学特性，硝化抑制剂对氮转化有关微生物的抑制性，将其组配成缓释包膜材料；并在室温、常压条件下在尿素外表面形成一层包膜达到缓释肥效速率的效果。

3.7.2　技术设计

生物炭包膜尿素的包膜材料，由核心层的尿素和包覆在尿素表面的包膜层组成。

包膜层：由生物炭粉、双氰胺、酸化剂、膨润土和玉米淀粉构成，该包膜层的重量为总重的 20%～50%，其中生物质炭粉 10%～30%、双氰胺 2%～3%、其他 12%～33%，其厚度在 190～780μm 左右。包膜层由 4 种或 4 种以上的固体粉末状混合物所组成，该固体粉末状混合物的粒度应≥100 目。

核芯：采用大颗粒尿素作为核芯，颗粒直径为3～4mm。

造粒：通过包衣机对肥料进行包膜造粒。

上述生物炭包膜尿素的制造方法与步骤如下。

(1) 将定量的颗粒状尿素，放入圆盘造粒机中，预热5min左右。

(2) 玉米淀粉100g溶于200mL水中，不断搅拌下加入2mL浓硫酸催化，然后加入10mL高锰酸钾溶液氧化1h，加入8g氢氧化钠糊化20min，加入2g硼砂交联15min，加适量水充分搅拌后即为浓度14%的氧化淀粉黏结剂。

(3) 用高压喷枪在尿素表面喷上适量的氧化玉米淀粉黏结剂溶液，用量以尿素颗粒间不互相黏结为宜，通入热风3～5min。

(4) 把一定量的包膜固体粉末材料混匀后，再继续转动搅拌并加入所需包膜层重量20%～30%的包膜固体粉末材料。

(5) 待95%或95%以上加入的固体包膜材料黏结在尿素颗粒上后，再加入少量氧化玉米淀粉溶液。

(6) 再将20%～30%的固体包膜粉末加入继续转动的造粒机内。

(7) 重复(5)～(7)操作，直至固体包膜粉末全部包覆在尿素颗粒表面为止。

生物炭包膜尿素生产工艺如图3-5所示。

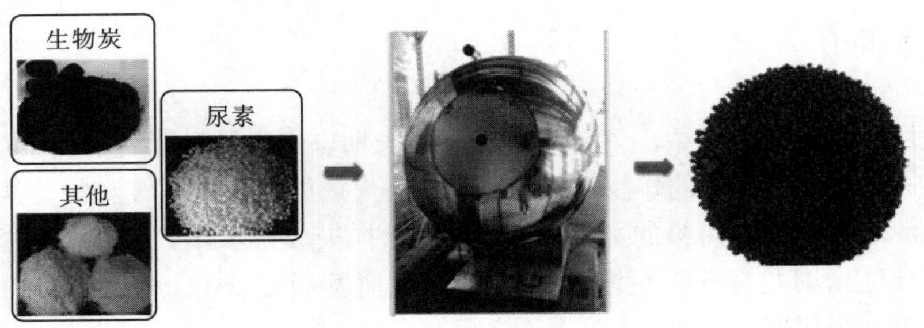

图3-5 生物炭包膜尿素生产工艺

1. 研发技术经济指标

处理：尿素(urea)，包膜尿素(CRU)，生物炭基肥料(BCU)，CRU+Urea配施(C+U)，BCU+Urea 配施(B+U)，空白(CK)。施肥水平：100%N(常规农田施肥量)，80%N(减量20%氮肥)，70%N(减量30%氮肥)，N0。重复：3个，共计36个小区。其中，生物炭基尿素含氮量为30%～40%，肥料成本约为2600元/t(尿素按2000元/t计)。

研究发现，生物炭基尿素与普通尿素相比，可实现在不减产的条件下，提高氮肥利用率约3%，减少总氮流失30%以上，能够实现从源头控制施肥造成的农田面源污染问题，详见表3-10。

表 3-10　炭基尿素与常规尿素施用对土壤氮流失及氮素利用率比较

处理	产量/(t/hm²)			氮肥利用率/%			总氮素损失/(kg·N/hm²)		
	荷兰豆	西葫芦	甜玉米	荷兰豆	西葫芦	甜玉米	荷兰豆	西葫芦	甜玉米
CK	6.91b	30.29b	12.50b	—	—	—	38.75c	14.25c	15.25d
尿素	8.75a	57.88a	15.64a	47.05a	51.38a	52.87a	109.34a	90.25a	104.83a
炭基尿素	9.12a	59.01a	16.92a	52.12a	52.90a	56.24a	63.10b	50.29b	74.34c

备注：每季施氮量：210kg·N/hm²，炭基尿素用于 1 基 1 追(50%—50%)，尿素 1 基 3 追(20%—30%—30%—20%)。小写字母表示各指标的差异显著。

2. 技术效果

选取晋宁区段七村为示范区，以当地三季露天蔬菜(依次为荷兰豆、西葫芦、甜玉米)为研究对象，进行生物炭基尿素施用效果的验证，结果显示，与普通尿素相比，生物炭基尿素施用可减少氮流失 29.1%～44.3%(平均 35.8%)，其中 64.1%～97.5%(平均 78.5%)归于生物炭基尿素对氮淋溶的减少；生物炭基尿素提高氮肥利用率 1.52%～5.07%(平均 3.32%)；炭基尿素可实现增产 2%～8.2%(平均 4.8%)。总之，可实现在不减产的条件下，提高氮肥利用率约 3%，减少总氮流失 30%以上，能够实现从源头控制施肥造成的农田面源污染问题。同时，生物炭基尿素包膜材料来自农作物秸秆，可将秸秆废弃物中的炭以生物炭的形式固定于土壤中。可实现将农业生产中产生的秸秆进行资源化利用，解决了作物秸秆处理难的问题。该技术的研发与目前我国对农业的要求方向一致，符合当今社会的发展需求。

3.8　解磷菌肥研发技术

3.8.1　技术简介

磷矿开采和常年施用化学磷肥导致耕地土壤富磷化。解磷微生物可以通过分泌有机酸、磷酸酶、植酸酶等磷酸盐和有机磷而释放有效磷。利用生物解磷微生物研发的解磷菌肥(phosphorus-dissolving microbes fertilizer)能将土壤中的无效磷转化为可供植物吸收利用的有效磷，是减少化学磷肥使用、削减磷素面源污染的有效措施之一。

从滇池富磷区筛选出高效解磷菌草酸青霉(*Penicillium oxalicum*)，通过基因工程技术将来自无花果曲霉(*Aspergillus ficuum*)的植酸酶基因(*phyA*)导入草酸青霉基因组，使原始菌株的解磷效率提高了 84.2%，以此基因工程菌株作为解磷菌肥研发的生产菌株，并进一步明确了磷菌肥适用于耕作层土壤全磷含量≥2.5g/kg 的耕地。

3.8.2　技术设计

利用土著微生物研发的生物磷肥对本土土壤的理化性质、气候具有较好的适应性。本技术拟解决如下问题：从滇池富磷区筛选高效解磷微生物；如何利用基因工程技术进一步提高目标解磷菌的解磷效果；如何解除土壤抑菌作用、提高目标菌在土壤中的定殖率；土壤抑真菌作用(soil fungistasis)泛指施入土壤中的真菌菌剂受到来自土著微生物、根系分泌物、土壤理化性质等综合因素的影响其萌发、生长和定殖受到严重抑制的现象，是土壤的基本属性(Lockwood，1988)，如何优化菌肥发酵生产过程中的技术参数，在低成本的条件下生产有效活菌数在 5 亿/g 以上的菌肥。

针对以上 4 个问题，提出解决思路和方法，该技术路线如图 3-6 所示。

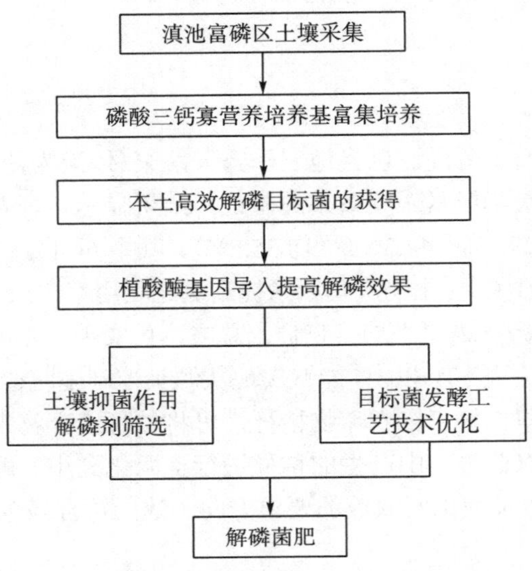

图 3-6 解磷菌肥研发的技术路线图

以烟草废弃物和草炭作为生产菌肥的主体基质，通过对发酵生产过程中的接种量、水分含量、堆体规模、发酵温度、翻堆次数等技术参数的研究，确定了解磷菌 Mo-Po 有效活菌数含量≥5 亿/g，含水量≤15%，有机质含量≥50%的解磷菌肥的生产工艺。解磷菌肥生产工艺如图 3-7 所示。

图 3-7 解磷菌肥生产工艺

3.8.3 研发技术经济指标

1. 本土化高效解磷菌筛选

利用磷酸三钙寡营养培养基富集培养方法，从滇池富磷区的 89 份土样中筛选出 48 株溶磷真菌，采用钼蓝法测定了这些真菌溶解 $Ca_3(PO_4)_3$ 的能力。结果表明培养液中可溶性磷含量在 14.45～64.87mg/L 之间，其中菌株 SPF46，Mo-Po 和 SPF47 的溶磷能力最强，培养液中可溶性磷含量分别达到 55.44mg/L、59.78mg/L 和 64.87mg/L（表 3-11）。结合形态特征及 ITS rDNA 系统亲缘关系分析，将 PSF46 鉴定为黄暗青霉（*Penicillium citreonigrum*），PSF47 菌株鉴定为黑曲霉（*Aspergillus niger*），Mo-Po 菌株鉴定为草酸青霉（*Penicillium oxalicum*）。在 $Ca_3(PO_4)_3$、$FePO_4·4H_2O$ 和 $AlPO_4$ 三种磷源中，这三种溶磷真菌对 $Ca_3(PO_4)_2$ 的溶磷效果最好。

表 3-11　滇池富磷区土壤溶磷真菌对磷酸三钙的溶磷量

菌株	吸光值	溶磷量/(mg/L)	菌株	吸光值	溶磷量/(mg/L)
PSF1	0.1282	45.30	PSF25	0.1019	36.00
PSF2	0.1213	42.86	PSF26	0.0664	23.46
PSF3	0.1180	41.69	PSF27	0.0972	34.34
PSF4	0.0983	34.73	PSF28	0.0743	26.25
PSF5	0.0989	34.94	PSF29	0.0852	30.10
PSF6	0.0963	34.02	PSF30	0.0683	24.13
PSF7	0.1387	49.01	PSF31	0.0952	33.63
PSF8	0.1326	46.85	PSF32	0.0953	33.67
PSF9	0.1410	49.82	PSF33	0.0475	16.78
PSF10	0.0492	17.38	PSF34	0.0581	20.53
PSF11	0.0627	22.15	PSF35	0.0824	29.11
PSF12	0.0409	14.45	PSF36	0.1037	36.64
PSF13	0.0552	19.51	PSF37	0.0651	23.00
PSF14	0.0726	25.56	PSF38	0.0999	35.30
PSF15	0.0823	29.08	PSF39	0.0900	31.80
PSF16	0.0587	20.74	PSF40	0.1293	45.68
PSF17	0.1091	38.55	PSF41	0.1148	40.56
PSF18	0.1254	44.31	PSF42	0.1103	38.97
PSF19	0.1120	39.57	PSF43	0.1338	47.27
PSF20	0.1091	38.51	PSF44	0.1352	47.77
PSF21	0.1214	42.89	PSF45	0.1327	46.90
PSF22	0.0892	31.51	PSF46	0.1569	55.44
PSF23	0.1056	37.31	PSF47	0.1836	64.87
PSF24	0.1138	40.21	Mo-Po	0.1692	59.78

2. 草酸青霉(*Penicillium oxalicum*)Mo-PO 菌株的改造

以用试剂盒提取的无花果曲霉(*A.ficuum*)总 DNA 为模板，PCR 扩增植酸酶基因 *phyA*，PCR 产物约 1375bp。将扩增的 *phyA* 基因在 pMD18-T 载体上进行了 T-A 克隆，构建克隆载体 pMD_{18}-T-phyA。通过 $CaCl_2$-PEG 介导的转化方法将 *phyA* 基因导入草酸青霉(*Penicillium oxalicum*)原生质体，获得 7 株遗传性状稳定的转化子，用钼蓝法测定了原始菌株及转化株对 $Ca_3(PO_4)_2$ 及卵磷脂的解磷效果，发现其中的 1[#]、2[#]转化株解磷效果显著增加，其解磷率分别比原始菌株提高 30.6%和 84.2%(表 3-12)。转化株 2[#]的专利申请菌株保藏号：CGMCC No.4209。

表 3-12 *Penicillium oxalicum* 及其转化子的解磷效果比较

菌株	OD_{700}(稀释 10 倍)	有效磷含量/(mg/L)	解磷增效率/%
转化株 2[#]	0.2534	74.20	84.2
转化株 1[#]	0.1489	52.61	30.6
原始菌株	0.1142	40.28	—

3. 提高草酸青霉(*Penicillium oxalicum*)CGMCC No.4209 菌株土壤定殖能力的技术

以项目组的专利技术(莫明和 等，一种提高真菌菌剂在土壤中生长和繁殖能力的方法。专利号：03117929.0)为基础，针对 CGMCC No.4209 菌株，筛选出高效的土壤抑菌作用解除剂 MⅠ-MⅡ，在添加量为 5%时能使 CGMCC No.4209 菌株在土壤的萌发率从 45%提高到 98%以上。

4. 解磷菌的发酵与菌肥制备技术

确定了解磷真菌专利菌株 Mo-Po 的试管斜面种子培养基，液体种子培养基，规模化发酵培养基及培养条件。确定了通过固体发酵技术规模化生产 Mo-Po 菌丝体和孢子体的技术工艺：按烟草废弃物基质重量的 0.5%接种 Mo-Po 液体种子，充分混匀后将基质含水量调节到 45%～60%，将最终的基质在室内按梯形堆垛，堆体的下底长 1.5m，上底长 1m，高 1m，每 3d 翻堆一次，发酵 12d 后添将发酵终产物在 65℃以下烘干或晾干至水分含量小于 5%，粉碎后添加 5%的土壤抑菌作用解除剂制成生物磷肥，用此技术方法制备的 Mo-Po 生物磷肥，Mo-Po 的活菌数含量在(5～9)×10^9 个/g 以上。

5. 解磷菌肥在滇池富磷区西葫芦上的试验设计与结果

滇池富磷区耕地土壤全磷含量很高，但多以磷酸盐形式存在，植物不能吸收利用；利用解磷菌的解磷功能，释放出有效磷供植物吸收，既可减少化学磷肥的用量，又可减少磷素外排。在云南晋宁段七村进行了解磷菌肥的试验示范，试验面积 80 亩。供试作物：西葫芦(*Cucurbita pepo*)京葫 12 号。土壤磷含量背景值：全磷含量 0.48%，有效磷含量 67.56 mg/kg。试验设置(A-D)共 4 个处理方式，各处理方式中化学氮肥和钾肥的用量相同。

A：解磷菌肥(解磷微生物 *Penicillium oxalicum* 的活菌数 5×10^9 个/g，有机质含量 25%，

本课题组制备)，每亩 200kg。

B：商品化有机肥(有机质含量 35%，云南云叶化肥股份有限公司生产)，每亩 200kg。

C：化学磷肥(P_2O_5 含量 25%，云南云叶化肥股份有限公司生产)，每亩 25kg。

D：每亩 100kg 解磷菌肥混合 12.5kg/亩的化学磷肥。

测试项目：出苗后每 15d 抽样 1 次，分别测定各处理方式下西葫芦植株株高；采收期测定单果重量和统计亩产量。每次抽样时取每次处理的水样和土样，测定水样中的可溶性磷含量和土样中的全磷和可溶性磷含量。

株高是反映植株长势强弱的重要指标，生物有机肥(A、B 处理)对西葫芦植株的促长作用在生长前期表现不明显。种植 15d 时，施用自制解磷菌肥的 A 处理和施用商品化有机肥的 B 处理的株高分别为 6.81cm 和 6.12cm，显著低于施用化学磷肥的 C(8.32cm)、D(8.84cm)处理。当植株生长到 45d 时，施用化学磷肥的 C、D 处理植株生长优势逐渐减弱。当生长到 80d 时，施用解磷菌肥的 A 处理植株株高达到 49.21cm，而施用化学磷肥的处理 C、D 植株株高分别为 49.01cm、43.21cm，比同期施用解磷菌肥的植株株高分别降低了 0.2cm、6.0cm。

不同肥料处理对西葫芦的单果重、单株产量及亩产量均有影响，A～D 四个处理单果平均重量分别为 348g、313g、332g、365g；结果表明施用商品化有机肥的 B 处理单果重量最低，施用解磷菌肥和化学磷肥的 D 处理单果重量最高，施用解磷菌肥的 A 处理和施用化学磷肥的 C 处理居中。统计亩产量时，施用解磷菌肥的 A 处理最高，为 3942.8kg/亩，其次为混施解磷菌肥和化学磷肥的 D 处理，为 3682.8kg/亩；单独施用化学磷肥的 C 处理为 3380.4kg/亩，而施用商品化有机肥的 B 处理产量最低，为 3218.4kg/亩。结果显示在富磷区土壤，解磷微生物菌肥完全可以替代化学磷肥的使用。

定期抽样检测各处理的土壤含量磷及径流水含磷量，结果表明：施用解磷菌肥的 A 处理土壤全磷含量逐渐下降，从最初的 0.48%下降至 0.15%，全磷含量减少了 68.75%。施用商品化有机肥的 B 处理土壤全磷含量也呈下降趋势，从最初的 0.48%下降至 0.38%，减少了 20.83%，减少幅度显著低于 A 处理。施用化学磷肥的 C 处理土壤全磷含量略有增加(6.25%)；解磷菌肥和化学磷肥混合施用的 D 处理土壤全磷含量也逐渐下降，减少了 20.83%。对各处理中有效磷含量变化的测定显示各处理的土壤有效磷含量均为下降趋势，下降最显著的为施用商品化有机肥的 B 处理(59.58%)，其次是施用解磷菌肥的 A 处理(29.94%)，施用化学磷肥的 C 处理有效磷含量下降幅度最小，仅为 8.9%。测定了各处理径流水中的有效磷含量，结果显示商品化有机肥的 B 处理有效磷输出减少幅度最大，为 91.23%，其次是施用解磷菌肥的 A 处理，为 84.21%，施用化学磷肥的 C 处理有效磷输出减少幅度最小，为 14.35%。

各项监测指标的综合结果表明在滇池富磷区施用解磷微生物菌肥和有机肥能显著降低土壤全磷和有效磷含量，以及减少径流水向外输移有效磷的含量。考虑作物产量因素，在富磷区农业种植中施用解磷微生物菌肥既有利于削减磷素污染，又能保证作物生产。

6. 解磷菌肥在滇池富磷区花椰菜上的应用试验效果

试验田位于滇池源头晋宁县上蒜镇段七村的塑料大棚蔬菜种植基地，试验地 0～20cm

土壤的理化性状：pH 6.23、有机碳质量分数 3.21%、全 N 质量分数 0.78g/kg、全 P 15.42g/kg、速效 P 80.4mg/kg、可溶性 K 61.2mg/kg。

供试花椰菜的品种为“雪洁”，供试的“草酸青霉解磷微肥”由云南大学研制，有效活菌数 5 亿个/g。尿素(N 46%)、过磷酸钙(P_2O_5 16%)、硫酸钾(K_2O 52%)均为市售。

试验采用随机区组设计，共 7 个处理：不施肥(CK)、100%常规施肥(100A)、70%常规施肥(70A)、50%常规施肥(50A)、100%常规施肥+生物肥(100AB)、70%常规施肥+生物肥(70AB)、50%常规施肥+生物肥(50AB)，每处理 3 次重复，小区面积为 40m^2，各处理施肥量见表 3-13。采用一垄双行垄面覆膜栽培模式，垄宽 60cm，沟宽 40cm，株距 40cm，生物肥、1/3 氮肥、磷肥和钾肥作为底肥一次性施入，1/3 氮肥于莲座期追施，1/3 氮肥于现蕾初期施入，追肥采用沟施覆土方式，每次施肥后浇水。其他田间管理措施一致。

表 3-13 不同处理组合的施肥量

处理			肥料用量(kg/亩)		
处理编号	生物肥(kg/亩)	化肥比例	N	P_2O_5	K_2O
CK	0	0	0	0	0
50A	0	60%	13.92	10.2	3.744
70A	0	80%	18.56	13.6	4.992
100A	0	100%	23.2	17.0	6.24
50AB	150	60%	14.52	10.43	4.244
70AB	150	80%	19.16	13.6	5.492
100AB	150	100%	23.8	17.0	6.74

花球产量按小区分批收获累计计产；每小区随机选取 15 株测定生物产量(鲜重)。采收当天每小区随机选取 15 株，将根、花球和茎叶分开，分别在 105℃下杀青 30min 后于 75℃烘干至恒重，测定植株氮含量。在采收时处理随机取 10 点的土样，混合，用于测定土壤全磷含量。氮采用高氯酸-硫酸消煮、蒸馏法测定，磷用高氯酸-硫酸消煮、磷钼蓝比色法测定，钾用高氯酸-硫酸消煮、火焰光度计法测定。

按公式计算氮(磷，钾)肥利用率和经济系数(易琼等，2010)：

$$\text{氮(磷，钾)肥利用率}(RE_{N(P,\ K)},\ \%)=(U_1-U_0)/F\times100$$

式中，U_1、U_0——分别为施肥区与空白区单位面积作物吸氮(磷、钾)量；

F——氮(磷、钾)肥投入量。

$$\text{经济系数}=\text{经济产量(鲜质量)}/\text{生物产量(鲜质量)}\times100\%$$

式中，经济产量为花球产量，生物产量为植株全部质量。

生物肥部分替代化肥对花椰菜单球重及产量的影响：与 100A 相比，100AB、70AB 均能提高花椰菜单球重，而 50AB 降低了单球重(表 3-14)。相同化肥水平下，增施生物肥处理的花椰菜单球重均高于单一化肥处理，说明增施生物肥能提高花椰菜单球重。以 100AB 单球重最大，CK 单球重最小；单球重随化肥用量减小而下降。100AB 的经济产量高于 100A，差异显著；50AB 经济产量显著低于 100A。以上结果说明使用 150kg/亩生物肥的条件下，化肥减少 30%不影响花椰菜经济产量。同一化肥水平下，增施生物肥后经济产量均高于单一化肥处理。生物产量以 100A 最大，70AB 次之。就经济系数而言，100AB 较 100A 高 6.63%，增施生物肥较单一化肥能提高经济系数，说明增施生物肥有利于营养物质在花球中的积累。

表 3-14　同施肥处理对花椰菜单球重、产量和经济系数的影响

处理	单球重/g	经济产量/(t/亩)	生物产量/(t/亩)	经济系数/%
CK	462e	1.71e	4.39f	38.95a
50A	809d	2.97d	8.42d	35.27c
70A	831c	3.06c	8.81c	34.73d
100A	850b	3.12b	9.24a	33.77e
50AB	823c	3.02c	8.22e	36.74b
70AB	855ab	3.15b	9.03b	34.89d
100AB	868a	3.19a	8.85c	36.01b

通过研究生物肥部分替代化肥对花椰菜氮磷钾肥利用率的影响发现，施用不同比例的生物肥均能有效提高氮磷钾肥的利用率 10%以上。对氮肥而言，100AB、70AB、50AB 分别比 100A、70A、50A 的利用率提高 10.24%，25.20%，22.20%；70AB 处理的利用率提高最大，为 25.20%。对磷肥而言，100AB、70AB、50AB 分别比 100A、70A、50A 的利用率提高 55.98%，35.35%，17.56%；100AB 利用率提高最大，为 55.98%。对钾肥而言，100AB、70AB、50AB 分别比 100A、70A、50A 的利用率提高 12.44%，11.57%，18.89%，详见表 3-15。

表 3-15　生物肥部分替代化肥对花椰菜氮磷钾肥利用率的影响

处理	氮肥利用率/%	磷肥利用率/%	钾肥利用率/%
CK	—	—	—
50A	25.45	23.46	21.65
70A	28.41	17.71	18.41
100A	28.32	10.54	14.55
50AB	31.10	27.58	25.74
70AB	35.57	23.97	20.54
100AB	31.22	16.44	16.36

生物肥部分替代化肥对田间土壤全磷含量的影响：检测各处理的土壤全磷含量，结果表明：施用生物肥 100AB、70AB、50AB 的土壤全磷含量显著下降，与施用化肥处理 100A、70A、50A 比较，分别下降 24.51%、28.62%、31.57%。

3.8.4 技术效果

在滇池富磷区施用解磷微生物菌肥和有机肥能显著降低土壤全磷和有效磷含量，以及减少径流水向外输移有效磷的含量。考虑作物产量因素，在富磷区农业种植中施用解磷微生物菌肥既有利于削减磷素污染，又能保证作物生产。

施用解磷菌肥(有效活菌数5亿个/g)替代30%的化肥对花椰菜经济产量并无影响，且施用解磷菌肥(有效活菌数5亿个/g)能提高化肥利用率10%以上，还能将土壤全磷含量降低20%以上。

3.9 露地农田控水控肥集成技术

3.9.1 技术简介

滇池流域种植业高度集中，复种指数较高，长期以来大量耕地用于种植花卉、蔬菜、烤烟等农药、化肥施用量大的作物。长期过量施用化肥，加之不合理灌溉导致农田化肥氮磷以径流和淋溶的方式向水体迁移，造成水体污染加剧。因此，研发农田控水控肥耦合技术，从源头减少农田氮磷向水体的迁移很有必要。

根据柴河流域典型大田蔬菜生长的水分和营养需求规律，分析不同肥料品种与土壤微环境调节之间的关系，结合滴灌、喷灌等节水系统应用，筛选出了兼顾作物生长最优化-氮磷流失最小化的不同土壤作物系统灌溉-肥料组合，控水控肥技术集成原理如图3-8所示。

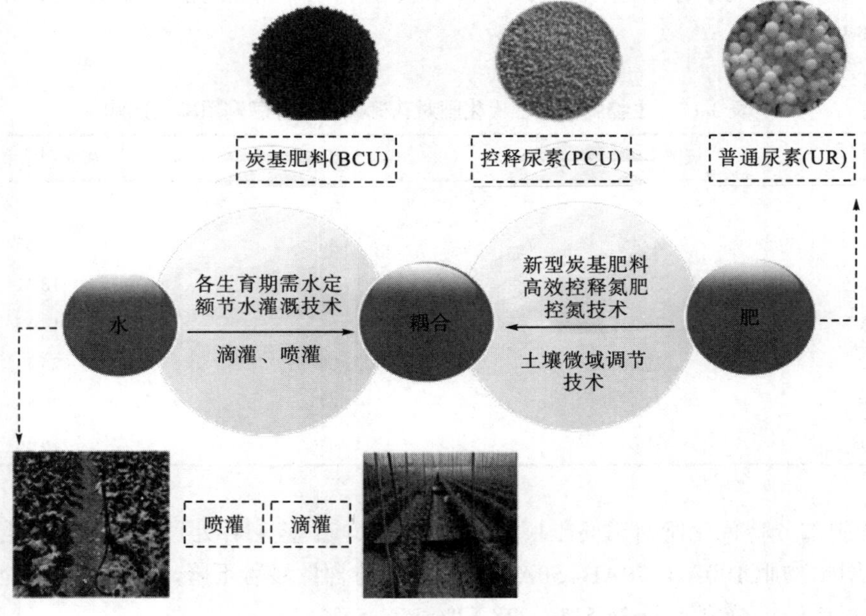

图3-8 控水控肥技术集成原理图

3.9.2 技术设计

选取普通尿素(urea，UR)、树脂包膜尿素(peucine coated urea，PCU)及研发的生物炭基尿素(Biocharcoal-based Urea，BCU)三种肥料品种，并结合滴灌、喷灌两种灌溉方式，于蔬菜田块进行控水控肥—肥水耦合减少农田氮损失的控制效果实验，最终选取效果较好的“滴灌—包膜尿素减氮 30%”的控水控肥方案来替代传统灌溉和普通尿素，以实现从源头减少农田氮流失。

3.9.3 技术效果

以当地三季露天蔬菜(依次为荷兰豆、西葫芦、甜玉米)为研究对象，进行水肥耦合效果的验证，详见表 3-16，结果显示：施用包膜尿素与普通尿素相比，蔬菜产量不下降；减少 30%施氮量，可提高氮肥利用率 26.2%(均值)，减少总氮损失 37.2%(均值)，其中树脂包膜尿素主要通过减少氨挥发来减少氮损失，生物炭基尿素主要以控制氮淋溶来减少氮损失。控水控肥-水肥耦合可实现减少氮损失 30%，提高氮肥利用率 20%以上，且产量不下降。

表 3-16 包膜尿素与普通尿素施用对土壤氮流失及氮素利用率的效果比较

处理	产量(t/hm^2)			氮肥利用率(%)			总氮素损失(kg·N/hm^2)		
	荷兰豆	西葫芦	甜玉米	荷兰豆	西葫芦	甜玉米	荷兰豆	西葫芦	甜玉米
CK	6.91b	30.29b	12.50b	—	—	—	38.75d	14.25d	15.25d
300kg N/hm^2 尿素	8.94a	58.92a	16.99a	34.27b	41.29b	40.93b	152.48a	172.63a	161.69a
210kg N/hm^2 尿素	8.75a	57.88a	15.64a	47.05a	51.38a	52.87a	109.34b	90.25b	104.83b
300kg N/hm^2 PCU	9.14a	55.18a	15.71a	33.09b	37.43b	36.68b	106.49b	93.18b	116.49b
210kg N/hm^2 PCU	9.19a	58.05a	15.91a	47.34a	49.57a	53.04a	60.22c	50.87c	86.09c
300kg N/hm^2 BCU	9.11a	58.83a	16.52a	37.93b	40.87b	38.75b	105.17b	83.82b	107.23b
210kg N/hm^2 BCU	9.12a	59.01a	16.92a	52.12a	52.90a	56.24a	63.10c	50.29c	74.34c

注：包膜尿素用于 1 基 1 追(50%—50%)，普通尿素 1 基 3 追(20%—30%—30%—20%)。

3.9.4 技术示范及效益分析

通过示范区三季大田蔬菜的示范效果表明，控水控肥技术采用滴灌的方式，与传统灌溉方式相比可有效减少灌溉水的浪费，同时减少农田径流和淋溶，防止过量灌溉造成的肥料流失；加之包膜尿素的使用，与普通尿素相比，可实现减少施氮量 30%，提高氮肥利用率 20%以上，减少总氮损失 30%以上。控水控肥技术可实现从源头减少农田氮向水体的流失。

3.10 农田减药控污技术

3.10.1 技术简介

在对示范区进行病虫害监测与预测的基础上，优化配置病虫害农业防治(选择抗病虫品种、合理轮作、保持田间清洁)、物理防治(灯光诱杀、色板诱杀)、生物防治(人工释放害虫的天敌昆虫、专用性信息素诱捕)、化学替代防治(利用生物农药替代化学防治)等实用技术，集成农田减药控污关键技术。

3.10.2 技术设计

在示范区采用性信息素诱捕器监测蔬菜上小菜蛾、甜菜夜蛾、斜纹夜蛾的发生规律，10d 调查 1 次，采用蓝色粘板监测蓟马的发生规律；采用目测法普查蔬菜和花卉上主要病虫害发生情况，为蔬菜花卉的防治提供科学依据。

在小菜蛾发生高峰期前，在田间释放小菜蛾优势天敌半闭弯尾姬蜂，并在田间安放小菜蛾性信息素诱捕器控制小菜蛾的发生；在甜菜夜蛾和斜纹夜蛾发生的期间，在田间安放性信息素诱捕器诱杀成虫；在主要虫害发生期间，在田间安放黄色粘板、蓝色粘板、诱虫灯诱杀斑潜蝇、白粉虱、叶蝉、有翅蚜、蓟马和鳞翅目类主要害虫，病害发生高峰期前，采用一些高效低毒的农药进行防治，并在整个生产过程中规范农户的农事操作、技术培训，增强农户绿色防控意识，减少农田农药的使用量。

1. 半闭弯尾姬蜂扩繁技术研究

1) 温度对半闭弯尾姬蜂羽化率影响

在不同温度条件下，研究半闭弯尾姬蜂蛹的羽化率，结果见表 3-17。结果表明：在 15～22℃的温度范围内，半闭弯尾姬蜂蛹的羽化率随着温度的升高而增加，在 15℃时，羽化率为 70%，20℃时为 83%，温度升高到 22℃时羽化率达到 92%，且各个温度下的羽化率差异性显著，在 22～27℃的范围内，半闭弯尾姬蜂蛹的羽化率随着温度的升高而降低，22℃羽化率为 92%，25℃时为 88%，22℃和 25℃温度条件下羽化率差异性不显著，当温度升高到 27℃时羽化率降低到 75%，且 27℃条件下的羽化率与 22℃和 25℃条件下的羽化率差异性显著。温度为 30℃时，蜂蛹没有羽化。

2) 温度对半闭弯尾姬蜂性比的影响

在不同温度条件下，研究半闭弯尾姬蜂的性比[♀/(♀+♂)]，结果见表 3-18。结果表明：15℃时性比为 42.97%，20℃时性比为 47.07%，22℃时性比为 48.96%，25℃时性比为 37.29%，22℃时性比最高，各个温度处理下的性比无显著性差异。当温度超过 25℃，达到 27℃时，性比明显降低，为 18.95%，与 15～25℃的温度范围内的性比有显著性差异。

表 3-17　半闭弯尾姬蜂在不同温度下的羽化率

温度/℃	供试蛹数/头	羽化数量/头	羽化率/%
15	25	17.50	70.00±0.05c
20	25	20.75	83.00±0.03b
22	25	23.00	92.00±0.02a
25	25	22.00	88.00±0.02a
27	25	18.75	75.00±0.02bc
30	25	—	—

表 3-18　半闭弯尾姬蜂在不同温度下的性比

温度/℃	供试蛹数/头	羽化成蜂数/头		性比[♀/(♀+♂)]/%
		♀	♂	
15	25	7.00	10.50	42.97±2.72a
20	25	9.75	11.00	47.07±2.35a
22	25	11.25	11.75	48.96±1.37a
25	25	8.25	13.75	37.29±5.31a
27	25	3.50	15.25	18.95±5.01b
30	25	—	—	—

3) 甘蓝-小菜蛾-半闭弯尾姬蜂数量配比关系

受试验场地空间所限，限制了甘蓝的定时定量栽培，从而限制了小菜蛾及半闭弯尾姬蜂的规模化扩繁。

当小菜蛾幼虫数量为 300 头时，即完成了一个世代的发育，需要 10～12 叶龄的甘蓝 2 株；结合半闭弯尾姬蜂对小菜蛾的最佳寻找密度，每株甘蓝上小菜蛾的幼虫数量控制在 250～300 头，接蜂时半闭弯尾姬蜂和小菜蛾数量之比为 1∶40～1∶50 为宜。

4) 不同保存时间对半闭弯尾姬蜂的影响

当温度为 4℃时，不同保存时间对半闭弯尾姬蜂蛹的羽化率见表 3-19。结果表明：保存时间对半闭弯尾姬蜂蜂蛹羽化率有影响。半闭弯尾姬蜂蜂蛹经不同保存天数后，蜂蛹的羽化率随着保存天数的增加逐渐降低，且保存 5d 和 10d 的羽化率与对照没有显著差异，保存 15d 以上的羽化率与对照相比差异显著。保存时间在 20d 以内时，蜂蛹羽化率还能保持在 60.00%以上，保存时间达到 30d 时羽化率会明显降低，仅为 48.89%，表明蜂蛹在温度为 4℃时的保存时间应该控制在 20d 以内，以保存 10d 为宜。

表 3-19　不同保存时间半闭弯尾姬蜂蛹的羽化率

保存时间/d	处理蛹数量/头	羽化数量/头	羽化率/%
5	15	12.00	80.00±2.72a
10	15	11.00	73.33±2.72ab
15	15	9.50	63.33±5.17b
20	15	8.75	58.33±1.93b
30	15	6.50	43.33±3.19 c
不冷藏	15	13.00	86.67±3.94a

5）建立半闭弯尾姬蜂扩繁技术体系

通过对半闭弯尾姬蜂繁殖过程中各关键技术环节的研究，初步提出了半闭弯尾姬蜂扩繁的技术规范。半闭弯尾姬蜂的室内扩繁技术体系过程主要分为三个步骤：小菜蛾嗜食作物甘蓝的标准化栽培、小菜蛾幼虫的标准化繁殖、半闭弯尾姬蜂扩繁。其中半闭弯尾姬蜂室内扩繁流程应包括温室甘蓝的标准化栽培和实验室小菜蛾以及半闭弯尾姬蜂的扩繁两个部分：其中温室主要用于标准化栽种寄主植物——甘蓝，而实验室又包括小菜蛾和半闭弯尾姬蜂的扩繁，半闭弯尾姬蜂实验室标准化扩繁技术流程如图 3-9 所示。

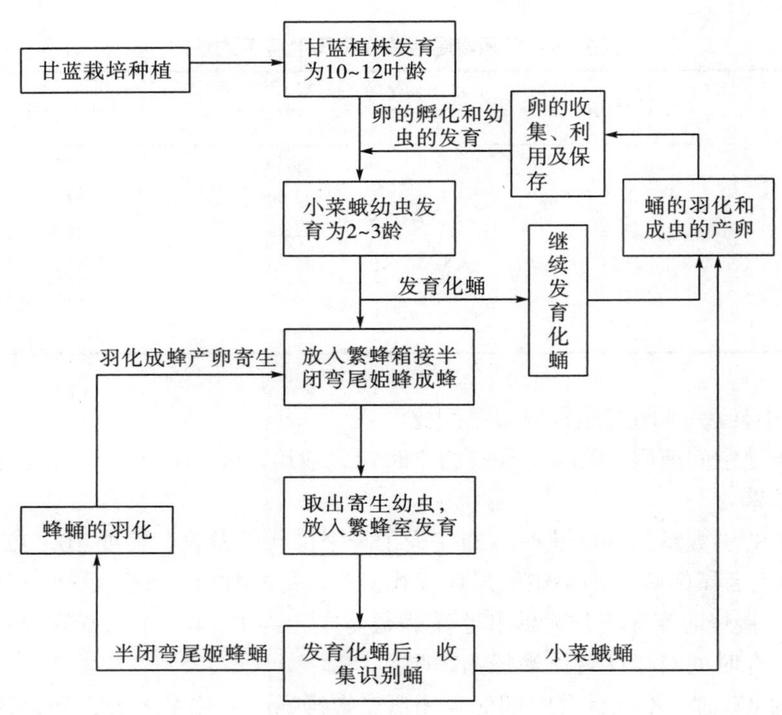

图 3-9　半闭弯尾姬蜂实验室标准化扩繁技术流程

2. 示范区病虫害监测

1）小菜蛾成虫监测

2013～2015 年采用性诱捕器监测小菜蛾成虫的消长动态。在监测时间内小菜蛾发生的高峰期在 7 月中旬～10 月下旬；小菜蛾成虫发生的小高峰期在 3 月中旬～5 月中旬，发生的大高峰期在 5 月下旬～10 月下旬。小菜蛾成虫发生的高峰期在 3 月中旬～11 月下旬。从三年的监测数据可以看出，小菜蛾发生的小高峰期在 3 月中旬至 5 月中旬、发生的大高峰期在 5 月下旬至 10 月下旬，小菜蛾世代重叠明显，这给田间防治小菜蛾提供可靠的依据。研究认为，小菜蛾防治的关键时间宜在 3～11 月。

2）斜纹夜蛾成虫监测

2013～2015 年采用性诱捕器监测斜纹夜蛾成虫消长动态研究发现，2013 年斜纹夜蛾发生的高峰期在 5 月 22 日～10 月 11 日，每天诱集的虫量在 8～242 头，6 月 21 日诱集成虫量最多，为 242 头；2014 年斜纹夜蛾发生高峰期在 5 月 27 日～8 月 31 日以及 9 月 16 日～10 月下旬，每天诱集虫量在 17～161 头，8 月 8 日诱集虫量最高为 161 头；2015 年斜纹夜蛾成虫发生的高峰期在 5 月上旬～7 月下旬以及 11～12 月，这给田间防治斜纹夜蛾提供了可靠的依据。研究认为，防治斜纹夜蛾的关键时间为 5 月上旬～12 月下旬。

3) 甜菜夜蛾成虫监测

2013～2015 年采用性诱捕器监测甜菜夜蛾成虫消长动态研究发现，2013 年甜菜夜蛾发生的高峰期在 5 月 22 日～10 月 19 日，每天诱集虫量在 3～22 头，5 月 23 日诱集成虫量最多，为 22 头；2014 年甜菜夜蛾发生高峰期在 5 月 27 日～6 月 30 日和 8 月 26 日～9 月 10 日，每天诱集虫量在 5～29 头，6 月 21 日诱集虫量最高，为 29 头；2015 年甜菜夜蛾发生高峰期在 4 月下旬至 11 月中旬；这给田间防治斜纹夜蛾提供了可靠的依据。研究认为，防治甜菜夜蛾的关键时间在 4 月下旬至 11 月中旬。

4) 蔬菜病虫害调查

对蔬菜示范区病虫害株危害进行调查发现，主要虫害是斑潜蝇、白粉虱，其次是蚜虫、蓟马、小菜蛾、甜菜夜蛾、银纹夜蛾；1～5 月斑潜蝇对西葫芦、西兰花菜、豌豆危害重，株危害率在 50%以上，9～10 月对西葫芦、豌豆、番茄危害较重，株危害率在 50%以上；1～4 月蚜虫对西兰花菜危害重，株危害率在 50%以上，对其他蔬菜危害较轻；3～6 月和 8～10 月白粉虱对西葫芦危害重，5～6 月以及 10 月对番茄危害重，株危害率在 50%以上，其他蔬菜危害较轻；4～5 月蓟马对西兰花菜危害重，株危害率在 50%以上，对其他蔬菜危害较轻；小菜蛾 3～9 月主要危害西兰花菜，株危害率在 20%～50%，对其他蔬菜危害轻；6～8 月甜菜夜蛾主要危害西兰花菜、豌豆，株危害率在 20%～50%；7～10 月银纹夜蛾主要危害西兰花菜、豌豆、番茄，株危害率在 20%～50%。

蔬菜上主要病害是病毒病和白粉病，病毒病在西葫芦和番茄的整个生育期都有发生，4～10 月病毒病发病重；白粉病主要危害西葫芦、豌豆、番茄，1～10 月在西葫芦上发病重，1～8 月在豌豆上发病重，6～9 月在番茄上发病较重，1 月、4 月危害较重。通过调查示范区主要蔬菜西葫芦、西兰花、豌豆、番茄病虫害的发生情况，明确了不同作物、不同季节病虫害株危害率，这为田间防治提供了可靠的依据。

5) 示范区昆虫群落结构

示范区昆虫群落及亚群落数量季节动态变化如图 3-10 所示，植食性亚群落为优势亚群落，其次是寄生性亚群落。昆虫总群落、植食性亚群落、寄生性亚群落、其他亚群落、捕食性亚群落随时间的变化趋势基本一致。3～5 月是蔬菜害虫发生的高峰期，蔬菜园主要种植豌豆、西兰花菜，优势害虫是潜蝇类，次要害虫是蚜虫、蓟马、小菜蛾、夜蛾类、菜蝽；主要天敌是小蜂、茧蜂，次要天敌是食蚜蝇、姬蜂。6 月豌豆收获后，田间潜蝇类害虫明显减少，次要害虫上升为主要害虫，6～11 月菜园的主要害虫是小菜蛾、夜蛾类、果蝇类、叶蝉类、蝽类；次要害虫是潜蝇类、蓟马、蚜虫；主要天敌是茧蜂、小蜂、姬蜂；次要天敌是食蚜蝇、瓢虫类、小花蝽、草蛉。

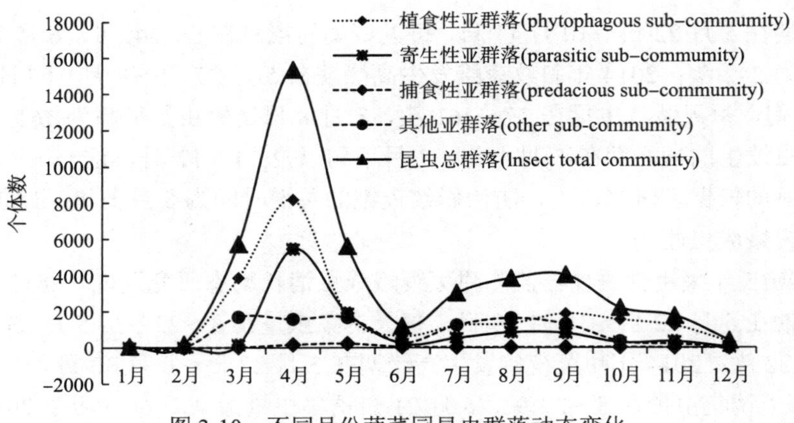

图 3-10 不同月份蔬菜园昆虫群落动态变化

6) 蓟马的消长动态

采用蓝色粘板在大棚玫瑰上监测蓟马的消长动态如图 3-11、图 3-12 所示。2013 年蓟马发生高峰期在 3 月 4 日～6 月 11 日，诱集到的数量在 127～2367 头/10d，4 月 6 日诱集到虫量最多为 2367 头；2014 年蓟马发生高峰期在 3 月 21 日～7 月 24 日，诱集的虫量为 70～1131 头/10d，4 月 23 日诱集到的虫量最多为 1131 头；这给田间防治蓟马提供了可靠的依据。研究认为，防治关键时间在 3 月上旬。

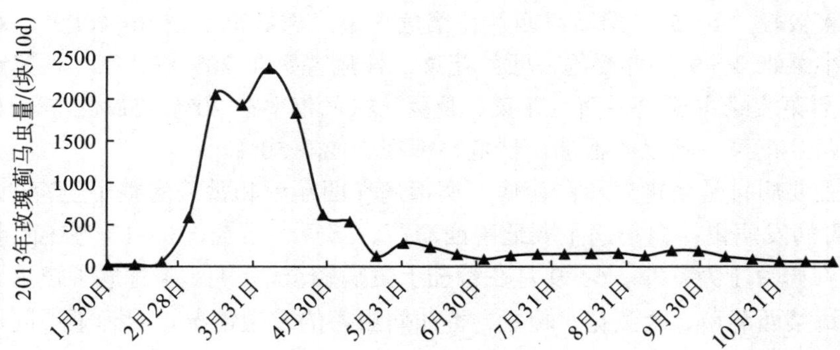

图 3-11 2013 年大棚玫瑰蓟马的消长动态

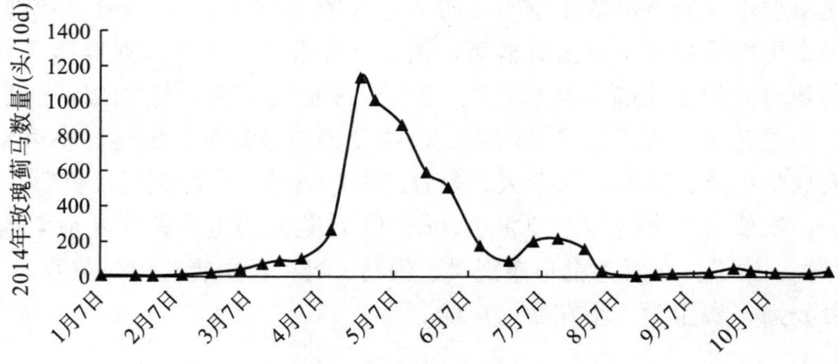

图 3-12 2014 年大棚玫瑰蓟马的消长动态

7) 花卉病虫害监测

对玫瑰示范区的株危害调查发现，玫瑰上的主要病害是白粉病、灰霉病、霜霉病、叶斑病，主要的虫害为蓟马、红蜘蛛、甜菜夜蛾、蚜虫、白粉虱，这给防治技术提供了可靠的依据。

3. 示范区病虫害防治

1) 农业防治

农业防治是有害生物综合治理的基础。通过科技培训，总结农民长期农事活动的生产实践经验，规范农户的农事操作，通过轮作，加强田间管理，及时清除作物残株以减少病虫浸染源，充分利用耕作制度和农艺措施控制病虫害的流行。合理轮作方式包括瓜类-十字花科蔬菜-葱蒜、十字花科蔬菜-茄科、葱蒜-十字花科蔬菜-玉米、豆类-十字花科蔬菜-玉米、玉米-十字花科蔬菜-瓜类。

2) 生物防治

在十字花科蔬菜种植区小菜蛾盛发期始期，在田间释放小菜蛾优势天敌——半闭弯尾姬蜂，释放频率为每年 2 次，田间释放半闭弯尾姬蜂面积 2000 多亩。在小菜蛾、甜菜夜蛾、斜纹夜蛾发生高峰期前，在示范区安放小菜蛾性信息素诱捕器、甜菜夜蛾性信息素诱捕器、斜纹夜蛾性信息素诱捕器，防治面积 1000 亩。

3) 物理防治

在蚜虫、粉虱、斑潜蝇、蓟马发生高峰期前，在示范区安放粘虫板，防治面积 1000 亩；在示范区修建杀虫灯，防治面积 500 多亩。

4) 化学防治

针对示范区主要病虫害，如白粉病、灰霉病、霜霉病、蓟马、红蜘蛛、蚜虫等，在病虫害发生高峰期发放高效低毒生物农药，示范面积 500 亩。

5) 技术培训

在上蒜镇段七村、安乐村开展农田减药控污关键技术培训，共培训 500 多人次。通过技术培训，使农民认识和了解了生物防治技术，增强了农民减少农药使用和有害生物综合防治意识以及保护天敌资源意识。

3.10.3　技术效果

1. 田间释放半闭弯尾姬蜂应用效果

通过田间释放小菜蛾天敌——半闭弯尾姬蜂，采用马来氏网收集昆虫的方法，发现示范区小菜蛾与半闭弯尾姬蜂的消长动态基本一致(图 3-13)，说明人工释放半闭弯尾姬蜂控制小菜蛾的效果明显。另外田间半闭弯尾姬蜂的寄生率达 24.46%～84.66%。

2. 农田减药控污关键技术应用效果验证

由表 3-20 可以看出，示范区农田减药控污的关键技术(IPM)在于平均每亩施农药次数 4.25 次，对照区(化学防治)平均每亩施农药次数 7.75 次。可见农田减药控污关键技术的应用与常规化学防治相比，减少了平均每亩农药施用次数 3.5 次。

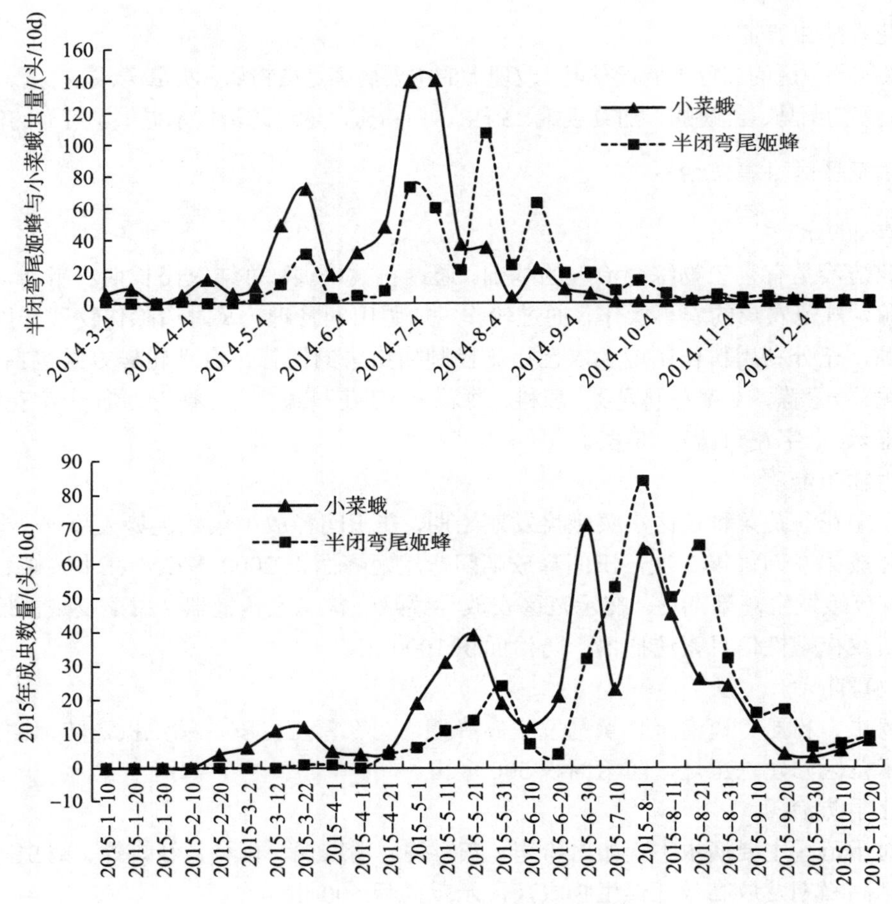

图 3-13 2015 年小菜蛾及半闭弯尾姬蜂消长动态

表 3-20 IPM 与化学防治施药情况

序号	地点	作物	防治时间	IPM 打药次数	对照打药次数	减少农药次数/次
1	段七村	西兰花	4 月 28 日～7 月 10 日	4	7	3
2	安乐村	西兰花	1 月 23 日～4 月 10 日	2	3	1
3	段七村	玫瑰	10 月 15 日～2 月 4 日	5	8	3
4	安乐村	玫瑰	3 月 1 日～10 月 1 日	6	13	7
		平均		4.25	7.75	3.5

由表 3-21 可以看出，示范区农田减药控污关键技术(IPM)在于平均每亩施用的农药有效成分为 47.13g，而对照区(化学防治)平均每亩施用农药的有效成分为 71.57g，通过农田减药控污关键技术的应用，示范区平均每亩农药施用量减少了 24.44g，与常规所学防治相比，平均每亩农田农药的施用量减少使用量 34.15%。

表 3-21　IPM 与化学防治施药情况

序号	地点	作物	防治时间	IPM 施用农药有效成分质量/(g/亩)	对照区施用农药有效成分质量/(g/亩)	农药减少量/(g/亩)	每亩农药减少量/%
1	段七村	西兰花	4 月 28 日～7 月 10 日	43.7	65.61	21.91	33.39
2	安乐村	西兰花	1 月 23 日～4 月 10 日	12	18	6	33.33
3	段七村	玫瑰	10 月 15 日～2 月 4 日	53	77.75	24.75	31.83
4	安乐村	玫瑰	3 月 1 日～10 月 1 日	79.8	124.9	45.1	36.11
平均				47.13	71.57	24.44	34.15

3.10.4　技术示范及效益分析

该项技术主要采用以田间释放半闭弯尾姬蜂为主，辅助采用农业防治、物理防治、以生物农药替代化学防治、科技培训、科普宣传为主。对照技术采用常规化学防治。该项技术的新增效益主要表现在提高产品安全性和品质，减少农药使用次数和用工成本。以每亩西兰花为例核算投入、产出，详见表 3-22、表 3-23。

表 3-22　投入产出表

项目		技术成果(IPM)	化学防治(CK)	技术成果比对照增减费用/元
投入	释放半闭弯尾姬蜂/(元/亩)	10	0	10
	黄色粘板/(元/亩)	25	0	15
	蓝色粘板/(元/亩)	25	0	15
	甜菜夜蛾诱捕器/(元/亩)	35	0	35
	斜纹夜蛾诱捕器/(元/亩)	35	0	35
	小菜蛾诱捕器/(元/亩)	12	0	12
	农药费/(元/亩)	20	100	-80
	用工费/(元/亩)	40	100	-60
	投入成本/(元/亩)	202	200	2
产出	产品单价/(元/亩)	4.5	3.8	0.7
	产品重量/kg	680	750	-70
	产品效益/(元/亩)	3060	2850	210
收入	收入/(元/亩)	2858	2650	208

备注：技术成果名称为农田减药控污关键技术 IPM，对照为化学防治。

表 3-23　使用技术成果新增产值

项目	产品效益/(元/亩)	投入成本/(元/亩)	产值/(元/亩)
技术成果(IPM)	3060	202	2858
化学防治(对照)	2850	200	2650
比对照增产值	—	—	208

备注：技术成果名称为农田减药控污关键技术 IPM，对照为化学防治。

从表 3-24 和表 3-25 可以看出，农田减药控污关键技术(IPM)的投入防治成本为 202 元/亩，产品效益 3060 元/亩，收入 2858 元/亩；化学防治(CK)投入防治成本 200 元/亩，产品效益 2850 元/亩，收入 2650 元/亩，使用该项技术新增产值 208 元/亩。示范区面积 5000 亩，新增产值 104 万元。

3.11 少废农田面源污染控制技术

滇池流域雨季多暴雨，农田水土流失是产生面源污染输出的主要原因。同时，滇池流域为季节性干旱，农业发展受到水资源紧缺的严重制约，因此强化降水及农田径流的利用能力，既能提高滇池流域农业发展的可持续性，又可削减农田面源污染的负荷输出。

3.11.1 技术简介

示范区作物布局调查结果详见表 3-24，发现示范区主要农作物为蔬菜作物，90%以上的农作物是单作栽培，同时还分布有少量花卉；设施农田主要分布在示范区北段，其面积不断向南扩大，而露地农田面积逐渐减少。

表 3-24 示范区作物种植情况

种植面积/hm^2					蔬菜总面积/hm^2	花卉面积/hm^2	大棚面积	
叶菜类	甘蓝类	瓜菜类	块根(茎)类	茄果类			蔬菜大棚	花卉大棚
561.5	213.3	495.6	13	120.5	1403.9	83.3	642.7	57.5

示范区污染物产生区域调查结果详见表 3-25、表 3-26。2013 年通过分区采集农田土壤、浅表地下水及河道沉积物样品进行分析，剖析示范区农田污染输出的关键区域和节点。

从表 3-25 可以看出，随着河道由段七村至竹园村，其河道沉积物中的有机碳及全氮含量呈现一定的下降趋势，这说明对石头村来水的控制是削减示范区上段农田碳及氮源污染负荷的关键。由于磷矿分布在整个示范区的下游，河道沉积物中的总磷含量顺河道而呈现明显的增高趋势，这说明通过柴河河道的总磷输出与磷矿的分布有明显的关系。此外，在竹园村下段至观音山村上段的河道中，沉积物的污染负荷含量最高，表明示范区下段的安乐片区及观音山片区是整个示范区污染物输出的重点控制区域。因此，该区域污染负荷输出的控制对实现控污目标尤为重要。

表 3-25 示范区不同河段沉积物污染物的平均含量

指标/(g/kg)	地点		
	段七村	竹园村	观音山村
SOC	15.75ab	10.83b	20.03a
TN	0.019ab	0.014b	0.023a
TP	0.031b	0.044ab	0.059a

从表 3-26 可以看出，农田浅表地下水污染物含量表明，段七村片区土壤浅表地下水全氮含量较高，而竹园村及观音山村片区土壤浅表地下水全氮含量较低。竹园村片区土壤浅表地下水全磷及 COD 含量较高；除总磷外，雨季时农田浅表地下水中 COD 及 N 含量均显著高于旱季时的。

表 3-26　示范区不同河段河滨农田浅表地下水污染物含量

指标/(mg/L)	地点		
	段七村	竹园村	观音山村
TP	0.16b	0.43a	0.06b
TN	25.24a	7.94b	6.91b
NO_3^--N	12.54a	3.14b	3.84b
NO_2^--N	0.019a	0.007b	0.005b
COD	9.52b	24.50a	5.78b
NH_4^+-N	0.026b	0.055a	0.010c

整体来看，示范区河道下段(观音山村)内沉积物污染负荷含量高于河道中段(竹园村)及上段(段七村)；除总磷外，雨季时农田浅表地下水中 COD 及氮含量均显著高于旱季；示范区中段农田浅表地下水中 TP 及 COD 含量显著高于其他区域，而示范区上段农田浅表地下水中 TN 及硝态氮含量则显著高于其他区域，详见表 3-27。

表 3-27　示范区河滨农田浅表地下水污染物含量随旱雨季变化

指标/(mg/L)	旱季	雨季
TP	0.17a	0.26a
TN	5.61b	21.12a
NO_3^--N	2.49b	10.52a
NO_2^--N	0.006b	0.014a
COD	8.97b	17.56a
NO_4^+-N	0.017b	0.044a

此外，柴河各片区农田土壤有机碳及全氮的含量差异明显，观音山片区(位于柴河下段)农田土壤的有机碳及全氮平均含量分别为 11.85g/kg，1.19g/kg，显著高于段七村(8.42g/kg，0.95g/kg)、竹园村(7.58g/kg，0.78g/kg)和安乐片区(8.88g/kg，1.01g/kg)的农田土壤。同时，在 0～40cm 土层内，柴河各片区土壤有机碳、全氮含量均随土层深度增加而明显降低；但是，40～120cm 各土层的有机碳及全氮含量的变化不显著。

柴河各片区土壤全磷含量差异明显。安乐片区农田土壤全磷平均含量为 2.49g/kg，显著低于竹园村(3.65g/kg)、段七村(3.32g/kg)和观音山村(3.17g/kg)片区。同时在 0～80cm

土层内，柴河各片区土壤全磷含量均随土层剖面深度的增加而明显降低；但是，80cm 以下各土层的全磷含量变化不明显。分析表明，柴河流域不同片区两岸农田土壤全磷含量整体差异不明显。

针对当前滇池流域坡台地少废农田蔬菜种植和管理中存在的导致面源污染负荷输出的问题，通过优化耕作方式、种植模式、轮作次序以及局部作物布局调整，形成适合该区域的能够有效削减坡台地少废农田面源污染负荷输出、保持稳产高产的少废农田面源污染控制技术。

滇池流域坡台地不仅是山地产流区域，还是农田径流汇集输送的主要通道。根据滇池流域气候特征和山地条件，坡耕地改造以面积 300～500 亩/单元为宜，每个单元应配套径流收集利用系统。

同时，进行示范区作物布局局部调整，比如茄果类、甘蓝类、瓜菜类及花卉作物种植应分布在地下水位较深的区域；叶菜类作物种植可分布在地下水位较浅的区域。

3.11.2 技术设计

少废农田面源污染控制技术包括保护性耕作技术、菜-休闲轮作技术、减量施肥技术、植保综合技术和集水补灌技术。

1. 技术原理

通过少免耕技术结合地膜覆盖技术，减少农田表土的扰动，增加表层土壤有机质和土壤结构的稳定性，从而增强表层土壤的抗雨滴溅蚀能力；通过菜-菜-休闲轮作技术和植保综合技术，延长农田覆盖时间，降低裸露农田表土遭受雨滴溅蚀的影响，减少肥料和农药的过量施用，从而降低污染物在表层土壤中的累积。

2. 主要技术参数

保护性耕作技术，每年雨季前(5 月底～6 月初)旋耕 1 次，耕深 10～15cm，秸秆覆盖。采用宽畦全膜覆盖种植模式。轮作次序，西兰花-西葫芦-撂荒。

3. 技术设计

通过各项技术的合理搭配，削减农田径流产生量，增加土壤的抗侵蚀性能，最终削减坡台地少废农田面源污染负荷的输出。

1) 保护性耕作技术

采用小型旋耕机械耕作土壤，每年雨季前(5 月底～6 月初)耕作 1 次，耕深 10～15cm，同时收集农田残膜。在此期间土壤含水量处于宜耕期内，耕作质量高，抑制杂草效率高，而且有利于作物移栽。雨季后(11 月底～12 月初)不耕作，减少土壤有机质的损失和避免土壤团聚性能的降低。

2) 菜-菜-休闲轮作技术

采用西兰花-西葫芦-撂荒或者荷兰豆-西葫芦-撂荒的菜-菜-撂荒轮作方式。西兰花和西葫芦采用育苗移栽、宽畦全膜覆盖的种植方式，荷兰豆为直播覆膜垄沟种植，休闲时不耕作。

3）减量施肥技术

在上述轮作方式下，磷肥作为基肥一次性施入土壤，作为基肥的炭基氮肥在西兰花（荷兰豆）、西葫芦种植时分两次施入，休闲期间不施入任何肥料。控制蔬菜作物的追肥量。

4）植保综合技术

设置粘蝇板、杀虫灯，诱杀作物、蔬菜害虫，从而减少农药使用次数和数量。

3.11.3　技术效果

1. 试验设计

供试作物主要选取当地台梯地大量种植的西兰花（*Brassica oleracea* L）、西葫芦（*Cucurbita pepo* L）、冬小麦（*Winter wheat* L）。除种植方式外，整个试验过程中主要经济作物（西兰花、西葫芦）的施肥及日常管理均与当地农民的种植习惯相同，西兰花施肥量为 N 12.19g/株，P_2O_5 4.35g/株；西葫芦施肥量为 N 4.35g/株，P_2O_5 4.35g/株。

试验为随机区组设计，每个区组包括 4 个处理：窄膜种植/西兰花-西葫芦-冬小麦轮作、窄膜种植/西兰花-西葫芦-休闲轮作、宽膜种植/西兰花-西葫芦-冬小麦轮作、宽膜种植/西兰花-西葫芦-休闲轮作，重复 3 次，共 12 个小区。试验设 3 个区组，共计 36 个试验小区。三个区组顺坡排列，试验小区面积为 10m×4m（长×宽）。根据坡降方向在每一小区的最低处建立一个体积为 0.7m×0.7m×0.8m（长×宽×深）的径流收集池，并用石棉瓦遮盖以避免降雨进入收集池，同时在径流收集沟末端用塑料薄膜铺垫沟底及沟沿，以防止径流过度冲刷及避免其携带的泥沙堵塞进水口，收集池内布设径流收集桶。小区四周设 20cm 高的土埂，以避免非小区内的径流进入收集池。

径流量的测定：于各小区的最低处设置径流收集池，用于收集田间径流。并在每次降雨后，利用带刻度的水桶分别测量各小区径流收集池内的径流量，测量后将径流收集池中的径流取出倒入排水沟中，清理径流收集池、桶，以备下次降雨时收集径流。

径流样的采集和制备：采集径流时将径流收集池中所收集的径流充分搅匀后，用 1000mL 的洗净采样瓶采集径流，带回实验室，固定好或过滤好，放在冰箱内备用。土壤侵蚀量的测定采用烘干法；径流液的悬浊液及上清液中总氮的测定采用碱性过硫酸钾消解紫外分光光度法；径流液的悬浊液及上清液中总磷的测定采用过硫酸钾消解-钼酸铵分光光度法；流液的悬浊液及上清液水中 COD 的测定采用重铬酸盐法。

作物产量测定采用全收获法测量，土壤水稳性团聚体测定采用湿筛法，土壤有机碳测定采用重铬酸钾外加热氧化法。

2. 不同种植方式对农田产流、污染物输出和产量的影响

通过 2013～2014 年的试验对比了两种不同种植方式（窄膜种植和宽膜种植）对坡台地蔬菜农田产流、污染物输出和经济产量的影响。详见表 3-28。

表 3-28 种植方式对坡台地少废农田产流、产沙的影响

时间	种植方式	降雨量/mm	产流量/mm	产沙量/(kg/hm²)	污染负荷输出总量/(kg/hm²)		
					TN	TP	COD
2013 年	宽膜	454.7	18.57b	224.78b	2.59b	0.44b	28.78b
	窄膜		33.78a	582.78a	4.82a	0.97a	63.14a
2014 年	宽膜	475.2	22.88a	373.42b	3.53b	0.56a	54.39b
	窄膜		38.60a	795.46a	5.84a	1.22b	88.51a

注：不同字母表示同一列中的相同时间内种植方式间存在显著差异($P<0.05$)。

从表 3-28 可以看出，2013～2014 年宽膜种植小区的产流量和产沙量分别为窄膜种植(传统种植)的 56.7%和 42.7%，而其污染负荷(TN、TP)的输出量仅为窄膜膜上种植的 57.1%和 45.6%。这表明宽膜种植可以显著削减坡台地少废农田面源污染负荷的输出量。

定位试验研究表明(表 3-29)，宽膜种植小区的蔬菜产量、水分利用效率显著高于窄膜种植小区，这表明宽膜种植不仅可以削减农田面源污染的输出，而且还能维持稳定的农田产量。

表 3-29 种植方式对坡台地少废农田产出及水肥利用的影响

时间	种植方式	经济产量/(kg/hm²)	水分利用效率/[kg/(hm²·mm)]	肥料利用效率/%	
				N	P
2013 年	宽膜	34726a	60.95a	52.62a	22.56a
	窄膜	25885b	40.46b	50.79a	22.01a
2014 年	宽膜	34219a	53.43a	48.21a	22.56a
	窄膜	25021b	39.38b	46.93b	22.53b

注：不同字母表示同一列中的相同时间内数据间存在显著差异($P<0.05$)；肥料利用效率中未剔除土壤中原有 N、P 营养元素的效应。

3. 不同轮作方式对农田土壤结构稳定性的影响

经过连续 3 年的试验之后，菜-菜-休闲小区表层土壤(0～5cm)的有机碳和>2mm 水稳性团聚体含量显著高于菜-菜-小麦小区的土壤，详见表 3-30。这表明菜-菜-休闲轮作方式减少了耕作次数，特别是旱季耕作次数，可以明显提高表层土壤的结构稳定性。

表 3-30 轮作方式对坡台地少废农田土壤结构稳定性的影响

轮作方式	有机碳/(g/kg)	>2mm 水稳性团聚体/%
菜-菜-小麦	6.8b	7.4b
菜-菜-休闲	7.3a	8.5a

注：不同字母表示同一列中的相同时间内数据间存在显著差异($P<0.05$)。

3.11.4 技术示范及效益分析

宽膜覆盖技术在示范区的推广面积已经达到 3000 亩；西兰花-西葫芦-撂荒轮作技术在示范区坡台地雨养农田区域推广面积已经达到 1500 亩。

定位试验研究表明，与传统的西兰花-西葫芦-小麦(绿肥)轮作及窄膜种植方式比较，西兰花-西葫芦-休闲轮作体系及宽膜种植方式可以削减农田径流及污染负荷输出达到 40%以上，同时提高水肥利用效率，改善土壤结构的稳定性，保持农业生产的稳定和高效益。

第三方调查数据(户)统计显示，示范区内宽膜覆盖种植少废农田西兰花亩产 1334kg，复合肥施用量为 32.6kg/亩，补灌量为 33t/亩；而非示范区窄膜种植农田西兰花亩产 747kg，复合肥施用量为 43kg/亩，补灌量为 5t/亩。这表明宽膜覆盖种植技术和坡地窖系补灌系统的联合应用不仅能大幅度提高蔬菜产量，还能降低 24%的化肥施用量。

3.12 农田废弃物低成本综合处置技术

3.12.1 技术简介

针对滇池流域农田固体废弃物总量大、种类多、单种数量少、难以集中等特点，在保持废弃物分类利用原则及兼顾现实与未来农业发展模式的基础上，筛选优化各类农田废弃物低成本就地无害化处理技术和深加工技术，开展农田多汁固体废弃物就地处理和资源化利用集成技术、农田高纤维秸秆资源化利用集成技术研究，延长物质循环链，补充部分有机氮源，使示范区农田固体废弃物实现资源化和无害化处理利用。

3.12.2 技术设计

农田废弃物低成本综合处置技术由农田高纤维秸秆资源化利用、多汁固体废弃物原位处理和资源化利用、杂散农田废弃物就地循环利用 3 个关键技术集成。

1. 难降解高纤维秸秆前处理技术

通过石灰预处理，破坏秸秆的木质纤维素结构，解决高纤维秸秆难降解和降解速度慢的问题，提高其降解速度。秸秆切碎至 5～10cm 长，环境温度常年在≥15℃。

该技术主要流程与参数为：含水率较高的蔬菜废弃物，如花椰菜、上海青等废弃物，宜自然晾晒 2～3d，适当减小含水率；为提高堆肥速率，建议将蔬菜废弃物适当切碎至尺寸为 5～10cm。在堆肥装置内覆上一层厚度为 5～10cm 的干土(含水量为 10%～20%，粒径小于 0.5cm，下同)，以吸收堆肥过程中产生的汁液，并关闭出料口。通过进料口，投加切碎的蔬菜废弃物，投料高度为 20～30cm。投加适量的腐熟堆肥(投加量约为蔬菜废弃物的 10%～30%，如首次堆肥，则可不投加腐熟堆肥)，腐熟堆肥可平铺于蔬菜废弃物上方，亦可和蔬菜废弃物混匀。再次投加蔬菜废弃物，厚度20～30cm，然后投加腐熟堆肥，如此重复操作数次，使堆体高度达到堆肥装置顶部，关闭堆肥装置进料口。堆料经10～20d处理后，一般可腐解，从出料口出料后，可作为肥料回田。

在晋宁县竹园、段七等地将农业高纤维秸秆，尤其是玫瑰秸秆进行好氧堆肥。其设计如下：农作物秸秆原料先进行铡切到3～5cm长。将农作物秸秆切碎的中加入石灰溶液混合均匀，按质量计算，$Ca(OH)_2$的加入量为农作物秸秆干重的2%～12%。混合后秸秆的含水率控制在50%～65%。混合后农作物秸秆在室温条件下放置7～28d。预处理完的秸秆单独或与其他废物进行好氧堆肥。

2. 多汁蔬菜快速堆肥技术

在堆体中引入通气管，在无动力消耗的条件下，利用堆体与外界的温度差，使装置的热空气和外界的冷空气通过通气管自动发生交换，热空气在底部沿通气管壁向上流，冷空气从中间向下流，形成冷热对流，从而增加堆体中的氧浓度，提高堆肥速率。

该技术主要流程与参数为：首先将高纤维秸秆切短至5cm左右，然后将其吃透水，并控制高纤维秸秆的含水量为50%～65%左右；在堆肥装置内覆上一层厚为5cm的干土(含水量为10%～20%，粒径小于0.5cm，下同)以吸收堆肥过程中产生的汁液，并关闭出料口。通过进料口，在干土上均匀地铺上一层20～30cm厚并吃透水、切短的高纤维秸秆；用适量的水溶解腐熟剂，然后均匀地淋于秸秆上，微生物菌剂添加量为堆体质量的0.1%～0.4%；再在秸秆上覆盖一层厚5cm的干土；如此重复操作5～6次，使堆体高度达到堆肥装置顶部后，关闭堆肥装置进料口；渗滤液处理循环，收集的渗滤液作为堆体淋水循环使用，每10d从进料口均匀淋1次；约30～40d即可初步腐解，若翻动一次，效果更好，再经10d后即可回田做肥，从出料口出料。

其技术设计如下：将农业固体废物的含水率调节到50%～90%。将上述农业固体废物的C/N调节到10∶1～30∶1。向上述调节好含水率和C/N的农业固体废物中加入腐熟堆肥。在堆体中安装无动力自通风的通气管，加强空气流通，提供好氧环境。通气管的密度为1～2根/m^2，通气管的直径20～40mm；通气管上均匀开设空气扩散孔，扩散孔孔径4～6mm，扩散孔间距1～2cm。

3. 杂散农田废弃物就地循环及生物碳源利用关键技术

坚持“自产自消，生态还田”的原则，对杂散固废进行综合资源化利用，收集滇池流域非规模化生产区域产生的花卉秸秆、蔬菜茎叶、杂草、玉米杆等杂散农田废弃物，并对杂散固废进行筛选分类，分为易分解秸秆和难分解杂散固废两大类。其中，易分解秸秆通过研发的微生物快速腐解菌剂，采用堆肥发酵的方式进行资源化利用，加快对农田杂散固废堆肥技术的应用；难分解的杂散固废将其粉碎后作为生态基质进行基质化无土栽培，或运用生物质裂解炭化技术，提高农田杂散固废利用还田效率。

利用杂散废弃物堆肥发酵。采用渥堆发酵方式，将流域内收集到的其他类型农田废弃物分散进行堆肥发酵，再将发酵获得的有机肥就地还田用于地理培肥，达到就地循环、资源化利用农田杂散废弃物的目的。

利用高纤维废弃物生产生物炭。通过采用低能耗的成炭技术，将流域内收集到的纤维素含量较高的废弃物集中加温烧制成炭，然后制成的生物炭用作生态栽培基质和 N、P 去除的填充物，达到既资源化利用农田杂散废弃物，又减少设施集中栽培区域 N、P 排放的目的。

3.12.3　研发技术指标

1. 难降解高纤维秸秆前处理技术

1) 石灰预处理对高纤维秸秆生物降解性的强化

选择互花米草作为高纤维秸秆研究对象，石灰预处理互花米草的实验采用均匀设计的方法。研究石灰负荷、时间和温度三因素对高纤维秸秆发酵产气的影响，实验设计见表 3-31。预处理互花米草粉碎后进行厌氧发酵，预处理能量平衡详见表 3-32。

表 3-31　石灰预处理互花米草实验设计

预处理编号	石灰负荷/g	时间/d	温度/℃
P1	0.02	7	35
P2	0.02	14	45
P3	0.04	21	55
P4	0.04	28	25
P5	0.06	7	45
P6	0.06	14	55
P7	0.08	21	25
P8	0.08	28	35
P9	0.10	7	55
P10	0.10	14	25
P11	0.12	21	35
P12	0.12	28	45
P13	0	28	55

由预处理时间、温度和石灰负荷交互影响的甲烷产量可以看出：短的预处理时间、中等温度和高石灰负荷有利于甲烷产生。实验结果表明，最大甲烷产生量来自 P12 实验组(218.4mL/g TS)，其预处理条件是：石灰负荷 0.12g $Ca(OH)_2$/g 干秸秆、预处理温度 45℃、预处理时间 28d。另外 P10 实验组(石灰负荷 0.10g $Ca(OH)_2$/g 干秸秆、预处理温度 25℃、预处理时间 14d)获得了 206.6mL/g TS 甲烷产量，略微低于 P12 实验组。从能量平衡表可以得到：最佳的预处理条件是：石灰负荷 0.10g$Ca(OH)_2$/g 干秸秆、预处理温度 25℃、预处理时间 14d。

表 3-32　互花米草预处理能量平衡表

实验组	加热能量 (kJ/g) TS	热损失 (kJ/g) TS	输入总能量 (kJ/g) TS	甲烷能量 (kJ/g) TS	液相发酵能量 (kJ/g) TS	净能量 (kJ/g) TS
P10	0.27	3.45	3.72	3.30	3.95	3.53
P11	0.80	15.58	16.38	2.49	4.17	−9.72
P12	1.32	34.15	35.47	3.44	5.91	−26.12
P13	1.84	47.85	49.69	2.88	4.86	−41.95

2) 石灰预处理对高纤维秸秆热解特性的影响

本研究选择稻草作为高纤维秸秆的研究对象，稻草经切碎后（长度为 4～5.0cm）先进行 5d 石灰预处理然后再进行 60d 干发酵。取原稻草、预处理后和干发酵 60d 后的稻草进行热重分析。分析样品的制备步骤为，预处理和发酵后的稻草样品先经自来水充分清洗干净；然后在 45℃的烘箱中烘 48h，随后在干燥器中冷却；最后粉碎过 100 目筛装入密封袋中室温避光保存，用于热重分析。

稻草在堆沤和发酵过程中总挥发性固体、纤维素、半纤维素和木质素等发生变化，60d 干发酵后，木质素和灰的相对含量分别增加 59%和 108%；挥发性固体（volatile solids，VS）、纤维素和半纤维素相对量分别降低 17%、23%和 13%；在发酵过程中总固体（total solids，TS）相对含量略有增加。

为利用发酵后的残渣进行气化生产燃气提供理论依据，对原稻草和处理后的稻草进行热重分析，稻草热解过程挥发性固体分布详见表 3-33。

表 3-33　稻草热解过程挥发性固体分布

项目		原稻草/%	预处理后/%	干发酵后/%
湿度	第 1 区≤100℃	4.91	6.16	5.53
挥发性固体	第 2 区 100～250℃	7.16	4.35	2.52
	第 3 区 250～350℃	42.73	41.66	25.22
	第 4 区 350～500℃	12.48	20.14	22.28
	100～500℃	62.37	66.15	50.02
	第 5 区＞500℃	5.45	12.32	10.09
总挥发物含量		67.82	78.47	60.11

稻草主热解阶段特征详见表 3-34，在 100℃后出现的重量损失首先应是提取物的降解；然后是主要热失重区，其温度范围分别为 197～364℃（原稻草）、227～620℃（预处理后）和 250～389℃（干发酵后）；最后是一个慢速降解阶段。最后残余固体得率分别为 27.27%（原稻草）、15.37%（预处理后）和 34.36%（干发酵后）。可以看出预处理使低温区（100～500℃）和高温区（≥500℃）失重含量增加；从表 3-33 可以看出，干发酵使高温区（≥500℃）失重含量降低，而预处理使高温区（≥500℃）失重含量增加，这表明对多糖的降解和木质素结构的修正有显著影响。

表 3-34 稻草主热解阶段特征参数

项目	最大失重速率/(%/min)	最大失重速率处温度/℃	初始降解温度/℃	主失重结束温度/℃
原稻草	14.97	330	197	364
预处理后	12.42	330	227	620
干发酵后	10.49	362	250	389

从研究可以看出，预处理和干发酵使主要失重阶段的初始温度增加从而使最大失重速率降低，表明预处理和干发酵使稻草的热稳定性增加。同时预处理和干发酵后稻草 DTG 曲线分别在 652℃与 685℃处出现新的失重速率峰，石灰预处理也使 360～620℃时出现较明显的失重，并在曲线 459℃处出现了一个失重速率峰。

对主要失重阶段进行一级动力学模型计算。稻草热解主要失重阶段的一级动力学模型拟合效果较好，决定系数 $R^2\geqslant0.95$。预处理使活化能降低，而干发酵使活化能增加；这也再次表明预处理增加生物降解性，干发酵降解了稻草的容易降解部分，详见表 3-35。

表 3-35 稻草一级反应热解动力学参数

项目	拟合方程	温度范围/℃	R^2	E/(kJ/mol)	A/s
原稻草	$Y=-5200X-4.345$	230～363	0.957	43.2	1349.1
预处理后	$Y=-5085X-4.857$	230～362	0.962	42.3	790.6
干发酵后	$Y=-5755X-3.954$	270～386	0.993	47.8	2207.4

总之，石灰预处理增加了木质素和半纤维素含量，而干发酵降低了 VS、半纤维素和纤维素含量。石灰预处理和干发酵改变了稻草的热解特性，使挥发成分分布、失重速率和最终残渣含量发生变化。一级动力学方程很好地模拟了稻草的主失重阶段，稻草热解活化能在 42.3～47.8kJ/mol。预处理降低了反应活化能，而干发酵则增加了反应活化能。

3）石灰预处理对高纤维秸秆生物降解性和组分降解影响的研究

该研究选择高纤维的互花米草作为研究对象，考察热碱预处理和 TS 投加浓度对高纤维秸秆的产气效率和降解的影响。本实验的实验设计见表 3-36，秸秆分别经热水预处理（120℃，4h）或热碱预处理[0.09g $Ca(OH)_2$/g TS 秸秆，120℃，4h]后进行厌氧发酵。

表 3-36 实验设计及反应物质组成表

反应器	消化物质	秸秆/g	水/mL	污泥/mL	TS 浓度/%
渗滤床 1	热水预处理秸秆	492.96	740	1300	21.5
渗滤床 2	热碱预处理秸秆	492.06	740	1300	20.8
渗滤床 3	热碱预处理秸秆	491.80	1480	1300	17.9
批式反应器 1	原秸秆	50.01	75	130	20
批式反应器 2	热水预处理秸秆	50.89	75	130	20.2
批式反应器 3	热碱预处理秸秆	50.27	75	130	20.1

对批式反应器厌氧发酵秸秆日产量和累计产气量进行研究后发现，46d 厌氧发酵单位 TS 产气量为 175.5mL/g(原秸秆)、169.0mL/g(热水预处理秸秆)和 165.8mL/g(热碱预处理秸秆)，最大日产气量为 673.7mL(原秸秆)、694mL(热水预处理秸秆)和 1316.7mL(热碱预处理秸秆)。结果表明预处理提高了产气速率，但对最终产气量没有明显影响。

从渗滤床反应器厌氧发酵秸秆日产量和累计产气量结果详见表 3-37，对比三个渗滤床反应器厌氧发酵秸秆的产气效率，经 74d 厌氧发酵，单位 TS 产气量 206.8mL/g(渗滤床 1)、168.3mL/g(渗滤床 2)和 218.1mL/g(渗滤床 3)。对于相同总固体物(TS)投加浓度，热碱预处理样品产气量低于热水预处理样品；对于热碱预处理样品，当 TS 投加浓度从 20.8%降低到 17.9%，产气量提升 29.6%。由表 3-37 可以得出，热水预处理样品有最大的生物气产生速率常速和最短的发酵技术时间。

表 3-37 比较三个渗滤床反应器厌氧发酵秸秆的产气效率

反应器	气体产量/(mL/gTS)	理论产气量/(mL/gTS)	生物气产生速率常速/d^{-1}	累积与总产气量之比/%		发酵技术时间/d
				0～30d	0～50d	
渗滤床 1	206.8	211.2	0.052	77.5	93.6	31
渗滤床 2	168.3	199.6	0.028	63.1	88.9	41
渗滤床 3	218.1	222.6	0.047	73.7	89.7	38.1

通过预处理和厌氧发酵过程组分降解发现，热碱预处理有更高的挥发性固体(VS)和半纤维素去除率。厌氧发酵过程中渗滤床 2 反应器有更高的 TS、VS 去除效率，而渗滤床 3 有更高的半纤维素去除率。总之，热碱预处理由于去除更多秸秆的可降解组分(半纤维素和纤维素)致使产气量减少，而热水预处理破坏了木质纤维素结构但保留绝大部分可降解组分(半纤维素和纤维素)，从而有高产气量。低 TS 浓度增加了高纤维秸秆的产气效率和组分降解。

4) NaOH 预处理对玫瑰秸秆发酵和组分降解的影响

利用 NaOH 预处理玫瑰秸秆，分析预处理后玫瑰秸秆的理化性质变化、浸出液指标以及各组的产气量，确定最佳预处理玫瑰秸秆的 NaOH 浓度。本实验的实验设计见表 3-38。

表 3-38 NaOH 预处理玫瑰厌氧发酵秸秆实验设计

预处理				厌氧发酵	
组别	玫瑰秸秆/g	NaOH/%	蒸馏水/mL	接种污泥/mL	蒸馏水/mL
CK	50	0	50	300	100
R_1	50	1	50	300	100
R_2	50	2	50	300	100
R_3	50	4	50	300	100

预处理 72h 结束后，从各预处理组中取 1 瓶，取浸出液，经离心后取上清液 5mL；秸秆洗净后 60℃烘 3d 称重。预处理对组分和组分浸出的影响概括为表 3-39。

表 3-39　NaOH 预处理后物料的理化性质

项目	CK(0%NaOH)	R1(1%NaOH)	R2(2%NaOH)	R3(4%NaOH)
TS 溶解率/%	7.2	8.5	11.5	12.7
VS 溶解率/%	5.8	8.6	12.1	16.4
pH	4.89	6.35	6.39	6.81
VFAs/(mg/L)	300	400	500	1150
NH_4^+-N/(mg/L)	437	595	701	907
SCOD/(g/L)	6.4	28.2	34.4	41.3
$CaCO_3$/(mg/L)	180	2530	2108	3072

由表 3-39 中可以看出，挥发性脂肪酸(volatile fatty acids，VFAs)从用水预处理(CK，0%NaOH)时的 300mg/L 分别增加到 400mg/L(R1，1%NaOH)、500mg/L(R2，2%NaOH)和 1150mg/L(R3，4%NaOH)；SCOD 从用水预处理的 6.4g/L 分别增加到 28.2g/L(1%NaOH)、34.4g/L(2%NaOH)和 41.3g/L(4%NaOH)；NH_4^+-N 由用水预处理的 437mg/L 分别增至 595mg/L(1%NaOH)、701mg/L(2%NaOH)和 907mg/L(4%NaOH)。CK 组 $CaCO_3$ 浓度低与其 pH 有关。预处理组与 CK 比较，VFAs、NH_4^+-N 和 SCOD 的溶出分别增加了 283.33%、107.69%和 535.38%。

玫瑰秸秆经碱液处理 72h 后，其理化性质发生了明显的变化，碱液预处理后玫瑰秸秆的颜色由浅灰色转变为深褐色，表明其物质结构和某些官能团遭到破坏。

测量不同浓度 NaOH 预处理后的玫瑰秸秆厌氧发酵的累计产气量发现，单位 TS 产气量分别为(137.5±19.3)mL/g(CK)、(150.4±10.8)mL/g(R1)、(174.6±8.4)mL/g(R2)和(183.9±19.3)mL/g(R3)。NaOH 预处理能提高甲烷含量，单位产甲烷量预处理组和对照组差异性显著($P<0.05$)，其中 R3 产甲烷总量为(5386.2±727.3)mL，是 CK 组的 1.44 倍。产气效率由未经 NaOH 预处理的 15.7%提高到 21.0%。TS 溶解率随 NaOH 浓度升高不断增大，扣除预处理后 TS 溶解率后，4%NaOH 预处理组的 TS 溶解率最高达到 45.1%，详见表 3-40。

表 3-40　NaOH 预处理玫瑰秸秆厌氧发酵产气效率对比

项目	CK(0%NaOH)	R1(1%NaOH)	R2(2%NaOH)	R3(4%NaOH)
TS 总投加量/g	47.8±0.1	47.8±0.1	47.8±0.1	47.8±0.1
发酵后残渣 TS/g	29.2±1.9	27.8±2.5	26.6±1.7	20.2±0.5
TS 总溶解率/%	38.8	41.9	44.4	57.8
发酵过程 TS 溶解率/%	31.6	33.4	32.9	45.1
产气量/(mL/gTS)	137.5±19.3^{b}	150.4±10.8^{b}	174.6±8.4^{ab}	183.9±19.3^{a}
单位产气量/(mL/g VS)	143.7±20.2^{b}	157.1±10.8^{b}	182.4±8.4^{ab}	192.1±20.1^{a}
单位产甲烷量/(mL/g TS)	78.1±13.1^{b}	85.0±7.8^{ab}	91.6±25.2^{ab}	112.7±15.3^{a}
单位产甲烷量/(mL/gVS)	81.8±13.7^{b}	88.8±8.2^{ab}	95.7±26.4^{ab}	117.7±15.9^{a}

续表

项目	CK (0%NaOH)	R1 (1%NaOH)	R2 (2%NaOH)	R3 (4%NaOH)
提升比例①	1	1.1	1.3	1.4
理论产气/(mL/gTS)	877.5	877.5	877.5	877.5
产气效率/%	15.7	17.1	19.9	21.0
技术消化时间② T_{80}/d	11.5±1.1	10.7±0.5	10.2±0.3	9.8±0.6
平均甲烷含量/%	56.8±5.7	56.5±3.5	52.5±7.8	61.3±4.9

注：同列不同字母表示在 5%水平上差异显著，不标注表示无显著性差异，①相对于单位 TS 产气量，② T_{80} 为产气量达到总产气量的 80%时的发酵时间。

2. 高纤维秸秆快速降解工艺技术

1) 总固体 (TS) 浓度对玫瑰秸秆发酵工艺的影响

该研究以玫瑰秸秆为研究对象，分析不同 TS 浓度对玫瑰秸秆发酵产气效率和组分降解的影响。先按照不同配比 (表 3-41) 加入相应玫瑰秸秆和纯水进发酵瓶，其对应各组 TS 浓度分别为 4.6%、8.4%、10.7%，每组有 3 个平行。将发酵瓶搅拌混匀后，充氮气 1min，最后将发酵瓶搅拌混匀后在 35℃恒温箱中发酵。试验过程中每天定时摇动反应瓶 1 次，定时计量气体产量和组成，并且定期取液体样 5mL，测定 pH，然后离心保存，并补加 5mL 蒸馏水 (预先加热到 35℃)。发酵结束后测定发酵玫瑰秸秆残渣 TS、VS，各时期离心后液体样的上清液碱度、VFA、氨氮、COD。

表 3-41 不同 TS 浓度发酵实验设计表

组别	秸秆/g	污泥接种量/mL	蒸馏水/mL
R1	45	300	599
R2	45	300	170
R3	45	300	59

各组产气效率和组分见表 3-42。R1、R2 和 R3 的单位 TS 产气量为 250.5mL/g、198.0mL/g、187.1mL/g，单位 VS 产气量为 258.3mL/g、204.2mL/g、192.9mL/g。R1 单位 TS 产气量和单位 VS 产气量均最高。累计产气量、日平均产气量、单位 TS 产气量、单位 VS 产气量、单位 TS 产甲烷量、单位 VS 产甲烷量、甲烷含量等 7 项指标中 R1＞R2＞R3。R1、R2、R3 去除率分别为 64.0±2.9%、58.9±0.4%、57.8±2.2%。

表 3-42 不同 TS 浓度厌氧发酵产气效率指标

实验组	R1	R2	R3
单位产气量/(mL/g TS)	250.5±12.0^{a}	198.0±18.3^{b}	250.5±12.0^{a}
单位产气量/(mL/g VS)	258.3±12.4^{a}	204.2±18.3^{b}	258.3±12.4^{a}
甲烷产量/(mL/g TS)	142.7±6.7^{a}	112.8±13.2^{ab}	142.7±6.7^{a}

续表

实验组	R1	R2	R3
甲烷产量/(mL/g VS)	147.1±6.9a	116.3±13.6[ab]	147.1±6.9a
甲烷含量/%	57.0±0.1[a]	56.9±1.4[a]	56.7±1.2[a]
TS 降解率/%	62.5±2.1[a]	58.7±0.3[ab]	56.6±1.2[b]
VS 降解率/%	62.5±2.0[a]	58.9±0[a]	59.6±1.4[a]

不同 TS 浓度对发酵过程微生物菌群的影响如图 3-14 所示。图中 S1-S5 属于 R1 反应器，S6-S10 属于 R2 反应器，S11-S15 属于 R3 反应器。分别对应厌氧发酵的第 8d、第 13d、第 19d、第 33d 和第 54d。通过对样品进行高通量测序并在门分类水平上分析发现，样品中细菌菌门的组成主要以拟杆菌门(Bacteroidetes)(20.3%±9.7%)、厚壁菌门(Firmicutes)(19.6%±1.7%)、互养菌门(Synergistetes)(15.7%±6.9%)、古菌门(Euryarchaeota)(12.3%±6.4%)、变形菌门(Proteobacteria)(10.6%±1.5%)和绿弯菌门(Chloroflexi)(7.2%±2.4%)为主。其中拟杆菌门(Bacteroidetes)和厚壁菌门(Firmicutes)占绝对优势。

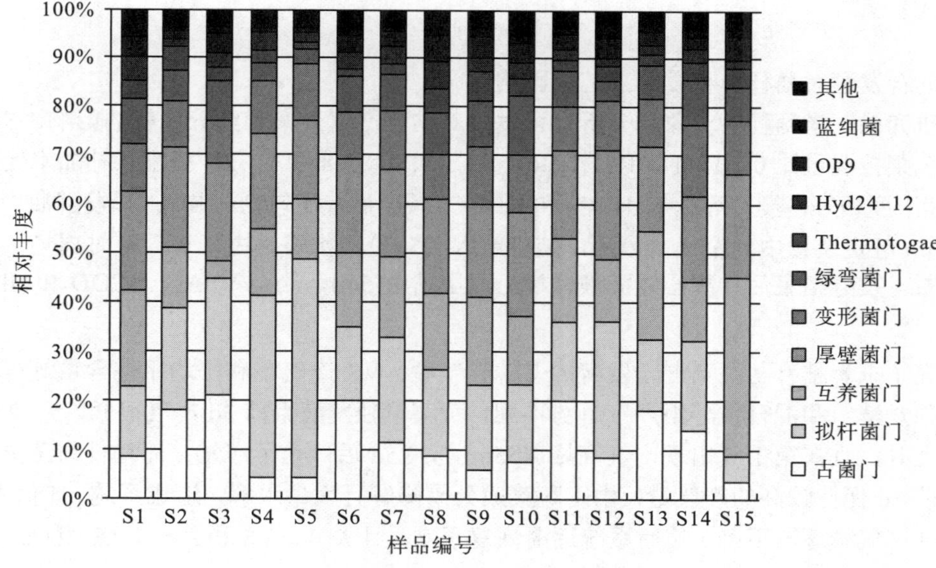

图 3-14　在门水平上三组 TS 浓度发酵反应中微生物相对丰度

主要优势产甲烷菌为乙酸型产甲烷菌 *Methanosarcina* 属(2.7%～18.1%)和氢型产甲烷菌 *Methanobacterium* 属(0.6%～3.0%)，表明乙酸型甲烷途径占主导。统计分析三组 TS 实验发现，R1 反应器(TS=4.6%)中 *Sediminibacterium* 属的相对丰度显著高于 R3 反应器(TS=10.7%)。可以看出，随着有机物质的降解(发酵时间的消耗)，微生物在门水平上的微生物丰度和组成都发生了改变，表明发酵物质的组成决定着微生物菌群的丰度和组成。

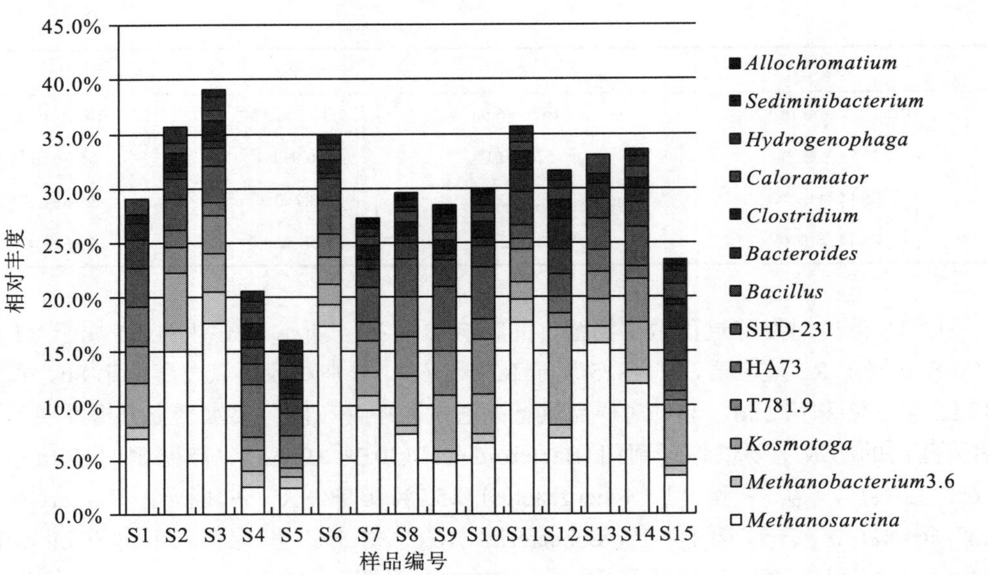

图 3-15 在属水平上三组 TS 浓度发酵反应中微生物相对丰度

2)混合发酵对秸秆单相发酵工艺的影响

本研究以玉米秸秆为对象，分析混合发酵对秸秆产气效率和组分降解的影响。首先，秸秆和蔬菜按湿重比 0∶1、1∶0、1∶5.6、1∶3.8、1∶2.8 和 1∶2.3 投配，补加水使各反应器 TS 浓度相等，投加等量 $NaHCO_3$ 和 $KHCO_3$ 碱度后，混匀物料装入 1L 发酵瓶中，充氮气 1min 赶走装置中的空气；最后，装置放入(35±1)℃水浴锅中，每天定时摇晃 1 次厌氧反应瓶。发酵结束后，离心发酵液体样后取上清液 5ml，测定 VFAs、SCOD 和 NH_4^+-N 浓度。

研究了玉米秸秆与蔬菜混合发酵的 TS 产气率、VS 产气率和平均甲烷含量等得出，蔬菜单独发酵组和混合发酵组产气趋势不同，蔬菜单独发酵组前 3d 产气很低，5～25d 产气逐渐上升，且在第 18d 出现产气高峰(455mL)，25d 后停止了产气；而秸秆与蔬菜混合发酵组前 3d 保持较高的产气量，由于蔬菜成分易降解且大量水解，造成系统 pH 值下降，第 4～5d 产气量逐渐下降，随后系统逐渐恢复正常，且 R=1∶2.8 和 R=1∶2.3 组(R，秸秆与蔬菜湿重比)在第 15d 又出现 1 次产气高峰。

蔬菜单独发酵组明显高于玉米与蔬菜混合发酵的平均产气量，五组不同配比的玉米与蔬菜混合发酵产气量无显著差异。单位产气量分别为(559.2±10.5)mL/g TS(R=0∶1)、(423.8±38.2)mL/g TS(R=1∶0)、(449.7±14.6)mL/g TS(R=1∶5.6)、(447.8±12.2)mL/g TS(R=1∶3.8)、(457.5±6.4)mL/g TS(R=1∶2.8)和(447.3±19.4)mL/g(R=1∶2.3)TS(表 3-43)。蔬菜单独发酵组具有最高的单位产气量，这与蔬菜的高糖类和蛋白质组分特点相关。由表 3-43 可以看出，秸秆的单位甲烷产量由单独发酵的 423.8mL/g TS 提高到混合发酵的 457.5mL/g TS；技术消化时间由 28.3d 缩短为 23.9d；甲烷平均产率由 0.44L/(L·d)提高到 0.62L/(L·d)，表明混合发酵提高发酵产气效率。同时，混合发酵增加了 TS 的溶解率，TS

溶解率从 85.7%(R=1∶0)提升到混合发酵的 86.0%～88.3%。基于单位总产气量、秸秆产气量和甲烷产率，得到秸秆与蔬菜混合厌氧发酵的最佳湿重比是 1∶2.3。

表 3-43　玉米秸秆与蔬菜厌氧发酵产气效率对比

秸秆与蔬菜湿重比(R)	0∶1	1∶0	1∶5.6	1∶3.8	1∶2.8	1∶2.3
TS 溶解率①/%		85.7	86.7	86.0	86.5	88.3
平均产气量/mL	4036.3±70.8^{c}	24516.1±234.5^{a}	20332.2±667.5^{b}	21664±658.1^{b}	22913.7±319.7^{ab}	22938.3±1037.3^{ab}
单位产气量/(mL/g TS)	559.2±10.5^{a}	423.8±38.2^{b}	449.7±14.6^{b}	447.8±12.2^{b}	457.5±6.4^{b}	447.3±19.4^{b}
单位产气量/(mL/g VS)	970.1±18.3^{a}	457.2±41.2^{b}	514.9±16.7^{b}	504.1±14.2^{b}	509.6±7.1^{b}	494.2±21.5^{b}
甲烷产气量/(mL/g TS)	367.9±12.6^{a}	268.4±31.8^{b}	282.4±15.2^{b}	279.4±8.8^{b}	286.9±3.6^{b}	286.9±9.0^{b}
甲烷产气量/(mL/g VS)	638.3±21.8^{a}	289.5±34.3^{c}	323.4±17.3^{b}	314.5±10.3^{b}	319.6±3.9^{b}	317.7±9.9^{b}
甲烷含量/%	65.8±1.0	63.2±1.8	62.8±1.3	62.4±0.3	62.7±0.1	64.2±0.8
技术消化时间 $T80$②/d	19.9±0.5^{c}	28.3±1.2^{ab}	29.1±0.3^{a}	29.5±0.3^{a}	26.7±0.6^{ab}	23.9±0.8^{b}
甲烷平均产气速率③/[L/(L/d)]	0.14±0.01^{c}	0.54±0.06^{ab}	0.44±0.02^{b}	0.46±0.01^{b}	0.55±0.02^{ab}	0.62±0.03^{a}

注：①秸秆 TS 溶解率；②T_{80} 为产气量达到总产气量的 80%时的发酵时间；③甲烷平均产气速率=T_{80} 时间的甲烷累积产量/T_{80}；a，b，c：同列不同字母表示在 5%水平上差异显著，不标注表示无显著性差异。

秸秆与蔬菜混合发酵结束时的 pH、SCOD、VFAs 以及 NH_4^+-N 见表 3-44。秸秆单独发酵结束时具有较高的 VFAs 浓度，添加蔬菜能够增加体系中 VFAs 的含量，但是混合发酵比单独发酵具有更低的 VFAs 浓度。说明蔬菜的添加提高了体系 VFAs 的利用率，增加了产气量；原料适宜的配比发酵结束时有更低的 SCOD 浓度。单独发酵 NH_4^+-N 浓度分别为 869±20(秸秆与蔬菜湿重比 R=0∶1)和(888±20)mg/L(R=1∶0)，混合发酵体系中 NH_4^+-N 浓度分别为 1063±37mg/L(R=1∶5.6)、955±68mg/L(R=1∶3.8)、1153±97mg/L (R=1∶2.8)和 1060±148mg/L(R=1∶2.3)，与单独发酵相比，混合发酵有更高 NH_4^+-N 浓度，但都在正常范围内(＜1500mg/L)。

表 3-44　不同配比混合发酵液结束后液相指标

R①	最初 pH	最终 pH	VFAs/(mg/L)	NH_4^+-N/(mg/L)	SCOD/(g/L)
0∶1	8.24±0.06	7.95±0.15	970±91	869.6±20	16.5±0.2
1∶0	8.45±0.05	7.77±0.11	2140±28	888.7±20	12.7±1.3
1∶5.6	8.07±0.01	7.69±0.02	850±63	1063.1±37	17.3±1.9
1∶3.8	8.13±0.02	7.73±0.02	985±35	955.6±68	13.2±2.2
1∶2.8	8.26±0.01	7.70±0.05	1485±106	1153.8±97	11.5±0.7
1∶2.3	8.31±0.07	7.74±0.02	1710±141	1060.7±148	12.1±1.4

注：①玉米秸秆与蔬菜湿重比。

不同配比的秸秆与蔬菜厌氧消化的累积甲烷产量经 Gompertz 方程拟合，相关的模型参数见表 3-45。由 R^2 可以看出，拟合度高，拟合结果较好。秸秆与蔬菜混合发酵的甲烷产量均高于秸秆单独发酵时的甲烷产量，最大甲烷产率 R_m 也随着混合发酵蔬菜比例的降低而增大。其中秸秆与蔬菜湿重比 R=1∶2.3 组 R_m 达 15.25mL/d·g VS。延滞期(λ)是反映厌氧消化性能的一个重要指标，拟合的曲线均成“S”形，可以看到 R=1∶2.3 组的延滞期最短。采用 Gompertz 方程对累积产生甲烷量的拟合结果表明，混合发酵产气效率高于单独发酵，秸秆与蔬菜混合发酵会缩短延滞期。

表 3-45　Gompertz 方程的模型参数及甲烷实际产量

秸秆与蔬菜湿重比 R	R_m[①]/(mL/d·g VS)	λ[②]/d	R^2	P[③]/(mL/g VS)	MY/(mL/g VS)	e_{sp}[④]/%
0∶1	58.78	11.02	0.995	647.6	638.3	1.4
1∶0	10.73	5.78	0.994	316.0	289.5	8.4
1∶5.6	13.65	9.93	0.989	348.0	323.4	7.1
1∶3.8	13.88	10.86	0.995	333.4	314.5	5.7
1∶2.8	14.92	7.73	0.995	324.7	319.6	1.2
1∶2.3	15.25	5.68	0.996	317.7	317.7	0

注：①最大产甲烷速率；②λ：延滞期；③P：理论甲烷产量；④相对偏差 $e_{sp}=(P\text{-MY})/P\times100\%$，MY：实际甲烷产量。

3) 混合发酵对秸秆两相发酵工艺的影响

本研究以玉米秸秆为研究对象，通过添加蔬菜废物分析混合发酵对两相发酵工艺产气效率和秸秆降解的影响。产酸相为渗滤床发酵装置，产酸相各组原料组成见表 3-46。产甲烷反应器为 6L 广口瓶，有效容积为 5L，接种污泥 1.77L，添加蒸馏水 3.3L。每天首先从产酸相渗滤液中取 150～300mL 加入到产甲烷相中。

表 3-46　玉米秸秆与蔬菜混合发酵实验设计(产酸相)

组别	R[①]	玉米秸秆/g	蔬菜/g	C/N	接种污泥/mL	蒸馏水/mL
渗滤床 1	1∶2	148.19	296.25	24.76	800	300
渗滤床 2	1∶4	130.24	520.29	22.77	800	150
渗滤床 3	1∶6	115.03	690.41	21.22	800	0

注：①玉米秸秆与蔬菜湿重比。

产甲烷反应器的日产气量见表 3-47。三组实验日产气量变化趋势相近，前 3d 产甲烷反应器产气量较低，随着时间的推进，产甲烷反应器日产气量在 4～13d 迅速上升，最高日产气分别达 645.3mL(渗滤床 1)、982.2mL(渗滤床 2)和 965.8mL(渗滤床 3)，随后 14～25d 由于有机物质的消耗，产气降低，最后 15d 保持平稳。各组单位产气量分别为 104.3(R=1∶2)、138.3(R=1∶4)和 142.3(R=1∶6)mL/gTS；产气效率分别为 41.6%(R=1∶2)、57.8%(R=1∶4)和 61.8%(R=1∶6)。产甲烷相的气体甲烷含量分别为 68.7%(R=1∶2)、70.6%(R=1∶4)和 70.4%(R=1∶6)。

表 3-47　玉米秸秆与蔬菜两相厌氧工艺发酵产气效率对比

实验组别		秸秆与蔬菜湿重比(*R*)		
		1∶2	1∶4	1∶6
单位 TS 产气量/(mL/g TS)	产甲烷相	55.1	86.9	90.5
	产酸相	49.2	51.4	51.8
	总计	104.3	138.3	142.3
单位 VS 产气量/(mL/g VS)	产甲烷相	61.9	99.4	104.9
	产酸相	55.4	58.7	60.0
	总计	117.32	158.1	164.9
平均甲烷含量/%	产甲烷相	68.7	70.6	70.4
单位产甲烷量/(mL/g TS)	产甲烷相	38.3	62.3	65.5
单位产甲烷量/(mL/g VS)	产甲烷相	43.1	71.3	75.9
理论产气①/(mL/g TS)		251.1	239.3	230.1
技术消化时间 T_{80}②/d		24.3	20.2	18.8
产气效率/%		41.6	57.8	61.8

注：①根据 BMP 实验结果计算出；② T_{80} 为产气量达总产气量的 80%的发酵时间。

酸相反应器的组分降解见表 3-48 所示。三组反应器的初始 TS 总投加量接近相等，分别为 162.05g(秸秆与蔬菜湿重比 *R*=1∶2)、163.24g(*R*=1∶4)和 162.67g(*R*=1∶6)；反应结束时的混合物残渣质量分别为 26.65g(*R*=1∶2)、26.83g(*R*=1∶4)和 16.16g(*R*=1∶6)，蔬菜与秸秆质量比的增加，TS、VS 的溶解率也随之增加，TS 溶解率分别为 82.0%(*R*=1∶2)、79.4%(*R*=1∶4)和 85.5%(*R*=1∶6)。对比渗滤床混合发酵实验的溶解率，表明两相厌氧混合发酵提高了物料 TS、VS 的溶解率，即提高了物料的利用率。

表 3-48　两相厌氧发酵前后 TS、VS 变化

组别	秸秆与蔬菜湿重比(*R*)		
	1∶2	1∶4	1∶6
秸秆 TS 投加/g	138.32	121.57	107.37
蔬菜 TS 投加/g	23.73	41.67	55.30
秸秆 VS 投加/g	125.77	110.53	97.63
蔬菜 VS 投加/g	18.34	32.21	42.74
TS 总投加量/g	162.05	163.24	162.67
VS 总投加量/g	144.11	142.74	140.37
发酵后残渣/g	26.65	26.83	16.16
发酵后残渣 TS/%	93.43±0.24	93.21±0.36	96.55±0.36
发酵后残渣 VS/(%TS)	86.49±0.57	87.43±2.43	88.17±1.45
TS 溶解率/%	82.0	79.4	85.5
VS 溶解率/%	81.7	78.8	85.4

3. 多汁蔬菜快速堆肥技术

1) 多汁蔬菜快速堆肥装置研发及效果

以菜场混合蔬菜废弃物为对象，研究其在堆肥过程中主要参数的变化规律。取菜市场的蔬菜废弃物，含水率为 70%，调节 C/N 为 20∶1。首先将堆肥装置通气孔的孔径定为 10mm，间距为 10mm。设置通气管的直径为 40mm，使用 2 根，通气管上均匀开设空气扩散孔，扩散孔孔径为 6mm，间距为 2mm，做一个对照。与对照组相比，堆肥的温度升高明显加快，最高温度 59℃比对照组(50℃)高。氧气浓度维持在 20.5%左右，而对照组只有 10%。堆肥腐熟的时间比对照组短 10d。

以多汁蔬菜(包菜)为例，对比了该装置与常规装置的效果。该装置具有较好的通风增氧效果，堆体中氧浓度与翻堆的堆肥装置相当，远高于自然堆腐的装置；堆体温度及升温速率均高于自然堆腐装置。

2) 多汁蔬菜堆肥过程中残留农药的降解规律研究

以卷心菜、茭白壳、玉米秸秆等蔬菜废弃物为原料，研究堆肥过程中农药(都尔、百菌清)的降解规律。将原料破碎至 3～5mm 后待用；接种物为同类原料的堆肥腐熟产品。各原料的理化性质见表 3-49。

表 3-49 堆肥原料理化性质一览表

样品	含水率/%	挥发物/(g/kg)	C/N	总氮/(g/kg)	总磷/(g/kg)
蔬菜废弃物	94.5±2.5	698.8±5.6	9.9±0.1	6.8±0.2	0.9±0.1
玉米秸秆	10.5±1.0	802.5±0.0	80.5±1.4	0.8±0.3	0.3±0.2
接种物	52.1±1.3	405.6±2.6	20.5±1.1	2.68±0.2	1.4±0.2

注：挥发物以干重计，其余均以湿重计。

蔬菜废弃物自然风干至含水率为 75%左右，切碎至 5～10mm，添加一定量接种物，并加入适量玉米秸秆，调节物料含水率及 C/N 等指标。以不添加百菌清和都尔的实验组作为对照，分别向物料中添加一定量都尔或(和)百菌清，混匀后放入 2.5L 的圆柱形塑料反应器(直径 13cm×高 20cm)中，于 50℃的恒温培养箱中开展堆肥实验。堆肥过程中，每天翻堆两次，以提高堆体中的氧浓度；另外，在反应器的四周开设通气孔，以强化通风效果。堆肥实验的物料组成及理化性质见表 3-50。

表 3-50 各组堆肥原料组成及初始物料理化性质一览表

编号	物料组成	接种比例/%	含水率/%	有机碳/(g/kg)	C/N	百菌清/(mg/kg)	都尔/(mg/kg)
A1	蔬菜废弃物和玉米秸秆	0	72.2	424.3	21∶1	10	0
A2		0		424.3		20	0
A3		0		424.3		40	0
A4		0		424.3		100	0
B1		5		456.7		10	0

续表

编号	物料组成	接种比例/%	含水率/%	有机碳/(g/kg)	C/N	百菌清/(mg/kg)	都尔/(mg/kg)
B2	蔬菜废弃物和玉米秸秆	10	72.2	456.7	21：1	10	0
B3		15		456.7		10	0
B4		20		456.7		10	0
C1		0		420.6		10	10
C2		0		420.6		20	10
C3		0		420.6		40	10
C4		0		420.6		100	10
C5		0		420.6		0	10
CK		0		424.3		0	0

通过对堆肥过程中百菌清的降解作用进行研究发现，各初始浓度(C_0=10～105mg/kg)条件下，百菌清均能迅速降解，在 2h 内，百菌清的降解率均超过 75%。可见，在高温堆肥过程中，百菌清极易被生物降解。对百菌清的降解过程进行动力学拟合，结果表明，在高温好氧堆肥过程中，百菌清的降解规律符合一级动力学模型($r^2>0.98$)，半衰期 $t_{1/2}$ 为 1.10h(T=50℃)。在各接种条件下，百菌清均能迅速降解，且在接种比例为 0～20%范围内，各堆肥实验组中百菌清的降解速率无显著差异($P>0.05$)；这可能与百菌清极易被生物降解的性质有关，在较短的时间内，外源添加的接种物对百菌清的降解几乎无明显影响作用。

研究表明，在微生物的共同代谢作用下，百菌清通常降解为毒性更强的代谢中间产物 4-羟基百菌清(谭永强，2013)。该次堆肥实验中，随着百菌清的快速降解，堆肥样品中均检出 4-羟基百菌清，且在短时间内呈现积累的趋势(表 3-51)。可见，不断积累的 4-羟基百菌清对堆肥过程的影响应充分关注。

表 3-51　堆肥过程中 4-羟基百菌清的含量　(单位：mg/kg)

处理	0	0.5h	1h	2h	4h	8h
A1	0	0.6	0.2	0.8	1.2	2.6
A2	0	0.2	0.4	0.6	3.2	4.3
A3	0	0.2	0.3	1.1	6.8	5.2
A4	0	0.4	0.3	3.5	9.6	11.2

在无百菌清添加的情况下，经 15d 的堆肥处理，都尔的降解率达 94%。在堆肥前期，由于物料含水率较适宜，有机物和其他营养元素含量充足，都尔被快速降解，在处理第 6d，都尔去除率达 75%；之后，随着易降解有机物被逐步消化，堆料中微生物生长受到抑制，从而导致都尔的降解速率减缓。百菌清对堆肥系统中都尔的降解速率存在显著影响，且随着百菌清的浓度升高，都尔的去除率降低。尽管在堆肥过程中，百菌清可被迅速降解，但由于降解产物 4-羟基百菌清的不断积累，微生物的活性受到抑制，从而导致都尔的降解速率减缓。

3)残留农药对多汁蔬菜堆肥过程的影响作用

含水率是堆肥过程的重要指标，物料中的水分是良好的溶剂，参与微生物的新陈代谢，且在水分蒸发的过程中，堆体的温度得以调节。在堆肥过程中，由于微生物的代谢作用，堆体物料中的胞内水不断释放，并通过渗滤、蒸发等途径，各处理组实验堆料中的含水率不断降低。与对照组相比，添加百菌清及都尔的处理组中，微生物的活性受到了抑制，堆体中的水分被利用且释放速率较慢，从而堆料中的含水率下降缓慢，且随着农药添加量的增加，堆料中含水率蓄积的作用越明显。

堆肥过程中有机碳含量的变化，反映了堆肥的腐殖化程度。堆肥过程有机碳的降解率，与对照组相比，添加了百菌清和都尔的实验组，由于微生物活性被抑制，有机物降解速率减缓，从而延长了堆料腐熟的周期。

适宜的 pH 是微生物降解有机质的一个重要因素，pH 的变化可以反应其中微生物的活动，pH 过高或者过低都会影响微生物的活性。堆肥过程中，微生物对有机质的氨化作用和矿化作用使得堆体中的氨大量积累，堆料 pH 上升；但随着氨挥发、H^+释放以及有机酸和无机酸积累等过程的进行，堆料的 pH 又逐渐降低。与对照组(CK 和 C5 组)相比，添加百菌清及都尔的处理组中，由于氨化作用受到抑制，游离氨浓度降低，从而堆料的 pH 值低。

4. 杂散农田废弃物就地循环及生物碳源利用关键技术

1) 杂散废弃物堆肥发酵

通过采用渥堆发酵方式，将流域内收集到的其他类型农田废弃物分散进行堆肥发酵，再将发酵获得的有机肥就地还田用于地里培肥，达到就地循环、资源化利用农田杂散废弃物的目的。通过研制微生物快速腐解菌剂，优化配方组合，加快杂散固废堆肥还田效率，优化组合后菌剂的腐解堆肥效果较其他传统方法效果明显。

此外，在 35℃、45℃和 55℃温度条件下，对初筛菌株进行 DNS 酶活测试，以及对同一菌株在不同温度下用 DNS 法测酶活，通过统计，人为筛选出低温菌(35℃)、中温菌(45℃)、高温菌(55℃)和普适菌。通过本阶段的筛选，共获得活性较好的低温菌 6 株，菌株编号为 14、26、10、52、42、22；中温菌 15 株，菌株编号为 22、13、10、5、9、37、52、14、17、18、4、33、42、55、26；高温菌 6 株，菌株编号为 37、35、9、43、33、5；普适菌 6 株，菌株编号为 42、35、43、55、53、21。如图 3-16 所示。

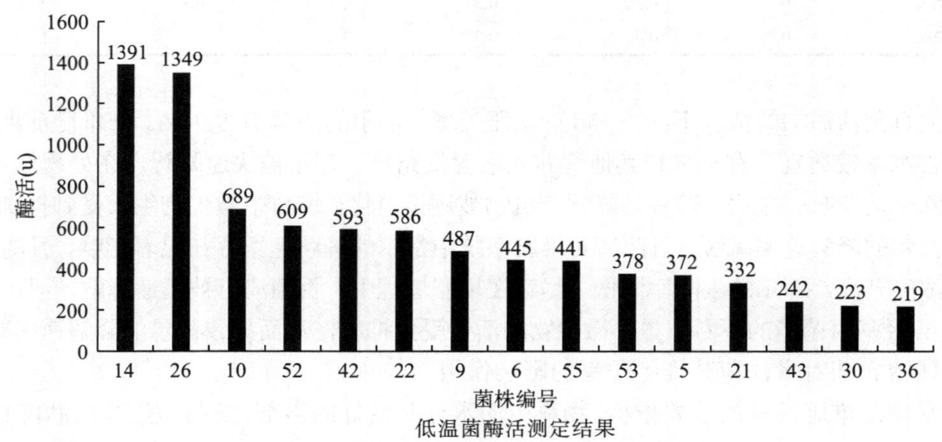

低温菌酶活测定结果

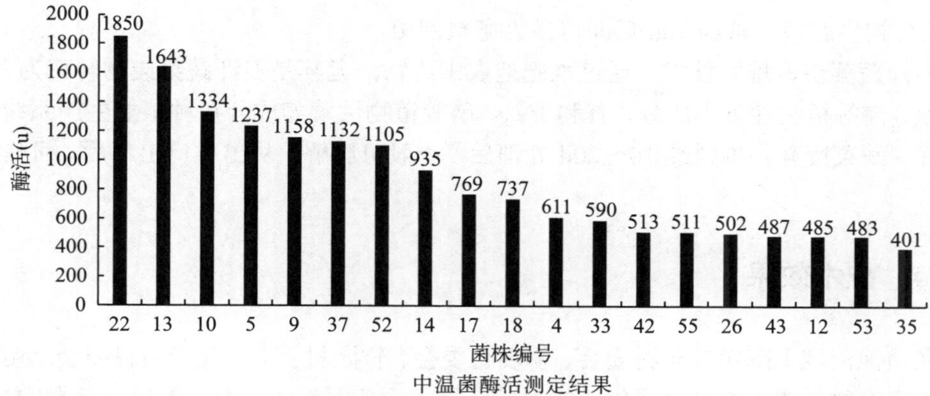

中温菌酶活测定结果

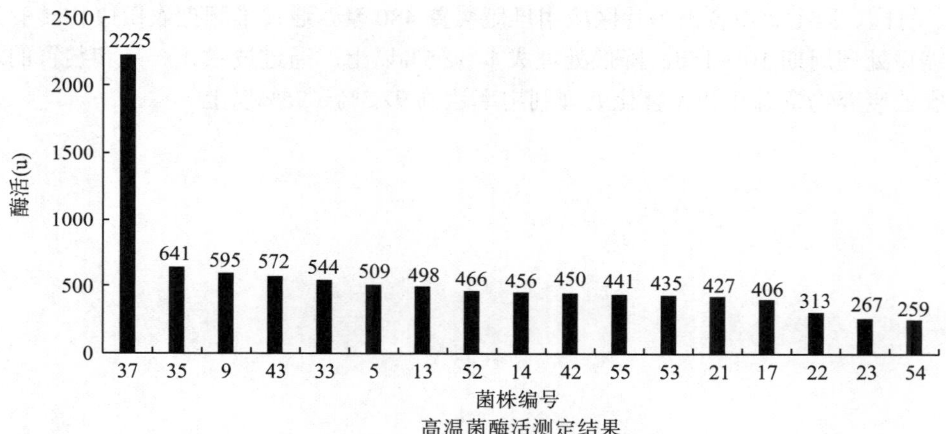

高温菌酶活测定结果

图 3-16　高中低菌酶测定结果

2) 利用杂散固废进行生态基质栽培

对农田废弃杂散固废进行分类筛选，将其粉碎后作为生态基质进行无土栽培。基质半基质栽培能够减少化肥的投入和使用量达 80%～90%，减少水体中 N、P 的排放量，降低杂散固废对水体造成的再次污染。

3) 高纤维废弃物生物质裂解炭化技术

将农田杂散固废高温裂解达到生态还田的要求，同时起到去氮除磷的作用，研发中的移动式炭化炉将进一步推动生物质裂解炭化的进程和炭化速率。

农田废弃物低成本综合处置集成堆肥还田、生物质裂解炭化以及杂散固废基质化利用等三项技术，作为生态、绿色、环保类的新型技术，对农田杂散固废进行了分选培肥、高温裂解及基质化栽培，通过将农田杂散固废在不同情况下进行分类与综合利用，加快了其就地处理和循环利用效率，缓解了固废排放对农田及周边环境造成的污染状况。

难降解高纤维秸秆前处理技术应用农业高纤维秸秆，通过石灰预处理强化其降解性，然后通过堆肥转变为有机肥，缩短处理周期。堆肥产品回用，回收氮、磷等植物性营养成分，有利于氮、磷等植物性营养成分在种植业生产系统形成闭路循环。高纤维秸秆 30～

40d 即可初步腐解，再经 10d 后即可作为肥料回田。

多汁蔬菜快速堆肥技术，通过堆肥把农田废物，尤其是多汁蔬菜废物转变为有机肥，回用氮、磷等植物性营养成分，有利于氮、磷等植物性营养成分在种植业生产系统形成闭路循环。蔬菜废弃物堆料经 10～20d 处理后，一般可腐解，从出料口出料后，可作为肥料回田。

3.12.4 技术效果

在滇池流域上蒜镇安乐村委会、柳坝村委会、竹园村委会、观音山村委会示范应用了该农田废弃物低成本综合处置集成技术，其技术示范面积涵盖万亩农田。在晋宁县安乐、柳坝、竹园、段七、观音山等片区应用堆肥装置 480 套，通过堆肥把农田废物转变为有机肥，缩短处理周期 10～15d，降低处理成本 32.5%以上。通过技术、产品和装置的示范应用，农业废弃物资源化和无害化处理利用率达到 92.5%～95%以上。

第 4 章　滇池流域设施农业的面源污染防控技术

针对滇池流域湖滨区设施农业区面积大、分布广、农业生产水平较高、向水体排放的污染物多，且设施农业面源污染对滇池水体富营养化影响越来越大的实际状况，集成技术从以下 4 个方面进行组装：减低设施农用化学物资用量，源头控制面源污染物；增加设施农作物对氮磷的吸收，就地削减面源污染物；控制设施农业农田径流养分流失量，提高设施农业水肥循环利用率；对农田固废进行无害化处理，实现农田废弃物就近资源化利用。

技术体系从减少氮磷用量、增加氮磷吸收、防止氮磷流失、循环利用氮磷四个方面整体考虑，形成对农业污染物的源头控制、过程阻断拦截、终点吸收固定三重拦截和消纳。如图 4-1 所示。从技术环节上，主要围绕节水控污技术、节肥调控技术、水肥循环利用技术、防污控害产品与技术等方面进行重点研发。

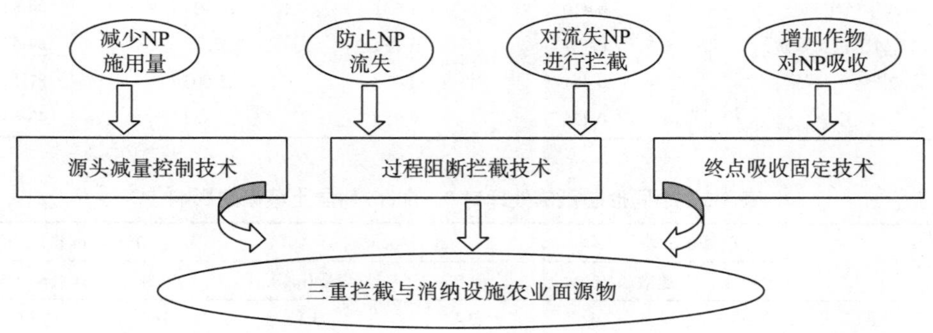

图 4-1　农业面源污染三重拦截和消纳集成组装技术

4.1　污染防控型肥料的使用

4.1.1　技术设计

在示范区花卉上布置不同 N、P 素形态肥效试验，设置 CK(原始土样)、对照 1-N0、对照 2-P0、对照 3-N0P0、磷酸一铵、磷酸二铵、施可丰复合肥、硝磷酸铵、多肽能氮肥、榕风缓释肥、树脂包衣尿素、硫包衣尿素、尿素等 13 个处理，其中各处理中的 N、P、K 用量、比例完全相同。研究集约化条件下土壤—花卉蔬菜系统养分循环和平衡状况，协调花卉的需肥规律，提高花卉水肥的有效性和肥料利用率。针对不同 N、P 素形态肥效试验，找出提高当地肥料利用率的肥料品种，合理使用肥料，减少氮磷的流失。

4.1.2 技术效果

不同氮、磷肥形态及施用条件对土壤及地下水氮、磷的影响详见表 4-1、表 4-2、表 4-3。

表 4-1 不同形态氮磷肥对 0～20cm 耕层土壤氮的影响

处理	硝态 N(g/kg) 烘干土		铵态 N(g/kg) 烘干土	
	施肥前	收获时	施肥前	收获时
1.CK(原始土样)	0.411	—	25.461	—
2.对照 1-N0	0.415	0.119	26.443	25.303
3.对照 2-P0	0.454	0.262	25.426	25.323
4.对照 3-N0P0	0.496	0.103	25.09	25.089
5.磷酸一铵	0.536	0.761	24.596	59.624
6.磷酸二铵	0.485	0.717	25.538	61.431
7.施可丰复合肥	0.495	0.931	24.667	61.765
8.硝磷酸铵	0.439	0.536	25.467	52.511
9.多肽能氮肥	0.479	0.624	26.443	51.781
10.榕风缓释肥	0.410	1.031	24.427	84.853
11.树脂包衣尿素	0.477	1.195	25.58	84.424
12.硫包衣尿素	0.461	1.238	25.505	81.143
13.尿素	0.435	0.954	25.483	43.637

表 4-2 不同形态氮磷处理对 0～60cm 耕层土壤磷的影响

处理	0～20cm 耕层土壤		20～40cm 耕层土壤		40～60cm 耕层土壤	
	全 P/%	速效磷/(mg/kg)	全 P/%	速效磷/(mg/kg)	全 P/%	速效磷/(mg/kg)
1.CK(原始土样)	2.79	57.6	2.42	33.1	3.16	34.7
2.对照 1-N0	4.57	77.89	5.89	91.4	4.08	85.8
3.对照 2-P0	2.98	37.1	3.06	56.1	2.04	46.6
4.对照 3-N0P0	4.32	65.1	2.92	43	2.02	47.9
5.磷酸一铵	3.37	96	2.3	79.8	2.13	63.5
6.磷酸二铵	3.69	96.7	2.28	79	2.16	65.0
7.施可丰复合肥	2.55	53.4	3.12	55.1	1.93	13.0
8.硝磷酸铵	1.56	34.5	1.13	19.7	1.02	13.0
9.多肽能氮肥	2.26	76	1.65	60.3	1.35	43.28
10.榕风缓释肥	3.22	54.5	1.78	46.0	1.27	35.4
11.树脂包衣尿素	2.35	78.3	1.68	66.7	1.24	43.2
12.硫包衣尿素	2.66	71.7	1.37	62.9	1.39	41.4
13.尿素	2.11	77.9	1.37	66.3	1.36	42.1

表 4-3　不同形态氮磷肥对地下水氮磷的影响

序号	处理	TN/(mg/L)	TP/(mg/L)
1	对照 1-N0	26.468	0.695
2	对照 2-P0	32.681	0.758
3	对照 3-N0P0	23.115	0.548
4	磷酸一铵	50.979	0.713
5	磷酸二铵	43.064	0.726
6	硝磷铵	59.277	0.954
7	多肽能氮肥	53.787	1.674
8	尿素	48.000	1.929
9	硫包衣尿素	35.512	1.926
10	树脂包衣尿素	36.081	1.758
11	施可丰复合肥	53.787	0.759
12	榕风缓释肥	42.383	0.631

分析可得，不同形态氮、磷肥对玫瑰产量会产生很大的影响。相同氮磷水平下，缓释肥处理的产量相对较高。不同形态氮磷肥处理对土壤氮磷含量有很大的影响。缓释肥处理0～20cm 耕层土壤时，硝态 N、铵态 N 含量较高，下层土壤硝态氮、铵态氮含量较低；而施用速效氮磷肥处理时上层土壤硝态 N、铵态 N 含量较低，下层土壤硝态氮、铵态氮含量较高。不同形态氮磷肥对玫瑰种植地不同层次土壤磷的影响较大。施用磷酸一铵、磷酸二铵处理的全磷含量和速效磷含量最高，施用硝磷酸铵处理的全磷含量和速效磷含量最低，施用普通过磷酸钙处理的全磷含量和速效磷含量居中。不同形态氮磷肥对玫瑰植株吸收氮磷的影响较大。缓释肥处理植株吸收 TN 和 TP 量比施用速效氮磷肥处理植株吸收的 TN、TP 量多。不同形态氮磷肥对玫瑰种植地地下水氮磷有一定的影响。施用速效氮肥处理的地下水 TN 含量较高，缓释态氮处理的地下水 TN 含量较低；施用复合态和缓释态磷处理的地下水 TP 量较低，施用单一速效态磷处理的地下水 TP 含量相对较高。

4.2　N、P 素减量技术设计

4.2.1　技术设计

1. 蔬菜 N、P 素减量技术设计

采用 CK(农民习惯)、15%CK、25%CK、35%CK；45%CK、55%CK、65%CK；或20%CK、30%CK、40%CK；50%CK、60%CK、70%CK。研究不同蔬菜品种的产量对氮磷减量的响应以及不同减量水平处理对氮磷流失的影响。

2. 玫瑰 N、P 素减量技术设计

试验于 2009 年 8 月在云南昆明市晋宁县昆阳镇凤踪村已种植 5 年的玫瑰花大棚中进行。试验选玫瑰三个主栽品种：超级、艳粉和黑玫，三个品种试验布置在同一连体大棚中。供试土壤为水稻土，是当地的中高肥力田块。三个品种的试验均设 9 个处理：CK(N0P0K2)、N0P2K2、N1P2K2、N2P2K2、N3P2K2、N2P0K2、N2P1K2、N2P3K2、N1P1K2，4 次重复，每个小区面积 8.4m^2，区组随机排列。其中，N3 为农民习惯施氮量处理，N0 为不施氮处理，N1 为减氮 50%处理，N2 为减氮 25%处理，试验目的在于评价减少氮施用量对玫瑰产量和环境的影响；P3 为农民习惯施磷处理，P0 为不施磷处理，P1 为减磷 50%处理，P2 为减磷 25%处理，评价减少磷施用量对玫瑰产量和环境的影响。

3. 康乃馨 N、P 素减量技术设计

试验于2009年7月至2010年5月在云南昆明市晋宁县上蒜镇观音村花卉大棚中进行。供试花卉品种为康乃馨的三个主栽品种：火焰、马斯特、红色恋人，三组试验布置在同一连体大棚中。供试土壤为水稻土，是当地中高肥力田块。三个品种试验均设 8 个处理：N0P2K2、N1P2K2、N2P2K2、N3P2K2、N2P0K2、N2P1K2、N2P3K2、N1P1K2，4 次重复，每个小区面积 9.6m^2，区组随机排列。

4.2.2 技术效果

1. 蔬菜 N、P 素减量技术效果

在青椒试验中，研究不同氮磷条件下，降低氮磷用量可以增加青椒产量。与农户习惯施肥(氮磷用量 1320kg/hm^2)相比氮磷用量降低 30%～65%，均有不同程度的增产效果，增产幅度 15135～23610kg/hm^2。从肥料效应看，处理 30%CK 的氮磷用量均可。其中，N 用量为 225kg/hm^2，P_2O_5 用量为 225kg/hm^2，K_2O 用量为 225kg/hm^2。

在结球生菜试验中，研究不同氮磷条件下，降低氮磷化肥用量具有明显的增产效果。与农户对照相比，生菜氮磷用量降低一半(处理 50%CK)，增产幅度高达 22.86%，产值较 CK 增加了 13478.4 元/hm^2；氮磷化肥用量降低 60%(处理 40%CK)，增产幅度为 9.9%；从肥料增产效应看，处理 50%CK～60%CK 的氮磷钾用量较为合适。其中 N 用量为 225～300kg/hm^2，P_2O_5 用量为 90～150kg/hm^2，K_2O 用量 225～300kg/hm^2。

在西芹试验中，与农户对照(氮磷总量 2010kg/hm^2)相比，氮磷用量降低 40%(处理 60%CK)，西芹产量不减反升；氮磷用量降低 65%(处理 35%CK)，产量只下降 1.74%。施肥过高对作物已没有增收效应。从肥料效应看，处理 35%CK 处理的氮、磷、钾肥料用量较为合适。其中，N 用量为 300kg/hm^2，P_2O_5 用量为 225kg/hm^2，K_2O 用量为 450kg/hm^2 左右。

集约化蔬菜基地氮磷化肥用量减少，蔬菜可食部位硝酸盐含量降低。生菜氮磷用量降低 50%，生菜(净菜，可食部位)硝酸盐含量平均为 1147mg/kg，比农户习惯施肥处理的 1591mg/kg 减少了 28%。

2. 花卉 N、P 素减量技术效果

不同施肥量对玫瑰、康乃馨不同品种产量和经济效益的影响、对土壤养分的影响结果见表 4-4～表 4-8。

表 4-4　收获时各处理不同土层土壤水解性氮含量的影响　(单位：mg/kg)

处理	超级			艳粉			黑玫		
	0～20cm	20～40cm	40～60cm	0～20cm	20～40cm	40～60cm	0～20cm	20～40cm	40～60cm
N0	231	181	142	309	280	231	336	289	234
N1	244	200	161	311	281	241	363	293	258
N2	251	206	168	333	286	250	411	324	297
N3	257	224	176	360	332	254	457	359	312

备注：N0 代表不施肥；N1 代表 N3 减氮 50%；N2 代表 N3 减氮 25%；N3 代表农民习惯施肥量。

表 4-5　收获时各处理不同土层土壤全氮的影响

项目	处理	超级			艳粉			黑玫		
		0～20cm	20～40cm	40～60cm	0～20cm	20～40cm	40～60cm	0～20cm	20～40cm	40～60cm
全氮/(g/kg)	N0	2.04	2.078	2.081	2.075	2.083	2.091	2.081	2.087	2.093
	N1	2.055	2.095	2.105	2.09	2.102	2.112	2.097	2.106	2.115
	N2	2.059	2.099	2.107	2.095	2.106	2.114	2.102	2.109	2.118
	N3	2.061	2.103	2.112	2.096	2.107	2.116	2.103	2.111	2.12
土壤氮总量(20cm 厚土层)/(kg/hm^2)	N0	6327.2	6445.0	6454.3	6496.0	6514.7	6533.4	6601.8	6627.3	6652.7
	N1	6373.7	6497.7	6528.8	6545.9	6574.0	6602.1	6649.5	6687.7	6719.5
	N2	6386.1	6510.2	6535.0	6561.5	6583.4	6611.5	6665.4	6700.4	6725.9
	N3	6392.3	6522.6	6550.5	6564.6	6589.6	6617.7	6668.6	6703.6	6732.2
	基础	6345.8	6466.7	6485.3	6511.6	6533.4	6561.5	6614.5	6646.3	6671.8
土壤氮总量比基础样增减(20cm 厚土层)/(kg/hm^2)	N0	−18.6	−21.7	−31.0	−15.6	−18.7	−28.1	−12.7	−19.0	−19.1
	N1	27.9	31.0	43.5	34.3	40.6	40.6	35.0	41.4	47.7
	N2	40.3	43.5	49.7	49.9	50.0	50.0	50.9	54.1	54.1
	N3	46.5	55.9	65.2	53.0	56.2	56.2	54.1	57.3	60.4
0～60cm 土层土壤氮总量亏盈/(kg/hm^2)	N0		−71.3			−62.4			−50.8	
	N1		102.4			115.5			124.1	
	N2		133.4			149.9			159.1	
	N3		167.5			165.5			171.9	

备注：N0 代表不施肥；N1 代表 N3 减氮 50%；N2 代表 N3 减氮 25%；N3 代表农民习惯施肥量。

表 4-6 不同品种、不同养分管理对花地地下水氮含量的影响

处理	超级		艳粉		黑玫	
	N 含量/(mg/L)	比 N3/%	N 含量/(mg/L)	比 N3/%	N 含量/(mg/L)	比 N3/%
N0	100.157	−1.0	99.832	−33.2	104.352	−74.1
N1	138.083	−2.5	139.372	−6.7	142.806	−38.9
N2	140.605	−0.7	143.352	−4.0	158.65	−1.7
N3	141.614	0	149.372	0	164.707	0

备注：N0 代表不施肥；N1 代表 N3 减氮 50%；N2 代表 N3 减氮 25%；N3 代表农民习惯施肥量。

表 4-7 减少磷肥用量对玫瑰土壤速效磷含量的影响 (单位：g/kg)

处理	超级			艳粉			黑玫		
	0～20cm	20～40cm	40～60cm	0～20cm	20～40cm	40～60cm	0～20cm	20～40cm	40～60cm
P0	0.13	0.097	0.086	0.157	0.108	0.107	0.237	0.156	0.107
P1	0.145	0.114	0.105	0.180	0.147	0.122	0.299	0.202	0.143
P2	0.153	0.116	0.108	0.192	0.155	0.143	0.315	0.216	0.155
P3	0.178	0.119	0.112	0.205	0.161	0.153	0.331	0.218	0.181

备注：P0 代表不施肥；P1 代表 P3 减氮 50%；P2 代表 P3 减氮 25%；P3 代表农民习惯施肥量。

表 4-8 减少磷肥用量对玫瑰土壤磷的影响

项目	处理	超级			艳粉			黑玫		
		0～20cm	20～40cm	40～60cm	0～20cm	20～40cm	40～60cm	0～20cm	20～40cm	40～60cm
土壤全磷/(g/kg)	P0	1.823	1.814	1.789	2.169	2.133	2.114	2.222	2.185	2.161
	P1	1.836	1.826	1.801	2.182	2.146	2.126	2.235	2.198	2.173
	P2	1.841	1.831	1.806	2.188	2.151	2.130	2.241	2.203	2.178
	P3	1.848	1.836	1.810	2.195	2.155	2.136	2.247	2.208	2.182
	基	1.825	1.816	1.791	2.171	2.135	2.116	2.223	2.186	2.162
土壤磷总量/(kg/hm^2)	P0	5652.9	5624.7	5547.1	6770.7	6658.3	6599.0	7069.5	6951.8	6875.4
	P1	5694.4	5663.4	5584.3	6811.2	6698.9	6636.4	7110.9	6993.1	6913.6
	P2	5710.0	5678.9	5599.8	6830.0	6714.5	6648.9	7129.9	7009.0	6929.5
	P3	5731.7	5694.4	5613.8	6851.8	6727.0	6667.7	7149.0	7025.0	6942.2
	基	5660.3	5632.4	5554.9	6776.9	6664.5	6605.2	7072.7	6955.0	6878.6
土壤磷总量比基础样增减/(kg/hm^2)	P0	−7.4	−7.8	−7.8	−6.2	−6.2	−6.2	−3.2	−3.2	−3.2
	P1	34.1	31.0	29.5	34.3	34.3	31.2	38.2	38.2	35.0
	P2	49.6	46.5	45.0	53.1	49.9	43.7	57.3	54.1	50.9
	P3	71.3	62.0	58.9	74.9	62.4	62.4	76.4	70.0	63.6
0～60cm 土层土壤磷总量亏盈/(kg/hm^2)	P0		−23.0			−18.7			−9.5	
	P1		94.6			99.9			111.4	
	P2		141.1			146.7			162.3	
	P3		192.3			199.8			210.0	

表 4-9　减少磷肥用量对花地地下水磷含量的影响

处理	水溶性总磷/(mg/L)			总磷/(mg/L)		
	超级	艳粉	黑玫	超级	艳粉	黑玫
P0	0.508	0.097	1.271	1.251	1.277	2.387
P1	0.542	0.162	1.432	1.369	1.716	3.484
P2	0.798	0.235	1.548	1.433	1.854	3.826
P3	0.835	0.241	1.846	1.482	1.934	4.112

备注：P0 代表不施肥；P1 代表 P3 减氮 50%；P2 代表 P3 减氮 25%；P3 代表农民习惯施肥量。

综上，从产量、经济效益、植株带走的氮磷、土壤氮磷盈亏、对地下水氮磷污染风险等方面综合考虑，该试验条件下推荐氮磷高效、环境友好型玫瑰种植品种为超级，推荐施肥量为农民习惯施肥量减氮 25%，施氮量为 281.25kg/hm^2；农民习惯施肥量减磷 25%，施磷肥(P_2O_5)量为 168.75kg/hm^2；三个康乃馨品种推荐化肥用量为 N 641kg/hm^2、P_2O_5 630kg/hm^2、K_2O1199kg/hm^2，N∶P_2O_5∶K_2O 为 1∶0.98∶1.87。氮、磷高效利用品种为火焰。

4.2.3　环境、经济、社会效益

在不同肥力玫瑰地上进行的节肥调控示范结果可以看出，低肥力田块上种植玫瑰增产 2822 枝/亩，增产率 34.5%，增值 1681.24 元/亩，增值率 34.29%；中肥力田块上种植玫瑰，增产 2302 枝/亩，增产率 23.32%，增值 1365.2 元/亩，增值率 23.08%；高肥力田块上种植玫瑰，增产 2572 枝/亩，增产率 24.9%，增值 1523.52 元/亩，增值率 24.62%。可见，花卉农业面源污染防控节肥调控技术具有节本增效的优点，不仅经济效益显著，而且社会效益和生态效益也很明显。

4.3　节水控污技术

4.3.1　技术设计

供试作物为黄瓜、番茄、辣椒和玫瑰，供试土壤为水稻土。肥料品种为工业级磷酸一铵(云天化集团有限公司生产)；硝酸磷复合肥(云天化集团有限公司生产)；钾肥用 KCl 和 K_2SO_4，镁肥用 MgO。试验在两种灌溉(滴灌和浇灌)条件下同时进行，每种灌溉条件下处理相同，共 26 个处理，4 次重复，小区面积 6.5m^2(5.2m×1.25m)，随机区组排列。试验处理：OPT(N2P2K2)；OPT-N；OPT-P；OPT-K；N1P2K2；N3P2K2；N2P1K2；N2P3K2；N2P2K1；N2P2K3；N2P2K1(100%KCl)；N2P2K2(100%KCl)；N2P2K3(100%KCl)

施肥量：N1 10kg/亩、N2 20kg/亩、N3 30kg/亩；P1(P_2O_5) 6kg/亩、P2(P_2O_5) 10kg/亩、

P3(P_2O_5)15kg/亩；K1(K_2O)13kg/亩、K2(K_2O)23kg/亩、K3(K_2O)33kg/亩。每小区基施有机肥 1000kg/亩，Mg(MgO)4kg/亩。

在蔬菜整个生育期，灌溉用水采用精确计量并记录，测得滴灌耗水量为 46.21m^3/亩，浇灌耗水量为 84.25m^3/亩。

4.3.2 技术效果

不同灌溉条件、养分管理条件下对黄瓜产量、产值、土壤环境质量的影响试验分析结果见表 4-10～表 4-12。综合分析可以看出，滴灌比浇灌省水(滴灌耗水量为 46.21m^3/亩，仅为浇灌耗水量(84.25m^3/亩)45.2%，并且在产量、产值、经济效益、养分农学效率、氮磷利用率上都优于浇灌，在黄瓜生产中建议采用滴灌方式进行灌溉。

表 4-10 不同灌溉条件下氮养分管理对黄瓜经济效益的影响

处理	滴灌/(元/亩)				浇灌/(元/亩)			
	经济收益	成本	净收益	±OPT/%	经济收益	成本	净收益	±OPT/%
N0	5130.50	256.16	4874.34	−6.09	4177.80	256.16	3921.64	−16.27
N1	5447.50	370.03	5077.47	−2.18	4812.70	370.03	4442.67	−5.15
OPT	5645.40	454.80	5190.60	0.00	5138.70	454.80	4683.90	0.00
N3	5519.80	540.38	4979.42	−4.07	5031.50	540.38	4491.12	−4.12

注：肥料价格按：硝铵磷 5 元/kg，磷酸一铵 4.5 元/kg，尿素 2.8 元/kg，普钙 0.4 元/kg，硫酸钾 5 元/kg，氯化钾 5 元/kg；黄瓜 2 元/kg。

表 4-11 不同灌溉条件下氮养分管理对土壤磷形态的影响

处理	灌溉方式	TP/(mg/kg)	有效磷/(mg/kg)	Al-P/(mg/kg)	Fe-P/(mg/kg)	O-P/(mg/kg)	Ca-P/(mg/kg)	有机磷/(mg/kg)
N0	滴灌	2989.40	83.95	75.68	305.15	827.78	827.22	953.57
N1		3040.96	87.13	106.06	316.82	793.70	767.36	1057.02
OPT		3013.22	84.89	100.77	339.19	792.22	763.74	1017.30
N3		3131.60	95.67	100.68	359.23	801.48	767.87	1102.35
N0	浇灌	2978.60	64.99	75.68	257.40	975.93	904.32	765.27
N1		3004.75	72.19	98.02	268.88	957.41	907.22	773.23
OPT		3001.96	81.53	96.72	285.61	864.44	897.43	857.75
N3		3096.63	89.90	94.57	308.43	838.10	835.30	1020.24

表 4-12 不同灌溉条件下磷养分管理对黄瓜经济效益的影响

处理	滴灌/(元/亩)				浇灌/(元/亩)			
	产值	成本	净收益	±OPT/%	产值	成本	净收益	±OPT/%
P0	5149.50	341.29	4808.21	−7.37	5060.30	341.29	4719.01	−5.07
P1	5433.60	430.78	5002.82	−3.62	5323.90	430.78	4893.12	−1.57
OPT	5645.40	454.80	5190.60	0.00	5425.90	454.80	4971.10	0.00
P3	5567.50	484.89	5082.61	−2.08	5338.70	484.89	4853.81	−2.36

注：肥料价格按：硝铵磷 5 元/kg，磷酸一铵 4.5 元/kg，尿素 2.8 元/kg，普钙 0.4 元/kg，硫酸钾 5 元/kg 氯化钾 5 元/kg；黄瓜 2 元/kg。

表 4-13　不同灌溉条件下磷养分管理对土壤磷形态的影响

处理	灌溉条件	TP/(mg/kg)	有效磷/(mg/kg)	Al-P/(mg/kg)	Fe-P/(mg/kg)	O-P/(mg/kg)	Ca-P/(mg/kg)	有机磷/(mg/kg)
P0	滴灌	2667.09	85.14	104.74	271.93	798.81	656.06	835.56
P1		2832.40	88.08	113.98	297.09	796.67	790.70	833.97
OPT		2913.22	107.72	120.77	295.61	792.22	863.74	840.87
P3		3007.18	118.53	131.53	299.11	807.78	869.39	899.37
P0	浇灌	2554.22	64.89	109.21	270.63	800.52	624.17	749.68
P1		2784.12	72.96	117.71	295.18	804.29	754.30	812.64
OPT		2841.96	94.17	126.72	299.19	789.44	807.43	819.18
P3		2901.05	106.28	135.71	292.36	795.24	819.30	858.44

在示范区选择黄瓜、番茄、辣椒和玫瑰 3 种蔬菜和 1 种花卉进行控污滴灌和农民习惯浇灌的同田对比试验。每种作物分别实施同田对比试验 5 组，分别记载每组试验的产量、灌溉用水量、肥料用量、农药用量和用工量。同一作物 5 组试验结果进行加权平均后，得出的同田对比试验结果(表 4-14)。

表 4-14　同田对比试验结果(n=20)

作物	灌溉方式	增产		节水		节肥		省药		省工	
		产量/(kg/hm²)	增产率/%	用水/(m³/hm²)	节水率/%	节肥/(元/hm²)	节肥率/%	用药/(元/hm²)	省药率/%	(元/hm²)	±(元/hm²)
黄瓜	滴灌	79980	33.3	4114	45.15	953.5	35.2	147.4	26.2	2250	4500
	浇灌	60000	—	7500	—	1471.5	—	200	—	6750	—
番茄	滴灌	110447	26.5	4000	68.85	939.7	30.8	160.6	19.7	2400	2900
	浇灌	87310	—	12841	—	1358	—	200	—	5300	—
辣椒	滴灌	54503	20.13	3800	35	843.6	29.7	122.1	18.6	1800	2580
	浇灌	45370	—	5846	—	1200	—	150	—	4380	—
玫瑰	滴灌	219569	21.27	2000	75	1197	33.5	194.7	35.1	2400	4700
	浇灌	181058	—	8000	—	1800	—	300	—	7100	—
合计	滴灌		25.3		56		32.3		24.9		3670
	浇灌		—								

注：玫瑰产量用枝/(季·hm²)表示。

从表 4-14 中黄瓜同田对比试验结果可以看出：滴灌在比浇灌节水 45.15%的情况下增产 33.3%；滴灌比浇灌节肥 35.2%；滴灌减少了杂草和病虫害生长，减少了化学农药对土壤的污染，滴灌比浇灌省药 26.2%；滴灌比浇灌省工 4500 元/hm^2。

从番茄同田对比试验结果可以看出：滴灌在比浇灌节水 68.85%的情况下增产 26.5%；滴灌比浇灌节肥 30.8%；滴灌比浇灌省药 19.7%；滴灌比浇灌省工 2900 元/hm^2。

从辣椒同田对比试验结果可以看出：滴灌在比浇灌节水 35%的情况下增产 20.13%；滴灌比浇灌节肥 29.7%；滴灌比浇灌省药 18.6%；滴灌比浇灌省工 2580 元/hm^2。

从玫瑰同田对比试验结果可以看出：滴灌在比浇灌节水 75%的情况下增产 21.27%；滴灌比浇灌节肥 33.5%；滴灌比浇灌省药 35.1%；滴灌比浇灌省工 4700 元/hm^2。

4.3.3 环境、经济、社会效益

晋宁县竹园村委会有 126 户安装了节水控污设备(其中包括 125 户农户和一个集体所有户)，节水控污温室大棚灌溉面积为 13hm^2，共有混凝土结构大棚 400 栋，工程涉及晋宁县上蒜镇竹园村委会迁移户小组。该工程利用适宜的低成本滴灌设备，结合种植结构调控、肥水优化配套技术在上蒜镇柴河流域竹园村委会设施农业示范基地进行应用。节水控污面积扩大到 250hm^2。产生了突出的环境、经济、社会效益。表现在：滴灌比浇灌节肥 32.3%，防止产生地表径流和土壤深层渗漏，有效控制设施的农业面源污染；滴灌减少了杂草和病虫害生长，减少了化学农药对土壤的污染，比浇灌省药 24.9%；滴灌比浇灌省工 3670 元/hm^2；在比浇灌节水 35%～75%的情况下增产 25.3%。

4.4 设施农业污染防控型水肥循环利用技术

针对设施农业面源污染的特点，以控制面源污染为核心，采用大田试验方法，选择滇池流域设施农业重点区域晋宁县普达、竹园村委会集约化设施农业生产基地为代表性区域开展为期三年(2007—2009 年)的设施农业污染防控型水肥循环利用技术研究。三年来，在晋宁县普达村委会(花卉)和竹园村委会(蔬菜)实施布设农业污染防控型水肥循环利用大田试验 20 组(花卉 10 组，蔬菜 10 组)，通过不同物理、生物、化学和农艺措施的处理，筛选设施农业污染防控型水肥循环利用技术。

4.4.1 技术设计

试验设 5 个处理：①对照；②导流；③导流+生物吸收过滤；④导流+生物吸收过滤+蓄积利用；⑤导流+生物吸收过滤+蓄积利用+固肥循环利用。每个处理 400m^2，4 次重复。每个试验花卉或蔬菜品种相同。生物吸收过滤作物为黄豆，蓄积池 3m^3，固肥循环利用池 3m^3。

4.4.2 技术效果

从表 4-15 可以看出，该技术可以提高径流中的养分利用，减少径流中营养物质的外排。

表 4-15　设施农业污染防控型水肥循环利用效果（n=20）

处理	生物吸收量/(kg/hm²)		径流循环利用量/(kg/hm²)		秸秆循环利用量/(kg/hm²)		合计/(kg/hm²)	
	TN	TP	TN	TP	TN	TP	TN	TP
(1) 对照	—	—	—	—	—	—		
(2) 导流	—	—	—	—	—	—		
(3) 导流+生物吸收过滤	3240	390	—	—	—	—	3240	390
(4) 导流+生物吸收过滤+蓄积利用	3240	390	12600	6000	—	—	15840	6390
(5) 导流+生物吸收过滤+蓄积利用+固肥循环利用	3240	390	12600	6000	1661	297	17501	6687

该技术于 2009 年和 2010 年在普达、竹园、宝兴、柳坝集约化花卉、蔬菜生产基地进行示范应用，示范面积 13hm^2。该技术农田径流每循环利用 1 次，氮流失减少 30%，磷流失 20%。田间固废循环利用率达 95%，与传统堆肥相比处理周期可缩短 10～15d，对霜霉、白粉病菌的灭活率达 95%以上。

4.4.3　环境、经济、社会效益

该技术可实现每年雨季（6～9 月）农田径流循环利用量 1440m^3/hm^2（按雨季每月平均降雨量 200mm 计），实现 135t/hm^2 秸秆的资源化利用，减少农田化肥施用量约 765kg/hm^2，折合降低化肥施用成本 2250 元/hm^2，降低农田生产综合成本＞750 元/hm^2。

4.5　设施农田水肥综合控制与循环利用集成技术

4.5.1　技术简介

针对滇池流域设施农业作物类型多，农业生产高度分散和一年多熟的实际情况，以设施农业汇水区为单元，以提高设施农业作物水肥利用效率、降低水肥径流损失和渗漏损失为目标，重点开展以削减污染负荷输出为主的设施农业水肥综合控制与循环利用集成技术研究。

根据大棚蔬菜和花卉生育期内对水肥养分需求的动态特征，有针对性地开展作物营养调控与施肥技术研究，开展以水控肥、以水调肥和节水控污的水肥一体化技术研究和示范应用，降低农田面源污染输出动力，促进作物对水肥的高效利用，从而降低设施农田面源污染负荷输出。设施农业水肥综合控制技术适用于设施规模化生产区域。

针对滇池流域设施农业大棚蔬菜和花卉种类多、投入高、复种指数高的特点，解决设施农业作物水肥利用效率低下、水肥随径流损失和渗漏损失的关键问题。设施水肥综合控制技术是目前设施农业最有效的一种防控农业面源污染的集成技术。该技术从传统的“浇土壤”改为“浇作物”，是一项集成的高效节水节肥控污的技术。

4.5.2 技术设计

1. 设施水肥高效利用种植模式

2012～2013 年在昆明市柴河流域实施氮磷养分高效利用品种筛选试验 27 组。涉及蔬菜种类 8 类，叶菜(油麦菜)、花菜(西兰花类)、茄果类(黄瓜、番茄)、瓜类(青瓜)、豆类(荷兰豆)、葱蒜类(大蒜)、根菜类(萝卜)和禾本科类(甜玉米)。N、P 施用量各为 3 个水平，设 K 为施肥水平(当地推荐施肥量)。将当地农民习惯施肥量设为水平 3，比农民习惯施肥减量 25%设为水平 2，减量 50%设为水平 1。

试验设 9 个处理：CK、N0P2K2、N1P2K2、N2P2K2、N3P2K2、N2P0K2、N2P1K2、N2P3K2、N1P1K2。重复 3 次，每个小区面积、形状、规格完全相等，小区规格一般为 4m×8m。田间管理按照当地习惯性方式进行。

2014～2015 年在氮磷养分高效品种筛选结果的基础上，实施氮磷高效利用蔬菜品种优化配置试验 18 组。施肥量比习惯施肥减少氮量 10%，磷肥减量 20%。

测定土壤污染物、地下渗水中污染物和地表径流污染物。监测频率：旱季监测 2 个月，雨季监测 4 个月。每月 1 次。

2. 设施农业水肥一体化技术

2014 年在昆明市柴河流域实施布设农业水肥一体化试验 6 组(玫瑰和黄瓜共 6 组)，旨在比较设施农业水肥一体化技术对蔬菜生长、根层土壤氮磷和地下水氮磷含量的影响，为玫瑰和黄瓜水肥一体化的标准化和量化提供试验数据。

据课题组前期研究玫瑰吸收氮磷钾的规律，选用的肥料配比为 15-10-30+TE(供试水溶性肥料来自云天化集团)。据课题组前期研究的黄瓜吸收氮磷钾规律，选用的肥料配比为 20-10-20+TE(供试水溶性肥料来自云天化集团)。该试验采用随机区组设计，设 8 个处理，不施肥处理(CK)，水溶肥全量及减量 4 个处理，具体用量和施用方式见表 4-16。其中 SF(Water-soluble Fertilizers)水溶性肥料，SF 100%、SF 85%、SF 70%、SF 55%分别代表 100%，85%，70%和 55%四种施肥水平。小区面积为 10m^2，重复 3 次，共计 24 个小区，每个小区面积、形状、规格完全相等，小区规格一般为 4m×2.5m。每个试验重复 3 次。管理按照当地习惯性方式进行管理。

表 4-16 水溶性肥料具体用量及施用方式

处理	施肥方式	N/(kg/hm^2)	P_2O_5/(kg/hm^2)	K_2O/(kg/hm^2)
SF100%	滴施	240	160	480
	喷施	240	160	480
SF85%	滴施	204	136	408
	喷施	204	136	408
SF70%	滴施	168	112	336
	喷施	168	112	336

续表

处理	施肥方式	N/(kg/hm²)	P_2O_5/(kg/hm²)	K_2O/(kg/hm²)
SF55%	滴施	132	88	264
	喷施	132	88	264

测定土壤污染物、地下渗水中污染物和地表径流污染物。监测频率：旱季监测 2 个月，雨季监测 4 个月。每月 1 次。

4.5.3　技术研发结果

1. 设施农业水肥高效利用种植模式

针对滇池流域大棚蔬菜和花卉种类多，农业生产高度分散和 1 年多熟的实际情况，以清洁生产为目标，重点开展以削减污染负荷输出为主的设施作物种植及布局模式的优化研究，筛选出水肥高效利用品种，通过构建设施农业强化纳污消污的作物复合结构，调控种植结构，协调水肥供应，建立具有持续发展(经济效益与环境效益的平衡)及稳定性的污染防控型农作制度，降低农田面源污染输出动力，促进作物对水肥的高效利用，从而降低农田面源污染负荷输出。

1) NP 养分高效利用蔬菜品种筛选

生产上蔬菜作为经济作物一般以产值来计算其生产价值，故利用蔬菜产值计算蔬菜氮磷养分农学效率(农学效率=(施肥处理产值-空白处理产值)/该养分用量)。

通过对蔬菜整株吸收养分量进行测算，利用公式(养分利用率=植株养分含量(kg/亩)÷该养分用量(kg/亩)×100/100)计算得出处理氮磷利用率。

表 4-17 的分析结果可以看出，该试验条件下，同类蔬菜在低氮水平时，N 肥利用率相对较高。不同蔬菜种类比较，荷兰豆和甜玉米在低氮水平时，长势好，高氮水平反而下降；且需氮量比其他蔬菜少，N 肥利用率也较高。低氮磷水平下荷兰豆 N 的利用率最高，达 43.84%，甜玉米 N 的利用率次之为 43.89%，大蒜最低为 17.45%。高氮水平下荷兰豆 N 的利用率只有 14.85%，甜玉米 N 的利用率为 16.37%。说明荷兰豆和甜玉米是 N 养分高效利用的两种蔬菜，可以减少 50%的氮肥料投入。

表 4-17　N、P 高效利用蔬菜物种的筛选——N 的利用率(%)(n=27)

处理	叶菜	花菜	茄果类		瓜类	豆类	葱蒜类	根菜类	禾本科类
	油麦菜	西兰花类	黄瓜	番茄	青瓜	荷兰豆	大蒜	萝卜	甜玉米
CK	—	—	—	—	—	—	—	—	—
N0P2K2	—	—	—	—	—	—	—	—	—
N1P2K2	22.07	18.54	40.2	19.0	30.5	43.56	17.45	25.39	42.17
N2P2K2	13.85	13.26	38.2	10.7	17.4	30.17	9.99	10.56	27.36
N3P2K2	9.33	7.54	25.8	5.07	8.75	14，85	4.36	7.33	16.37
N2P0K2	12.57	13.25	31.7	11.3	15.3	28.95	10.46	12.58	29.67
N2P1K2	14.59	14.28	36.7	12.8	16.6	29.97	12.57	13.05	28.32
N2P3K2	12.39	11.91	35.66	11.9	15.0	27.63	11.29	12.42	27.11
N1P1K2	25.46	20.00	42.0	19.5	29.9	43.84	18.01	24.37	43.89

从表 4-18 可以看出，荷兰豆和甜玉米在低氮水平时农学效应较高，高氮水农学效应下降。低氮水平下荷兰豆的 N 农学效应最高，达 232.5 元/kg，甜玉米的 N 农学效应次之为 162.11 元/kg，萝卜最低为 21.53 元/kg。高氮水平下荷兰豆 N 的农学效应只有 68.67 元/kg，甜玉米 N 的农学效应 49.33 元/kg。说明荷兰豆和甜玉米是 N 农学效应较高的蔬菜。

表 4-18 NP 高效利用蔬菜物种的筛选——N 的农学效应（n=27） （单位：元/kg）

处理	叶菜	花菜	茄果类		瓜类	豆类	葱蒜类	根菜类	禾本科类
	油麦菜	西兰花类	黄瓜	番茄	青瓜	荷兰豆	大蒜	萝卜	甜玉米
CK	—	—	—	—	—	—	—	—	—
N0P2K2	—	—	—	—	—	—	—	—	—
N1P2K2	131.36	140.55	136.0	58.93	102.1	232.5	112.68	21.53	162.11
N2P2K2	100.57	102.43	86.08	34.76	64.21	137.5	32.93	66.78	79.69
N3P2K2	62.54	56.74	32.93	16.01	39.33	68.67	12.17	0.54	49.33
N2P0K2	130.63	120.28	67.88	37.23	65.09	156.7	53.67	53.89	100.99
N2P1K2	129.33	133.83	94.68	40.61	73.51	176.0	108.10	90.12	130.36
N2P3K2	91.88	98.56	89.53	38.09	70.09	170.1	99.09	59.43	107.27
N1P1K2	132.55	147.44	140.0	60.55	108.3	240.0	105.05	84.32	163.47

从表 4-19 结果可以看出，同类蔬菜在低氮磷水平时，P 肥利用率相对较高。不同蔬菜种类比较，低氮磷水平下甜玉米 P 利用率最高，达 15.22%，荷兰豆 P 利用率次之为 15.03%，大蒜最低 7.04%。高磷水平下荷兰豆 P 利用率只有 7.31%，甜玉米 P 利用率 2.98%。说明荷兰豆和甜玉米是 P 养分高效利用的蔬菜，能够减少磷肥料 50%的投入。

表 4-19 NP 高效利用蔬菜物种的筛选——P 的利用率（%）

处理	叶菜	花菜	茄果类		瓜类	豆类	葱蒜类	根菜类	禾本科类
	油麦菜	西兰花类	黄瓜	番茄	青瓜	荷兰豆	大蒜	萝卜	甜玉米
CK	—	—	—	—	—	—	—	—	—
N0P2K2	7.90	8.37	5.61	4.79	8.32	10.13	3.56	8.32	12.01
N1P2K2	11.32	9.22	6.82	5.34	9.26	11.82	4.31	9.03	12.97
N2P2K2	11.25	10.09	7.57	6.94	9.23	12.74	4.73	8.95	12.56
N3P2K2	10.23	9.38	7.63	6.88	8.76	10.55	4.95	8.34	11.45
N2P0K2	—	—	—	—	—	—	—	—	—
N2P1K2	12.65	10.75	9.94	8.37	9.30	14.67	6.58	10.37	13.24
N2P3K2	2.99	3.44	4.18	3.15	4.17	7.31	1.29	3.47	2.98
N1P1K2	13.07	10.98	9.81	8.99	9.76	15.03	7.04	10.85	15.22

从表 4-20 结果可以看出，甜玉米在低磷水平时 P 农学效应较高，高磷水平农学效应下降。低磷水平下甜玉米 P 农学效应为 200.04～236.02 元/kg，黄瓜最低为 33.68 元/kg。高磷水平下甜玉米 P 农学效应只有 68.33 元/kg。说明甜玉米是 P 农学效应较高的蔬菜。

表 4-20　N、P 高效利用蔬菜物种的筛选——P 的农学效应　(单位：元/kg)

处理	叶菜	花菜	茄果类		瓜类	豆类	葱蒜类	根菜类	禾本科类
	油麦菜	西兰花类	黄瓜	番茄	青瓜	荷兰豆	大蒜	萝卜	甜玉米
CK	—	—	—	—	—	—	—	—	—
N0P2K2	78.63	30.28	30.57	33.0	100.09	123.6	53.67	23.89	156.78
N1P2K2	131.36	56.08	36.31	31.3	106.12	163.7	68.72	21.53	189.33
N2P2K2	173.24	102.43	24.8	54.7	124.31	222.7	107.65	66.78	201.53
N3P2K2	88.91	80.56	8.09	8.09	99.09	201.1	99.09	59.43	199.61
N2P0K2	—	—	—	—	—	—	—	—	—
N2P1K2	168.33	91.33	33.68	39.6	103.51	180.3	138.10	90.12	236.02
N2P3K2	12.54	−0.16	12.93	−6.3	19.13	67.43	32.17	−0.54	68.33
N1P1K2	156.32	90.44	40.88	30.2	108.33	192.6	100.05	84.32	200.04

从上述分析结果可以看出，荷兰豆和甜玉米在低氮水平时长势好，在高氮水平时反而下降；且需氮量相比其他蔬菜少，N 肥利用率也较高。说明荷兰豆和甜玉米是 NP 养分高效利用的两种蔬菜，比农民习惯施肥减少 50%的氮磷肥料投入。

2) NP 养分高效利用花卉品种筛选

表 4-21 数据说明，不同花卉品种的氮利用率随施氮量的增加而下降。在低氮磷水平下，玫瑰超级品种、康乃馨火焰品种、非州菊热带草原品种 N 的养分利用率较高，分别为 40.44%、34.2%和 36.25%。

表 4-21　N、P 高效利用花卉物种的筛选——N 的利用率(%)

处理	玫瑰			康乃馨			非州菊		
	超级	艳粉	黑玫	红色恋人	火焰	马斯特	141	147	热带草原
CK	—	—	—	—	—	—	—	—	—
N0P2K2	—	—	—	—	—	—	—	—	—
N1P2K2	40.06	28.87	27.08	28.11	33.55	32.04	26.33	25.32	35.33
N2P2K2	38.02	33.30	27.17	32.05	33.68	31.79	26.65	27.05	35.23
N3P2K2	19.89	19.85	13.00	15.02	19.24	12.08	17.56	15.75	23.04
N2P0K2	26.31	22.67	16.75	21.32	25.84	13.89	17.75	16.12	28.11
N2P1K2	28.11	25.40	17.89	23.16	28.75	16.68	18.23	17.96	27.19
N2P3K2	28.06	25.78	18.05	21.71	29.10	21.27	18.95	18.01	26.32
N1P1K2	40.44	29.72	27.16	32.99	34.2	32.16	27.36	27.31	36.25

从表 4-22 结果可以看出，低氮水平下同类花卉品种比较，玫瑰超级、康乃馨火焰和非洲菊热带草原品种氮的农学效应较高。

在确保花农经济收益不受影响的前提下，这三个品种生产过程中，可以减少氮投入量 50%。

表 4-22 N、P 高效利用花卉物种的筛选——N 的农学效应 (单位：元/kg)

处理	玫瑰			康乃馨			非洲菊		
	超级	艳粉	黑玫	红色恋人	火焰	马斯特	141	147	热带草原
CK	—	—	—	—	—	—	—	—	—
N0P2K2	—	—	—	—	—	—	—	—	—
N1P2K2	101.37	36.50	9.52	4.35	19.68	11.18	19.52	16.52	57.11
N2P2K2	70.42	16.49	5.01	−3.02	17.06	12.21	15.01	13.01	21.13
N3P2K2	50.72	10.36	−1.42	−0.74	14.50	0.41	5.02	3.42	22.56
N2P0K2	−32.88	−0.35	0.00	−2.71	16.43	1.02	−18.9	−19.0	−22.05
N2P1K2	67.58	10.99	3.34	−2.01	15.74	8.13	5.87	3.52	27.09
N2P3K2	67.62	20.92	1.68	−10.77	14.74	1.99	7.38	6.91	27.02
N1P1K2	95.97	33.51	9.18	−7.36	19.51	10.31	17.08	15.98	39.98

表 4-23 数据表明，不同花卉品种 P 的利用率随施 P 量的增加而减少。玫瑰超级、康乃馨火焰和非洲菊热带草原品种在低氮磷水平下在同类花卉品种中 P 的利用率最高，分别为 21.72%、1.16%和 15.19%。

表 4-23 N、P 高效利用花卉物种的筛选——P 的利用率(%)

处理	玫瑰			康乃馨			非洲菊		
	超级	艳粉	黑玫	红色恋人	火焰	马斯特	141	147	热带草原
CK	—	—	—	—	—	—	—	—	—
N0P2K2	13.72	11.04	6.49	0.21	0.50	0.34	6.047	5.36	12.11
N1P2K2	14.39	11.75	7.03	0.17	0.27	0.31	10.40	6.23	12.35
N2P2K2	17.41	15.71	9.96	0.80	0.97	0.35	12.93	12.55	14.96
N3P2K2	13.69	11.02	6.52	0.66	0.56	0.11	12.02	11.85	12.33
N2P0K2	—	—	—	—	—	—	—	—	—
N2P1K2	20.47	16.52	10.58	0.87	0.99	0.38	13.03	13.24	15.01
N2P3K2	10.65	8.65	5.16	0.52	0.62	0.43	5.08	5.45	6.19
N1P1K2	21.72	17.80	10.64	0.53	1.16	0.88	13.71	14.07	15.19

从表 4-24 结果可以看出，在低氮磷水平下，玫瑰超级品种、康乃馨火焰品种和非洲菊热带草原品种 P 的农学效应较高，分别达到 258.81 元/kg、40.03 元/kg 和 123.96 元/kg，说明 NP 量可以比农民习惯使用的量减少 50%。

表 4-24 N、P 高效利用花卉物种的筛选——P 的农学效应 (单位：元/kg)

处理	玫瑰			康乃馨			非洲菊		
	超级	艳粉	黑玫	红色恋人	火焰	马斯特	141	147	热带草原
CK	—	—	—	—	—	—	—	—	—
N0P2K2	54.80	10.59	0.00	2.76	6.55	−1.04	3.67	2.76	33.43

续表

处理	玫瑰			康乃馨			非州菊		
	超级	艳粉	黑玫	红色恋人	火焰	马斯特	141	147	热带草原
N1P2K2	167.44	18.91	5.57	0.71	11.34	7.24	18.57	5.98	64.21
N2P2K2	172.17	39.78	1.63	−4.73	11.14	2.33	51.63	40.73	69.19
N3P2K2	167.50	23.60	−3.15	1.75	0.44	−0.48	48.98	31.83	86.59
N2P0K2	—	—	—	—	—	—	—	—	—
N2P1K2	251.15	28.36	8.36	1.07	18.59	10.86	38.03	32.85	79.37
N2P3K2	125.63	26.59	2.10	−6.16	8.53	0.74	2.10	−1.87	40.68
N1P1K2	258.81	61.71	15.87	8.57	40.03	19.99	52.90	38.57	123.96

从上述结果可以看出，玫瑰超级品种、康乃馨火焰品种和非洲菊热带草原品种在低NP水平下，NP利用率较同种花卉高，NP农学效应也相对较高，说明上述三种花卉品种是NP的高效利用品种。

3）氮磷高效利用蔬菜品种优化配置

由于花卉栽培的特殊性，在进行氮磷高效利用花卉品种优化配置的大田试验过程中，发现花卉物种间因温度、水分、光照以及栽培方式的差异较大，不便于在同一设施大棚内进行不同物种间的间作和套作，可操作性较差。

在滇池流域昆阳镇上蒜镇洗澡堂村和牧羊村委会进行荷兰豆-甜玉米轮作、甜玉米-黄豆轮作、黄瓜-辣椒轮作、生菜-辣椒轮作、大蒜-黄豆间作、荷兰豆-西兰花间作的种植结构调整优化配置的试验效果表明，荷兰豆-甜玉米轮作、甜玉米-黄豆间作、荷兰豆-西兰花间作三种模式亩收益明显高于传统种植的黄瓜-辣椒轮作、生菜-辣椒轮作和大蒜-黄豆间作模式。

对种植前和收获后耕作层土壤进行取样分析，从表4-25可以看出，所有种植模式的土壤全氮整体均呈上升趋势，但由于氮肥施用量减少10%、磷肥施用量减少20%，荷兰豆-甜玉米轮作、甜玉米-黄豆间作、荷兰豆-西兰花间作三种模式的土壤全氮增幅小于传统模式种植地；土壤全磷推荐模式均呈略微下降趋势，而传统模式土壤全磷均呈上升趋势。

表4-25　氮磷高效利用蔬菜品种优化配置(n=18)

模式		收益/(元/亩)	土壤耕层TN/(g/kg)		土壤耕层TP/(g/kg)	
			种植前	收获后	种植前	收获后
推荐模式	荷兰豆-甜玉米轮作模式	5800	3.04	3.09±0.05	1.730	1.718±0.012
	甜玉米-黄豆间作模式	4380	2.63	2.68±0.05	1.501	1.493±0.008
	荷兰豆-西兰花间作模式	5670	2.40	2.51±0.11	1.438	1.436±0.002
传统模式	黄瓜-辣椒轮作	3800	3.05	3.33±0.28	1.836	1.842±0.006
	生菜-辣椒轮作	3500	2.89	3.282±0.392	1.749	1.812±0.063
	大蒜-黄豆间作	2890	2.75	2.87±0.12	1.366	1.375±0.009

NP 养分高效利用蔬菜优化配置模式三种(荷兰豆—甜玉米轮作模式;甜玉米—黄豆间作模式,荷兰豆—西兰花间作模式),与农民习惯模式相比,上述三种模式可以减少氮肥投入量 10%、减少磷肥投入量 20%,对土壤耕层 TN 积累幅度低于农民习惯模式,而土壤耕层 TP 的含量呈下降的趋势。

2. 设施农业水肥一体化技术

1) 水肥一体化技术在花卉玫瑰上的应用效果

水肥一体化试验玫瑰土壤情况详见表 4-26。

表 4-26 不同水溶性肥料用量和方法试验土壤状况分析(n=3)

处理	施肥方式	取样深度/cm	氨氮/(mg/kg)	硝态氮/(mg/kg)	全氮/%	有效磷/(mg/kg)	全磷/%	速效钾/(mg/kg)	全钾/%
SF100%	滴灌	0～30	10.59	10.91	0.225	11.85	0.119	93.95	2.24
		30～60	8.16	8.21	0.182	9.54	0.09	82.51	1.72
	浇灌	0～30	9.68	9.66	0.201	10.82	0.110	89.12	1.95
		30～60	8.75	8.85	0.156	10.01	0.095	87.10	1.88
SF85%	滴灌	0～30	9.65	9.56	0.214	11.02	0.114	91.05	2.03
		30～60	7.53	7.45	0.194	8.82	0.084	79.33	1.76
	浇灌	0～30	8.65	8.76	0.205	10.04	0.095	85.32	1.88
		30～60	8.12	8.32	0.204	9.68	0.091	81.51	1.80
SF70%	滴灌	0～30	9.11	8.69	0.207	10.22	0.102	85.36	1.82
		30～60	7.17	6.88	0.184	8.36	0.075	68.85	1.51
	浇灌	0～30	8.32	8.04	0.201	9.69	0.096	75.56	1.71
		30～60	7.57	7.62	0.195	9.06	0.088	71.52	1.66
SF55%	滴灌	0～30	7.92	7.91	0.188	8.74	0.092	72.65	1.75
		30～60	6.30	6.13	0.167	6.98	0.061	60.21	1.43
	浇灌	0～30	7.31	7.12	0.180	8.04	0.083	67.58	1.67
		30～60	6.88	6.61	0.174	7.57	0.075	65.16	1.57

表 4-26 显示了水肥一体化试验玫瑰 0～30cm 和 30～60cm 层土壤的有机质、氨氮、硝态氮、总氮、有效磷、全磷、速效钾和全钾的含量状况。较深层(30～60cm)土壤的各个指标均低于浅层(0～30cm)土壤;在同一肥料用量的处理中,滴灌方式的玫瑰土壤浅层(0～30cm)土壤的各个指标均高于浇灌方式,其他各个指标在较深层(30～60cm)土壤都是浇灌方式高于滴灌方式。

各个处理方式下的浅层(0～30cm)和较深层(30～60cm)土壤的氨氮、硝态氮、总氮、有效磷、全磷、速效钾和全钾含量有显著性差异,在同一肥料用量的处理中,滴灌方式的浅层(0～30cm)土壤以上各个指标均高于浇灌方式。在较深层(30～60cm)土壤中则是浇灌方式高于滴灌方式。在不同肥料用量的各个处理中,土壤以上各个指标含量有随着肥料用量减少而减少的趋势。

水肥一体化试验玫瑰地下渗水监测结果详见表 4-27。

表 4-27　不同水溶性肥料用量和方法地下渗水结果(n=3)

处理	施肥方式	氨氮/(mg/L)	硝酸盐氮/(mg/L)	总氮/(mg/L)	水溶性总磷/(mg/L)	总磷/(mg/L)	化学需氧量/(mg/L)	五日生化需氧量/(mg/L)	悬浮物/(mg/L)
SF100%	滴灌	0.89	6.61	10.03	0.12	0.28	9.64	4.26	23.85
	浇灌	1.65	7.18	11.03	0.15	0.36	10.53	4.86	70.41
SF85%	滴灌	0.74	5.96	8.94	0.10	0.24	8.26	4.02	22.05
	浇灌	1.42	6.64	9.52	0.13	0.31	9.15	4.14	64.82
SF70%	滴灌	0.71	4.45	7.88	0.08	0.19	7.56	3.26	21.15
	浇灌	1.33	4.92	9.33	0.11	0.21	8.17	3.75	69.26
SF55%	滴灌	0.65	3.23	7.21	0.06	0.13	6.65	2.53	20.45
	浇灌	0.86	3.64	8.24	0.08	0.16	7.46	2.98	50.32

表 4-28 显示了水肥一体化试验玫瑰地下渗水的结果，同一肥料用量下包括地下渗水的氨氮、硝酸盐氮、总氮、水溶性总磷、总磷、化学需氧量、五日生化需氧量和悬浮物在内的各个指标均是滴灌方式数值低于浇灌方式。在不同肥料用量的各个处理中，地下渗水以上各个指标含量有随着肥料用量减少而减少的趋势。

水肥一体化试验玫瑰对径流水的影响详见表 4-28。

表 4-28　不同水溶性肥料用量和方法对径流水的影响(n=3)

处理	施肥方式	氨氮/(mg/L)	硝酸盐氮/(mg/L)	总氮/(mg/L)	水溶性总磷/(mg/L)	总磷/(mg/L)	化学需氧量/(mg/L)	五日生化需氧量/(mg/L)	悬浮物/(mg/L)
SF100%	滴灌	3.58	13.54	18.42	0.46	0.84	29.65	8.68	37.22
	浇灌	3.92	15.48	20.62	0.57	0.97	33.45	9.43	161.42
SF85%	滴灌	3.12	12.36	16.52	0.31	0.62	25.38	7.29	37.64
	浇灌	3.54	13.28	17.42	0.45	0.76	27.41	7.90	146.50
SF70%	滴灌	2.60	10.31	11.72	0.29	0.54	19.21	6.61	31.24
	浇灌	2.91	11.43	12.03	0.33	0.65	23.46	7.38	124.22
SF55%	滴灌	2.40	9.17	9.22	0.26	0.41	15.12	5.84	22.14
	浇灌	2.75	9.89	9.81	0.28	0.57	18.76	6.37	120.18

表 4-28 显示了水肥一体化试验对玫瑰径流水的影响，同一肥料用量下径流水的氨氮、硝酸盐氮、总氮、水溶性总磷、总磷、化学需氧量、五日生化需氧量和悬浮物各个指标均是滴灌方式数值低于浇灌方式。在不同肥料用量的各个处理中，径流水中以上各个指标含量有随着肥料用量减少而减少的趋势。

水肥一体化试验结果显示，玫瑰地下渗水和径流水的氨氮、硝酸盐氮、总氮、水溶性总磷、总磷、化学需氧量、五日生化需氧量和悬浮物各个指标均是滴灌方式数值低于浇灌方式，说明滴灌方式比浇灌方式有利于减少玫瑰花地的面源污染。在不同肥料用量的各个处理中，地下渗水和径流水中以上各个指标含量有随着肥料用量减少而减少的趋势，说明用肥量少的处理有利于减少玫瑰花地面源污染。各个处理土壤污染物的含量也和以上结果相吻合，较深层（30～60cm）土壤的污染物指标均低于浅层（0～30cm）土壤；在同一肥料用量的处理中，采用滴灌方式的玫瑰地浅层（0～30cm）土壤的污染物指标高于浇灌方式，在不同肥料用量的各个处理中，污染物有随着肥料用量减少而减少的趋势。

2）水肥一体化技术在蔬菜黄瓜上的应用效果

水肥一体化试验黄瓜土壤情况详见表 4-29。

表 4-29 不同水溶性肥料用量和方法土壤情（n=3）

处理	施肥方式	取样深度/cm	氨氮/(mg/kg)	硝态氮/(mg/kg)	全氮/%	有效磷/(mg/kg)	全磷/%	速效钾/(mg/kg)	全钾/%
SF100%	滴灌	0～30	19.21	19.14	0.407	21.77	0.205	179.82	3.81
		30～60	12.73	13.65	0.341	15.99	0.165	154.41	3.30
	浇灌	0～30	17.25	16.24	0.382	19.04	0.185	172.61	3.77
		30～60	14.52	14.62	0.365	17.83	0.172	162.75	3.52
SF85%	滴灌	0～30	17.38	16.67	0.400	20.18	0.191	166.62	3.70
		30～60	13.20	12.15	0.327	15.77	0.155	142.10	3.22
	浇灌	0～30	16.68	14.61	0.371	17.16	0.174	161.44	3.62
		30～60	14.47	13.93	0.354	16.44	0.162	150.65	3.37
SF70%	滴灌	0～30	16.12	16.14	0.381	19.11	0.183	155.03	3.31
		30～60	12.01	12.43	0.330	15.15	0.134	132.92	2.98
	浇灌	0～30	14.52	14.74	0.371	17.67	0.164	140.23	3.11
		30～60	13.55	13.16	0.365	16.22	0.157	137.66	3.08
SF55%	滴灌	0～30	14.82	14.35	0.341	15.72	0.146	132.16	3.24
		30～60	11.94	10.32	0.314	13.61	0.101	107.12	2.71
	浇灌	0～30	13.17	13.25	0.333	14.49	0.135	123.29	3.07
		30～60	12.65	11.60	0.327	14.05	0.123	117.90	2.88

根据试验数据分析，使用相同肥料量相比的前提下，水溶性肥料滴灌施用在表层 0～30cm 中氨态氮、硝态氮、有效磷和全磷含量均较浇灌高；但在 30～60cm 土层中又是浇灌比滴灌高。说明滴灌能防止氨态氮、硝态氮、有效磷和全磷往深层土壤流失。随着施肥量的降低，土层中氨态氮、硝态氮、有效磷和全磷含量也呈下降的趋势。

水肥一体化试验黄瓜地下渗水监测结果详见表 4-30。

随着施肥量的降低，土层中氨态氮、硝态氮、有效磷和全磷含量也呈下降的趋势。使用相同肥料量的前提下，水溶性肥料滴灌施用在地下渗水中氨态氮、硝态氮、有效磷和全磷含量均较浇灌低，说明滴灌能防止氨态氮、硝态氮、有效磷和全磷往地下渗水流失。

表 4-30　不同水溶性肥料用量和方法地下渗水监测结果（n=3）

处理	施肥方式	氨氮/(mg/L)	硝酸盐氮/(mg/L)	总氮/(mg/L)	水溶性总磷/(mg/L)	总磷/(mg/L)	化学需氧量/(mg/L)	五日生化/需氧量(mg/L)	悬浮物/(mg/L)
SF100%	滴灌	1.58	9.97	15.61	0.194	0.495	15.68	6.79	34.62
	浇灌	2.70	11.25	18.33	0.229	0.537	17.28	7.29	104.4
SF85%	滴灌	1.22	8.64	13.11	0.166	0.348	13.34	6.38	32.12
	浇灌	2.41	10.53	16.63	0.187	0.437	14.46	6.84	100.1
SF70%	滴灌	1.16	6.88	11.75	0.134	0.291	11.35	5.16	33.24
	浇灌	2.13	7.84	14.43	0.157	0.325	13.21	5.93	103.3
SF55%	滴灌	1.01	4.68	10.21	0.115	0.146	10.12	4.37	33.91
	浇灌	1.42	6.21	11.89	0.138	0.194	12.34	5.24	104.2

水肥一体化试验黄瓜对径流水的影响详见表 4-31。

随着施肥量的降低，土层中氨态氮、硝态氮、有效磷和全磷含量也呈下降的趋势。相同肥料量相比，水溶性肥料滴灌施用在地表径流中氨态氮、硝态氮、有效磷和全磷都较浇灌低，说明水溶性肥料滴灌施用能防止氨态氮、硝态氮、有效磷和全磷随水流失。

表 4-31　不同水溶性肥料用量和方法对径流水的影响（n=3）

处理	施肥方式	氨氮/(mg/L)	硝酸盐氮/(mg/L)	总氮/(mg/L)	水溶性总磷/(mg/L)	总磷/(mg/L)	化学需氧量/(mg/L)	五日生化/需氧量(mg/L)	悬浮物/(mg/L)
SF100%	滴灌	5.14	19.46	27.73	0.726	1.158	38.78	12.13	63.52
	浇灌	5.69	21.10	29.24	0.787	1.287	44.84	13.90	205.81
SF85%	滴灌	4.67	17.93	22.45	0.538	0.764	34.22	10.15	67.74
	浇灌	4.75	18.16	24.56	0.654	0.981	38.45	11.68	217.41
SF70%	滴灌	2.32	12.72	16.70	0.443	0.673	25.84	9.22	61.78
	浇灌	3.33	13.28	18.97	0.524	0.783	28.67	9.86	208.85
SF55%	滴灌	2.04	10.16	14.28	0.365	0.614	21.35	8.12	60.12
	浇灌	3.12	11.33	16.0	0.432	0.666	23.41	8.84	209.46

随着施肥量的降低，土层中氨态氮、硝态氮、有效磷和全磷含量也呈下降的趋势。相同肥料量相比，水溶性肥料滴灌施用在地下水和地表径流中氨态氮、硝态氮、有效磷和全磷含量均较浇灌低，说明水溶性肥料滴灌施用能防止氨态氮、硝态氮、有效磷和全磷随水流失。

4.5.4　技术示范及效益分析

该技术应用区域为安乐、柳坝、竹园、段七等 4 个村委会。核心示范区面积 300 亩，技术示范区面积 2500 亩。

在滇池柴河流域安乐、柳坝、竹园、段七等 4 个村委会示范应用水肥综合控制与循环利用技术。在示范区发放云南省农科院与云天化集团合作研发的水溶性肥（N－P_2O_5－V_2O 配比为 15－10－20、20－10－20、15－10－30）20t；在示范区发放云南省农科院与云南威鑫农业科技股份有限公司合作研发的水溶性肥 15—5—25（肥料 N－P_2O_5－V_2O 配比为 140—80—280）20t，控释肥（肥料 N－P_2O_5－V_2O 配比为 15—5—25）38t。

示范基地由化肥引起的农业面源污染养等得到缓解和控制。核心示范区示范效果监测结果详见表 4-32。在核心示范区利用云天化集团提供的水溶性肥料，选择黄瓜、番茄、辣椒和玫瑰等 4 种作物（3 种蔬菜和 1 种花卉）进行控污滴灌和农民习惯浇灌的同田对比监测。每种作物分别实施同田对比监测试验 5 组，分别记载每组试验的产量、灌溉用水量、肥料用量、农药用量和用工量。同一作物 5 组试验结果进行加权平均后，得出同田对比试验监测结果。

从表 4-32 黄瓜同田对比试验监测结果可以看出，滴灌在比浇灌节水 56%的情况下增产 25.3%；滴灌比浇灌节肥 32.3%；滴灌减少了杂草和病虫害生长，减少了化学农药对土壤的污染。滴灌比浇灌省药 24.9%；省工 244.67 元/亩。

表 4-32　同田对比试验结果（n=20）

作物	灌溉方式	增产		节水		节肥		省药		省工	
		产量/(kg/亩)	增产率/%	用水/(m^3/亩)	节水率/%	节肥/(元/亩)	节肥率/%	用药/(元/亩)	省药率/%	(元/亩)	±(元/亩)
黄瓜	滴灌	5332	33.3	274	45.15	64	35.2	10	26.2	150	300
	浇灌	4000	—	500	—	98	—	13	—	450	—
番茄	滴灌	7363	26.5	267	68.85	63	30.8	11	19.7	160	193.33
	浇灌	5821	—	856	—	91	—	13	—	353	—
辣椒	滴灌	3634	20.13	253	35	56	29.7	8	18.6	120	172
	浇灌	3025	—	390	—	80	—	10	—	292	—
玫瑰	滴灌	14638	21.27	133	75	80	33.5	13	35.1	160	313.33
	浇灌	12071	—	533	—	120	—	20	—	473	—
合计	滴灌		25.3		56		32.3		24.9		244.67
	浇灌		—								

注：玫瑰产量用枝/季/亩表示。

设施农田径流产生量为 3.375m^3×4 月×3 次/月=40.5m^3/(亩·a)，设施农田污染物水平和径流排放浓度范围见表 4-33。

表 4-33　设施农业径流同田对比污染负荷比较（n=6）

污染物指标	推荐技术		农民习惯		推荐技术污染负荷减少量/[g/(亩·a)]	推荐技术污染负荷减少/%
	排放浓度/(mg/L)	排放量/[g/(亩·a)]	排放浓度/(mg/L)	排放量/[g/(亩·a)]		
总氮	4.82±1.34	180.21±54.45	7.56±2.23	306.18±92.03	125.97	41.14

续表

污染物指标	推荐技术		农民习惯		推荐技术污染负荷减少量/[g/(亩·a)]	推荐技术污染负荷减少/%
	排放浓度/(mg/L)	排放量/[g/(亩·a)]	排放浓度/(mg/L)	排放量/[g/(亩·a)]		
氨氮	0.71±0.20	25.76±2.48	1.12±0.32	45.36±15.10	19.6	43.21
总磷	1.01±0.29	37.25±4.16	1.55±0.49	62.57±18.34	25.32	40.47
水溶性总磷	0.33±0.09	13.09±1.48	0.54±0.17	21.87±6.53	8.78	40.15
BOD_5	7.35±2.18	297.68±26.66	12.00±3.82	486.00±139.41	188.31	38.75
COD	45.23±12.26	1831.82±171.34	71.00±21.90	2875.50±788.11	1043.68	36.30
SS	9.24±2.19	374.22±33.82	15.00±4.31	607.50±172.78	233.28	38.40

备注：上述数据为第三方监测结果。2015 年示范工程运行连续监测 6 个月(5～10 月)。

在示范区建成设施农业水肥综合控制集成技术示范区 2500 亩。通过技术应用，在不降低示范区农田经济收益的基础上，示范大棚内肥料施用量减少 35%以上(推荐技术 N 487.5kg/hm^2、P_2O_5 390kg/hm^2、K_2O 292.5kg/hm^2；农民习惯 N 750kg/hm^2、P_2O_5 600kg/hm^2、K_2O 450kg/hm^2)；提高示范区肥料利用效率提高 7.1%以上；减少肥料成本投入 23.5%以上。设施农田径流总氮、总磷、氨氮、COD 分别降低 41.14%、40.47%、43.21%、36.3%。

总之，水肥综合控制与循环利用技术是目前设施农业一种最有效的防控农业面源污染的技术。该技术针对滇池流域设施农业大棚蔬菜和花卉种类多、高投入、高复种指数的特点，解决设施农业作物水肥利用效率低下、水肥以径流损失和渗漏损失的关键问题。该技术从传统的“浇土壤”改为“浇作物”，是一项集成的高效节水节肥控污技术。

设施农业水肥一体化技术按照作物需水要求，通过低压管道系统与安装在毛管上的灌水器，将水和作物需要的养分均匀而又缓慢地滴入作物根区土壤中。滴灌不破坏土壤结构，土壤内部水、肥、气、热维持在能保持作物生长的良好状况，蒸发损失小，不产生地面径流，几乎没有深层渗漏，具有较高的节水节肥率。

在示范区建成设施农业水肥综合控制与循环利用集成技术示范区 2500 亩。通过技术应用，在不降低示范区农田经济收益的基础上，示范大棚内肥料施用量减少 35%以上；提高示范区肥料利用效率 7.1 个百分点以上；减少肥料成本投入 23.5%以上。设施农田径流总氮、总磷、氨氮、COD 分别降低 41.14%、40.47%、43.21%、36.3%。

4.6　都市设施农业少排放技术

4.6.1　技术简介

为解决滇池流域设施高复种指数和农业高投入带来的高污染问题，采用基质半基质栽培、大棚防渗、沟渠排水生物炭滤池等技术，达到设施农业减污少排的目的。都市设施农业少排放技术适用于都市设施农田、设施规模化生产区域、设施非规模化生产区域。

4.6.2 技术工艺构成

设施农业减污少排放技术由养分高效利用的品种、基质半基质栽培技术、大棚防渗技术、沟渠排水生物炭滤池技术组成。其工艺流程和相关参数为：选用适合无土栽培的蔬菜品种，如大湖 366、皇帝，适合四季栽培的品种，将种子裹上 1 层硅藻土等含钙物质，再将草炭和蛭石按 3∶1 比例、尿素 2g/盘、磷酸二氢钾 2g/盘、消毒鸡粪 10g/盘混配作为育苗基质，装入直径 8～10cm、高 7.5cm 的塑料钵中，然后浇透水，再将经浸种、催芽的种子播入营养钵内。将温度保持在 15～20℃，以利种子发芽。之后灌适量清水以补充水分。为使生菜能够连续供应市场，可以每隔 1 周播种 1 次。出苗后到 2～3 片真叶时即可定植。建槽大多数采用砖，3～4 块砖平地叠起，高 15～20cm，不必砌。为了充分利用土地面积，栽培槽的宽度定为 96cm 左右，栽培槽之间的距离定为 0.3～0.4m，填上基质，施入基肥，每个栽培槽内可铺设 4～6 根塑料滴灌管。定植之前，先在基质中按每立方米基质混入 10～15kg 消毒鸡粪、1kg 磷酸二铵、1.5kg 硫铵、1.5kg 硫酸钾作基肥。定植后 20d 左右追肥 1 次，每立方米追 1.5kg 三元复合肥。以后只须灌溉清水，直至收获。每个栽培槽可栽植 4～5 行蔬菜，株行距大约为 25cm 为宜。

4.6.3 技术研发过程

与露天栽培环境相比，设施栽培条件下频繁、高强度的施肥、灌水条件使得生态阻控技术的实施难度加大，因此技术从设施生态栽培基质配方优化、防渗与生态沟渠拦截减污少排阻控三个方面进行设计。

1. 技术设计

1）大棚生态基质、半基质栽培技术设计

该技术通过大棚土壤栽培、基质栽培和半基质栽培，筛选出保水保肥能力最强，改善土壤物理性质效果最好的基质材料和配比。

供试材料为蛭石、生物炭、咖啡渣、玉米秸秆、锯末、硅藻土，如图 4-2 所示；“美国大速生菜”为供试品种；供试肥料为复合肥（N∶P∶K=16∶16∶16）。

目前，国际上基质栽培主要采用草炭与不同比例的蛭石和珍珠岩复配而成。单因素筛选试验设计具体如下，蛭石∶草炭=1∶2（体积比）是国际上公认的最佳配比。但是，草炭属于不可再生资源，并且今年来价格不断上涨，寻找替代草炭的资源成为必然。因此，将选择的供试材料生物炭、咖啡渣、锯末、硅藻土用来代替草炭进行试验，具体设 CK（纯蛭石栽培）、T1（蛭石∶生物炭=1∶2）、T2（蛭石∶硅藻土=1∶2）、T3（蛭石∶锯末=1∶2）、T4（蛭石∶咖啡渣=1∶2）、T5（蛭石∶泥炭=1∶2）6 个处理。

单一基质由于理化性状上的缺陷很难满足作物生长的各项要求，加之生产成本、栽培管理等方面的因素，用多种基质按一定比例混合形成复合基质更经济、适用。混合基质处理设计详见表 4-34。

图 4-2　生态栽培半基质配方筛选

表 4-34　混合基质处理

处理	蛭石+生物炭	咖啡渣	锯末	硅藻土
T1	3	2	2	2
T2	3	3	2	1
T3	3	3	1	2
T4	3	2	1	3
T5	3	2	3	1
T6	3	1	2	3
T7	3	1	3	2
CK1　V(蛭石)∶V(生物炭)=1∶2(体积比)				
CK2　传统土培				

半基质栽培处理设计详见表 4-35。

表 4-35　半基质处理

处理	混合基质	大棚土
T1	3	0
T2	2	1
T3	1	1
T4	1	2
T5	0	3

在混合基质和半基质实验进行的同时，要对该实验的废液部分进行回收。主要目的在于测定基质、半基质栽培对各种营养元素的吸收情况，减少作物种植对水环境的影响。

此外，利用不同的种植基质种植美国大速生生菜，测定其生菜指标。生菜定植前，都是先将生菜种子浸种、催芽，在塑料大棚内进行穴盘育苗，子叶展开后分苗。待生菜幼苗长到三叶一心时，挑选长势均一的生菜幼苗定植于各对应的栽培槽中。将供试材料按试验设计的比例配好混匀并装入相应的栽培槽内，每个处理重复 3 次，水肥进行固定喷施。

利用不同基质(大棚土壤、基质和半基质)同时进行基质的渗水实验，测定不同基质渗水能力。

2) 大棚防渗技术设计

针对滇池流域设施农田土壤环境条件及氮、磷养分特点，采用大棚防渗技术，达到设施农业减污少排的目的。利用不同的防水涂料添加在土壤的不同深度，测定其土壤养分的下渗流失情况。

防渗材料筛选，供试涂料聚合物水泥、腻子粉、油漆和白水泥 4 种。

施工步骤：A.基面处理：用铁铲、扫帚等工具清除施工垃圾，如遇污渍需用溶剂清洗，若基层有缺损或跑砂现象，需要新修整，阴阳角部位在找平时做成圆弧形。B.涂底胶：基层平整度较差时，在液料中掺合适量的水(一般比例为液料∶水=1∶1.4)搅拌均匀后，涂抹在土层表面做底涂。C.聚合物水泥基防水涂料配制：先将防水涂料(按照液料∶粉料=1∶0.7 的重量比)配制好，用搅拌器搅拌至均匀细微，不含团粒的混合物即可使用，配料数量根据工程面和完成时间所安排的劳动力而定，配好的材料应在 40min 内用完。D.节点部位加强处理：按设计或规范要求对节点部位(阴阳角、施工缝等)涂刷 JS 防水涂料加强层，涂层中间加设胎体材料增强。E.大面分层涂刮 JS 防水涂料：分纵横两个方向涂刮 JS 防水涂料，后一涂层应在前一涂层表干但未实干时施工(一般情况下，两层之间的涂刷间隔约 4～8h)，以指触不粘为准。F.防水层收头：JS 防水涂料收头采用多遍涂刷或用密封材料封严。

3) 沟渠排水生物炭滤池技术设计

生物炭作为一种土壤改良剂施用，可以改良土壤的理化及生物性状，吸附土壤中的磷素，减少磷素迁移流失。针对滇池流域设施农田土壤环境条件及氮、磷养分流失特点，采用沟渠排水生物炭滤池技术，达到设施农业减污少排的目的。本技术通过生物炭填充滤池，达到吸附、过滤沟渠水中氮磷元素的目的，提高滇池流域大棚土壤中的磷素利用率。

选用 5 种填料(生物炭基质，自制沸石颗粒，木屑，沙粒，陶粒)作为主要吸附材料，对其 N、P 吸附效果做了系统研究，筛选出最佳吸附材料。农田沟渠低污染水地埋式净化装置设计如图 4-3 所示。

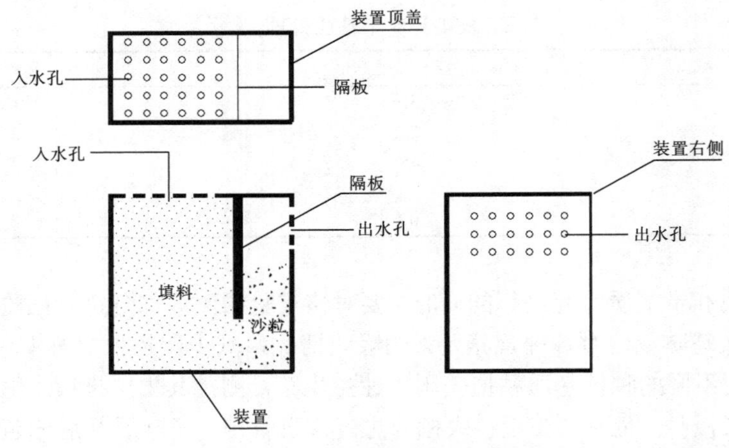

图 4-3　农田沟渠低污染水地埋式净化装置

2. 大棚生态基质、半基质栽培技术效果

1）生态栽培半基质效果

研究结果表明，不同材料的持水时间和饱和吸水量差别很大，详见表 4-36。大棚土壤较为黏重，质地差，宜耕性差，下渗能力差，干湿容重都很高，咖啡渣，蛭石，玉米秸秆，生物炭都是很好的改良容重材料。

表 4-36　不同自然材料持水能力

基质	持水时间/s	饱和吸水量 V/mL
泥炭	37±1	190±2
咖啡渣	64±2	145±3
玉米秸秆	72±1	54±1
粉煤灰	118±3	109±5
蛭石	242±1	249±3
沸石	438±2	339±6
海泡石绒	592±2	267±3
生物炭	2810±3	234±5
露地土壤	3850±5	194±3
淀粉	5790±2	191±2
滇池底泥	7309±3	297±2
双飞粉	9305±3	115±3
高岭土	9977±5	407±1
硅藻土	16112±4	396±2
大棚土	18880±3	321±4

此外，研究发现，大棚土孔隙度小，通气性差，不利于养分吸收和利用。可以通过施用泥炭，咖啡渣，蛭石，生物炭，粉煤灰，玉米秸秆和海泡石绒改善通气状况。

基质半基质筛选试验结果表明，半基质种植能显著提高出苗率，从叶片生理指标来看，半基质种植下的长势最好，详见表 4-37。

表 4-37　不同种植方式作物生理指标

种植方式	出苗时间/d	出苗率/%	苗长/cm	叶宽/cm	叶绿素含量/(g/kg)
大棚土壤	7	80.00±2	0.33±0.06	0.08±0.01	0.68±0.1
基质	8	90.00±3	0.28±0.07	0.11±0.01	0.4±0.08
半基质	8	90.00±2	0.29±0.07	0.09±0.02	0.7±0.1

利用不同基质（大棚土壤、基质和半基质）同时进行基质的渗水实验，结果表明，半基质种植很好的改善了大棚土壤持水渗水性质，详见表 4-38。

表 4-38　不同基质渗水能力

基质名称	持水量/%	下渗水量/%	侧渗水量/%
大棚土壤	5.26±0.3	22.97±0.4	77.03±0.3
基质	15.59±0.6	58.65±0.6	41.35±0.2
半基质	24.28±0.5	49.48±0.4	50.52±0.2

2) 生物炭半基质小白菜减污增产效果

从生物炭半基质对大棚土壤有效磷活化的影响得出，大棚土壤中虽然全磷含量高，但是有效磷占的比例不高，在施肥的时候有效磷含量会迅速升高，但是肥料中的有效养分会迅速流失和被作物利用，从长期采样监测情况来看，滇池流域平均有效磷含量仅占全磷含量的 4.21%。添加生物炭半基质能显著增加大棚土壤有效磷在全磷中所占的比例，各处理之间的差异极显著，且呈线性极显著正相关(R^2=0.9791)。经生物炭半基质处理后，有效磷比例分别提高到 4.89%、5.45%、6.34%、7.50%，较大棚土壤提高了 16.15%、29.45%、50.59%、78.15%。

进行了生物炭半基质提高大棚土壤磷肥利用率的研究，经调查后计算发现，滇池流域大棚磷施入量折合 186kg/hm^2，研究对磷施用量、生物炭半基质添加量和磷肥利用率之间的关系进行了完全区组实验，生物炭半基质添加质量百分比与之前的实验相同，因为滇池流域大棚土壤磷肥施用水平极高，所以设磷施用量为，1/3 常规施用量、1/2 常规施用量、常规施用量，即 62kg/hm^2、93kg/hm^2、186kg/hm^2。

添加生物炭半基质和施用磷肥均能显著提高大棚土壤中磷肥的利用率，在不添加生物炭半基质的条件下，大棚土壤对磷肥的利用率基本保持不变，随着生物炭半基质添加量的增加，各施肥处理环节中磷肥利用率有显著提高，整体呈现先增大后减小的趋势，2%和4%的添加量时效差异不显著，当生物炭半基质添加量为 8%的时候效果最好，且对减半施肥的效果最好，当生物炭半基质添加量超过 8%的时候，磷肥利用率反而下降。

添加生物炭半基质施肥处理比不施肥处理时的效果显著，生物炭半基质对 1/3 施磷和常规施磷的效果处理差异不显著，对 1/2 施磷处理的效果显著高于其他，不添加生物炭半基质时，磷肥利用率为 14.77%，当生物炭半基质添加量为 8%的时候，磷肥利用率提高到 31.21%，提高了 1.11 倍。因此，从磷肥利用率上来讲，滇池流域大棚土壤中添加 8%的生物炭半基质并进行减半施肥最有利于磷肥的利用。磷肥利用率提高，也相应减少了磷肥的损失，降低了农业非点源磷污染。

在滇池流域大棚土壤中，磷流失主要通过下渗迁移。实验研究了滇池流域大棚土壤每年磷流失量，结果表明，滇池流域大棚磷流失量为 698.78g/(hm^2·a)，添加生物炭半基质能有效减少大棚磷的流失，随着添加量的增加，磷流失量分别为 603.74g/(hm^2·a)、513.82g/(hm^2·a)、387.44g/(hm^2·a)、456.84g/(hm^2·a)，分别较大棚土壤降低了 12.47%、25.51%、43.83%、33.77%，添加生物炭半基质量为 8%的时候效果最好。

3) 大棚防渗技术效果

大棚的防渗技术指的是采用不同的防水涂料添加在土壤的不同深度，从而防止土壤养分的下渗流失。

选用的 4 种环保材料都能完全防渗，详见表 4-39，且用量少，性质稳定，不会对土壤和作物造成影响。在现代化施工技术的条件下，可以根据不同的需求，在田间用于防渗，是效果较好环保节水材料。

表 4-39　不同涂料防水能力

材料	成分	防渗作用	防渗率/%	完全防渗厚度/mm
防水涂料	聚合物水泥	下渗	100	0.1
补墙膏	腻子粉	侧渗	100	0.2
补墙漆	油漆	侧渗	100	0.2
填缝剂	白水泥	下渗	100	0.2

4) 沟渠排水生物炭滤池技术效果

模拟试验结果表明(表 4-40)，5 种填料(生物炭基质，自制沸石颗粒，木屑，沙粒，陶粒)处理经过不同的吸附时间后氨氮的出水浓度具有显著的差异。吸附时间为 120min 时，生物炭基质、自制沸石、陶粒的氨氮出水浓度达到最低，分别为 2.985mg/L，5.875mg/L，3.544mg/L，可以明显看出生物炭基质的吸附效果最好，陶粒次之。沙粒的吸附效果不佳，在 90min 时就达到了最低出水浓度，这是因为吸附平衡所需的时间与填料的表面积及颗粒大小有关，颗粒越小、表面积越大，吸附平衡所需的时间越短。

表 4-40　不同吸附时间后氨氮的出水浓度　(单位：mg/L)

填料种类	吸附时间/min				
	30	60	90	120	150
生物炭	5.254±0.37a	3.875±0.28a	3.212±0.27a	2.985±0.17a	3.012±0.34a
自制沸石	7.213±0.44b	6.448±0.25b	6.002±0.33b	5.875±0.21b	5.902±0.18b
木屑	9.471±0.31c	9.236±0.17c	9.432±0.28c	9.667±0.29c	9.783±0.34c
沙粒	9.048±0.42c	8.618±0.36d	8.436±0.33d	8.557±0.20d	8.579±0.20d
陶粒	5.798±0.37d	4.422±0.25e	3.811±0.34e	3.544±0.26e	3.606±0.33e

经过不同的吸附时间后测量总磷的出水浓度发现(表 4-41)，生物炭在 120min 时，出水总磷浓度达到最低，为 0.518mg/L；自制沸石和陶粒的出水浓度一直在降低，但是到 120min 之后，浓度的降低趋于平缓，说明已经接近吸附平衡；沙粒的出水浓度在 90min 达到最低，为 1.812mg/L；木屑的出水浓度极不稳定，且出水浓度接近进水浓度。

表 4-41　不同吸附时间后总磷的出水浓度　(单位：mg/L)

填料种类	吸附时间/min				
	30	60	90	120	150
生物炭	1.238±0.33a	0.743±0.23a	0.642±0.39a	0.518±0.54a	0.532±0.29a
自制沸石	2.207±0.48b	2.114±0.52b	2.078±0.37b	2.044±0.62b	2.041±0.48b

续表

填料种类	吸附时间/min				
	30	60	90	120	150
木屑	2.389±0.46b	2.344±0.55b	2.413±0.43b	2.377±0.58b	2.443±0.29b
沙粒	2.027±0.25bc	1.874±0.59c	1.812±0.27c	1.844±0.21c	1.905±0.59c
陶粒	1.835±0.33c	1.606±0.73c	1.544±0.68c	1.458±0.61c	1.438±0.79d

同时也发现，5 种填料对 TP 吸附量的大小关系是：生物炭＞陶粒＞沙粒＞自制沸石＞木屑，生物炭对 TP 的吸附效果最好，远优于其余四种填料，120min 时，吸附量达到最大值，为 39.64mg/kg，然后开始下降；陶粒和自制沸石的吸附量随着吸附时间的增加一直在增长，到 120min 后趋于稳定；沙粒的吸附量在 90min 时达到最大值，为 13.76mg/kg，木屑的吸附量很小，可以认为几乎没有吸附效果。

经过相同吸附时间后(120min)，氨氮和 TP 的出水浓度见表 4-42，可以看出生物炭+陶粒的组合吸附效果最好，不管是氨氮出水浓度还是 TP 出水浓度都是最低的，生物炭+沙粒的组合处理效果次之，接着是生物炭+陶粒+沙粒的组合，处理效果最差的是陶粒+沙粒的组合。

表 4-42　120min 后氨氮和总磷的出水浓度

填料组合	生物炭+陶粒	生物炭+沙粒	陶粒+沙粒	生物炭+陶粒+沙粒
氨氮出水/(mg/L)	2.823±0.45a	4.621±0.57a	5.563±0.32a	5.233±0.25a
TP 出水/(mg/L)	0.874±0.73b	1.248±0.66b	1.663±0.59b	1.622±0.21b

对比单一填料及填料组合之间对氮磷吸附量的差异发现，生物炭+陶粒的组合对氨氮的吸附量最大，其次是单一的生物炭，单一的陶粒；对 TP 吸附量最大的是生物炭，其次是生物炭+陶粒的组合，再是生物炭+沙粒的组合。

深挖沟渠，埋入装置，装置的顶盖部必须与沟渠底部齐平，方便水流能顺利通过顶盖的入水孔进入装置内部通过填料。装置的两侧用泥土填实，防止水流从两侧直接流走。在顶盖的后半段砌上砖块起到阻挡水流的作用，使水流必须从入水孔流入装置。疏通出水通道，使水流能顺利从出水孔流出。达到既不影响沟渠的排水功能，又起到净化污水的作用。

总之，通过不同填料的筛选试验得出，处理效果最好的填料是生物炭基质，对氨氮的最大吸附量达到 140.3mg/kg，对 TP 的最大吸附量达到 39.64mg/kg；其次是陶粒，对氨氮的最大吸附量达到 129.12mg/kg，对 TP 的最大吸附量达到 21.24mg/kg；处理效果最好的组合填料是生物炭基质+陶粒的组合，对氨氮的最大吸附量达到 143.54mg/kg，对 TP 的最大吸附量达到 32.52mg/kg。

3. 主要技术经济指标

1) 大棚生态基质、半基质栽培技术

半基质种植能显著提高出苗率，从叶片生理指标来看，长势最好。半基质种植很好地改善了大棚土壤持水渗水性质。添加生物炭半基质能显著增加大棚土壤有效磷在全磷中所占的比例，有效磷比例分别提高到 4.89%、5.45%、6.34%、7.50%，较大棚土壤提高了 16.15%、29.45%、50.59%、78.15%。添加生物炭半基质能显著提高大棚土壤中磷肥的利用率，当生物炭半基质添加量为 8%的时候效果最好，此时磷肥利用率提高到 31.21%，提高了 1.11 倍，且对减半施肥的效果最好，当生物炭半基质添加量超过 8%的时候，磷肥利用率反而下降。

2)大棚防渗技术

研发出的大棚防渗技术，可以有效防止大棚土壤养分的下渗流失。

选用的 4 种环保材料都能完全防渗，且用量少，性质稳定，不会对土壤和作物造成影响。在现代化施工技术的条件下，可以根据不同的需求，在田间用于防渗，是效果较好的环保节水材料。

3)沟渠排水生物炭滤池技术

五种填料(生物炭基质，自制沸石颗粒，木屑，沙粒，陶粒)吸附时间为 120min 时，处理效果最好的填料是生物炭基质，对氨氮的最大吸附量达到 140.3mg/kg，对 TP 的最大吸附量达到 39.64mg/kg；其次是陶粒，对氨氮的最大吸附量达到 129.12mg/kg，对 TP 的最大吸附量达到 21.24mg/kg；处理效果最好的组合填料是生物炭基质+陶粒的组合，对氨氮的最大吸附量达到 143.54mg/kg，对 TP 的最大吸附量达到 32.52mg/kg。

研发出的生物炭基质可减低设施农业的污染物排放，能够有效吸附土壤磷素流失量，当添加量为大棚土壤质量的 8%时，大棚土壤物理性质能够达到作物生长的适宜条件，且当施用量为 16%时，吸附磷素效果最好；能够大幅度提高大棚土壤中磷肥利用率，当施用率为 8%时，能有效地减少大棚土壤磷流失量 43.83%，且能够显著增加作物(小白菜)株高和株重，可提高作物(小白菜)产量 31.87%；添加生物炭基质能够显著降低大棚土壤中甲拌磷和甲拌磷砜的残留率，且当生物炭添加量为 8%时，当检出甲拌磷 18d 后，消解效应显著增加，消解率有 90%以上的时间超过 15d。

4. 技术应用情况

设施农业减污少排成套技术筛选出开发成功的两个生态栽培基质、半基质(基质：蛭石、玉米秸秆；半基质：基质、土壤)，设施基质半基质栽培技术在昆明市柴河水库流域上蒜镇安乐村委会、柳坝村委会、竹园村会务和观音山村委会示范区 2500 亩蔬菜大棚上进行示范应用。

大棚生态基质、半基质栽培技术示范效果与采用基质种植、半基质种植和对照同田同棚蔬菜对比，结果详见表 4-43。供试蔬菜为农民习惯种植的种类和品种，基质种植配方采用“蛭石：玉米秸秆=6：4(体积比)”，半基质种植配方采用“基质：大棚土壤=4：6(体积比)”，对照采用原状大棚土壤栽培。基质栽培与对照相比增产 25.58%，半基质栽培与对照相比增产 37.7%。

通过技术和产品的示范应用，实现设施农业 TN、TP、COD 减排 30%～40%。示范区减少氮磷肥投入量 35%～45%以上，氮磷化肥利用率提高 6.5%～10.6%；减少成本投入 21.5%～45%以上。

表 4-43 大棚生态基质、半基质栽培技术示范效果

处理	产量/[kg/(每个大棚·次)]	与对照相比的增产率/%
基质(*n*=13)	76	24.59
半基质(*n*=13)	84	37.7
对照(*n*=13)	61	—

4.6.4 技术创新及技术增量

都市设施农业少排放集成技术中的生态栽培基质和半基质在大棚土壤上的应用具有创新性，查新结果未见本项目所述的对大棚土壤有效磷有活化作用的报道。

都市设施农业少排放集成技术所研发的农田低污染水地埋式净化装置和对土壤表层养分迁移削减的径流模拟装置具有创新性。

4.7 新型都市农业面源污染零排放模式

4.7.1 解决的关键问题

针对都市农业生产现状和未来农业发展的需要，从国家农业现代化发展战略目标出发，紧密结合云南高原特色及产业化发展需要，以城市农业功能深度挖掘利用研究为核心，重新选择生态高值农业综合发展路径，从都市农业转型减排着手，利用云南独特光温等气候生产潜力，整合高原特色反季热销蔬菜、特色中药材植物及土著鱼类，开展技术研发和工程示范，构建高原特色都市高集约化零排放生态立体循环农业模式，形成生产、生态、观赏、科普、休闲或育种等多功能于一体的全新生产方式，兼备科技含量高、高集约、高效益、节水节肥和零排放等技术特点，达到经济效益最大化和环境污染“全拦截、无渗漏、零排放”的目的，为现代都市农业提供参考模式。适用于快速城镇化条件下的都市城郊新型农业园区。

4.7.2 工艺组成

高集约化零排放循环农业技术模式(新型水产养殖与蔬菜生产耦合的污染零排放农业模式、污染零排放的观光—科普—参与型农业发展模式和污染零排放的无土栽培与工厂化生产模式)针对未来农业发展的需要，利用养殖水循环利用技术、循环农业生物组件科学配置技术、水培环境下植物养分高效吸收利用技术、体系物质能量平衡控制技术，在上蒜镇洗澡堂村柴河水库管理处现晋宁县农业局水产站养殖温室大棚内进行集成技术体系构建。整个技术体系由植物栽培系统，水产养殖系统，养殖水自动溢流沉降系统，水肥循环利用系统，环境参数采集上传系统，太阳能供电系统，无动力强通风固体废弃物无害化处

理系统，温度、光照和水温自动控制系统8大系统构成。

该模式采用高集约立体种养结合，深度挖掘生物间(动物和植物间)共生互利的潜力，充分利用空间和能源，集水产养殖和植物栽培于一体，通过工程设计和设施支撑，充分利用高原充足的光、温、热等资源对高原反季热销蔬菜和特色中药材进行立体优化配置和种植，利用高原土著鱼种集约化养殖所产生的富营养化养殖水作为供试作物的水分营养供体(不再施用任何肥料)，实现蔬菜对水肥的多层次吸收、拦截，最大程度消除富营养化养殖水中氮、磷等营养物质，使水体达到净化要求后再循环回流补给养鱼水。通过构建系统内动植物新型营养链，变废为宝，使体系内的水肥得到循环利用，实现种养结合，整个系统生产循环过程实现高密度、高收益、节水节肥和零排放。使设施农业的空间利用效率和经济效益增加(收获蔬菜、中药材和水产品)。

新型都市农业面源污染零排放模式相关参数：零排放大棚框架系单棚钢结构，可由连体大棚组成，大棚肩高3.0m，总高4.0m。棚顶呈圆弧状，采用双层中空无色聚碳酸酯透明板。零排放大棚内环境温度20～33℃，相对湿度45%～85%，养殖水温度19.0～23.0℃，pH值6.5～7.5。鱼塘产量：1500kg/亩以上；鱼塘养殖水循环水溶氧达3.28mg/kg，氨氮1.05mg/kg，总氮2.93mg/kg，总磷0.731mg/kg，COD 36.3mg/kg，BOD 10.3mg/kg以上。零排放大棚种养系统配置水培经济作物种植区、红萍养殖区和水产养殖区。操作平台下部配置鱼类养殖池。操作平台上方配置多层栽培床和蔬菜栽培床，其中多层栽培床设置4层(每层3.6m×0.6m)，上三层种植蔬菜(或中药材)，底层为红萍养殖区。系统内种植绿色植物8种以上：薄荷、空心菜、大蒜、白菜、生菜、草莓、石斛和红萍等；套种模式3种：蔬菜组合1(空心菜+薄荷+生菜+红萍)；蔬菜组合2(空心菜+薄荷+白菜+红萍)；蔬菜组合3(空心菜+薄荷+大蒜+红萍)。)

4.7.3　研发过程及技术经济指标

4.7.3.1　试验设计

1. 新型农业污染零排放种养殖耦合适生水培经济作物筛选

试验供试材料为6种蔬菜(空心菜，油麦菜，生菜，小八叶塌菜，红菜苔，小白菜)。试验于2013年5月11日至2013年6月8日在云南省晋宁县鱼良种场温室大棚进行。5月11日取整体长势一致的种苗用自来水培养1周，使苗长出新根，以便更好地适应水环境生长。5月17日定植。模拟的水产养殖废水为人为添加肥料而成(结合一般水产养殖废水和标准果蔬营养液氮磷浓度)，每个栽培槽添加306L，槽内营养液液面高度为5cm，当模拟废水体积降至80%时及时补充恢复到原来体积。试验第一周添加1倍浓度，而后每周更换2倍浓度的营养液，无植物空白处理组和生菜处理组各设三次重复。换水周期为7d，每次加水5cm深，合计水量约306L，在换水前后对每个处理取样。表4-44为配置标准营养液经检测部分的元素含量。

表 4-44 供试模拟水产养殖水 1 倍浓度时营养值

指标	TN	NH_4^+-N	NO_3^--N	TP
含量/(mg/L)	97.08	13.78	76.83	10.33

2. 水培经济作物对循环水养鱼的水质净化

在云南省晋宁县高背鲫鱼育苗良种场内立体种养大棚中进行水培经济作物对循环水养鱼的水质净化；试验系统主要由养殖池，立体植物栽培池和沉淀池三部分构成。供试植株包括意大利生菜，草莓。取两组植株完整长势较一致的菜苗各 800 株，分别共重 10.4kg 和 7.65kg。以上蔬菜种苗均采购于种苗市场。再用曝气的自来水驯养 1 周进行适应，主要为了使蔬菜长出新根，以便更好地适应水环境生长。试验所用蔬菜载体为泡沫漂浮盘，用电钻打孔，将生菜种苗栽在其中并用棉絮充当基质，使之漂在水面上并让其悬根长度为 2cm。试验用水为大棚内养鱼池塘水，试验开始前系统先行运转 3d，期间不投喂。试验开始时对池塘水进行检测，水质属于重度富营养化水体，水质部分指标见表 4-45。

表 4-45 水质指标参数

指标	TN	NH_4^+ - N	NO_3^- - N	TP	COD
含量/(mg/L)	8.44	5.73	2.05	1.57	20.33

注：数据为 n 次取样的平均值(n=3)。

选用罗非鱼作为试验鱼，试验前经过暂养驯化，选出一批体质健壮，体长(25±3.2)cm、体重(373±9.7)g 的试验鱼放入养殖池，共计 260 尾，总重为 94kg。试验于 2013 年 9 月 24 日～2013 年 10 月 17 日在立体种养大棚中进行，为期 25d。每天 8：00、17：30 各投喂一次，日投喂量为 740g，饲料为罗非鱼专用膨化配合饲料，蛋白含量 26.5%，总磷含量 0.9%。从实验开始，每天测量养殖池水的水温，溶解氧和 pH，每 6d 检测水体中 COD，TN，TAN，NO_3-N 和 TP 的含量。采样点分别为养殖池和栽培池的中层水样。试验期间不换水，蒸发损耗水量可忽略不计。试验结束时，称量生菜，草莓和罗非鱼的株(体)重，株高(体长)。

4.7.3.2 试验结果

1. 新型农业面源污染零排放种养殖耦合适生水培经济作物筛选研究结果分析

本研究根据池塘密集养殖模式和水质特性，通过筛选适宜水生并具有高效氮磷去除能力的经济蔬菜，通过经济植物消纳以吸收利用技术进行系统优化与集成应用。开展了温室水产养殖水生态化处理零排放技术研究，取得了良好的净化效果。

1) TN 去除变化

氮不仅是植物体内蛋白质、核酸以及叶绿素的重要组成部分，而且也是植物体内多种酶的组成部分。

通过定期检测氮素发现，在整个试验期间，浮床叶菜类处理对 TN 的去除效果呈现先下降后升高的趋势；而 CK 空白对照组则呈现先下降再升高最后再下降的趋势，其在整个试验期间对 TN 的去除效果均显著低于其他 6 种蔬菜处理组，去除效果在 15.3%～27.7% 范围波动。在试验进行至 1 周时发现空心菜对 TN 的去除率达到最高，为 76.31%，显著高于油麦菜、小八叶塌菜和红菜苔。试验进行至第二周时，小白菜对 TN 的去除达到 55.23%，显著高于生菜、小八叶塌菜和红菜苔。在试验进行至第三周和第四周时，生菜对 TN 的去除率分别达到 68.19%和 75.48%，显著高于小八叶塌菜和红菜苔。总体上看，小八叶塌菜和红菜苔较其他叶菜相比，对 TN 的去除效果不明显。

2) NO_3^--N 和 NH_4^+-N 的去除变化

由于换水前后的 NO_3^--N、NO_4^+-N 浓度变化较大，用去除率难以表达其变化情况，因而将定期检测各种 N 形态浓度，详见表 4-46、表 4-47。经计算，在第四周收获时，生菜系统、小白菜油麦菜、空心菜、小八叶塌菜和红菜苔系统分别可以从营养液中去除 106mg/m^2、110.42mg/m^2、112mg/m^2、109mg/m^2、65mg/m^2 和 64mg/m^2 的 NO_3^--N；22.22mg/m^2、21.46mg/m^2、24.83mg/m^2、25.31mg/m^2、21.96mg/m^2 和 21.68mg/m^2 的 NH_4^+-N。这表明在该次模拟的水产养殖废水中，不同叶菜对营养液中的氮吸收主要以硝态氮为主。但硝态氮的大量吸收易产生硝酸盐积累，影响其品质。有研究表明，蔬菜水培适当增加营养液中铵态氮的含量，不仅能够增加蔬菜的产量而且可以改善其品质，降低硝酸盐含量。

表 4-46　换水前后各处理下 NO_3^--N 浓度变化　（单位：mg/m^2）

类型	第一周		第二周		第三周		第四周	
	输入	输出	输入	输出	输入	输出	输入	输出
CK	76.83	68.84±2.19	153.66	135.86±5.80	153.66	147.73±10.85	153.66	139.96±9.53
生菜	76.83	21.56±3.37	153.66	86.01±17.35	153.66	62.66±4.17	153.66	47.44±19.44
小白菜	76.83	29.08±5.47	153.66	81.54±20.85	153.66	54.83±7.74	153.66	43.24±6.40
空心菜	76.83	26.26±3.22	153.66	73.26±11.72	153.66	43.46±2.69	153.66	43.95±5.41
油麦菜	76.83	21.53±2.12	153.66	85.60±9.31	153.66	60.36±3.77	153.66	41.84±7.62
小八叶塌菜	76.83	43.72±2.42	153.66	89.41±6.97	153.66	78.67±4.72	153.66	88.34±7.51
红菜苔	76.83	44.67±1.84	153.66	98.53±5.19	153.66	84.80±4.02	153.66	90.01±11.21

注：数据为 *n* 次取样的平均值(*n*=3)。

表 4-47　换水前后各处理下 NH_4^+-N 浓度变化　（单位：mg/m^2）

类型	第一周		第二周		第三周		第四周	
	输入	输出	输入	输出	输入	输出	输入	输出
CK	13.78	6.38±1.54	27.56	16.49±2.74	27.56	18.15±4.65	27.56	17.37±5.32
生菜	13.78	2.55±1.12	27.56	4.42±0.98	27.56	3.27±1.12	27.56	5.34±1.13
小白菜	13.78	2.77±0.78	27.56	8.96±2.16	27.56	6.89±0.87	27.56	6.1±1.46
空心菜	13.78	2.51±0.46	27.56	4.31±0.66	27.56	3.47±0.87	27.56	2.25±0.59
油麦菜	13.78	3.81±0.41	27.56	5.85±1.41	27.56	4.03±0.17	27.56	2.73±0.88
小八叶塌菜	13.78	4.54±1.11	27.56	6.79±1.59	27.56	4.48±0.86	27.56	5.60±1.01
红菜苔	13.78	5.03±1.37	27.56	6.13±1.51	27.56	7.15±0.56	27.56	5.88±0.81

注：数据为 *n* 次取样的平均值(*n*=3)。

3) TP 去除变化

磷是植物生长发育不可缺少的元素之一，是植物的重要组成成分，并以多种方式参与植物体内各种生理生化过程，对促进植物的生长发育和新陈代谢起着重要作用。研究结果可知，蔬菜处理组在整个试验期间，对 TP 的去除效果均显著高于无植物处理组。浮床生菜、小白菜、空心菜和油麦菜系统对 TP 去除率多数时候高达 65%以上且保持稳定，而对 TP 去除率基本在 15%～35%之间波动。小八叶塌菜在整个试验期间对 TP 的去除率基本在 65%上下波动，红菜苔效果不明显，去除率在 43%～56%范围内波动，在试验各时期均显著低于其他蔬菜处理组。生菜系统对 TP 的去除要率均保持在 70%以上，小白菜、空心菜和油麦菜系统则在 64%～84%之间波动，变化不大；无植物对照组对 TP 的去除率则较低，最高值也仅为 34.31%。研究得出，植株同化的 P 含量均占系统去除的 70%以上，由此可以断定，植株同化吸收式浮床为去除 P 的主要途径。

4) 系统内的物质平衡

在整个试验期间，浮床生菜、小白菜、空心菜和油麦菜均生长发育良好，生菜和油麦菜的生物量大，根系发达，小白菜和空心菜的根系较为健康(根系颜色失常指数为 0)，鲜重与干重均随着时间的推移而增加。

由表 4-48 可以看出，生菜的长势要显著好于小白菜(鲜重)，小八叶塌菜和红菜苔相对长势较差，生物量增加较缓慢，显著低于其他 4 种蔬菜。空心菜和油麦菜长势基本一致(鲜重)，但除第二周外，油麦菜的干物质积累量均显著优于空心菜。在第四周试验结束时，生菜的生物量达到最大，为 91.3g/株；干重最大为空心菜，为 7.4g/株。经检测，蔬菜体内的生物量与氮磷有很好的相关性。

生长在浮床系统相似条件下的试验植物，其生物量差异显著($P<0.05$)，这不仅是植物内在的生长特性表现，也是物种对这种环境的适应能力表现。

表 4-48 蔬菜生物量变化

项目		第一周	第二周	第三周	第四周
鲜重/(g/株)	生菜	19.3c	39.43a	64.74a	81.3a
	小白菜	15.5d	29.41c	47.17c	63.41c
	空心菜	23.4a	37.4ab	58.7b	75.32ab
	油麦菜	21.3b	41.07a	56.62b	77.41ab
	小八叶塌菜	14.33d	25.61c	31.44d	41.52d
	红菜苔	15.89d	24.33c	29.32d	39.41d
干重/(g/株)	生菜	1.54e	3.51a	5.79a	6.66c
	小白菜	1.86c	3.53a	5.66a	7.17b
	空心菜	2.31a	3.68a	5.78a	7.4a
	油麦菜	1.76cd	3.41ab	4.69b	6.41cd
	小八叶塌菜	1.66de	2.96c	3.64e	4.80de
	红菜苔	2.05b	3.13b	3.78d	5.08b

注：数据为 n 次取样的平均值(n=3)，小写字母表示在 $P<0.05$ 水平下差异显著，下同。

不同蔬菜体内积累的氮所占系统去除百分比均随着时间的增加而增加。系统去除量也是随着时间的增加而增加。植物体内的氮磷浓度能够反映出该种植物对氮、磷的吸收能力。由表 4-49 可知，在试验进行至第一周时，植株累积 N 的量差异不大，均不显著；在进行至第二周时，油麦菜和生菜累积量明显高于空心菜和小白菜；生菜在第四周时，植株体内累积 N 的含量明显高于其他三种菜，达到 6.14g/m^2。这说明在同一种水培营养液中，生菜比其他叶菜能吸收利用更多的氮元素，且对氮素去除能力更高。四种蔬菜氮素积累所占系统去除的百分比均随着时间的增加而增加，最大值为生菜在第四周时的 83.88%。其余均在 51.27%～75.17%范围波动，剩下部分氮素以微生物作用去除。

表 4-49　生菜和小白菜的氮素营养及系统去除

	项目	第一周	第二周	第三周	第四周
生菜	系统去除/(g/m^2)	3.30±0.30	4.41±0.39	6.61±0.32	7.32±0.17
	植物积累/(g/m^2)	2.15±0.28a	3.21±0.26a	5.11±0.13a	6.14±0.27a
	植物积累所占系统去除的百分比/%	65.15	72.56	77.30	83.88
小白菜	系统去除/(g/m^2)	3.18±0.30	3.29±0.39	5.61±0.32	7.21±0.57
	植物积累/(g/m^2)	1.95±0.18a	2.25±0.28c	3.99±0.23b	5.42±0.39b
	植物积累所占系统去除的百分比/%	61.32	68.41	71.12	75.17
油麦菜	系统去除/(g/m^2)	2.99±0.15	4.12±0.21	5.12±0.13	6.78±0.42
	植物积累/(g/m^2)	1.88a	3.11a	2.99c	3.48d
	植物积累所占系统去除的百分比/%	62.75	75.41	58.32	51.27
空心菜	系统去除/(g/m^2)	3.70±0.13	4.91±0.33	6.37±0.32	6.07±0.30
	植物积累/(g/m^2)	2.27a	2.72b	3.96b	4.04c
	植物积累所占系统去除的百分比/%	61.27	55.48	62.18	66.5

注：数据为 n 次取样的平均值，标准差(n=3)；纵行同一项目中不同字母表示处理单元在 0.05 水平差异显著，下同。

由表 4-50 可以看出，4 种蔬菜系统对磷的去除量以及植物体内对磷钾的累积均随着时间的推移而增加，这是由于随着植株的不断生长，生物量增加吸收磷营养物所造成。生菜第四周收获时对体内磷的累积量达到最大，为 0.65g/m^2，所占系统去除的百分比为 84.93%。其余均在 66.25%～79.45%范围内波动。这表明两种叶菜对磷的吸收利用均比氮大。

表 4-50　生菜和小白菜的磷素营养及系统去除

	项目	第一周	第二周	第三周	第四周
生菜	系统去除/(g/m^2)	0.40±0.05	0.79±0.06	0.73±0.05	0.77±0.14
	植物积累/(g/m^2)	0.36±0.06a	0.55±0.03a	0.58±0.08a	0.65±0.11a
	植物积累所占系统去除的百分比/%	90.00	69.62	79.45	84.93
小白菜	系统去除/(g/m^2)	0.34±0.06	0.71±0.03	0.74±0.06	0.73±0.14
	植物积累/(g/m^2)	0.26±0.06b	0.43±0.03b	0.61±0.08a	0.58±0.11a
	植物积累所占系统去除的百分比/%	76.47	60.56	82.43	79.45

续表

	项目	第一周	第二周	第三周	第四周
油麦菜	系统去除/(g/m^2)	0.39±0.03	0.76±0.042	0.79±0.02	0.87±0.17
	植物积累/(g/m^2)	0.26b	0.48b	0.54ab	0.62a
	植物积累所占系统去除的百分比/%	65.41	63.55	68.32	71.81
空心菜	系统去除/(g/m^2)	0.40±0.01	0.75±0.07	0.71±0.15	0.82±0.17
	植物积累/(g/m^2)	0.27b	0.43b	0.43b	0.54b
	植物积累所占系统去除的百分比/%	67.31	57.5	60.81	66.25

本次试验期间，正值 5～6 月，环境温度较高，阳光充足，各个培养床中均受到水绵等藻类污染，并生长迅速。取样时水绵进入水样，对水体造成较大扰动，造成水绵吸持的 P 元素又重新进入水体，最后导致空白无植物对照组结果偏低。

5) 主要技术经济指标

小八叶塌菜和红菜苔相对其他四种叶菜对 TN 和 TP 去除效果较差；筛选出生菜，油麦菜，空心菜和小白菜 4 种适合水培模拟水产养殖废水的经济作物；其对 TN 和 TP 的多次平均除去率分别为：64.27%、62.10%、63.78%、63.15%和 78.18%、77.65%、74.81、69.05%。

在收获时蔬菜组织所累积的 N、P 量分别占各自系统去除量的 79.45%～90.67%。说明植物的吸收同化作用是 N、P 去除的主要途径。

2. 水培经济作物对循环水养鱼的水质净化研究结果分析

1) 养殖池中水质指标的变化

表 4-51 为试验期间养殖水的水质参数实际测量值与淡水养殖水质的标准对比。试验期间，养殖池中水的 pH 在 7.39～8.29 范围内波动、DO 含量基本在 6.6mg/L 上下浮动、水温保持在 22.45～26.71℃，这些参数均在适合罗非鱼养殖水质的范围内；TN 含量从起初的 8.27mg/L 逐渐增加到试验结束时的 23.41mg/L；而 TP 和 COD 含量在试验开始时就已经超标，并随着时间的推移而增加，但相对试验结束时其浓度增加幅度不大。

表 4-51　养殖池水质与淡水养殖水质标准对比

水质参数	试验初始	试验终止	标准参考
水温/℃	22.45	26.71	24～32
pH	7.39	8.29	6.5～8.5
DO/(mg/L)	6.86	6.61	＞2
TN/(mg/L)	8.27	23.41	10～20
TP/(mg/L)	1.31	1.8	＜0.1
COD/(mg/L)	19.82	33.27	＜15

2) 不同单元对养殖水体总氮含量的影响

蔬菜栽培池对 TN 含量的增加起到一定抑制效果。经 SPSS 17.0 软件分析，在 6d、12d、

18d、24d 中，蔬菜栽培池中 TN 含量显著低于沉淀池和养殖池中的 TN 含量($P<0.05$)，每个周期的去除率大多在 23%左右。随着时间的延长，沉淀池、蔬菜栽培池和养殖池水中的 TN 含量不断增加，从起始时的 8.32mg/L 分别增加至 22.44mg/L、17.28mg/L 和 23.62mg/L。而沉淀池对 TN 的净化效果在试验的不同期间均不明显(沉淀池和养殖池中 TN 含量差异不显著)。

3)蔬菜栽培对养殖水体中氮素营养盐的影响

相对养殖池而言，生菜栽培池与草莓栽培池均对 NO_3^--N 和 NH_4^+-N 有一定去除效果。养殖池中硝氮含量基本呈线性增加，从起始的 5.31mg/L 以每 6d 3.4mg/L 左右的含量逐渐增加，增至试验结束时的 18.36mg/L。而生菜栽培池与草莓栽培池对 NO_3^--N 的净化效果较一致。在试验的中前期其增速缓慢，在第 18d 时，草莓栽培池和生菜栽培池中 NO_3^--N 含量分别为 11.61mg/L 和 10.54mg/L，显著低于养殖池的 14.61mg/L。在试验结束时，生菜池和草莓池的 NO_3^--N 含量分别增至 14.21mg/L 和 16.24mg/L。

从 NH_4^+-N 含量变化可知，无论是草莓池还是生菜池，NH_4^+-N 从起初的 1.63mg/L 呈平稳下降状态，而养殖池的 NH_4^+-N 含量则呈现先上升后下降再上升的状态，试验结束时总体含量仍上升至 2.77mg/L。随着蔬菜生物量的增加，蔬菜对 NH_4^+-N 的去除率(净化效率)也随之增加。

该次试验中，鱼池中氨氮浓度在 1.12～1.38mg/L，并无明显上升趋势，这说明系统水体中氨氮浓度得到了控制。

4)不同栽培床对水体中有机物的去除作用

系统内 COD 含量均呈现先上升后下降的变化趋势，栽培区的生菜和草莓对 COD 的去除率则呈现先上升后下降再上升的趋势，在第 6d 达到 16.61%的最高值后下降至最低值 9.76%，试验期间蔬菜栽培池对 COD 的去除率在此范围内波动。沉淀池对水体中 COD 去除效果不明显(与养殖池相比)，甚至在第 6d 和第 12d 时，甚至沉淀池中 COD 含量为 32.36mg/L 和 36.16mg/L 大于养殖池的 31.49mg/L 和 33.41mg/L。在试验结束时，蔬菜栽培池，沉淀池和养殖池中的 COD 含量分别为 29.55mg/L、35.43mg/L 和 34.11mg/L。这说明生菜和草莓可以改变水环境，使水体中有机物含量减少。

5)蔬菜栽培区对水体中磷的去除作用

蔬菜栽培池对总磷的去除率波动较大，但整体呈现增加的趋势，由第 1d 的 6.16%，增至第 18d 达到最大值 43.22%，试验结束时为 38.66%。这可能是随着蔬菜生物量的不断增加，对氮磷的去除作用也不断增加。该次蔬菜对磷的去除率偏低，这与吕锡武等(2004)的研究不同，这可能主要由于试验采用循环水模式，栽培区水是流动的，停留时间较短导致进出水去除效果不明显。另外，本次试验系统中，随着养鱼饲料的不断投入，致使系统内磷源不断增加。李玉全等(2006)研究指出工厂化养殖系统中饲料占磷总输入的 93.20%～97.30%；在相对营养利用方面，海水鱼对饲料的磷利用率为 15%～40%。

在整个试验期间，饲料输入量为 18.5kg，系统内磷的总输入量大概为 95g，而试验结束时，养殖池磷的浓度为 2.01mg/L，增加量仅为 9.56g。这说明蔬菜栽培对系统循环发挥着重要作用。生菜与草莓的根系发达，对氮磷等营养物质具有较强的吸收能力，通过吸收同化以及对磷的影响和降解来降低富营养化水体中磷的浓度，促进养殖水的净化作用。

6）不同蔬菜和罗非鱼生长情况

整个试验结束时，蔬菜与鱼的生物量变化见表 4-52。

表 4-52　生菜、草莓和鱼的生物量变化

生物量	试验初始	试验终止	增长率
鱼平均体重/g	373.97±9.7	456.12±7.43	22.25%
鱼平均体长/cm	25.33±3.2	28.27±3.7	11.60%
鱼生物量/kg	94.66	115.58	22.10%
草莓生物量/kg	7.65	17.6	130.06%
生菜生物量/kg	10.4	27.24	161.92%

在为期 24d 的试验期间，罗非鱼与蔬菜的长势良好，草莓与生菜的生物量增长率均在 100%以上，罗非鱼的生长速度约为 3.4g/L。试验期间投喂饲料总量为 18.5kg，罗非鱼总增重 20.92kg，按吉富罗非鱼粗蛋白含量 17.39%计，罗非鱼累积吸收的蛋白含量约占饲料输入量的 68.53%。草莓和生菜的增重分别为 9.95kg 和 16.84kg，按其蛋白含量均为 2.2%计，草莓和生菜累计吸收蛋白质含量约占整个系统的 4.22%和 7.15%。

在每天循环一次的罗非鱼循环水养殖系统中，蔬菜栽培区对养殖水的平均去除率分别为：TN23%，TP28.21%，COD12.91%。从为期 24d 的实验结果来看，养殖水的营养盐可以满足生菜和草莓的正常生长。无论是生菜还是草莓对养殖水体均表现出较好的净化能力，其须根系发达，对营养物质有很强的吸收能力，通过根部的吸收、吸附过滤，消减养殖水体中的氮、磷及有机物质，达到净化水质的效果。试验期间，水体中 NH_4^+-N、COD、TP 的浓度基本维持平衡，不累积上升，NH_3^--N 和 TN 虽略有累积，但可通过增大栽培区面积、降低系统水力负荷，达到净化水质的目的。水培植物是循环水养殖系统净水技术的选择方向之一。

7）模式的经济效益。

进行经济效益核算对比，在系统正常运行下开展种养试验发现，运用立体种植模式比农民习惯使用的模式空间利用率增加了 3.05 倍；与养殖比较，农民收益比单纯养鱼多收益 3.07～3.64 倍。其中，薄荷比单纯养鱼多收益 15.99 万元/(a·hm^2)，增 3.64 倍；空心菜多收益 14.25 万元/(a·hm^2)，增 3.25 倍；韭菜多收益 13.88 万元/(a·hm^2)，增 3.16 倍；石斛多收益 13.5 万元/(a·hm^2)，增 3.08 倍；青蒜多收益 12.45 万元/(a·hm^2)，增 2.84 倍；生菜多收益 10.20 万元/(a·hm^2)，增 2.32 倍；草莓多收益 6 万元/(a·hm^2)，增 1.37 倍；芹菜和白菜分别多收益 4.2 万元/(a·hm^2)和 2.4 万元/(a·hm^2)，分别增 0.96 倍和 0.55 倍；组合 1 多收益 13.48 万元/(a·hm^2)，增 3.07 倍；组合 2 多收益 6.35 万元/(a·hm^2)，增 1.45 倍；组合 3 多收益 13.36 万元/(a·hm^2)，增 3.04 倍，详见表 4-53。

表 4-53　立体种养模式产量及经济效益统计表

种类	产量/[kg/(a·hm²)]	单价/(元/kg)	产值/[元/(a·hm²)]	成本/[元/(a·hm²)]	经济效益/[元/(a·hm²)]	经济效益增加倍数	收获次数(a)
鱼	22500	10	225000	135000	90000		1
空心菜	60000	2.5	150000	7500	142500	3.25	6
大蒜	69000	2	138000	13500	140000	2.84	2
薄荷	18600	9	167400	7500	159900	3.64	6
白菜	96000	1	96000	72000	24000	0.55	6
生菜	99000	2	198000	96000	102000	2.32	8
芹菜	60000	1.5	90000	48000	42000	0.96	3
韭菜	58500	2.5	146250	7500	138750	3.16	3
草莓	15000	10	150000	90000	60000	1.37	2
蔬菜组合 1	177600	按 3 种蔬菜价	171800	37000	134800	3.07	正常收种
蔬菜组合 2	174600	按 3 种蔬菜价	108000	44500	63500	1.45	正常收种
蔬菜组合 3	147600	按 3 种蔬菜价	170550	37000	133550	3.04	正常收种
石斛	4500	80	360000	225000	135000	3.08	1

注：蔬菜组合 1 为空心菜+薄荷+生菜+红萍；蔬菜组合 2 为空心菜+薄荷+白菜+红萍；蔬菜组合 3 为空心菜+薄荷+大蒜+红萍。

4.7.3.3　模式的主要技术经济指标

新型都市农业零排放模式示范工程实现了体系内水肥的循环利用，空间利用效率增加为原来的 3.05 倍，系统利用率比农民习惯使用的空间利用率增加了 3.05 倍；筛选出的种养模式(鱼+空心菜+薄荷+生菜+红萍；鱼+薄荷)比农民单纯养鱼多收益 13.48 万～15.99 万元/(a·hm^2)，增 3.07～3.64 倍。养鱼水经过养殖红萍和蔬菜营养吸收及生物净化后，完全可以循环利用，系统节水 4～5 倍；不用化肥和农药；地面及地下环境污染物达到零排放(蒸腾作用除外)，经济效益增加 3.07～3.64 倍以上。整个系统生产循环过程实现污染物的“全拦截、无渗漏、零排放”。

连续两年第三方监测数据显示，通过系统生物氧化塘，循环养殖水总氮平均降低 13%，总磷平均降低 51.3%，总钾平均降低 10.2%，COD 平均降解率 16.0%，BOD 平均降解率 15.1%。种植系统中，草莓、空心菜、青蒜、油麦菜、白菜、生菜、薄荷 7 种经济作物对循环养殖水体 N、P、K、COD、BOD 均有良好的吸收作用，其中对总氮降解率为 31.5%～54.14%，总磷降解率为 19.29%～77.47%，总钾降解率为 16.12%～55.50%，COD 降解率为 14.3%～75.71%，在一定程度上提高水的 BOD，增幅为 24.8%～71.9%。

4.7.3.4　模式的应用

在昆明市晋宁县水产站建设新型都市农业面源污染零排放示范工程 1207m^2，在上蒜江红蔬菜花卉农民专业合作社示范零排放无土栽培育苗 50 亩。

已为昆明市 10 个都市农庄提供模式设计。该模式还可为昆明市“十三五”计划建立的 100 个都市农庄提供参考样板。

4.7.4 技术创新及技术增量

该模式可以有效地减少农业对土壤的依赖，转变农业增产增收方式，全面提升农业综合能力。强调对节约用水，节能减排，可持续发展方面的挖掘，各个生产环节可控，养分和水分处于封闭状态不会流失，除植物蒸腾作用的耗水外，不向系统外排放任何污水，对污染物实现真正意义的“全拦截、无渗漏、零排放”，从产生农业面源污染的源头上进行永久性的治理，有利于防止农业生态环境恶化的趋势。

4.8 设施农业重污染集水区污染削减技术花卉类种植技术

4.8.1 切花月季控害防污栽培技术

4.8.1.1 优质高产标准

1. 质量标准

单头切花月季质量等级感观评判。

分级评价项目：整体感、花形完整、花色、花枝、叶、病虫害、损伤、采切标准、采后处理、开花指数。

AA 级：具有该品种的特性；整体感好，匀称度高，无病虫害。茎杆强健挺直，批次花花茎粗细均匀，并且经过保鲜液处理，成熟度 2 度。茎杆长度须达 60cm 以上。整体感好、充分体现该品种的品种特征，新鲜程度极好；花形完整、优美，花朵饱满，外层花瓣整齐，无损伤；花色鲜艳，无焦边、变色，无任何质量缺陷；花枝枝条均匀、挺直，花茎长度 60cm 以上(含 60cm)、无弯颈，重量 40g 以上；叶片大小均匀、分布均匀，叶片鲜绿有光泽、无褪色绿叶片，叶面清洁、平整；无国家或地区检疫的病虫害；无药害、冷害，无机械损伤；适用开花指数 1～3；采后立即入水并用保鲜剂处理，依品种每 20 枝捆成 1 扎、每扎中花枝长度最长的与最短的差别不可超过 3cm，切口以上 15cm 去叶、去刺。

A 级：具有该品种的特性；整体感好、新鲜程度好；花形完整、优美，花朵饱满，外层花瓣整齐，无损伤；花色鲜艳，无褪色失水，无焦边；花枝枝条均匀、挺直，花茎长度 55cm 以上(含 55cm)、无弯颈，重量 30g 以上；叶片大小均匀、分布均匀，叶片鲜绿有光泽、无褪色绿叶片，叶面清洁、平整；无购入国家或地区检疫的病虫害，无明显病虫害斑点；基本无药害、冷害、机械损伤；适用开花指数 1～3；采后处理：保鲜剂处理，依品种 20 枝捆成 1 扎，每扎中花枝长度最长的与最短的差别不可超过 3cm，切口以上 15cm 去叶、去刺。

B 级：具有该品种的特性；整体感好、新鲜程度好；花形完整，花朵饱满，花头部份有轻微损伤；花色良好，不失水，略有焦边；花枝粗细均匀、强健挺直，花茎长度 50cm 以上、无弯颈，重量 25g 以上；叶片分布较均匀，无褪色绿叶片，叶面较清洁，稍有污点；

无购入国家或地区检疫的病虫害，有轻微病虫害斑点；有极轻度药害，冷害，机械损伤；适用开花指数 1～3；同一批次花中成熟度跨度必须小于 2 度；依品种每 20 枝捆成 1 扎，每扎中花枝长度最长的与最短的差别不可超过 5cm，切口以上 15cm 去叶、去刺。

C 级：具备该品种特性，整体感尚可，花头略小，新鲜程度一般；花头部分有损伤；花色良好，略有褪色，有焦边；花枝瘦弱但每批次花茎杆粗细要求一致，直立时茎杆能支持花头，允许有不超过 20 度的倾斜，花茎长度 40cm 以上、无弯颈，重量 20g 以上；叶片分布不均匀，叶片有轻微褪色，叶面有少量残留物；无购入国家或地区检疫的病虫害，有轻微病虫害斑点；有极轻度药害，冷害，机械损伤；适用开花指数 2～4，但同一批次花中成熟度跨度必须小于 2 度；依品种 20 枝/捆绑扎，每扎中花枝长度最长的与最短的差别不可超过 10cm，切口以上 15cm 去叶、去刺。

D 级：花色、花形一般，花头小，花头部分有明显损伤。花色良好，有褪色，有焦边；直立时茎杆能支持花头，允许有不超过 20 度的倾斜，花茎长度 35cm 以上、无弯颈，重量 15g 以上；叶片分布不均匀，叶片有褪色，叶面有少量残留物；无购入国家或地区检疫的病虫害，有病虫害斑点；有轻度药害，冷害，机械损伤；适用开花指数 1～4，但同一批次花中成熟度跨度必须小于 2 度；依品种 30 枝/捆扎，每扎中花枝长度最长的与最短的差别不可超过 15cm，切口以上 15cm 去叶、去刺。

E 级：凡达不到 D 级并且仍然有销售价值的产品均列为等外级(E 级)，长度≥30cm。达到以下情况之一的货品不允许销售：批次花严重脱水并不可逆；花头腐烂占整个批次的 40%以上；叶片 1/2 以上脱落；长度规格不到 30cm；开放度达 5 度以上及有其他严重影响销售的缺陷。

2. 壮苗标准

种苗选择时挑选生长旺盛，苗干健壮、充实、通直；叶片肥厚、有光泽，无畸变；茎干表皮色泽正常，皮刺健全，无疤痕；无任何病虫危害的症状，不带任何害虫活体；主根明显，粗壮，须根发达、具有三条以上新根、根系色泽白色至黄色、新芽发出 5cm 以上、无折损或机械损伤的种苗。

3. 成熟采收标准

开花指数 1：萼片紧抱，不能采收。
开花指数 2：萼片略有松散，花瓣顶部紧抱，不适宜采收。
开花指数 3：花萼松散，适合于远距离运输和贮藏。
开花指数 4：花瓣伸出萼片，可以兼做远距离和近距离运输。
开花指数 5：外层花瓣开始松散，适合于近距离运输和就近批发出售。
开花指数 6：内层花瓣开始松散，必须就近很快出售。

4.8.1.2　育苗及移栽前管理

月季经济价值较高，繁殖方法一般包括扦插法、播种法、分株移植法、压条法和嫁接法等，云南大多以扦插苗为主。

1. 扦插苗育苗技术规程

月季扦插最好在温室内进行营养袋育苗，若采用喷雾装置成活率更高。扦插基质用腐叶土或泥碳土加河沙及过磷酸钙，按 530∶5 的比例混合后使用，沙土要求无菌，将基质装进扦插袋，依次排放在扦插棚内备用。插穗应选用一年生的无病无虫枝条，花前带蕾的嫩枝或花后带花充实的硬枝(嫩枝 5～8 月，硬枝 9～10 月扦插为好)，不能使用节间过长的徒长枝、养分已耗的发芽枝和基部萌发的粗壮枝。插穗的加工：上端在距叶芽(腋芽)1cm 处剪平，中间留 2～3 个叶芽，下端距叶芽 1cm 处剪成 45° 角的斜面，插穗长 10～12cm。9～10 月是月季扦插的最佳季节，要求插穗随剪随用，同时采用生根粉加速生根，扦插于营养袋(扦插袋)内，扦插深度为插穗的 1/3，浇透底水即可。以后保持空气温度 90%以上，棚温 25℃左右，30d 后便可生根长芽，月季扦插成活后结合喷水用 0.2%的尿素和磷酸二氢钾喷洒 1～2 次。移栽前 30d 选择晴天中午揭膜炼苗。

2. 预整地与移栽

土壤选择。月季是蔷薇科蔷薇属落叶小灌木，花色艳丽，适应性强，喜阳光，能耐半荫。生长适温为 14～26℃。种植月季的田块应选择在阳光充足，排水良好，土层深厚，土质疏松、有机质丰富(10%～15%)，团粒结构良好，pH 为 5.5～6.5，土壤有效耕作层为 80～100cm 的微酸性沙质土壤上。

土壤改良。在月季定植之前进行土壤改良，并保持土壤在栽培期间有良好的物理和化学性状。土壤改良可以通过合理深翻、实时适量施用有机肥、合理轮作、科学施肥，调节土壤酸度，改善和保持土壤的良好通透性、保水保肥性和其他理化性状实现。有机肥种类可选用腐熟的牛粪、猪粪、羊粪、鸡粪、骨粉、腐殖质等；土壤酸碱度可采用腐叶土(也可用泥碳土)、石灰或有选择性施用酸性或碱性肥料进行调节。

整墒。切花月季喜水、怕涝，土壤排水不良和积水，都会影响月季根系的生长。结合种植土壤特点、栽培方式和地下水位情况，宜挖深沟做定植畦，畦面宽 100～120cm 或 80～100cm，畦沟面宽 50～60cm；畦高：一般黏性土壤 35～40cm、砂性土壤 20～25cm，地下水位偏高时，定植畦需做成高畦，畦高要求 50cm 以上。

移栽定植。高品质切花月季生产多采用折枝栽培法，栽培方式为单畦双行栽培，株距 13～18cm，行距 40～50cm，每亩定植 4500～5500 株。种植选择在多云、低温天气，早上和傍晚最佳。移栽时拉直线定植，以确保定植后各畦种苗纵向、横向均成直线，保持良好通风。定植时注意嫁接苗的切口向畦内，嫁接苗接穗高于畦面 2～3cm，防止接穗发出不定芽；扦插苗的主芽与土壤平行，根系充分舒展，然后边填土边抖动根系，并踏实、浇透水，将上部枝条多余侧枝剪去，稍干后在苗木基部覆土(厚度 20cm 左右)以保湿。在塑料大棚内一年四季均可定植。在 3～9 月定植较好，这个时期定植缓苗期短、成活快，冬季定植缓苗期长、成活慢。

4.8.1.3　田间管理技术

1. 定植后管理

定植后及时浇足定根水，在高温天气定植时注意遮荫降温并向叶面喷水。定植后第二天扶苗，将歪、高、斜和浇水后位置改变的苗扶直、扶正。定植后一周内充分保证根部土壤和表土湿润，适当遮荫。5d 后即可检查是否发出白色的新根，如果有大量的白色新根发出则说明定植成功。7d 后逐渐降低浇水量，但要保持表土湿润；15d 后逐渐减少土壤浇水量，同时注意中耕除草。20d 后没有大量的新根萌发时，可减少浇水量，适当蹲苗，促使根系进一步生长，经过 30d 后可进行正常管理。

2. 光照管理

切花月季喜光，特别是散射光照。滇池周边地区夏季晴天中午 12：00～14：00 时日照强度在(12.5～14.2)×10^4lux，日照中紫外光线强是某些品种花瓣黑边的主要原因之一。每年夏季连续阴雨 7～10d、冬季连续阴(雨、雪)7～10d 的天气，造成阶段性的光照不足，影响切花的生长和品质。使用高品质的月季专用薄膜，在保证高透光率的前提下可阻挡大量紫外光，并在阴雨天保证一定的散射光进入棚内。在月季抽枝期间不使用遮光网，保障植株有充足光照；现蕾后可以在晴天 10：00～16：00 期间，使用 60%～75%银灰色的遮阳网；夏季连续多日阴雨天、冬季不能遮光，大棚表面过湿、有霜霉病、灰霉病时不遮光。

3. 温度管理

最适宜切花月季生长发育的温度为白天 20～35℃，夜间 12～16℃。冬季当夜间温度低于 8℃时，许多品种生长缓慢，枝条变短，畸形花增多。夜间温度长期低于 5℃时，大多数月季品种不能发出新枝，或者发出的新枝较短，盲枝增多。因此，冬季低温严重影响切花的枝条长度、发芽及花芽分化，从而影响产量和质量；夏季当夜间温度高于 18℃、白天温度高于 28℃时，大多数月季品种生育期缩短，切花的花瓣数减少，花朵会变小，瓶插寿命变短，对切花的品质有较大的影响；理想的昼夜温差是 10～12℃，温差过大会导致花瓣黑边。在生产实际中，夏季将大棚内的白天温度控制在 26～28℃，冬季将大棚内的夜间温度控制在 14～16℃，就可保障切花月季的高产、优质周年生产。

4. 水分管理

灌溉用水。切花月季的灌溉用水应符合农田灌溉水质标准，可选择符合农田灌溉水质标准的河水、泉水或井水作为切花月季灌溉用水。

湿度管理。优质切花月季萌芽和枝叶长期需要的相对湿度为 70%～80%，开花期需要的相对湿度为 40%～60%，白天湿度控制在 40%，夜间湿度应控制在 60%为宜，大棚内温度主要影响花色。有些复色品种，如彩纸(Konfetti)、阿班斯(Ambiance)等在湿度、光照不足时色彩会变淡，显现不出复色原有的色彩；白色、黄色品种，湿度、光照不足时色彩也会变淡，花色不鲜艳，品质受到影响。大棚内湿度为 90%以上大棚薄膜、水槽、植株及叶片开始形成水滴，易诱发多种病害发生，如灰霉病、霜霉病、褐斑病等。

水量管理。月季是喜水、耐旱而怕涝的作物，土壤水分不足时会影响切花产量和质量；相反，土壤水分过多又会造成根系通气不足而影响根系发育。因此必须进行科学的水分管理。浇水宜采用滴灌系统。切花月季的浇水时间、浇水次数和浇水量受季节、天气、土壤和植株生长状况的影响较大，生产者可根据生产经验、植株生长情况等确定。在生长旺盛期，坚持表土不干不浇水，可每天灌水一次或几天浇灌一次，因地制宜，做好水肥管理。切花月季灌溉水量为6～10L/(m^2·d)(温室面积)，冬季及阴雨天取下限，夏季及晴天取上限。灌水从早晨8：00到下午16：00点，下午16：00以后不宜浇水，同时要避开中午高温时期；旱季，即10月至翌年5月灌水后畦沟应略有水渗出；雨季，即5月至9月应保持畦沟干爽；幼苗期需水较少，可根据实际情况适当减少灌水量和减少灌水次数。每次灌水时检查滴管出水情况并排除异常。

5. 肥料养分管理

1) 营养元素的需求

切花月季和所有作物一样需要碳、氢、氧、氮、磷、钾、钙、镁、硫、氯、铁、锰、硼、锌、铜、钼、镍这17种植物必须营养元素，除碳、氢、氧是植物从空气和水中取得外，其它14中都要从土壤和肥料中获得，由于切花月季生长比较快，对各种营养元素的需求量较大，如何做好切花月季生长期的养分管理显得尤为重要。

切花月季在营养生长期对大量元素氮、磷、钾的需求均为3∶1∶2，开花期为3∶1∶3，中量元素和微量元素可以适时适量依据土壤养分含量和植物生长状况进行诊断后施用。

2) 施肥量和施肥方法

施肥宜采用滴灌施肥，滴灌施肥要选择溶解性高的肥料，产花期每亩大棚每月需要硝酸钾(或钾宝)10kg、硝酸铵10kg、尿素5kg、磷酸二氢钾1kg、硫酸镁1kg、螯合铁100g、硼酸100g配成肥液施，其他微肥根据植株状况进行调节。将肥料配制成EC(可溶性盐的含量)值为1.2～1.5，pH值为5.1～6.0的肥液在施肥前先滴清水5～10min，随后滴施肥液，施完肥液后再滴清水5～10min。一般冬季每月施肥1次，中午进行；其他季节每月施肥1～2次，分别在早上和中午进行；施肥次数依据植株生长状况实时进行调整。

在使用无滴灌施肥系统时采用土壤深施埋肥法。参考施肥量为每亩大棚用缓效三元素复合肥(N∶P∶K为3∶1∶3)10～15kg/2月、硼酸100g/2月、硫酸锌200g/2月。植株出现缺铁或缺锰状时，用0.05%螯合铁或0.05%螯合锰喷施叶面。

3) 适当增施有机肥

土壤种植每年需要添加1次腐熟的有机肥料，保证切花月季生长对土壤有机肥的需要。每年添加总量一般为3～4t/亩，以补充有机质的分解，使土壤有机质达到3%以上，添加时间以每年秋季和冬末为佳。添加有机肥时在畦面的中部(行间)挖开30cm深、25～30cm宽的浅沟，然后直接添加有机肥，最后同土壤均匀混合。建议3～4年即从定植到换苗一个种植周期后，可轮作1～2季矮秆粮食作物、药材或其它经济作物，尽量避免或减少连作障碍的发生。

6. 修剪管理

1) 定植时修剪

将定植好的花木离地面 20～30cm 高的上部枝条剪除，只留 20～30cm 在墒面上。

2) 生长期修剪

为了保证切花月季的优质高产，一般扦插苗 3～4 年，嫁接苗 5～6 年更换一次。近年来切花月季品种的种植随市场流行品种的变化而更换加快。不同品种的月季枝条，其叶型、腋芽形态、腋芽生长速度和花型均有差异。枝条顶端的芽最早发育为花芽并开花，花朵下面 1～6 个腋芽，依次抽发新枝，并依次增长，形成花芽并开花；枝条基部、中部的腋芽形成的花枝质量差异不大，但从中部到基部花枝开花的时间依次延长，可以根据这些特性进行修剪，调节开花期。切花月季具有连续开花的习性，大多数新抽枝条的顶端都能开花。只有温度、光照、养分、水分等供应不足时才不会开花，形成盲枝。在适宜的生长发育温度范围内，花冠、花瓣数随温度升高而减少，切花质量随之下降；反之温度降低到适宜范围时，花冠、花瓣数会增大和增多，切花质量随之提高。

切花月季的修剪主要采用折枝和剪枝方法。根据切花月季植株的分枝层次，将切花月季植株分为一、二、三级（或一、二、三次枝）。幼苗植株折枝后，从植株基部发出的脚芽称一级枝，一级枝上发出的枝叫二级枝，二级枝上发出的枝叫三级枝。根据切花月季植株枝的功能和用途，又分为切花枝和营养枝。即将培养切花的枝，叫切花枝；在切花月季植株上经过折枝处理后用作营养的枝叫营养枝。优质切花月季高产株型的植株有切花枝 4～5 枝，均匀饱满的营养枝 5～6 枝，株型高度 20～40cm。依据高产优质切花株型结构，分期逐步培养成株型、并保持株型的合理结构。

(1) 析枝。压枝绳（铁丝或尼龙线）距苗 25～30cm，在定植畦的两边用铁桩或木桩拉紧并固定。将所有作营养枝的枝条压于压枝绳下。苗期所有花头在豌豆大小时打去，保留叶片，当枝条长度有 40～50cm 时将养枝的枝条压板，注意不要将枝条压断。新萌发出的过细枝条压作营养枝；营养枝上发出的枝条继续压枝。压枝时注意各株之间、枝条之间不能相互交叉，折枝数量以铺满畦面为宜，让叶片能得到充足的光照。折枝不论一年四季，还是一天早晚均可进行，是一项经常性的工作。一般早上枝条较脆，压枝时容易断裂，要尽量使其不断裂。折枝的操作：用一只手把握枝条需要折的部位，另一只手用力向下扭折，将枝条压于压枝绳下。粗枝条可在距根部 10cm 处将枝条扭折后再压下，注意扭折时双手操作避免折断枝条。

(2) 压枝。苗期开花植株的培养方法是以压枝为主，以利于切花株型的快速培养。当枝条有 40～50cm 高时便可压枝，将枝条压下并把所有的花头在豌豆大小时去除，从压枝上新发的枝条继续压枝。植株压枝后会迅速长出水枝（脚芽），水枝现蕾后留 4～6 枚叶短截作切花母枝；细的水枝继续压做营养枝。

(3) 初花期株型培养。经过对苗期开花植株的培养，有部分植株开始采收切花，大部分植株发出大量的新枝，这时期以培养株型为主并兼顾切花采收。株型的培养方法，即对各级枝的培养，对粗壮的水枝留 25～30cm（4～5 个 5 小叶片）高摘心，培养成植株的一级枝，对一级枝上发出来的枝，粗壮的可做切花，细弱的可压做营养枝；一级枝上萌发出来的切花枝，采花时留 10～15cm（1～2 个 5 小叶片）高剪切，培养为二级枝；对二级枝上发出来的枝条，强壮的可做切花枝，细弱的压做营养枝，采花时留 5～10cm（1～2 个叶片）高剪切，培养为三级枝；一般切花月季品种植株培养三级枝，可以达到高产优质株型，有些切花月季品种植株培养二级枝即可成型。在株型培养期间合理保留各级枝的高度非常重要，它们与切花的产量和质量密切相关，一般越强壮的枝，留枝越高，剪切后发出来的枝越多，达到切花标准的枝越多；相反越弱的枝，留枝越矮，剪切后发出来的枝越少，达到切花标准的枝更少。留枝过高，发枝过多，会造成产量高、质量低的现象；相反留枝过低，产量也较低。当营养枝过多时，应该逐步淘汰底部的枝条或有病虫害的枝条。植株每年都有新的水枝发出，新水枝逐步升高期间应该淘汰原有的老化主枝。

3）产花期修剪

为保证切花月季的质量和产量，在产花期折枝和切花枝按一定比例选留，一般植株有切花主枝 3～5 枝，均匀饱满的营养枝 5～6 枝，株型高度 20～40cm。冬季株型的培养非常重要，一般每年 10 月开始将植株高度逐步提高，形成更多的产花枝条，情人节剪花结束后，将植株回缩修剪整理至正常切花高度，即 20～40cm。

在产花期要不断折压培养新的营养枝，注意不要将营养枝折断、剪除相互交叉和过密的枝。在每一个切花高峰后适当修剪整理，营养枝上发出的新枝条，冬季留部分产花，其余压作营养枝。

病虫、枯、老、弱枝要及时剪除，对切花枝上的侧蕾及侧芽要及时抹除。春季情人节产花结束后，剪除部分已老化的主枝，注意培养从基部发出的水枝留作新的产花主枝。

7. 季节管理

1）冬季管理

云南冬季多以晴天为主、光照强，昼夜温差大。冬季昼夜温差经常达到 20℃以上，对切花月季的干物质的积累很有好处。但昼夜温差过大，会造成许多切花月季品种花瓣边缘变黑和花朵畸形。切花月季生长最低的夜温要求在 8℃以上，夜温过低不利于切花月季的生长，主要影响发芽和抽枝，导致产量低。在每年的 12 月中旬至春节期间，会有极端低温出现，最低气温达到-5～-1℃，保温性能较差的简易大棚容易出现冻害。

2）春季管理

春季至夏初以晴天为主、光照强，昼夜温差大，高温低湿并且有大风。利用自然通风降温及增加一定的通风降温设备，让月季度过短时间的高温时期是十分必要的。春末夏初的低湿度气候（空气相对温度低于 40%），对需要一定湿度才能生长良好的切花月季影响较大。湿度过低影响切花月季的花色，甚至引起花朵外瓣的枯焦，严重影响切花月季的品质。并且低湿度适宜红蜘蛛、蚜虫等虫害的发生和蔓延。通过安装一定的设备，增加地面温度和空气湿度，是最好的解决办法。

3）夏季管理

夏季高温、多雨、光照不足。云南进入夏季，会出现持续时间较长的连续阴雨天气，对月季的生长不利，且湿度高、光照低常引起病、虫害的爆发。因此需要增强通风排湿和加强病虫害防治。

4) 秋季管理

秋季气温逐渐转为凉爽、雨水变少、光照充足，病虫危害也较轻，气候环境较适应切花月季的生长，植株生长较快，应注意保持水肥的均衡供给，确保切花月季的高产优质；对已过剪花高峰期的植株进行折枝和整枝处理，并增施有机肥，促进植株快速生长，为冬季切花作准备。进入晚秋后气温变冷，大棚内因夜间温度低而湿度增大，易诱发灰霉病、霜霉病，应注意做好夜间的保温措施，并控制夜间大棚内的湿度。

8. 生理性病害的管理

1) 营养元素类生理性病害

(1) 缺素性病害。一般缺少营养元素的主要原因有以下几种：肥料含有效成分的差异或误差与实际需肥量不符合；配肥和施肥操作不当出现沉淀和流失，使营养元素的配比失去平衡；土壤 pH 值、土壤温度及通透性差等因素影响营养元素的有效性，使月季不能有效吸收营养。所以，在土壤栽培中，只要坚持正常施肥，一般不易缺少大、中量元素，即使缺少也是由于月季生长快，消耗大量的肥水，没有及时施肥造成，可通过增加供肥次数和供肥量来解决。较易缺少的是铁、锰、硼、钙、镁等微量元素，缺少铁或锰时除了增加铁肥或锰肥的用量外，更重要的是调整土壤的 pH 值，使 pH 值在 5.5～6.5 之间，从而提高铁或锰的活性。严重缺乏时可用 0.2%～0.5%的螯合铁或螯合锰同时进行叶面喷施；缺少硼、钙、镁时主要通过增加用量解决，严重缺乏时可用硼酸、硝酸钙进行叶面喷施；通过施用大量腐熟的农家肥并结合土壤改良，可以减少缺素症状的发生。缺素症状发生后需要对营养元素进行 2～3 周，甚至更长时间的调整，在调整期间需要进行土壤检测和叶色变化的观察，待植株恢复正常生长后，再恢复正常的肥水管理。

(2) 营养元素或土壤酸碱度不平衡引起的病害。如果施肥缺乏科学性、合理性，盲目、大量地施用某些化学肥料，使土壤中某些营养元素过剩，而植株需要的一些营养元素缺乏，则会使土壤养分平衡遭到破坏，造成土壤盐害或酸碱度失衡，需要进行土壤相关营养元素和酸碱度的检测并观察植株的生长状况进行土壤营养诊断，因地制宜、合理平衡施肥，进行植株营养元素和酸碱度调节。如发生盐害，可用适量清洁水清洗土壤，把多余的有害盐分去除，但清洗时要注意清洗后水的水质监测评估和回收循环利用情况；如土壤酸碱度遭到破坏，可以用生石灰或相应的碱性或酸性肥料进行调节，直至土壤酸碱度恢复到切花月季所需土壤 pH 阈值。

2) 弯头(鸟头)

弯头是指花蕾下的第一片小叶或萼片着生位置不对，使得花茎及花蕾不垂直，花蕾长大后形状似鸟头。弯头的出现与品种和栽培时间有关，如黄色品种金银岛、马比伦出现较多，地平线发生较少；红色品种皇家之花发生较多，第一红、红法兰西发生较少，纳欧米(Naomi)发生也较多。一般新定植的月季植株，在第一年较粗壮的枝上发生弯头率较高，两年以后弯头率逐步降低。此外，还与季节有关，春季月季基部发出的基生枝弯头率较高，夏季发生弯头的机率较低。减少弯头花枝的办法是注意观察，一般产生弯头花枝的枝条较粗壮，是很好的切花母枝和营养枝。若为基生枝可留 4 台叶片剪切作切花母枝或更换老的切花母枝；一、二级枝可留 3～4 台叶片剪切作切花母枝，或者折枝后作营养枝。对已出现弯头的花枝处理方法是在花头豌豆大时直接剪去以便迅速形成下一级枝条；在花头豌豆大小时将花蕾弯头的小叶摘去，花头在继续生长过程中会逐步抽直，或从花蕾下第 1 片 3 小叶处摘心，促发短枝开花，缩短切花时间。

3) 弯枝

弯枝是月季植株在生长过程中，枝条生长弯曲，引起切花品质下降。低温、低光照、水肥不均匀、侧芽不及时抹除和植株向光都易造成弯枝。此外，抹除侧芽时操作不当会对主枝造成伤口，在伤口愈合时使枝条发生弯曲等，可通过严格的规范化操作来解决。

4) 双心花和平头花

双心花指月季花在生长发育过程中，一朵花形成两个以上的花心。双心花现象与品种和气温有关，在黑魔术品种中出现较多，而红法兰西、第一红、卡罗拉则出现较少；一般冬春季低温时期发生较多，夏秋季发生较少，但长期高温也会造成双心的出现。

平头花指月季花的高芯花型品种在生长发育过程中，内花瓣和外花瓣生长一样高，花开放后形成平头，失去品种原有的高芯花型特征。出现平头花现象与温度和光照有关，一般冬季大棚内温度低于 5℃、每天光照时间短于 10h、光强长期低于 4×10^4lx 时容易产生平头；个别品种在苗期产花也会发生平头现象。

双心和平头花均失去较好的商品价值，不能作为出口切花销售，只能在国内低价销售。在生产上选择耐低温、弱光的品种栽培，冬季主要通过提高棚内温度和增加光照时间及光照强度，减少双心和平头的出现。夏季高温季节，白天要注意棚内通风降温，避免月季长期在高温环境中生长。双心和平头花枝一般作切花母枝和营养枝处理。双心和平头花枝大部分折枝后作营养枝，少部分粗壮的一、二级枝作切花母枝用。

5) 盲枝(盲芽)

切花月季盲枝(盲芽)是指月季植株的芽受温度、光照、营养等影响，不能发育成花芽开花，称为盲枝(盲芽)。对盲枝(盲芽)的处理方法，一般盲枝(盲芽)发生在生长势较弱的植株上或植株下部的枝上，根据盲芽枝的枝着生位置，可将着生位置好的枝，折枝后作营养枝用，将作生位置不好的枝直接剪去。根据品种特性选择适合的种植密度，对植株高大和叶片宽大的品种，可增加株、行距以减少种植密度，改善大棚内植株群体间的通风透光性；进行合理的修剪及折枝措施，减少植株间互相遮光，可以提高切花枝的光照。冬春季加强温度和光照管理，及时更换大棚塑料薄膜，可提高塑料薄膜的透光性和保温作用，选用银灰色的遮光网，可以提高保温效果，又可以增加大棚内的散射光，促进植株的生长和花芽分化。

6) 落叶

指切花月季叶片不正常的脱落。引起落叶的因素较多，主要有病虫危害、低温、光照不足、营养失调及生理病害、农药使用不当等。在滇中地区霜霉病危害是引起落叶的主要原因，其次是低温和光照不足。

大部分落叶的切花枝不能作切花销售，对病虫引起的落叶枝要及时剪除销毁；低温及光照不足、农药使用不当等引起的落叶枝，枝上的叶片对恢复植株生长势十分重要，应注意保护并作为营养枝使用；对营养失调及生理病害引起的落叶枝，可以剪除严重落叶枝，保留轻度落叶枝作为营养枝使用。应加强病虫害防治和正确使用农药，减少因病虫及农药引起的落叶；秋冬季应增加保温和加温措施，减少病害和低温及光照不足引起的落叶；合理的施肥浇水并保持元素平衡，可以预防生理病害的发生。

7) 药害

农药使用不当造成植株生理病害，表现出叶片变黄、萎缩、花瓣枯焦等症状，应正确、合理地使用农药。

8) 保持田间卫生、预防病害流行

及时清除棚内棚外的杂草，不为害虫提供越冬场所。及时拔除感病植株，摘除病叶，同时将病株残体清运出地并进行相应的杀菌除菌处理(堆放处理地点要远离排灌水沟)，避免植株间病虫原体的相互传播和交叉感染，预防病虫害流行。

4.8.1.4 病虫害防治技术

1. 实用范围

本规程规定了切花月季病虫害综合防治措施、主要病虫害防治方法。

本规程适用于切花月季病虫害综合防治措施、主要病虫害防治的全过程。

2. 规范性引用文件

下列文件中的条款通过本规程的引用而成为本规程的条款。凡是注日期的引用文件，其随后所有的修改单(不包括勘误的内容)或修订版均不适用于本规程。但是，应鼓励根据本规程达成协议的各方研究使用这些文件的最新版本。凡是不注日期的引用文件，其最新版本适用于本规程。

资料引用：昆明市植保植检站——农药经营和使用基础知识。

3. 月季病虫害综合防治措施

土壤灭菌处理。土壤病害是切花月季的重要病害，定植前对土壤进行灭菌处理是防治此类病害的主要方法。土壤灭菌处理的常用方法有蒸汽消毒、药剂熏蒸如溴甲烷、威百亩等。

田间操作与卫生。要注意大棚内通风良好和保持叶片干燥，在浇水和施肥时不要将水、肥溅洒在叶片上，避免采用淋浇的方式给水。适时适量灌水，避免田间因过湿或积水而诱发各种根茎部病害。及时清除棚内棚外的杂草，不为害虫提供越冬场所。及时拔除感病植株，摘除病叶，同时配以药剂处理，以控制病害的进一步蔓延。每次采花后，应当用保护性药剂对植株进行喷雾处理。

设施管理。定期检查温室大棚的隔离措施，防止害虫的侵入；温室大棚设备的设计建造应考虑足够的通风除湿能力以及合理的灌溉系统以避免弄湿植株；及时清洁棚膜，随温度变化及时通风换气和排湿。在冬季，应解决好闷棚保温与通风除湿之间的矛盾。

药剂组合防治。使用农药防治时尽可能采用熏蒸(硫磺熏蒸、烟雾熏蒸)的方式，采用喷雾方法时也应尽量选用不易留下污渍的农药，如水剂、乳油等类型的内吸杀虫、杀菌剂。粉剂类农药易出现药渍。特别要注意喷洒的部位。农药应喷洒在植株 20cm 以下的部位，避免农药对切花月季的直接污染。切花月季对某些农药较敏感，容易出现药害，如克螨特、菊脂类等，需慎重使用。药剂使用时，应做到喷洒保护性广谱杀菌剂和杀虫剂与针对具体病虫害的治疗性药剂的使用相结合。

4. 切花月季主要病虫害防治方法

1) 主要病害

(1) 白粉病。白粉病(Sphaerotheca rosae)首先从植株中上部开始，在叶片、花蕾及嫩稍上发生。初期叶上出现褪绿黄斑，逐渐扩大，出现白色粉末状霉点，随后着生一层白色粉末状物，严重时全部有白粉层，嫩叶染病后翻卷，皱缩、变厚、有时为紫红色，叶柄及嫩稍染病时膨大，反面弯曲，幼叶展不开。老叶则出现圆形或不规则的白粉状斑，但叶片不扭曲。老叶通常不易受感染。有的病菌在某些月季品种的叶片上引起不明显的针尖状坏死斑。花蕾染病时表面覆白粉层，发育停滞，花朵畸形，皱缩脱落。染病后植株生长衰弱。白色霉点布满全叶，叶片变得凹凸不平，或者扭曲，叶色开始变成灰色，新梢发育不良，花枝花茎柔软弯垂，花蕾下部密生霉菌，花茎变色。开放的花瓣受侵染的可能性小，但有些深色花品种出现小而圆的褪色斑。

发病规律：病菌以菌丝体在芽、叶、枝上越冬。春季被子囊孢子或分生孢子初次侵染，分生孢子发芽适温 17～25℃，30℃以上受到抑制，棚温在 25℃以上，白粉病即可发生。发病湿度范围很宽，相对湿度 23%～99%都可以发病，相对湿度 30%～40%环境下最易发病，因此 5、6 月和 9、10 月是发病盛期，但有水冲刷叶面时对孢子萌发不利。栽植过密、土壤中氮肥过多，钾肥不足易发病。温室(棚)中可周年发病。

防治方法：选用抗病品种。温室加强通风，温度不宜过高，降低温室的湿度；平衡施肥，避免氮肥过多，适当增施磷钾肥；早春剪除病枝、病叶，每次剪花高峰期过后，结合修剪清除病枝、病叶并进行一次彻底的药剂防治，减少病害侵染源。主要防治方法是用 99%硫磺熏蒸，利用硫磺蒸发器每周进行硫磺熏蒸 3～5 次，在夜晚大棚内硫磺熏蒸每次 5～8h，根据发病情况决定硫磺熏蒸的次数和时间。此外，还可采用药剂防治方法，例如在生长期喷 70%甲基托布津 700～1000 倍液、20%粉锈王子要湿性粉剂 1000～1500 倍液；50%多菌灵 1000 倍液；7～10d 喷一次，连续喷施 2～3 次。也可以用 1000～1200 倍的保丽安(多氧霉素 PS 乳剂)；用 0.02%～0.03%的硝酸钾水溶液喷雾防治白粉病。在叶片的表面和背面同时喷洒能较大程度地提高防治效果，喷后叶面保持湿度 2～4h 能产生更好的效果。

(2) 月季霜霉病。月季霜霉病(Peronospora sparsa)在叶、新梢、花上发生，初期叶上出现不规则淡绿斑纹，后扩大并呈黄褐色和暗紫色，最后为灰褐色，边缘色较深，渐次扩大蔓延到健康组织，无明显界限。潮湿环境下，病叶背面可见稀疏的灰白色霜霉层，叶片容易脱落，腋芽和花梗部位发生变形。出现病斑，严重时新梢基部出现裂口，沿切口向下枯死，有的病斑为紫红色、中心为灰白色。新梢和花感染时，病斑与病叶相似，稍上病斑略凹陷，严重时叶萎蔫脱落，新梢腐败枯死。

发病规律：病菌以卵孢子越冬越夏，以分生孢子侵染，孢子萌发温度 1～25℃，最适温度为 18℃，高于 21℃萌发率降低，26℃以上完全不萌发，26℃持续 24h 孢子死亡，病原孢子从叶背面的气孔侵入，侵入时需要有水滴存在，侵入过程 3h 左右。侵入后温度为

10～25℃，空气湿度为100%时，经过18h开始形成新的孢子。温棚(室)中主要发病在6～9月雨季；秋、冬季夜间大棚内温度过低也易发生此病。光照不足、植株生长密集、通风不良、昼夜温差大、湿度高、氮肥过多时病害特别易于发生。

防治方法：大棚内湿度过大是诱发霜霉病的主要因素，调节控制大棚内的湿度是防治该病的主要措施。水肥供应使用滴灌设施，选择晴天中午前浇水、施肥，避免低温、高湿，减少叶面保湿时间，控制空气湿度，多开棚换气。全年大棚夜间加强通风，避免棚内出现雾气、叶片结水露、滴水。冬春季夜间低温，在温棚(室)内结合热风加温，可以降低夜间低温棚(室)内植株及叶面上的凝结水，同时注意大棚应留有换气空隙以便通风排湿。目前霜霉病没有特效药，可用70%百菌清700～1000倍液、58%雷多米尔1000倍液、80%代森锰锌等杀菌剂保护和预防。用百菌清、乙磷铝锰锌等药进行烟雾熏蒸。

(3)灰霉病。灰霉病(Botrytis cinerea)在叶片发病初期为叶缘叶尖水渍状小斑，光滑稍有下陷，后期叶片变色，密生灰色霉点，花蕾不开放，变褐色腐烂掉下。花受侵害出现小型火燎状斑点，不久变成大型腐烂褐色斑，花瓣变褐色皱缩腐败。植株受侵害时在茎节中间腐烂，枯萎而死，温暖潮湿环境下侵染部位长满灰色霉层，一般症状发生在花瓣、有伤口的茎、叶和嫩枝。

发病规律：病菌以菌丝或菌核潜伏在病部越冬，产生分生孢子侵染，繁殖温度2～21℃，最适15℃，空气湿度大和叶片上有水是发病的必要条件，在1～2日内即可发病，嫁接时为保湿覆盖，通气不良易发病，雨多时易发病，栽培过密易发病。易感病品种：托斯卡尼、地平线、奥赛娜、纳欧米、雪山等。抗病品种：卡罗拉、红衣主教、坦尼克、维西利亚等。灰霉病周年发生，每年5～9月高温多雨期间发病较重，冬春干燥期间发病较轻。切花月季采收后储运期间，花朵呼吸产生的热量不易散发，易发生灰霉病，花瓣产生病斑腐烂。

防治方法：与霜霉病的防治方法基本相同，调节控制大棚内的湿度是防治该病的主要措施，温棚(室)内注意通风，湿度不宜过高，在切花时期温棚(室)内的空气湿度控制在70%以下；在高温多雨季节，要及早开棚，以便温棚通风排湿，降低温棚(室)内及植株间的空气湿度；冬春季夜间低温，在温棚(室)内结合热风加温，可以降低夜间低温棚(室)内植株及叶面上的凝结水，无加温条件的大棚在晴天的早晨，天亮后太阳出来之前要及时开棚通风排湿，可防止早晨大棚上的凝结水直接滴到植株和花头上。下雨要防止大棚薄膜、水槽漏水，水滴直接滴到植株和花上诱发病害。在大棚内要及时清除病残体，减少侵染来源，有病植株应从病症部位以下剪去。药剂防治采用百菌清熏蒸及灰霉利、扑海因等喷雾。

(4)根癌病。病原为根癌菌*Agrobacteriumtumefaciens*(*Smithet Towns*)。发病时根茎、根发生大小不规则肿瘤，节结状，木质可达几个mm。植株生长不良，矮化叶小，发黄早落。

发病规律：适温25～30℃，病原细菌通过伤口(如虫咬伤、机械损伤、嫁接口)侵入，一部分基因整合到寄主基因组上，即使消除了细菌肿瘤也不能消除该病原细菌，可随水传播，寄主范围广。病害主要通过外购月季种苗传入。

防治方法：购切花月季种苗时注意检查根系，发现有病植株立即销毁；不要在有病地段栽培月季或进行彻底的土壤消毒，栽培地应排水良好；栽植前将根系浸入农用链霉素

500 万单位溶液中 2h；生物防治可用 A.radiobacter 品系 K84 喷洒病株，对植株无害；嫁接时工具进行彻底消毒，用开水加 5%福尔马林或者 10%次氯酸钠溶液消毒 8～10min。田间病株可先用利刀清除病块，深达木质部分，然后用农用链霉素 500 万单位灌根，可抑制此病。

2)主要虫害。

(1)蚜虫。主要为月季长管蚜虫(*Macrosiphumrosivorum*)、月季绿蚜虫(*Rhodobiumporosum*)、桃蚜(*myzuspersicae*)。多为无翅蚜，少有有翅蚜，无翅成虫体长约 3～4mm，一般为淡绿色。蚜虫多集中在花蕾、嫩稍及嫩叶、幼叶 1 并集中在叶片背面进行危害，少数在老叶片进行危害。受害花蕾、幼叶、嫩稍不易伸展。蚜虫大面积发生时会排泄大量蜜露，易发生霉污病。

发生规律：温棚(室)内周年发生危害。成蚜和若蚜在叶芽和叶背取食越冬，2—3 月早春在月季嫩稍、嫩叶上繁殖，危害嫩稍、花蕾及嫩叶，3～4 月平均气温 20℃，相对湿度 70%～80%时繁殖最快，5 月为第一次发生危害的高峰期。夏季高温多雨不利于蚜虫繁殖，发生危害较轻。秋季气温变暖干燥，又适宜蚜虫的繁殖发生，9—10 月为第二次发生危害的高峰期。因此，每年春秋季 4～5 月、9～10 月为 2 次高峰期。但在温棚(室)内每年从 2 月中旬到 11 月均会发生危害，仅在冬季危害较轻。田间缺水干燥的地块植株长势较弱，叶色浅绿、叶肉丰软的品种易发生蚜虫危害。

防治方法：每次剪花高峰后结合修剪，剪去有蚜虫的枝叶集中销毁。药剂采用 80%敌敌畏熏蒸，利用硫磺蒸发器每天夜晚熏蒸 1h，并关闭大棚到天亮，连续 2～3d 即可有效控制蚜虫危害，熏蒸时注意密闭大棚四周。此外叶面喷施可用 20%蚜螨灵、50%杀螟松。

(2)螨类。主要有朱砂叶螨(*Tetranychus cinnabarinus*)、二点叶螨(*Tetranychus urtice*)(俗称红蜘蛛)等。成虫体长 0.3～0.5mm，有暗红、朱红、绿色、黄色、褐色等多种体色，有 4 对足，背和足上生有细毛，刺吸式口器。繁殖力极强，一年能繁殖 10～20 代，可进行两性生殖或孤雌生殖，条件适合时每 7d 可以繁殖一代。危害症状：初期叶正面有大量针尖大小失绿的黄褐色小点，后期叶片从下往上大量失绿卷缩脱落，造成大量落叶。

发生规律：螨类在叶背吮吸汁液，主要通过空气飘散、爬行传播和人为携带传播。干旱高温时是繁殖高峰，空气湿度高于 85%时危害大大减轻。保护地中全年均可危害，一般在缺水缺肥、植株生长不良，叶子发黄的地方先出现。在棚内首先以点状发生，最早危害植株基部的叶子，随后蔓延扩散从枝叶一直危害到花头。

防治方法：保持大棚内的湿度合适。定期检查大棚内的螨虫发生及危害情况，发现危害及时采取措施防治，把螨虫控制在发生初期(出现个别植株点状分布时)。结合整枝，发现有螨虫的枝叶及时清除，集中处理。大棚内对零星发生红蜘蛛的植株一定要及时喷施农药防治。药剂防治：幼螨、若螨、成螨可用同类农药防治，如 1.8%爱福丁 1200～1500 倍液、1.8%阿维菌素 1500～2000 倍液；虫螨光等。为提高防治效果，可用食用醋调节药液的 pH 为 6～6.5，提倡采用捕食螨等生物防治方法进行防治。

(3)蓟马。危害月季的蓟马主要为花蓟马(*Frankliniella intousa*)。体长 1～3mm，雌成虫淡褐色、雄成虫淡黄至黄色；若虫乳白色至淡黄色。蓟马是刺吸式昆虫，通过刺吸花瓣吸取养分。花瓣受害轻时不易被发现，危害重时花瓣有粉色或红色不断扩大的斑点，甚至变褐，花朵逐步萎缩成球状，切花失去商品价值。蓟马对花瓣的危害还会造成花瓣灰霉病进一步发生。蓟马是国际进出口重点植检对象。

发生规律：在温棚(室)内周年发生危害，蓟马以各种虫态在月季上越冬，每年高峰期为 3～11 月，特别在高温期间危害比较严重；12～2 月(冬季)危害减轻。一般生活史里，蓟马产卵于花蕾里，从卵到成虫经历 4 个若虫阶段。在成熟之前，若虫会 2 次离开植株钻入土壤。成虫有翅，有很强的飞翔能力。蓟马特别喜欢危害香味浓的花朵，采花期主要在花瓣中危害，无花期转移危害新梢、幼叶。蓟马生长繁殖较快，在 20～25℃温度下完成一代需要 25～28d。

防治方法：由于有花蕾的保护作用以及若虫有两个阶段进入土壤，防治较为困难。通过及时剪除有虫植株和花朵、及时清理温棚(室)内的废花，并集中销毁，从而减少温棚(室)内的虫源。在温室中熏蒸农药是最好的防治方法。熏蒸蓟马可以在早上或傍晚温室内温度稍高时进行以达到良好药效。切花运输前用溴甲烷再次熏蒸可以基本达到出口检疫要求。农药防治每亩用 80%敌敌畏 300～400mL 熏蒸 1h，关闭大棚 8～10h；可用吡虫啉类农药如 5%吡虫啉 1500～2000 倍液、5%蓟虱灵 1500～2000 倍液、喷雾防治，提倡使用粘虫板诱杀。

(4)鳞翅目幼虫。主要为鳞翅目夜蛾科，有银纹夜蛾、斜纹夜蛾、苷蓝夜蛾等。幼虫淡绿、绿、深绿、黄褐等颜色。危害症状：成虫在叶片背面产卵，居在叶背取食，造成叶片穿孔或缺刻，花蕾、花朵受害时，出现花蕾穿孔或花瓣缺刻，影响植株生长和切花的商品价值。

发生规律：每年 3 月开始发生，5～8 月危害高峰期，9 月后危害逐步减轻，害虫以蛹的形式在土中越冬。夜间活动，经过迁飞进入温棚(室)内，在叶片背面产卵成块，对黑光灯具有较强的趋光性；1～2 龄幼虫喜群居在叶背取食，3 龄后幼虫分散取食且食量暴增，同时对农药具有较强抗生性，易造成暴发性危害。

防治方法：在温棚内用黑光灯等诱杀成虫，做好温棚的密闭工作，开棚用防虫网防范成虫进入。剪除叶片上的卵块和幼虫。农药防治：在幼虫 3 龄前，药剂可用 50%锌硫磷乳油 1000～1500 倍液；10%除尽 2000～2500 倍液喷雾防治。

(5)金龟子。又名铁豆虫、土蚕、蛴螬。幼虫体型肥粗，白色，弯成 C 字型，成虫铜绿色有光泽，卵白色至淡黄色，近球形，蛹长椭圆形，淡黄色。危害症状：成虫在地上危害花朵和叶片，造成花朵和叶片出现缺刻，幼虫蛴螬咬食植株地下根部，影响植株生长和切花的商品价值。

发生规律：每年一代，以幼虫在土中越冬，成虫 4～6 月出现，白天潜伏在土中，黄昏时出土活动，有趋光性和假死特性，7～8 月新孵化的蛴螬危害更加严重，主要危害植株的根系。

防治方法：用黑光灯等诱杀成虫，在盛发期夜晚检查植物，震落捕捉。温室或大棚可用防虫网防范金龟子，周围植蓖麻，使其麻痹后于清晨捕捉；中耕冬翻消灭幼虫。药剂可用 50%锌硫磷乳油 1000～1500 倍液、50%杀螟松 1000 位液直接浇灌根际或者通过滴灌施用。

4.8.1.5 切花月季的采收及采后处理

1. 成熟标准

一般根据品种特性和采收季节，切花月季的采收标准可以适当调整，如花瓣数少的品种适当早采，夏季气温高时适当早采。冬季气温低时采收成熟度要大些。过早或过晚采收都会影响切花的瓶插品质。

多头月季品系，用于贮藏或远距离运输时，采收期相对较早，一般在1/3的花朵花萼松散、花瓣紧抱、开始显色时采收。用于近距离运输或就近销售时，采收期相对较晚，一般在2/3的花萼松散、1/3的花朵花瓣松散时采收。

开花指数1：萼片紧抱，不能采收。

开花指数2：萼片略有松散，花瓣顶部紧抱，不适宜采收。

开花指数3：花萼松散，适合于远距离运输和贮藏。

开花指数4：花瓣伸出萼片，远和近距离运输均可。

开花指数5：外层花瓣开始松散，适合近距离运输和就近批发出售

开花指数6：内层花瓣开始松散，必须就近很快出售。

2. 采收时间和方法

采收同一品种同一批次的切花时，要求开放度基本一致，月季切花采收时间和采收次数因季节而异，春、夏、秋季一般每天2次采收，分别在上午6：30～8：00点和下午18：00～19：30点进行，冬天一般每天早上采收1次。采收时要使用正确的采收方法，根据植株整体株型，在花枝着生基部2～3个叶腋芽处剪切。剪切后需在5min之内插入含有保鲜剂的容器中，尽快保鲜并在冷库冷藏。

3. 整理分级

同一批次的月季切花在采收完成后运入分级车间进行整理和分级。分级包装车间要求光照充足、地面平坦光滑、配有分级、包装桌、剪切刀、去叶片和皮刺的工具、保鲜、包装等设施。整理的工作包括去除下部15～20cm的叶片、皮刺、枝上的腋芽及病叶等。然后根据采收切花的长度、花朵的大小、花茎的粗细、花茎弯曲与否、茎叶平衡状况以及病虫害等对月季切花进行分类，包括参照出口目的国的标准划分等级。

分级的单头切花月季20枝捆成一束(或者按照客户要求进行包装)，包装成成束的花，花头全部平齐或分为两层。分为两层包装时，上下两层花蕾不能相互挤压，花束茎基部应平齐，花枝长度相差不超过5cm。多头月季10枝捆成一束。包装成成束的花，每枝花中最长的花头应平齐。花束茎基部平齐，每束花花枝长度相差不超5cm。包装成束的花都用带有散热孔的锥形透明塑料袋包装。最后将切花下部放在保鲜剂中，并送到冷库预冷。

4. 采后保鲜

月季切花品种极多，瓶插时出现的“弯头”“蓝变”(出现在红色品种)或“褐变”(多出现在黄色品种)以及不能正常开放等是世界性保鲜难题。经分级包装的切花应在

初包装完成后第一时间运入冷库中预冷，以去除田间热，减弱切花的呼吸作用及延长切花瓶插寿命。冷库温度(5±1)℃，空气湿度为 85%～90%。在预冷的同时切花应吸收含 STS 或硫酸铝的预处液，时间最少为 4～6h。8-羟基喹啉柠檬酸是月季切花有效的保鲜剂成分，其主要作用是杀菌，防止茎基维管束堵塞；同时能使保鲜液 pH 降至 3.5 左右，微生物难以生存。通常，在贮藏或远距离运输之前通过在冷库预冷同时吸收预处液处理，或者在贮藏或运输结束后用瓶插液处理，都是月季切花采后保鲜的有效措施。

如果采收月季切花后需要贮藏两周以上时，最好干藏在保湿容器中，温度保持 0.5～1℃，相对湿度要求 90%～95%，用 0.04～0.06mm 的聚乙烯膜包装，使氧气浓度降低到 3%，二氧化碳浓度升高到 5%～10%，可以得到很好的延缓衰老效果。切花贮藏后取出，需将茎基再度剪切并放保鲜液中，在 4℃下让花材吸水 4～6h。

5. 包装运输

月季切花的包装方法是扎成一层或两层圆形或方形花束，一般每扎花束 20 枝，大花头和部分发往日本的切花每扎 10 枝(根据销售商要求而定)。各层切花反向叠放箱中，花朵朝外，离箱边 5cm；小箱为 10 扎或 20 扎，大箱为 40 扎；装箱时，中间需捆绑固定；纸箱两侧需打孔，孔口距离箱口 8cm；纸箱宽度为 30cm 或 40cm。

外包装的标识必须注明切花种类、品种名、花色、级别、花茎长度、装箱容量、生产单位、采切时间等。

月季切花是欧盟 2003 年 4 月 1 日起实施的新的进口检疫“欧盟特别名录”规定的进口到欧盟国家时必须实施检疫的花卉品种之一。月季切花的检疫对象主要是病毒、虫害，特别是活虫体，如蓟马、红蜘蛛(螨类)、蚜虫、鳞翅目幼虫、金龟等害虫。因此在出口前要进行必要的熏蒸处理，熏蒸不合格或不经过熏蒸的月季切花不能出口。熏蒸药剂采用溴甲烷，生产者在建盖的专一熏蒸室或通过植物检疫部门指定的熏蒸室作熏蒸处理。各国对进口切花月季的检疫都有详细的记录，包括品种和数量、原产地、种植人、经销商。只有检疫合格的月季切花才能准予出口。

月季切花运输有两种方式，包括用包装纸包装后横置于纸箱中的干式运输(即干运)和纵置于水中的湿运。远距离运输多采用干运；近距离运输可以用湿运。整个运输过程创造低温环境很重要，在高温时期要求温度控制在 10℃左右，其他时期要求在 5℃左右。在夏季或切花运输温度高的城市，可在包装箱内放置冰袋等蓄冷剂，进行降温保鲜运输。

4.8.2　康乃馨防污控害生产技术

4.8.2.1　优质标准

1. 品种选择

目前国内种植的香石竹大体可分为大花型、中花型和多花型三种，绝大部分从荷兰、法国、以色列和德国引进。生产单位选择的品种应具备抗病性强、生长快、产量高(特别是冬花产量)、裂苞少、品质好、市场商品性强等条件。近几年，经科研单位和花卉良种场的试验比较，筛选出一批优良品种。目前昆明滇池流域种苗市场上，可选择栽培的康乃馨切花园艺品种有上百个，不同的品种有着不同的遗传特性，有的株型较高(达拉斯、魅力、红云等品种)、有的株型较矮(自由、白雪公主等品种)、有的花蕾较大(马斯特、火焰、太平洋，紫罗兰等品种)、有的花蕾较小(粉弗朗，安静等品种)、有的较早熟(如：粉弗朗、安静、热恋等品种)、有的较晚熟(紫罗兰、火焰、粉黛、红色恋人等品种)、有的主茎笔直，有的主茎不太直等，市场上的康乃馨切花园艺品种信息详见表 4-54。因此，在选择确定栽培的品种前，应熟知各可选择品种的遗传特性。同时，还应充分考虑市场需求和自身的品种栽培技术优劣势等。对栽培品种作出正确的选择，是取得良好经济结果的关键之一。

表 4-54 目前市场上的康乃馨切花园艺品种

品种	颜色	花苞大小	枝条高度	生长速度	产量
马斯特	大红	大	中等	中	高
红色恋人	平边桃红	大	中	慢	低
火焰	黄底红拉丝	大	高	慢	高
达拉斯	齿边桃红	大	高	中慢	高
尼尔森	平边大红	中	中	快	中
佳农	黄色	大	高	慢	中
自由	黄色	中	矮	快	中
紫罗兰	紫色	大	高	慢	中
夜莺	紫色	中	高	慢	中
粉黛	齿边粉色	大	高	慢	
魅力	粉色	大	高	慢	高
新娘	粉色	中		中	
粉弗朗	平边粉	中	中	快	高
白雪公主	白色	中	中	快	中
绿夫人	绿色	大	中	中	中
太平洋	黄底红拉丝	大	高	慢	高
皇后	黄底红边	大	高	慢	高
王妃	白底红边	大	高	慢	高
火星	橘红底红拉丝	中	高	中	中
耐特	黄底紫边	大	中	快	中
马拉加	橘黄底红边	大	中	慢	中
甜点	黄底粉边	中		中	
热恋	白底粉边	中	中	快	高

续表

品种	颜色	花苞大小	枝条高度	生长速度	产量
恋人	白底紫边	中	中	快	高
安静	白底粉边	中	中	快	中
奥林匹克	白底紫边	中	高	中	高
樱桃太子	桃红底白边		中	慢	中
皇太子	紫底白边		高	慢	中
桑巴	橘黄底红边		高	快	中
多瑙河	白底紫拉丝		高	快	高
想象	黄色		中	慢	

2. 质量标准

康乃馨质量标准详见表 4-55。

表 4-55　康乃馨质量标准

评价项目	等级			
	一级	二级	三级	四级
整体感	整体感好、新鲜程度极好	整体感、新鲜程度好	整体感、新鲜程度好	整体感一般
花形	①花形完整优美，外层花瓣整齐 ②最小花直径：紧实 5.0cm；较紧实 6.2cm；开放 7.5cm	①花形完整优美，外层花瓣整齐 ②最小花直径：紧实 4.4cm；较紧实 5.6cm；开放 6.9cm	①花形完整 ②最小花直径：紧实 4.4cm；较紧实 65.6cm；开放 6.9cm	花形完整
花色	花色纯正带有光泽	花色纯正带有光泽	花色纯正	花色稍差
茎杆	①坚硬、圆满通直；手持茎基平置，花朵下垂角度小于 20° ②粗细均匀、平整 ③花茎长度 65cm 以上 ④重量 20g 以上	①坚硬、圆满通直；手持茎基平置，花朵下垂角度小于 20° ②粗细均匀、平整 ③花茎长度 55CM 以上 ④重量 20g 以上	①较挺直；手持茎基平置，花朵下垂角度小于 20° ②粗细欠均匀 ③花茎长度 50cm 以上 ④重量 15g 以上	①茎杆较挺直；手持茎基平置，花朵下垂角度小于 20° ②节肥大 ③花茎长度 40cm 以上 ④重量 12g 以上
叶	①排列整齐，分布均匀 ②叶色纯正 ③叶面清洁，无干尖	①排列整齐，分布均匀 ②叶色纯正 ③叶面清洁，无干尖	①排列较整齐 ②叶色纯正 ③叶面清洁，稍有干尖	①排列稍差 ②稍有干尖
病虫害	无购入国家或地区检疫的病虫害	无购入国家或地区检疫的病虫害，无明显病虫害症状	无购入国家或地区检疫的病虫害，有轻微病虫害症状	无购入国家或地区检疫的病虫害，有轻微病虫害症状
损伤	无药害，冷害，机械损伤	几乎无药害，冷害，机械损伤	轻微药害、冷害及机械损伤	轻度药害、冷害及机械损伤
采切标准	适用开花指数 1～3	适用开花指数 1～3	适用开花指数 2～4 适用开花指数 3～4	

续表

评价项目	等级			
	一级	二级	三级	四级
9 采后处理	①立即入水保鲜剂处理 ②依品种 10 枝捆为一扎，每扎中花枝长度最长的与最短的差别不可超过 3cm ③切口以上 10cm 去叶 ④每扎需套袋或纸包扎保护	①保鲜剂处理 ②依品种每 10 枝捆为一扎，每扎中花枝长度最长的与最短的差别不可超过 5cm ③切口以上 15cm 去叶 ④每扎需套袋或纸包扎保护	①依品种每 30 枝捆绑扎，每扎中花枝长度最长的与最短的差别不可超过 10cm ②切口以上 10cm 去叶	①依品种每 30 枝捆绑扎，每扎中花枝长度最长的与最短的差别不可超过 10cm ②切口以上 15cm 去叶

开花指数 1：花瓣伸出花萼不足 1cm，呈直立状，适合于远距离运输和贮藏；
开花指数 2：花瓣伸出萼片 1cm 以上，且略有松散，可以兼作远距离和近距离运输；
开花指数 3：花瓣松散，小于水平线，适合近距离运输和就近批发出售；
开花指数 4：花瓣全面松散接近水平，宜尽快出售。

3. 产量标准

使用该标准种植康乃馨，亩产量约 13 万枝/年。

4. 种苗标准

优质种苗是香石竹生产成败的关键。优质种苗首先应具备原品种的优良特性，直接从国外引进的母本上打头扦插的一代苗或经脱毒的组织培养苗都能达到上述要求。其次是选择根系好、茎粗、节间短、无病斑、苗期和苗龄适中的扦插苗。

幼苗素质低，抗逆性能差。康乃馨苗定植后，成活率的高低与苗的质量有着直接关系。优质花苗一般具备以下两个特点：一是根系发达，叶片清洁度高，无任何病斑，苗期和苗龄适中，一般苗期为 15～20d，苗龄 25～30d 为宜，单枝着叶 2～3 对，花芽率低于 5%；二是品种的开花效果和抗逆性要好。抗逆性主要针对抗真菌及抗热、抗冻能力。

5. 壮苗标准

当苗株根长为 15.2～2cm 时即可定植，于傍晚行之，浅植即可，株行距 20cm×15cm 为宜，每平方米约 35 株。

6. 成熟采收标准

收花：当康乃馨花朵露色、花萼裂瓣和花瓣初展时，即可采摘。摘下后将其放在架上，使其稍干或作保鲜处理后，进行分级、包装。在国际市场上分级的标准是：一级花，花梗长 55cm、花朵直径 6cm 以上；二级花、花梗长 45cm 以上、花朵直径 5cm 以上；三级花，花梗长 25cm 以上、花朵直径 5cm 以上；裂萼及不整齐花，则为四级品。

花芽的大小及花瓣生长常作为采收时期判定标准。康乃馨切花可于聚期或发育完全后采收。紧密花芽径约 15cm 左右或花瓣可看见大小 15～20cm 左右即可采收，太早采收无法适度开放，会使瓶插寿命减低。总产量亦在凡瓣开放 20～25cm 大小时采收为高。

成熟的认定一般是指当花采收时可以继续生长达到最大质量而不管其生理上的成熟。

花苞时采收比其完全开放时采收，其采后质量更佳。标准型的康乃馨传统的采收标准为外围的花瓣无折迭几乎垂直于花径。最近几年来康乃馨的采收大都在花朵紧密状态时进行，多花型的康乃馨则在二朵花开，其余花可看见颜色时采收。

4.8.2.2　栽培环境的选择

1. 土壤选择

种植地宜选择在地势平坦，光照充足、排灌方便，土壤氮素肥力适中、磷钾丰富的地方。

康乃馨属于须根系植物，根系主要分布在土表以下 20cm 以上的土层内，其生长发育喜欢蓬松疏软的微酸性土壤。

较理想的土壤性状及水分条件为：土壤有机质含量丰富、保水、保肥、排水透气性良好，土壤固相率为 30%～40%、土壤总孔隙度 50%左右、土壤毛管孔隙＞10%、土壤通气孔隙＞10%，土壤水分张力 pF 为 1.5～2.0，土壤酸碱度 pH 为 6.0～6.5，土壤电导率 EC＜1.4mS/cm。为了确保其产量、质量，应采取相应的措施，有效控制影响其生长发育的土壤性状及其水分条件。

以下田块不宜规划种植：常遭冰雹袭击，易遭洪涝灾害的田块；冷、烂、锈的田块；往年病害发生严重的田块；多次连作，土表盐分高，病害严重的田块。

2. 光照条件

康乃馨属长日植物，许多研究者认为其开花受光周期影响。日照最多需要 8h 才会分化，如有 12h 之日照则分化迅速。如在深夜予以照明 2h，即予暗期中断，则有促进花芽分化之效。

康乃馨切花园艺品种属中日照植物，喜阳光充足。除插穗的扦插生根初期和种苗定植后的缓苗初期需要适度遮强光外，充足的自然光照十分有利于康乃馨切花的健康生长发育(较理想的照度：(2～6) ×10^4lx)。当遇到一定时段的自然光照严重不足时，应采用人工补光的方法，确保其正常的生长发育以保证产量及质量。

3. 温度条件

康乃馨性喜冷凉、干燥通风的环境，最适宜的生长温度为 20℃左右。冬春季，白天宜保持 15～18℃，晚间宜保持 10～12℃；夏秋季节，白天宜保持 18～21℃，晚间宜保持 12～15℃

温度对康乃馨的生长及开花是一个很重要的影响因素，其最适宜的温度在 15～22℃。适当的生长温度主要依照可利用的太阳光而定，若要生产高质量的康乃馨，需在冬天有高光强度，而在夏天时强度为中度。

4.8.2.3　育苗及移栽前管理

1. 母本圃的建立

母本圃应设立在离香石竹生产地较远的大棚内，建离地高床，采用泥炭与砻糠灰、珍珠岩等混合作为基质。尽可能用滴灌给水，营养液栽培。营养液浓度为 0.1%～0.2%，每周施营养液 2～3 次，基质 EC 值 1～1.5。母本苗应为国外进口的母本苗或国内生产的脱毒组织培养苗。母本数量一般为需采穗量的 1/25～1/30。采穗母本的定植时间，根据采穗量和生产上的用苗时间而定，一般在 9～10 月进苗栽植。

2. 栽培床的准备

对于灌排条件较好、地下水位较高、土壤保水性较好或采用滴灌方式的地块，建议理高墒(沟深 25～30cm，沟宽够一人作业即可)；对于灌溉条件不好、地下水位较低、土壤保水性较差的地块，建议理平墒或低墒。但无论哪种情况，墒面均须理得十分平整，且墒面宽度最好控制在 1～1.2m 为宜。

土壤介质的预备：若土壤的排水性不良，必须将土壤翻松至土层 50～60cm 深，否则至少亦要有 25～30cm 的土壤深度。

若土壤的排水性不良，必须将土壤翻松至土层 50～60cm 深，或者至少要有 25～30cm 的土壤深度。康乃馨的根系需要氧气，土壤结构要有良好的排水性，不能太硬实。土壤消毒：未种过康乃馨的土壤可以不用消毒，若曾栽种过的土壤必须以蒸气或化学药剂消毒方可种植。翻耕、整地、消毒香石竹应在种植前 2 个月进行，香石竹的前茬收获后，至少应有 1 个月的休闲期，使土壤充分翻耕矿化、雨淋、降低盐分，提高土壤熟化程度。

在 30m 长、6m 宽的塑料大棚内，作 3 条畦，每条畦宽 1～1.1m，中间沟宽 60cm，棚边沟宽 75～80cm，畦高 30cm，每棚施充分腐熟猪粪或牛粪 1500～2000kg，翻入畦面表土 10cm 以下，畦面施 15～20kg 复合肥，整平畦面后，用 0.1%～0.3%的甲醛液(福尔马林)浇入土中，立即盖上地膜，10d 后揭膜，松土 2～3 次，使土中甲醛充分挥发后，即可种苗。

3. 架设支撑杆及张支撑网

康乃馨切花栽培床上须架设支撑杆，以固定支撑网。每组支撑杆的间距在 1～2m 范围内为宜。支撑杆应架设牢固，尤其是栽培床两端头的主支撑杆须架设得十分坚固。

康乃馨切花栽培床上张支撑网，支撑网最好不要少于 4 层。在张网时，各层网孔必须对整齐，并且网一定要张平和拉得很紧。鉴于此，建议栽培床不宜设计得太长。

4. 其他准备

(1) 大棚的维修维护，包括：骨架、天沟、棚膜、遮光网、防虫网、门窗等的维修维护。

(2) 大棚周围杂草的清除和排灌沟渠的清理及棚周道路的维修维护。

(3) 供水；供电；施肥；打药等设备、器械的维修维护。

(4) 相关化肥、农药及其他生产资料的准备。

(5) 相关生产工具、用具等的准备。

4.8.2.4　种苗定植栽培

定植时首先要注意栽培基质，大田栽培土要求保持一定的通透性，还必须施用大量的有机肥料，使土壤疏松、肥沃，达到一定的空隙度，然后将土地整平、筑畦，以备定植。一般 3 月移植的苗 5 月可以定植在大田，5 月移植的苗，最迟 6 月定植。早定植可以早开花。

5 月定植的苗，9 月中、下旬可以开花，6 月定植的苗，10—12 月开花。定植的株行距为 25cm×25cm，或 30cm×30cm，每亩定植数约 7000～10000 株。

定植时间最好选在白天光照较弱、棚温较低的时段。栽植前 1 个月亩施 2000～2500kg 腐熟畜禽肥和 100kg 磷肥，深翻；定植前 3d，再翻地作畦，畦宽 1～1.2m。

定植时土壤刚好将其根团覆盖即可。也就是说：土壤应尽可不要盖过其根茎结合部。康乃馨适合浅植，这样能防止茎腐病的发生而且能保持较佳的生长势。

利用培养袋在种植前将塑料棚内田土整平后，覆上黑色抑草席，培养袋横放于抑草席上，使培养袋畦宽 45cm，再接上滴管即可种植

当苗株根长为 15.2～2cm 时即可定植，于傍晚行之，浅植即可，株行距 20cm×15cm 为宜，每平方米约 35 株。

每定植完一床种苗后，应立刻浇定根水。但是应特别注意的是：此时喷头的水压不宜太大、且浇水时应尽可能的将喷头靠近新植种苗，以让水流缓缓顺苗流入土壤。

种苗定植后的一周内，应开展的相关工作和注意事项：

(1) 种苗定植后的第 2d，应对种苗喷淋一次广普杀菌、杀虫剂。

(2) 尽可能保持大棚内的遮光率 40%～60%；空气湿度 96%～100%；气流处于静止风状态，但每天须开通风窗通风换气两次，每次 20～30min。

(3) 定植 3d 后，应细至观察新根萌生情况，视情况采取对应措施。

4.8.2.5　生长期管理

1. 摘心

摘心可以决定出花量和调节花期，一般在种植后 15～30d 进行，每株苗留 3～5 节，需双手操作。摘心要在晴天进行，摘心后及时喷杀菌剂，以后每隔 7～10d 喷 1 次药，农药要交替使用，以防产生抗性。

2. 疏芽和摘蕾

香石竹摘心后萌发的侧芽，一般每株留 3～6 个作为开花枝，其余摘去。对于开花枝上的小侧芽，单花型品种和多花型品种的处理方式有所不同。单花型品种除顶端主花蕾以外的侧蕾和侧枝需全部抹掉，使养分集中供给顶花；多花型品种主花苞长到 1cm 左右时就可抹去，留主花苞以下 5～6 节内的花蕾，其余的侧枝、侧蕾及时摘除。

3. 撩头、提网

随着植株的生长，要对植株进行适时的撩头、提网工作，确保植株挺直不倒伏。

随着植株的长大增高，应自下而上依次提升支撑网。同时应清除杂草、修枝整型，将

杂草和多余的侧芽、侧枝、脚叶清除，并将每1株丛规整地理入同1组网孔内。

4. 肥水管理

香石竹生育期较长，在基肥充足的基础上，还需增施追肥，追肥的原则是“薄肥勤施”，不同生育期施肥次数和浓度都不同。一般香石竹种植后1周就需施肥，香石竹苗期施肥可用富含氮、磷、钾、钙、镁的液肥，在生长旺季需要大量养分时，可结合中耕施用复合肥，生长中后期应逐渐减少氮肥用量，而增加磷、钾肥用量，花蕾形成后可适当进行磷酸二氢钾的叶面追肥，以提高茎秆硬度，但次数不宜多，1～2次为宜。

在不同生育期，还要根据生长量调整施肥次数和施肥量。4～6月中旬，香石竹生长量约占全年生长量的25%；6～9月高温期，生长缓慢甚至停止生长，其生长量仅为全年生长量的10%～15%；9月下旬至12月上旬，气温适宜香石竹的生长，其生长量占全年总生长量的比例高达50%～60%，12月至翌年2月完成生长。根据上述生长规律追肥，第一阶段每隔2～3周追肥1次，第二阶段3～4周追肥1次，第三阶段每2周追肥1次，开花期少施氮肥，以磷钾为主。铵态氮不利于香石竹生长，尽可能使用硝态氮。有条件的地方可用滴管施肥，所用肥料应采用易溶于水的盐类。

针对保护地的土壤障碍，在施肥技术上要力求趋利避害，实施以克服或缓解土壤障碍为主体的施肥技术体系，达到要有利于获取当季当年蔬菜的高产、稳产，又有利于防治土壤障碍的目的，为今后更好发挥设施优势，实现持续优质、稳产、高效创造良好的土壤条件。

增施有机肥料，最好施用纤维素多的即碳氮比高的有机肥。有机质在腐解过程中，会形成腐质酸等有机胶体，大大增强土壤的缓冲能力，防止盐类积聚，延缓土壤盐渍化的进程。

实行基肥深施，追肥限量：用化肥作基肥时要进行深施，最好将化肥与有机肥混合施于地面，然后进行翻耕，这样能使多数肥料施到表土以下，避免过多增加表层土壤的含盐量。追肥一般很难深施，故应严格控制每次用量，用增加追肥次数的办法，尽量“少吃多餐”，以满足蔬菜对养分的需求。不可一次施用过多，以免提高土壤的浓度。

大力提倡根外追肥：在露地条件下，根外追肥只是一种常规的辅助施肥手段，但在设施栽培时，由于根外追肥不会给土壤“添麻烦”，尿素、磷酸二氢钾和一些微量元素，都适宜用作根外追肥，应当大力提倡。

4.8.3　非洲菊防污控害生产技术

1. 壮苗标准

优质种苗标准：种苗健壮，叶片油绿，根系发达、须根多、色白，叶片无病斑、无虫咬伤缺口和机械损伤，种苗高11～15cm、4～5片真叶。

2. 生产条件要求

最适温度。非洲菊喜冬暖夏凉、空气流通、阳光充足的环境，不耐寒，忌炎热，生长适温20～25℃，冬季适温12～15℃，低于10℃时则停止生长，属半耐寒性花卉，可忍受短期的 0℃低温。

土壤要求。喜肥沃疏松、排水良好、富含腐殖质(土壤有机质 1.5%～4%)的沙质壤土，忌黏重土壤，宜微酸性土壤，生长最适 pH 值为 6.0～7.0，在中性或微碱性土壤中也能生长，但在碱性土壤中，叶片易产生缺铁症状。

轮作制度。建议两年轮作一季粮食作物或其他科属的蔬菜或花卉作物。

3. 非洲菊品种结构及特性简介

品种结构。非洲菊的品种可分为三个类别：窄花瓣型、宽花瓣型和重瓣型。栽培品种甚多，有阳关海岸、141、147、大 088、热带草原、粉后、奥林匹克、白雪、红管、粉爵士、恋人、玛林、黛尔非、卡门、吉蒂等等。

品种特性。非洲菊为多年生宿根草本植物，同属植物约 45 种，株高 20～60cm，叶基生，叶柄长 10～20cm，叶片矩圆状匙形，羽状浅裂或深裂，叶背被绒毛。花序梗高出叶丛，总苞盘状，头状花序。花色有红、粉、桃、橙、黄、紫、白及花心黑、黄绿、红褐等复色。

4. 育苗及移栽前管理

1) 育苗方法

分株繁殖。4～5 月间将春季盛花后的老株掘起，每丛分切成几株，株从大的可多分几株，每株须带 4～5 片叶，另行栽植即可。

扦插繁殖。挖起健壮母株，截除部分粗大肥根，剪去叶片，切除生长点，保留根颈部，经药物消毒后种于栽植床。床温保持在 22～25℃，空气相对湿度在 70%～80%，以后将逐渐长出用做扦插的插条。当芽条有 4～5 片叶后带叶切下，蘸生根粉后，扦插于插床，控制室温 25℃左右，相对湿度控制在 80%～90%。3～4 周生根后即可移栽定植于大田。

组培繁殖。有些非洲菊品种可用种子繁殖。种子播种后，在 21～24℃条件下十余天就可发芽，但播种苗有发生变异的风险。

2) 预整地与移栽

(1) 土壤准备。选择疏松肥沃、排水良好、富含腐殖质、土层深厚的中性偏酸沙质壤土，种植前深耕 1 次(30～40cm)，每亩施腐熟有机肥 1500～2500kg、过磷酸钙 20～60kg、复合肥 30～50kg(化肥用量依据土壤测试结果因地制宜、适量施入)均匀施入土壤后深翻(15～25cm)。

采用人工培养土栽培非洲菊可明显提高产量和质量，参考配方：腐殖质 5 份、珍珠岩 2 份、泥炭 3 份，自配培养土进行栽植，但此法生产成本相对较高。亦可进行大田栽植，应选择至少具有 25cm 以上的适合非洲菊生长的壤土进行定植。定植前应施足基肥，一般每亩施畜牧肥 5t，鸡粪 600kg，过磷酸钙 100kg，草木灰 300kg，有机肥要充分腐熟。

(2) 土壤消毒。采用甲醛消毒，以 40%工业甲醛消毒为例：稀释浓度为 1%，均匀喷洒土壤，喷洒后迅速盖好塑料薄膜密闭闷熏，2～3d 后揭膜，风干土壤两周后淋水冲洗，再过两周方可定植。或按每立方米用 60g 敌克松或地菌散拌土，主要防治镰刀菌及丝核菌等真菌。不同的消毒药品根据使用说明和试验决定。第一次种植的土壤不必消毒。

(3)理墒起垄。非洲菊忌积水，一般用高畦栽培。所有肥料要和定植床的土壤充分混匀翻耕，做成一垄一沟式，垄宽40～100cm，沟宽30cm，植株定植于垄上，双行交错栽植。

(4)移栽。移栽密度。每垄种3行，相邻两行交错定植，株距30cm，定植9～10株/m^2。

移栽定植方法。种植前2～3d，给土壤浇透水；种植时间宜在阴天或晴天的早晨和傍晚；栽种时要深穴浅植，根颈部位露于土表1～1.5cm，否则，植株易感染真菌病害，如果植株栽得太浅，采花时易拉松或拉出植株；栽完后及时浇透水，并用75%遮光网遮光7d，待苗成活后再逐渐增加光照。同时，保持白天温度20～25℃，夜间温度不低于15℃。

5. 定植后田间管理技术

光照的管理。非洲菊的生长虽对光照不敏感，但其喜光，要求阳光充足。光线充足时，其叶片生长健壮，花梗挺拔，花色鲜艳。为了提高切花的产量与品质，非洲菊既要有充足的光照，又要避免光照过强灼伤叶片，阻碍其生长。一般来说在清晨8：30以前及下午5：00以后，及阴天和雨天，这段时间应把遮阴网打开，让阳光直射植株，中午光强的时候，保持40%～60%的透光性即可。

温度管理。非洲菊较耐寒，白天温度在20～30℃，夜温在5～20℃，这个温度范围有利于非洲菊正常生长。在云南塑料大棚内栽培可安全越冬，并能较好生长，对产花量影响不大。夏季应注意适当遮荫，加强通风，以降低温度，防止高温引起休眠。

水分管理。非洲菊能抗旱而不耐湿，切忌积水。缓苗期应保持湿润不淹水并蹲苗，促进根系发育，迅速成苗，避免发生各种病害，特别是立枯病与根腐病；在生长旺盛期应保持供水充足，旱季每3～4d浇1次，雨季约半个月1次，可视土壤的干湿情况确定浇水次数，不干不浇，浇则浇透，最好用滴灌方式浇水，雨季要注意排水防涝。整个生育期管理土壤以稍干为宜，由于雨季塑料大棚内空气湿度大，植床上水分蒸发慢，如浇水勤而多，会使大棚内空气湿度过大，加上棚内通风性能差，植株易霉烂，且蚜虫滋生。旱季水分蒸发快，可适量多浇水，并结合追肥进行，以促进根系对肥料的吸收。无论何时浇水，在浇水时最好避免植株的叶丛心沾水。因非洲菊的全株被毛，特别是在幼叶和小花蕾上更密布绒毛，沾上水后，水分不易蒸发，往往会导致花蕾及心叶霉烂。

肥料养分管理。非洲菊在5～30℃的范围内可周年开花。由于非洲菊生长旺盛，对肥料需求大，在前期施足底肥的情况下，追施肥氮、磷、钾的比例为15∶18∶25，同时应特别注意补充钾肥。一般每亩施销酸钾2.5kg，硝酸铵或磷酸铵1.2kg，春秋季每5～6d施1次，冬夏季每10d施1次，施肥时应注重磷、钾肥的补充，使其向更好的生殖生长方向过渡。也可配成营养液用滴灌设施在浇水时水肥同施(营养液浓度0.3%左右)。若高温或偏低温引起植株半休眠状态，应停止施肥。每次施肥前可根据植株生长状况及叶色、花色的表现来判断，如有条件可配合土壤养分测试进行诊断，实时适量补充肥料，施肥时遵循固体肥与水肥及叶面肥相结合及“薄肥勤施”的原则进行。在非洲菊营养生长与生殖生长阶段微量元素也发挥着比较重要的作用，微量元素的补充采用叶面喷施的办法进行，一般每隔10～15d施1次，每次用0.1% KH_2PO_3或0.1%～0.2%的螯合加0.1%～0.2%的硼砂或硼酸加5～10mg/L的硼酸钠进行叶面交替喷施。

中耕管理。非洲菊喜疏松透气的土壤，应经常松土以增加土壤的通透性。在每次土壤追肥前要松土，以利根系对养分的吸收。浇水后稍干时应立即松土。松土时一定不要把土压在叶芽的幼蕾上。

摘叶、株型调整。从幼苗到花芽分化，非洲菊至少要保持 15 片叶才能开出高质量的花，如叶片达不到 15 片就开花，这样的花品质低，商品价值不高，且植株的发育也会受影响；植株在产花阶段，每 1 小株应保持 3～5 片功能叶，每丛植株应有 21～25 片左右功能叶；在生长旺期，应适当除去部分相互重叠的叶片，这样可以避免隐蕾的出现及防止造成花枝弯曲，给病虫害的发生创造条件。对易出现花枝断裂的品种，还可用 1%～2%硝酸钙每周喷 1 次。

病虫害防治。非洲菊基生叶丛下部叶片易枯黄衰老，应及时清除，同时注意栽植地的卫生管理，及时清除枯叶病株，拔出病株后，植穴应进行土壤消毒。非洲菊病虫害防治遵循“预防为主，综合防治”的原则。

(1) 疫病防治关键技术：连作土壤必须用威博亩和甲醛等消毒，使用方法和用量见说明；浅植，根颈露于表面 1cm；防止土壤过湿，表土 10cm 以下土壤放入手心用力捏紧后不成团，即可浇水；发病初期，叶片部分发红，开始出现萎蔫，用 58%乙磷铝锰锌 400 倍液灌根，随后 7d 用 64%杀毒矾粉剂 500 倍液灌根，施药时间在早晚气温低时进行，温度高于 28℃时停止施药，每隔 7d 用药 1 次，连续 3 次。

(2) 白粉病防治关键技术：保持棚内通风低湿；及时清除病叶；发病时喷施 70%甲基托布津 1500 倍液，或用 20%菌克烟雾熏烟防治，每隔 7d 防治 1 次，连防 2～3 次。另外，用硫磺熏蒸法防治，每个熏蒸器每次投放硫磺粉 20～30g，于每日 17 时放帘后，保持棚内密闭，通电加热 2h，每隔 6d 更换 1 次硫磺粉，连续熏蒸 15d 停止。在白粉病病发期，每天熏蒸 8～10h，10d 左右即可消除白粉病。

(3) 斑点病防治关键技术：发现病叶及时摘除，集中销毁；发病初期喷施 2.5%腈菌唑乳油 300 倍液、70%甲基托布津可湿性粉剂 800～1000 倍液或 50%的多菌灵可湿性粉剂 500 倍液喷施，7d 喷 1 次，连续喷 2～3 次。

(4) 灰霉病防治关键技术：控制湿度是防治灰霉病的关键。将密植的、生长过密的叶片疏除；增加通风透气，空气湿度保持在 75%～85%；从植株冠丛以下浇水；为防止水蒸气在花朵上凝结，晴天早晨 10 点以后，要逐渐拉开侧棚，避免棚内温度急剧升高；发病初期用 70%甲基托布津 1500 倍液叶面喷雾，并结合烟雾剂进行防治。

(5) 白粉虱防治关键技术：彻底清除杂草；插黄板进行随时监测，一旦发现虫害，要及时采取措施；选好药剂和正确用药：白粉虱对农药易产生抗性，必须轮换用药。效果较好的农药有高效氯氰菊酯、阿维菌素、吡虫啉等。喷药时间选在黎明，喷后密闭大棚 4～5h，第 2d 早晨连续喷药 1 次。

(6) 蓟马防治关键技术：及时剪除有虫花朵，从而减少温棚（室）内的虫源；在温室中熏蒸农药是最好的防治方法，用 80%敌敌畏 300～400mL 熏蒸 1h 或用 5%吡虫啉 1500～2000 倍液喷雾后关闭大棚 8～10h，熏蒸时间可以在早上 10 点或傍晚 5 点温度稍高时进行以达到良好药效。

(7) 菜青虫防治关键技术：幼虫，用 10%虫除尽 2000～2500 倍液喷雾防治，高龄幼虫可采用高效氯氰菊酯 1000 倍液进行防治，7d/次，连续 3 次。注：以上农药根据资环所提供的参考配方经过试验后而定。

(8)生理病害。幼叶上出现浓绿色斑点，严重时幼叶及生长点先发生枯死，而老叶却还能保持正常状态。解决措施：从症状表现上判断，可能是缺钙引起。用 0.15%四水含硝酸钙叶面喷施，25d/次。

老叶的叶肉部分出现“花叶”，叶片基部形成一个倒“V”形的绿色部分，其顶部也可一至延伸接近叶片顶端。叶片变脆、弯曲，甚至发红，新叶长得又少又小，叶柄细长，幼叶叶脉突出，花序的形成受抑制，花梗细，花朵变小。解决措施：从症状表现上判断，可能是缺镁引起的。用 0.2%镁肥喷施 2 次。

叶片变成淡黄色，甚至几乎发白，叶脉初期保持绿色，但最终也会变色。从症状表现上判断，可能是缺铁引起的。解决措施：用 0.02%的螯合铁喷施，25d/次。

小叶弯曲，变厚，变脆。生长点枯死，花蕾败育或产生畸形的不育花序。从症状表现上判断，可能是缺硼引起的。解决措施：用 0.05%的硼砂喷施，25d/次。

幼叶上出现斑点和“花叶”，叶片的一侧发育正常，另一侧不正常，叶片向侧面弯曲。从症状表现上判断，可能是缺锌引起的。施用锌肥做基肥效果较好。

花枝断裂：花枝上出现横向裂口，严重的出现花枝断裂，裂口呈切口状。解决措施：可用 1‰～2‰硝酸钙，每周喷一次。

叶片边缘焦枯：叶片顶部或羽裂的尖部突然出现焦枯。解决措施：由施肥浓度过高引起，立即喷清水稀释或冲洗叶片附着的肥液；延长施肥间隔时间和降低施肥浓度，过一段时间就会自然恢复。

6. 成熟采收技术

采收切花。当非洲菊花朵一轮或两轮雄蕊吐出花粉时，才能采花，过早采花将使瓶插寿命缩短。这是因为过早采摘，外轮边花所储存的能量不足以完成其发育。采花时要摘下整个花梗而不能做切割，因为切割后留下的部分会腐烂并传染到敏感的根部，还会抑制新花芽的萌发。采下的花整理后，将花梗底部切去 2～4cm，切割时要斜切，这样可以避免木质部导管被挤压。花梗底部由非常狭窄的木质部导管组成，对水分传输有阻碍作用，切去之后，花朵吸水更加容易，这对于避免花颈部开裂和弯曲是很重要的。此外采花时，空气有可能被吸进导管而阻止花朵吸水，切去一部分花梗也除去了导管中的气泡。

采后预处理。切花采收后，要立即将花梗浸入水桶中，并运送到凉爽的地方。所用的水和水桶要很干净，每次使用之前都要清洗消毒，以防细菌滋生，因为细菌会堵塞导管而使花朵不能吸水。预处理过程中，水的 pH 要用氯化物(漂白粉)调整为 3.5～4.0。过高的 pH 将为细菌创造一个理想的生活条件。漂白粉既能降低水的 pH，又能杀菌，其中的氯化钙还能起到延长切花寿命的作用。研究表明漂白粉的加入量以 50～100mg/L 为宜，处理时间不能超过 4h。处理时间过长会使花梗损伤，表现为花梗出现褐色的斑纹或颜色被漂白。作长时间处理时，漂白粉的浓度要降低，最高为 25mg/L，最低为 3mg/L。低于 3mg/L 时，应补充漂白粉。处理地点不能有阳光照射，否则将使漂白粉的有用成分发生分解而失效。

保鲜液处理。预处理完成后，将花梗浸入保鲜液中处理 6～24h，处理过程中，较多的花梗浸入水中有利于花朵吸水，其长度以 10～15cm 为理想；环境温度过高会使花朵因为蒸腾作用而失去过多的水分，因此以 10～15℃为理想温度。水分的丧失会引起非洲菊花朵的衰老，因此在整个采后处理过程中都要避免干燥和吹风。最好将环境的相对湿度提高到 70%。此外，在保鲜液处理过程中，要注意防止切花受到乙烯的危害，乙烯是一种衰老激素，会缩短非洲菊的瓶插寿命。卡车发动机排出的废气中，含有乙烯，因此在装货的过程中，要把卡车的引擎关掉。非洲菊的保鲜液由以下成分组成：蔗糖，3g/L 柠檬酸，150mg/L 含 7 个结晶水的磷酸氢二钾（$K_2HPO_4 \cdot 7H_2O$）75mg/L 蔗糖能为非洲菊的继续开放提供能量，还能促进花朵吸水。柠檬酸能使保鲜液的 pH 降低，从而阻止细菌的滋生。

包装运输。在运输过程中，将环境温度降到 6～9℃，这样能延缓花朵的生命活动，保存能量到消费者手中。包装用的纸箱重复使用更为经济，但会成为兹长细菌的地方。所以纸箱的重复使用不能太频繁。总之，在整个采后处理过程中都要保持清洁卫生，才能有效地延长非洲菊的瓶插寿命。非洲菊运到目的地以后，花梗底部会变干，要用干净的小刀斜切掉一点花梗，再浸入干净的保鲜液中，如果没有保鲜液，也可以使用低浓度的漂白粉溶液。

7. 分级技术规程和预检制度

1）成熟标准

1 度成熟：外轮舌状花尚未充分展开，花心管状花雌蕊有 3 轮开放。2 度成熟：外轮舌状花充分展开，花心管状花雌蕊有 4 轮开放。3 度成熟：外轮舌状花大量散发花粉，花心管状花大部分开放，并且开始散发花粉。4 度成熟：花心管状花大量散发花粉。

注：非洲菊切花采摘成熟度以 2 度为宜。

2）鲜切花分级标准

依据各品种特性，将鲜切花分级标准分为一级品、二级品、不合格品。一级品：花形圆整、花色纯正、花枝直、无病虫害、无药斑、花瓣无损伤残缺。长花枝品种的花枝长度 50cm 以上，短花枝品种的花枝长度 40cm 以上；大花品种的花盘直径 12cm 以上，中花品种的花盘直径 11cm 以上，小花品种的花盘直径 10cm 以上。二级品：花枝微弯曲，长花枝品种的花枝长度 45cm 以上，短花枝品种的花枝长度 35cm 以上；不合格品：达不到二级品的为不合格品。

4.9　设施农业重污染集水区污染削减技术蔬菜类种植技术

4.9.1　西葫芦大棚控害防污栽培技术

1. 环境条件选择

西葫芦对土壤要求不太严格，在砂土、壤土、黏土上生长均较好。适宜的土壤 pH 值为 5.5～6.8，选择土质深厚，富含有机质，未连续种植瓜类作物的中性或偏酸性土壤种植，而且土层要深厚肥沃，地下水位要低，排灌要方便。

西葫芦应选择适温 22～32℃，无霜冻，要求实行水旱轮作、粮菜轮作、菜菜轮作。并且周边环境没有污染源，这样才有利于生产出优质无污染的产品。

2. 品种选择

要选择早熟，耐寒力强，耐弱光、化瓜率低，抗病毒能力强，株型紧凑，生长健壮，品质优良、产量高的品种，如早青一代、汉城西葫芦、纤手 1 号、阿太一代等。

3. 适时播种，培育壮苗

育苗时间温室越冬茬栽培，一般在 9 月中下旬播种；冷棚春提前栽培，在 1 月下旬至 2 月上旬育苗。

浸种催芽播前将种子放在通风处晾干(切忌曝晒)，然后将种子用清水湿洗，剔除浮于水面的未成熟种子。再将种子放入 55℃水中，并不停地搅拌，至水温降到 30℃，继续泡 4h，然后边搓洗边用清水冲洗净种子上的黏液，再用 10%磷酸三钠溶液浸种 20～30min，捞出洗净后，用湿布包好，于 25～30℃条件下催芽。

播种及苗期管理首先配好营养土。用腐熟的马粪 30%，牛粪 20%，炒过的锯未或炉灰 30%，田土 20%混合均匀后，再在每立方米混合物中加入硫酸铵 6kg、过磷酸钙 10kg、草木灰 10kg 配制成营养土，铺在育苗畦上，厚 12cm、耙平踏实，用 50%多菌灵可湿性粉剂与 50%福美双可湿性粉剂按 1∶1 混合，或 25%甲霜灵与 70%代森锰锌按 9∶1 混合，按每平方米用药 8～10g 与 15～30kg 细土混合，播种时 1/3 铺于床面，其余 2/3 盖在种子上面。

选晴天，先向苗床内浇足底水，水渗后，用划线板在畦面上划成 10cm 见方的格子，在每个方格中间播一粒种子，上覆过筛细土成 2cm 高小土堆，再在整个畦上覆盖 1cm 细土，畦上覆盖薄膜保墒。一直到出苗之前，白天日温掌握在 25～30℃，夜温 14～16℃。苗期要加强温度管理，齐苗到第 2 片叶展开，白天 20～24℃，夜间 8～10℃，定植前 4～5d，白天 15～18℃，夜间 6～8℃。第 2 片叶展开后、喷一次爱多收，并喷一次 75%百菌清可湿性粉剂 700 倍液防白粉病；用 2.5%澳氛菊醋乳油亩 10～15ml 喷雾，7～10d/次，防治蚜虫，结合防虫喷施 NS—83 增抗剂 1000 倍液，防病毒病的发生，缓苗后 10d 用 72.2%普力克水剂 600～800 倍液灌根，日历茵龄 35d 左右，长有 4 叶 1 心，苗高 10cm 左右，茎粗 0.4cm 以上，叶柄长度等于叶片长度，叶色浓绿，此为壮苗，即可定植。

4. 大田整地、施肥

西葫芦根系较发达，耐肥水，前茬作物收获后及时清洁田园，深翻晒垡，施入有机肥使土肥混合均匀，然后整平地面，起垄栽培，做成畦宽 1.2～1.3m，垄高 15～20cm，株行距 40cm×50cm。把种子植入塘中，盖土，以不露种子为宜。秋冬季在土面上覆盖 2m 宽塑料薄膜，并密封。

整地时每亩用优质农家肥 4000kg，磷酸二氢钾 50～70kg，硫酸钾 50～75kg 作基肥，基肥 2/5 普施，3/5 开沟集中施用。地面普施肥后深翻 30cm 左右，使土粪充分混匀。施肥整地宜在定植前 7～10d 完成。

5. 棚室消毒及防虫方法

棚室消毒每亩用硫磺粉 2～3kg，加敌敌畏 0.25kg，拌上锯末分堆点燃，然后密闭棚室一昼夜，经放风，无味时再定植。

设防虫网阻虫大棚通风处用尼龙网纱密封，阻止蚜虫迁入。

6. 定植

越冬茬栽培一般在 10 月下旬至 11 月上旬定植，春冷棚提前栽培于 3 月上旬定植。选择晴天上午定植，移植前炼苗 5～7d，以增强抗性，移植时地温应稳定在 15℃左右。定植前 1～2d，苗床浇足水，以便起苗。定植时先挖穴或开沟，按株距摆苗，浇足定植水，水渗后覆土、培垄，每亩栽苗 2233～3000 株。

7. 田间管理

温度管理。定植后因浇水地温会降低，为尽快缓苗，一定要密闭温室，保持较高温度，不超过 30℃不放风。缓苗后可从上放风或背面放风，适当降温，防止徒长，白天维持 20～25℃，夜间 12～15℃。防 0℃以下的低温危害，晴天温度高时要早放风晚盖毡，当日温度稳定在 15℃以上，可逐步把覆盖物撤掉。超过 25℃要通风，降到 20℃闭棚，15℃左右放下草帘，早晨揭草帘前降到 8～10℃。入春后，随着气温的升高，逐渐加大通风量，延长通风时间，减少覆盖物。当外界最低气温稳定在 12℃以上时，要昼夜通风，进入适温管理。

水肥管理。浇水：定植后浇一次缓苗水，及时锄划两次进行蹲苗，第 1 个瓜长到 10～12cm 时开始浇水为宜，过早易疯秧化瓜。进入结瓜盛期，每 5～7d 浇一水，保证土壤湿润。追肥：在第 1 个根瓜坐住时，结合浇水每亩追施人粪尿 1000kg。结果盛期结合浇水亩追施人粪尿 1000kg 或复合肥 10～14kg，浇 1 次水追 1 次肥，需追肥 2～3 次。

植株调整：当瓜蔓高度接近顶棚时，茎蔓由匍匐生长改为吊蔓直立生长，及时摘除下部老叶、病叶进行落蔓，发生侧枝及时摘除。还必须摘除感病瓜与畸形瓜。这样，既有利于植株间通风透光、健壮生长，又利于延长生长期，提高产量。

棚室人工授粉：西葫芦是虫媒异花授粉作物，花期短，不具有单性结实特性，必须进行人工授粉或激素处理，才能减少化瓜，提高坐瓜率。授粉需在上午 11 时以前进行，即摘取当日开放的雄花，去掉花冠，将花粉轻轻地涂抹在雌花的柱头上，每朵雄花可授粉 4～5 朵雌花。无雄花时，通常可采用每公斤水中加入 20～30mg(2，4-二氯苯氧乙酸)蘸花液，在开花当天上午用毛笔蘸药液涂抹柱头或花柄。同时蘸花液中加入 0.1%的 50%农利灵可湿粉剂，以防灰霉病。

8. 结瓜期间管理

开花后 10d 左右，瓜的重量达 250g，应早摘防止坠秧和上部化瓜。6 月初～7 月末为盛瓜期(约持续 40～50d)，要加强水肥管理，同时控制好温度，白天 25～28℃，夜间 15℃以上昼夜放风，切忌摘瓜后立即灌水追肥，引起瓜秧徒长。应隔 5～7d 灌 1 次水，8～10d

追1次肥，以氮肥为主，亩追硝铵10～15kg或硫酸铵15～20kg。大放风时可随水追稀大粪400kg，也可与化肥配合施用。当结3～4个瓜后，如果瓜秧长势过旺，应摘除多余分枝或弱小病株，改善通透条件。采收4～5个瓜后，植株开始老化，不再追肥灌水，保持已座瓜长大。

9. 病虫害防治

西葫芦病害主要有白粉病、灰霉病、病毒病；虫害主要有白粉虱、蚜虫。在防治中，要坚持“预防为主，综合防治”的植保方针，坚持“以农业防治、物理防治、生物防治为主，化学防治为辅”的无公害化治理原则。

选用抗病品种，进行种子消毒，培育无病虫壮苗。实行轮作，深翻改土，增施充分腐熟的有机肥和磷钾肥。采用高畦宽垄栽培，合理密植与科学整治，以利通风透光。加强肥水管理，合理调控温、湿度和光照条件。清洁菜园，及时摘除病残老叶及侧芽卷须，铲除病源、虫源，摘除病叶、凋萎的花冠，以减轻发病率。防治病毒病，可喷洒83增抗剂100倍液，或1.5%植病灵乳剂1000倍液。物理防治：黄板诱蚜。制作30cm×40cm黄板，每亩30～40块，插放行间或株间，高出植株顶部，7～10d重涂1次机油、银灰色地膜避蚜。生物防治：合理使用农药，保护食蚜蝇、捕食螨、寄生蜂、颗粒体病毒等天敌。使用生物源杀虫剂：苏云金杆菌剂、苦参碱、印楝素、绿浪等。药剂防治：西葫芦主要病虫害防治药剂详见表4-56。

表4-56 西葫芦主要病虫害防治药剂一览表

主要防治对象	农药名称	使用方法	安全间隔期/d	每季最多使用次数/次
蚜虫	48%乐斯本乳油	1000倍喷雾	7	2
	绿浪	600倍喷雾	7	2
白粉病	15%粉锈宁	1000～1500倍喷雾	7	1
	50%硫磺胶悬剂	300～500倍喷雾	10	2
病毒病	20%病毒A	500倍喷雾	7	2
	抗毒丰	300倍喷雾	7	1

10. 采收

西葫芦定植后45～50d即可开始采收，初瓜自雌花开放至收获约两周，第1瓜宜早收，有助于后期果实的生长发育，随着气温的升高，以后每隔2～3d可采一次。采收要在果皮尚未硬化以前，采收太小影响产量，采收太晚降低品质，影响植株生长。

单果重0.2kg时品质较佳，是采收的适宜时期。采收应在早晨进行，用小刀切割，轻拿轻放，把大小长短一致的放在一起，以提高产品的商品性。

11. 留种

种瓜选第2个生长正常，具有本品种特征的瓜，每株留瓜1个，其他瓜要摘去，待充分成熟后，取出种子晒干保存。

4.9.2 辣椒控害防污栽培技术

1. 土壤选择

土壤耕层深厚，地势平坦，排灌方便，土壤结构适宜，理化性状良好，有机质含量 15g/kg 以上，碱解氮含量 70mg/kg 以上，速效磷含量 50mg/kg 以上，速效钾含量 100mg/kg 以上，土壤 pH 6～7.5，土壤全盐含量不得高于 3g/kg，前茬为非茄果类蔬菜作物地块。

2. 品种选择及种子处理

选择优质、高产、抗病、抗虫、抗逆性强、适应性广、商品性好的辣椒品种。

种子处理。有如下 3 种方法，可根据病害任选其一：将种子用 10%磷酸三钠溶液浸种 20min，或福尔马林 300 倍液浸种 30min，或 1%高锰酸钾溶液浸种 20min，捞出冲洗干净后催芽(防病毒病)。用 55℃温水浸种 30min，放入冷水中冷却，然后催芽播种；或将种子在冷水中预浸 20h，再用 1%硫酸铜溶液浸种 5min；或用 50%多菌灵可湿性粉剂 500 倍液浸种 1h；或用 72.2%普力克水剂 800 倍液浸种 0.5h，洗净后晒干催芽(防疫病及炭疽病)。用种子量 0.3%的 50%琥胶肥酸铜(DT)可湿性粉剂拌种，或用 1%硫酸铜溶液浸种 5min，捞出冲洗干净后播种(防软腐病、疮痂病)。

3. 育苗

育苗场地应与生产田隔离。有温室、棚内阳畦或温床育苗。育苗土配制应用近 3～5 年内未种过茄科蔬菜的园土与优质腐熟有机肥混合，有机肥比例不低于 30%。

育苗床上消毒，有如下两种方法，可任选其一：①每平方米用福尔马林 30～50mL，加水 3L 喷洒床上，用薄膜密封苗床 5d，揭膜后 15d 再播种。②用 50%多菌灵可湿性粉剂与 50%福美双可湿性粉剂按 1∶1 混合，或 25%甲霜灵可湿性粉剂与 70%代森锰锌可湿性粉剂按 9∶1 混合，每平方米苗床用药 8～l0g 与 15～30g 细土混合，播种时 1/3 铺苗床中，2/3 盖在种子上。

采用营养钵、纸袋等方法护根育苗。

加强苗期管理适期分苗，适当放风炼苗，防止徒长，发现病虫苗及时拔除。

4. 定植

整地施肥：结合整地，每亩施用腐熟有机肥 2000kg，磷酸二铵 40kg、硫酸钾 10kg。

棚室消毒：及时消除前茬作物的残株烂叶、病虫残体，在播种或定植前，对土壤深翻后扣棚，利用太阳能对土壤高温消毒 7d。每亩棚室用硫磺粉 2～3kg，敌敌畏 0.25kg 拌上锯末分堆点燃，然后密闭熏蒸一昼夜，放风，无味时使用。应用的农具全放进温室，共同消毒。温室夏季休闲期，可用水淹进行高温消毒。

5. 定植后的管理

追肥：门椒坐住后，结合浇水天沟追施尿素，每亩 15kg。果实采收期结合浇水追施硫酸二铵每亩 20kg。进入盛果期后每 7～10d 浇一小水，隔一天追一次肥，硫酸钾 10kg 每季使用两次。浇水禁止大水漫灌及阴天傍晚浇水，提倡膜下灌溉。田间管理及时整枝打枝，加强通风。中耕除草，摘除枯黄病叶。

6. 收获及后续管理

采收：采收过程中所用工具要清洁、卫生、无污染。分装、运输、贮存需执行无公害蔬菜产品质量标准的有关规定。

7. 主要病虫害

虫害：蚜虫、棉铃虫。病害：疫病。

8. 防治原则

预防为主，综合防治，以农业防治、物理防治、生物防治为主，化学防治为辅的无害化控制原则。

9. 防治方法

防治关键：以疫病、蚜虫、棉铃虫防治为主，兼治其他病虫，选用抗病、耐病优良品种，合理密植，施足腐熟有机肥作底肥，合理施用氮素肥料，适当补充磷、钾肥及钙、铁等中、微量元素。

物理防治：黄板诱蚜。制作 30cm×40cm 黄板，每亩 30～40 块，插放行间或株间，高出植株顶部，每 7～10d 重涂 1 次机油、银灰色地膜避蚜。

生物防治：合理使用农药，保护食蚜蝇、捕食螨、寄生蜂、颗粒体病毒等天敌。

使用生物源杀虫剂：苏云金杆菌剂、苦参碱、印楝素、绿浪等。

药剂防治：辣椒主要病虫害防治药剂详见表 4-57。

表 4-57 辣椒主要病虫害防治药剂一览表

主要防治对象	农药名称	使用方法	安全间隔期(d)	每季最多使用次数
蚜虫	48%乐斯本乳油	1000 倍喷雾	7	2
	绿浪	600 倍喷雾	7	2
棉铃病	10%除尽	1500 倍喷雾	7	1
	15%安打	5000 倍喷雾	7	1
疫病	72%普力克水剂	600 倍喷雾	7	2
	69%安克锰锌	1000 倍喷雾	7	1

4.9.3　生菜控害防污栽培技术

1. 土壤选择

生菜根系分布浅，吸收能力弱，且对氧气的要求较高，在黏重瘠薄的地块上栽培生长不良。因此，要求选择具有良好结构，有机质丰富、保水保肥力强的壤土或沙壤土，并注意轮作。结球生菜喜微酸性的土壤，pH 值为 6 左右，pH 值 7 以上生长不良，pH 值为 5 时产量最低。

2. 品种选择

选择抗病性、抗逆性、适应性强的品种，如：紫叶生菜、大湖 366、凯撒、皇后、萨利纳斯、奥林匹亚等。

3. 播种育苗

散叶生菜多行直播、撒播，间播采收；结球生菜种子较贵，撒播费种，故多采用育苗。

种子处理。播种前可采用药剂浸种或拌种，例如用种子重量 0.3%的福美双或敌克松拌种。夏季高温，种子萌发困难，可先浸种 3h 后用纱布或湿毛巾包裹种子吊置于水井内（离水面 20～30cm）或置于冰箱、冷库（10～15℃）中促进发芽。

苗床准备及播种。苗床应选疏松肥沃的沙壤土，在播种前进行深控炕垡，按 20m^2 的苗床施腐熟农家肥 20kg、硝铵 300g、过磷酸钙 1000g、硫酸钾 300g 作底肥，并充分拌匀，做到土细、畦平、肥足。然后撒播经处理的种子 50～100g，可栽大田 1～2 亩。播后盖 1 层 0.3～0.5cm 的细粪土，上面再盖 1 层稻草或松毛保湿，播后用喷壶浇透水。5～7d 出苗后，应逐步揭去覆盖物，防止因光照不足而成徒长苗。早中熟种子由于夏季育苗气温高，并常有暴雨袭击，应加遮阳网覆盖，或播于瓜豆棚架下，还可与小白菜等混播，以创造阴凉湿润的环境，保证幼苗正常生长。

苗期管理。播种后至出苗前应保持土壤湿润，气温高时应注意早浇晚浇。出苗 10～15d 有 2～3 片叶时，不论育苗或直播都应间苗，使幼苗保持一定的营养面积，长成壮苗，间苗后施 1 次稀人粪尿。生菜对磷肥比较敏感，应在追肥中加一定量的磷肥促进幼苗生长。为防止苗期霜霉病危害可喷 1～2 次 75%的百菌清 600 倍或 70%的甲基托布津 1500 倍。直播如有 4～5 片叶即可定苗。

4. 定植

定植期。莴苣耐寒和耐热性都不及莴笋，高温和低温季节移栽不易成活，缓苗期长，多采用直播。春秋两季可育苗移栽。当幼苗 30～40d 有 4～5 片叶时即可定植，定植时尽量选阴天或傍晚，多带土少伤根。

整地作畦。前作收后应立即深翻炕垫，熟化土壤。定植前施足底肥，每亩施农家肥 2000kg、过磷酸钙 30～40kg、硫酸钾 7～10kg、尿素 10～15kg，并充分拌匀。雨季畦宽 1m，畦高 20～25cm，双行定植；旱季畦宽 2～3m，种 6～9 行。

密度。种植密度依品种及播期而异，早熟种及不结球类型可稍密；中晚熟种及结球类型，在适宜的季节栽培可稍稀。早熟种以行株距 25cm×(23～25)cm，中晚熟种以 30cm×(25～30)cm 为宜，定植深度以不埋过心叶为宜。

5. 田间管理

灌水定植后立即浇定根水，并连续浇几次缓苗水直到成活。生菜怕旱也怕涝，结合中耕进行浇水，幼苗生长前期保持见干见湿，促进根系及莲座叶生长；中后期为使莲座叶旺盛生长，球叶迅速抱合、包心紧实，应充分供给水分，干湿不匀容易产生裂球或球叶散开包心不紧，采收前应停止浇水，利于贮藏运输。

追肥：生菜属嫩叶蔬菜，需要较多的氮肥，在施足底肥的情况下，分期巧施追肥是获得优质高产的关健，应采取“前促、中控、后攻”的原则，即早施氮肥促生长，中控防徒长，后期巧施追肥攻叶球。追肥应结合浇水，切忌浓肥烧苗。

中耕除草幼苗期结合除草中耕 2～3 次，促进根系生长，封行后即停止中耕。

6. 采收

生菜采收标准不严，可根据市场需要随时采收。结球生菜在叶球紧实、外叶变黄时采收产量高、品质好，过迟采收容易开裂、抽苔。低温期易受冻，高温多雨易腐烂。

7. 主要病虫害

虫害：蚜虫。

病害：霜霉病、菌核病、灰霉病。

8. 防治原则

预防为主，综合防治，以农业防治、物理防治、生物防治为主，化学防治为辅的无害化控制原则。

9. 防治方法

防治关键。以蚜虫、霜霉病、菌核病、灰霉病防治为主，兼治其他病虫，选用抗病、耐病优良品种，合理密植，降低田间湿度，施足腐熟有机肥作底肥，合理施用氮素肥料，重施莲座肥。包心期不脱肥，速效氮肥总用量不得超过施肥总量的 30%～50%，收获前 20d 内不再使用速效氮肥，适当补充钙、铁等中、微量元素。

物理防治。黄板诱蚜。制作 30cm×40cm 黄板，每亩 30～40 块，插放行间或株间，高出植株顶部，7～10d 重涂一次机油、银灰色地膜避蚜。

生物防治。合理使用农药，保护食蚜蝇、捕食螨、寄生蜂、颗粒体病毒等天敌。使用生物源杀虫剂：苏云金杆菌剂、苦参碱、印楝素、绿浪等。

药剂防治。生菜主要病虫害防治药剂详见表 4-58。

表 4-58　生菜主要病虫害防治药剂一览表

主要防治对象	农药名称	使用方法	安全间隔期/d	每季最多使用次数
蚜虫	48%乐斯本乳油	1000 倍喷雾	7	1
	绿浪	600 倍喷雾	7	1
霜霉病	25%瑞毒霉可湿性粉剂	800 倍喷雾	7	1
	72%克露可湿性粉剂	750 倍喷雾	7	1
菌核病	50%多菌灵	1000 倍喷雾	7	1
	50%菌核净	500 倍喷雾	7	1
灰霉病	75%甲基托布津	1500 倍喷雾	7	1
	50%福美双	500 倍喷雾	7	1

4.9.4　大白菜控害防污栽培技术

1. 品种选择

春季品种：云鸿 1 号、云鸿 2 号、鲁春白 1 号等。

夏秋季品种：新组合 83-1、小杂 56、津绿 80、津绿 55 等。冬季品种：鲁春白 1 号、云鸿 3 号、并杂 1 号。

2. 播种

播种方式：直播或育苗移栽

播种期：4 月上旬至 9 月上旬均可播种(迟白菜 10 月下旬至 11 月下旬播种)。

床土配制：选用 3 年未种过十字花科蔬菜的肥沃园土 2 份与充分腐熟的有机肥 1 份，并加三元复合肥 1kg/m^3，均匀混合铺入苗床。

播种量：育苗 40～50g/亩，直播 150g/亩。

种子处理：播种前晒种 1～2d，用温汤(50～55℃)浸种 10～15min。

播种方法：浇足底水，覆 1 层 0.6～0.8cm 细土，将种子均匀撒播于床面，覆土 0.6～0.8cm。露地和夏秋季节搭矮架覆盖麦秆、稻草或遮阳网，防晒防雨。

3. 苗期管理

出苗 70%～80%揭去覆盖物。高温干旱时注意遮阴，1～2 片真叶时，注意间苗，苗距 3cm 左右。

壮苗标准：植株健壮，叶色浓绿，根系发达，封锁病虫，无损伤。

4. 播种或定植

土壤选择：选用土层深厚，土壤肥沃，疏松，保水保肥，3 年未种过十字花科蔬菜的土壤。

整地施肥作畦：深翻 27～30cm，晒土 10～15d。采用高畦窄厢(带沟 1.3m)栽培，沟宽 30cm，厢高 15～20cm，施腐熟有机肥 2500～3000kg，复合肥 30～40kg。

定植。株行距：早熟种 50cm×50cm 或 33cm×40cm；中熟种 40cm×50cm 或 40cm×40cm：晚熟种 60cm×60cm 或 50cm×60cm。

5. 田间管理

直播定苗或育苗定植成活后追 1 次腐熟清粪水。莲座期追 1 次较前次浓的肥水。结球初期、中期各追腐熟的浓人粪尿 1 次。莲座期到结球期用 0.5 的磷酸二氢钾进行叶面喷施 2～3 次。

6. 采收

包心紧实，叶球成熟时及时采收。上市标准：包心紧实，无黄叶，无病，无虫蛀，根削平。

7. 主要病虫害

虫害：小菜蛾、菜青虫、蛞蝓。

病害：软腐病。

8. 防治原则

预防为主，综合防治，以农业防治、物理防治、生物防治为主，化学防治为辅的无害化控制原则。

9. 防治方法

防治关键：以软腐病、小菜蛾防治为主，兼治其他病虫，选用抗病、耐病优良品种；高畦窄厢丰产栽培，合理密植，降低田间湿度，施足腐熟有机肥作底肥，合理施用氮素肥料，巧施莲座肥。包心期不脱肥，速效氮肥总用量不得超过施肥总量的 30%～50%，收获前 20d 内不再使用速效氮肥，适当补充钙、铁等中、微量元素。

物理防治：利用小菜蛾、斜纹夜蛾性诱剂诱杀成虫，银灰色地膜避蚜。

生物防治：合理使用农药，保护食蚜蝇、捕食螨、寄生蜂、颗粒体病毒等天敌。

使用生物源杀虫剂：苏云金杆菌剂、苦参碱、印楝素、鱼藤铜等。使用植物源杀菌剂：农用链霉素、丰宁等。

药剂防治：大白菜主要病虫害防治药剂详见表 4-59。

表 4-59　大白菜主要病虫害防治药剂一览表

主要防治对象	农药名称	使用方法	安全间隔期/d	每季最多使用次数
小菜蛾	5%锐劲特浓悬浮剂	1500～2500 倍喷雾	7	2
菜青虫	10%除尽悬浮剂	1500～3000 倍喷雾	7	2
蛞蝓	6%密达可粒剂	每亩 0.4～0.5kg 傍晚撒施厢面，沟间 250g/亩，每平方米 1.5g 傍晚撒放菜根附近	7	2
软腐病	72%农用链霉可溶性粉剂	3000～4000 倍粗水淋蔸	7	2
	丰宁	50～100g 拌种 150g 或 200g 粗水淋蔸		

4.9.5　菠菜控害防污栽培技术

1. 菠菜的植物学特性

菠菜主根发达，较粗大，入土深，上部紫红色，味甜可食，茎直立中空，未开花前可以食用，叶片绿色，有圆叶和尖叶两种，叶着生在短茎上，呈簇生状，叶柄较长。雌雄异株，也有同株，有时也有两性花。异花授粉，风媒花，果实为胞果，内有 1 颗圆形种子，被坚硬的草质包裹，水分和空气不易透入，发芽较慢。

2. 对环境条件的要求

温度：菠菜耐寒，种子在 4℃时即可萌发，最适生长温度为 15～20℃，最适于叶簇生长的温度为 20℃左右，25℃以上生长不良，其叶片小而薄，组织粗糙，品质变差。

日照：菠菜是长日照作物，在 25℃以上日照条件下植株易抽苔。菠菜叶面积大，组织柔软，对水分要求较高，不耐旱。水分若供应充足，则生长旺盛，叶肉厚、产量高、品质好。

土壤营养：菠菜要求疏松肥沃，保肥力较强的沙壤土或黏壤土。适宜的土壤 pH 为 6.0～6.8。pH 5.5 以下的酸性土壤容易导致菠菜出苗不齐，叶色变暗，植株细小。

3. 类型和品种

菠菜依其种子的外形分为有刺种、无刺种两个类型。有刺种叶片呈卵形、先端尖，一般称尖叶菠菜，成熟早、越冬栽培易抽苔，适作早秋或春季栽培。无刺种叶片呈卵圆形，先瑞钝圆，品质较好，即耐寒也耐热。可选择在昆明四季均可栽种的菠菜品种。

4. 栽培技术

栽培季节。在昆明及滇中地区一般可周年生产以供应市场。但以 4～10 月栽培为主，产量高，品质好，冬春播种易抽苔开花。夏季栽培高温多雨、病虫害严重，生产困难，产量低，但市场价格一般较高，主供外销。因而宜采用大棚栽培。

整地播种。施足底肥，每亩施腐熟的厩肥 2000～3000kg 深翻土中，做成平畦。一般采用宽幅条播(用锄头开沟撒播或点播)，即行距 20cm，播幅宽 15～20cm，株距 5cm，种子播好以后，再用开下一沟的土覆盖至 1.0～1.5cm 厚，每亩用种量 2.0kg 左右，出苗过密的应间苗，由于菠菜种皮厚吸水慢，夏播应用凉水浸种 24h，冬春一般不浸种。

肥水管理。底肥：每亩施腐熟农家肥 2000kg，平地后施普钙 20～30kg，播种后，应浇透出苗水，并保持土壤潮湿，以利出苗，菠菜由于根系分布浅，出苗后应防止土壤干旱或雨涝。菠菜生长期短，需较多的氮肥，也要配合磷、钾施用。出苗后每亩追施少量腐熟有机肥，隔 15d 后再用尿素 10～15kg 兑水浇施 1 次，在菠菜生长旺盛期可适当追施叶面肥。

5. 病虫害的防治

菠菜由于生长期短，病虫害发生较少。主要病害有霜霉病、炭疽病两种，防治这两种病害应加强田间管理，合理密植，雨后地势低洼的田块应及时排涝，供应充足的肥水，在发病前期或初期可用 58%瑞毒霉锰锌 500 倍液或 70%代森锰锌可湿性粉剂 500 倍液雾防治。隔 7～l0d 左右防治 1 次，连续防治 1 至 2 次。虫害以潜叶蝇和蚜虫为主，可用烟碱或绿晶防治蚜虫危害，用 50%蝇蛆净或阿维菌素类药剂防治潜叶蝇。也可采取黄板诱杀的方法，保护地栽培于 2 月至 3 月开始在保护地内设置黄板，每亩 30～40 块。

以上农药的使用，应严格按农药包装标识规定的剂量使用，并在收获前 15d 停止使用。

检验规则组批。同一产地、同一等级、同时采收、相同包装规格的产品为 1 批。

抽样。无公害指标抽样应按 GB18406.1 中 6.3 条规定的方法；品质抽样按该批产品总数的 3%抽取；出厂检验项目：抽检外观、农残、净含量；判定规则：按无公害农产品检测标准执行；有污泥、枯枝黄叶、病斑、虫斑和损伤为不合格品，应返工挑选。

6. 质量要求

外形：主根发达，较粗大，上部呈紫红色，叶着生于短缩茎上，叶柄较长，载形或卵形，色浓绿，质软。

品质：无污泥、无枯枝黄叶、无病斑、虫害，无机械损伤，运输过程中无二次污染。

无公害菠菜质量安全要求：符合 GB l8406.1 的要求。

7. 采收、包装、运输

采收：叶色翠绿，长度在 17.0～25.0cm，无病虫斑，一般在早晨采收，采收后及时进行预冷处理，防止萎蔫

包装：产品包装物应符合 GB 9687 的要求，必须以专门装放无公害蔬菜产品的食品包装周转箱集中装运；包装标志应符合 GB 18406.1 中 7.2 条的要求，并在采后 4h 内及时入库；产品外包装标志应符合 GB/T 191 的规定。

运输：运输途中不得与任何有毒、有害物质接触或混运，运输工具在运输前后须清洗并保持清洁，经检验合格后方可装运。

贮存：入库产品须经产品质检员检验合格后方可入库，贮存场所应清洁卫生，不得与有毒有害物品滋存混放。在恒温下贮存，适宜温度为 1～4℃，贮存时间不超过 15d。

4.9.6 西芹控害防污栽培技术

1. 设施要求和换茬规则

设施要求。在各式日光温室、大中小拱棚内栽培均适应，棚膜一次性覆盖周年利用。春、秋季栽培需要防晒遮阴，冬季栽培需要辅助设施保温。

换茬规则。春季栽培在 3 月中上旬育苗，5 月下旬定植，8 月份收获。秋季栽培在 6 月下旬育苗，9 月中上旬定植，11 月下旬收获。冬季栽培在 9 月中旬育苗，12 月底定植，

3 月下旬收获。冬茬芹菜收获后闲棚 2 个月左右。此期可以种植油菜、小白菜等速生菜类，进行短期轮作，防止长期连作导致病虫害加重，土壤肥力不足影响芹菜产量等问题的发生。

2. 品种选择

选用适宜晋宁种植，抗性较好，适于本地的自然气候条件，且在国内、外市场需求较大的品种。

3. 育苗

育苗畦。育苗畦的走向要根据育苗时间合理选择。春、冬两茬栽培以东西走向建畦较好。秋茬以南北向建畦较好。育苗畦要选择地势高平、能灌易排的地块。施腐熟有机肥 3000kg/hm^2 以上，做成 1.2～1.5m 宽的平畦，畦面要平整，无较大的颗粒。

种子处理。播前用 50～55℃温水浸种，浸泡 24h，待种子吸水膨胀后，在 0.3%的磷酸二氢钾溶液中浸泡 10～15min 捞出，置于 15～20℃条件下催芽，种子露白后即可播种。

播种。播种前 1d，苗床要灌足底水，水渗透后，在苗床表面撒层细土。用细沙土和种子混匀，均匀地撒播在苗床上，覆土厚度 0.5cm，喷施 25%可湿性除草醚 500～800g/ha，防治杂草。用种 60～80kg/ha。

苗期管理。出苗后要及时中耕除草，春茬育苗在播种前 15～20d 烤畦，播后夜间要加盖草苫保温。畦温保持在 15～20℃，出苗后适当降温，白天不高于 20℃，夜间不低于 8℃。春季育苗要防止苗期春化，夜间气温必须控制在 8℃以上。秋茬育苗正值炎夏，播种后要注意遮阴，防止烤苗。冬茬育苗后期要注意保温，防止早霜，产生冻害。

4. 定植

幼苗出 4～6 片 1 真叶，苗龄 60～70d 时，开始定植。定植前 2～3d 练苗。定植时选择叶片肥厚，根系发达的壮苗移植，在晴天的上午进行。株距 8～10cm，行距 18～20cm，定植深度以不埋住心叶为度，宜浅不宜深。春茬在 5 月下旬定植，定植后浇小水。秋茬在 9 月中上旬定植，定植后覆盖遮阴。冬茬在 12 月下旬定植，覆盖地膜提温。

5. 田间管理

缓苗期管理。缓苗期要适当控制肥水蹲苗，促进发根和叶片分化。春茬不需要缓苗，栽植后要猛攻肥水，促进生长，防止过早抽薹。

肥水管理。西芹长出 7～8 片叶后，进入旺盛生长阶段，此时应加大肥水，每隔 15～20d 追施 1 次尿素或复合肥 10～15kg/ha。

温度与光照控制。种植春茬西芹在 6 月中旬以前，夜间要加盖保温草苫，白天减少通风。6 月下旬撤除草苫，在棚膜上加盖遮阳网，白天加大通风。此期雨水较多，要及时疏通田间排水渠道，防止雨水进入棚内造成烂苗。秋茬从 10 月下旬开始加盖草苫保温，防止冻害。冬茬如遇连阴天，应在中午揭开草苫见光。

6. 采收

西芹株高达 60～80cm 即可采收，采收时要连根拔起。一般春茬在 8 月中旬采收，秋茬在 11 月下旬采收，冬茬在 3 月下旬采收。采收后要消除棚内残枝枯叶。施腐熟有机肥 3000～5000kg/ha，尿素或复合肥 15～20kg。

7. 病虫害防治。

斑枯病、叶斑病和菌核病等真菌性病害，在发病初期用百菌清、代森锰锌、甲基托布津和多菌灵等可湿性粉剂喷液，每 7～10d 喷 1 次，连续喷 2～3d。

软腐病等细菌性病害用新植霉素、农用链霉素和 DT 胶悬剂等喷液，每 7～l0d 喷 1 次，连续喷 2～3 次。

美洲斑潜绳(南美斑潜蝇)用阿维菌素(阿维虫清)虫螨克等生物农药防治，每 7～10d 喷 1 次，连续喷 2～3 次。

所有农药应在收获前 10d 停止使用。在下茬西芹栽培前要高通闷棚 2～3d，用 45%百菌清烟雾剂熏杀，防治病杏。用 50%灭蚜烟剂 20.25kg/ha 熏蒸，防治蚜虫。

第5章　滇池流域村落污水处理技术

滇池流域湖滨区村落污水污染和农业农村固废污染问题突出。其中村落污水主要由畜禽养殖污水、农村居民废水、旅游废水三种类型组成，农业农村固废包括农村生活垃圾、农业秸秆、农膜等白色垃圾。调查发现，在湖滨区内的湖滨、坝区、半山区及山区的村庄生活污水和畜禽养殖污水处理处置不当，乱排乱放；许多流经村庄的河道、沟渠被作为下水道的现象十分普遍，大量氮、磷等污染物流入湖泊。村庄生活垃圾和部分粪便乱倒、乱堆、乱放，孳生蚊蝇，散发臭味，传播疾病，严重影响村庄的人居环境整洁卫生；许多随意丢弃堆放在村庄道路、河道、沟渠旁的生活垃圾，腐烂过程中渗滤液直接流入水体，随降雨冲入河道沟渠形成流失，加重了水体污染。

由于滇池流域湖滨村庄面源污染输移、排放、变化过程十分复杂和特殊，而对村庄面源污染控制的基础数据掌握和科技贮备严重不足，因而缺乏切实可行的村庄面源污染控制方案和相关工程示范。目前，随着滇池流域城市化进程和“新农村”建设，需将农业产业结构调整、区域城镇化发展和村庄面源污染控制有机结合起来，为解决滇池流域湖滨区村庄面源污染问题提供新的机会和可能。

5.1　滇池流域典型村落面源污染现状

研究示范区为滇池东南岸的晋宁县上蒜镇、柴河水库下游 $6km^2$ 范围区域，选择段七村、李官营村、石头村、宝兴大村4个自然村作为示范村。示范区各个村庄的社会经济基本情况如下。

1. 李官营村

隶属于上蒜镇洗澡塘村委会。位于上蒜镇的南边，距离村委会1km，距离乡政府12km。国土面积 $4.44km^2$，海拔1932m，年平均气温14.6℃，年降水量872.6mm，适宜种植农作物。有耕地438.10亩，其中：人均耕地1.10亩；林地4377.00亩。全村辖1个村民小组，有农户145户，乡村人口420人。

2006年全村经济总收入1223.00万元，农民人均纯收入1644.10元。该村农民收入主要以种植业为主。其中：种植业收入427.50万元，占总收入的35%；畜牧业收入65.90万元，占总收入的5%(其中年内出栏肉猪210头，肉牛14头，肉羊6头)；渔业收入2.00万元，占总收入的0.2%；林业收入1.50万元，占总收入的0.1%；第二、三产业收入726.10万元，占总收入的59%；工资性收入11.00万元，占总收入的0.9%。

全村 141 户通自来水，4 户饮用井水。全村建有沼气池农户 3 户。村庄内公厕、沟渠、生活垃圾收集池(坑)等基础设施基本没有，存在人畜混居现象。

2. 石头村

隶属于上蒜镇科地村委会，属于半山区。位于上蒜镇西南边，距离科地村委会 3.00km，距离镇政府 9.00km，国土面积 1.53km^2，海拔 1917.00m，年平均气温 14.60℃，年降水量 872.60mm。全村管辖 1 个村民小组，有农户 50 户，乡村人口 165 人，包括农业人口 164 人，劳动力 106 人，其中从事第一产业人数 104 人。2006 年全村经济总收入 258.53 万元，农民人均纯收入 1630.40 元，农民收入主要以种植为主。

全村不通自来水，进村道路为沙石路路面，村内主干道路面均未硬化，基础设施建设较为落后。

3. 段七村

隶属于上蒜镇段七村村委会。位于上蒜镇南边，距离乡政府 15.00km，是村委会所在地。国土面积 9.73km^2，海拔 1916.00m，年平均气温 14.60℃，年降水量 872.60mm。有耕地 2164.50 亩，其中，人均耕地 1.01 亩；有林地 2217.00 亩。全村管辖 1 个村民小组，有农户 722 户，人口 2409 人。2006 年全村经济总收入 4621.70 万元，农民人均纯收入 2306.80 元。

全村有 143 户通自来水，579 户饮用井水。进村道路为柏油路；村内主干道均为硬化路面。全村建有沼气池农户 180 户，装有太阳能农户 230 户，已完成“一池三改”的农户 120 户。村内建有公厕 2 个，垃圾集中堆放场地 1 个，人畜混居的农户 160 户，占农户总数的 22.1%。

村庄内沟渠系统、生活垃圾收集池(坑)等基础设施不完善，存在人畜混居现象。

4. 宝兴大村

隶属于上蒜镇宝兴村委会，位于上蒜镇西南边，距离宝兴村委会 0.50km，距离上蒜镇政府 4.00km(是宝兴村委会所在地)。国土面积 2.08km^2，海拔 1913.00m，年平均气温 14.60℃，年降水量 872.60mm，适宜种植水稻、小麦、玉米等农作物。有耕地 565.50 亩，其中人均耕地 0.66 亩；有林地 300.00 亩。全村管辖 1 个村民小组，有农户 263 户，乡村人口 905 人，包括农业人口 862 人，劳动力 663 人，其中从事第一产业人数 558 人。

农民收入主要以种植业为主。该村 2006 年农村经济总收入 1919.00 万元，其中：种植业收入 428.00 万元，占总收入的 22.30%；畜牧业收入 51.00 万元，占总收入的 2.66%(其中，年内出栏肉猪 1166 头)；渔业收入 18.00 万元，占总收入的 0.94%；第二、第三产业收入 1422.00 万元，占总收入的 74.10%；工资性收入 42.00 万元，占总收入的 2.19%，其中，农民人均纯收入 2449.00 元并以种植业等为主。该村建有公厕 1 个，村内生活排水沟渠设施较差。

全村有耕地总面积 565.50 亩(其中田 345.00 亩，地 220.50 亩)，人均耕地 0.66 亩，主要种植粮食等作物；林地 300.00 亩，主要种植梨、桃等经济林果；水面面积 68.00 亩，其中养殖面积 48.00 亩；其他面积 2183.95 亩。有丰富的磷矿石、砂石料等资源。

全村已实现水、电、路、电视、电话五通，无路灯。有 263 户通自来水。全村建有沼气池农户 163 户。

示范村庄 2009 年度年平均收入为：段七村 22573.96 元、宝兴大村 3108.45 元、李官营村 6366.60 元、石头村 25880.90 元(其中宝兴大村收入偏低的原因是该村耕地面积相对较少，大多数家庭收入来源主要靠外出打工；石头村收入较高的原因是该村有一定数量的养殖户)。示范村年收入统计如图 5-1 所示。

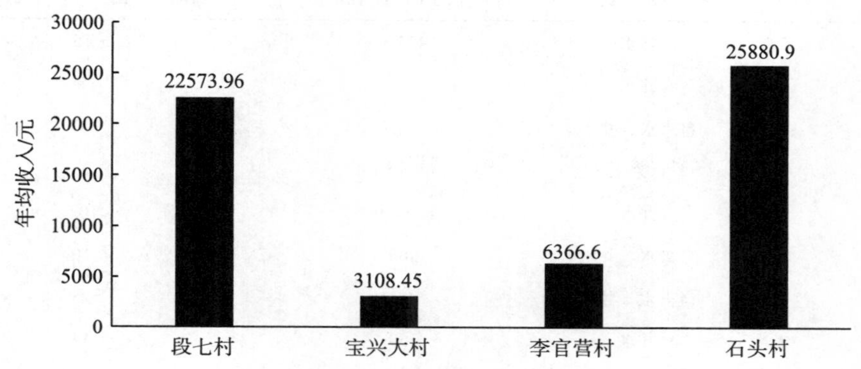

图 5-1　2009 年度年均收入统计图

示范村庄收入来源主要靠种植业，随着经济社会的发展，农村家庭收入来源趋向多元化。三口之家在此次普查中占很大份额，这跟农村实行计划生育工作密切相关。在此次普查中也发现示范村庄房屋多半是土木结构，此外，能源的使用也比较多样化，但柴、电使用率仍然很高。段七村、宝兴大村、李官营村和石头村 4 个示范村养殖户比例占 56.5%、65.2%、38.7%、53.7%，其中李官营村靠近柴河水库，在养殖方面受到一定的限制。另外，洗衣机普及率分别为 48.9%、27.3%、52.4%、47.8%。太阳能普及率分别为 42.2%、39.2%、66.9%、30.6%，其中李官营村普及率较高是因为 2009 年在该村实施开展了农村清洁能源示范工程。自来水普及率分别为 59.7%、78.1%、82.1%、65.4%。

5.2　示范区村庄面源污染状况

5.2.1　生活污水

在示范区村庄选择典型户，主要包括李官营村 4 户、石头村 3 户、段七村 15 户、宝兴大村 5 户，进行生活污水采样调查。核算用水量和排污量；对排放污水的水质进行初步监测；研究农村生活污水排放特征、排放途径及排放量，而生活污水的监测项目包括监测 pH 值、COD、 NH_4^+-N 和 TP。

普查统计结果显示，示范区人均用水量约为 37～62L/d(不包括洗衣和洗浴用水)，每户日用水量约为115～169L。

日排放污水量记录结果显示，数据存在较大的系统差异，而采样排水量均小于示范区普查结果分析的均值。主要原因在于农户心理上有所顾及，且采样时间有限，未能对典型户进行较长周期的采样调查，只能调查2～3d的生活污水排放量。具体详见表5-1、表5-2。

表5-1　示范村庄典型户生活污水排放量统计表

村名	家庭人口和用水情况			生活污水排放量
	人口	用水方式	户平均用水量/(L/d)	监测一天的废水产生量/(L/d)
段七村	3	井水	433.3	15
	3	井水	30	8
	4	自来水、井水	216.7	40
	3	自来水	40～50	20
	3	井水	50～60	10.5
	5	自来水、井水	200	10
	3	自来水、井水	666.7	25
	2	井水	150	14
	3	自来水、井水	300	9
	3	自来水	33.3	14
	4	井水	80	9.8
	6	井水	50	18
	3	自来水	370	15
	2	自来水、井水	60	13
	2	井水	70	10
宝兴大村	4	自来水、井水	166.7	16.8
	4	井水	170	15.3
	2	自来水、井水	133.3	7
	4	自来水	166.7	13
	2	自来水、井水	186.7	12
李官营村	3	自来水	133.3	13
	3	自来水	66.7	6
	2	自来水	33.3	6
	5	自来水	200	29
石头村	3	自来水、井水	566.7	240
	3	自来水	66.7	11.8
	5	自来水	200	14

表 5-2　示范村庄典型户生活污水排放量汇总表

示范村庄	户均用水量/(L/d)	人均用水量/(L/d)	人均生活污水排放量/(L/d)	排放率/%
段七村	142.7	59.9	4.7	7.80
宝兴大村	115.1	52.2	4.2	8.00
李官营村	168.7	33.7	4.3	12.76
石头村	142.8	92.6	29.5	31.86

从表 5-1、表 5-2 可以看出，示范村典型户生活污水排放量远低于用水量。

5.2.2　畜禽养殖废水

示范村庄的分散养殖户和专业养殖户规模都很小。其中家庭分散养殖牲畜数量很少，牲畜粪便通常情况下 1 个月清扫 1 次，基本全部还田，很少直接丢弃。鸡粪一般直接清扫运出户外；猪粪一般用排粪管排至室外粪池或排入沼气池，定期还田，详见表 5-3。

表 5-3　示范区村庄养殖户管理情况汇总表

类型	养殖规模	用水来源	用水量	排水方式	有无处理	粪便清理频率	粪便数量/t
养牛专业户	25 头	自来水	11t/月	排入粪坑	无处理	每周	16.0
养猪专业户	28 头	自来水、井水	12t/月	排入沼气池	沼气发酵	每周	1.8
养鸡专业 1	2000 只	从外面运水	6t/月	无水排放	无处理	每月	2.1
养鸡专业 2	6000 只	自来水、井水	20t/月	排入沟渠	无处理	每月	6.4
养羊专业户	45 头	井水	5t/月	排入沼气池	沼气发酵	每两月	1.0

5.2.3　沟渠系统

对示范村庄内现有污水沟渠系统进行详细的现场调查，调查内容包括沟渠类型、结构、状况、宽度和深度，了解了村庄各类沟渠系统现状分布、沟渠系统结构测量以及沟渠系统功能分类，并统计分析了沟渠系统污水收集率和去除率。示范村庄沟渠系统基本信息统计见表 5-4。

表 5-4　示范村庄沟渠系统基本信息统计表

基本信息	沟渠数/条	沟渠总长度/m	沟渠结构比例/%					沟渠堵塞情况/%		沟渠收集率/%
			土	砖砌	混凝土	石砌	管道	堵塞	未堵塞	
段七村	35	1911	31.9	6.4	25.5	23.4	2.1	31.9	68.1	64.9
宝兴大村	15	1101	16.7	5.6	61.1	5.6	0.0	11.1	88.9	52.6
李官营村	15	418	64.3	0.0	35.7	0.0	0.0	7.1	92.9	43.6
石头村	19	208	40.0	0.0	50.0	10.0	0.0	10	90	33.8

村庄沟渠系统基本情况具体如下。

1. 段七村

沟渠系统分为4个区域。第一区域上至老年协会，下至下寺，共有汇水沟、排水沟、主沟15条，通过农灌沟流至柴河；第二区域左至老年协会，右至暗沟，下至湿地，上至村中公路，共有沟渠10条，通过农灌沟流至柴河；第三区域为公路以下剩余部分，共有沟渠4条，流至湿地方向；第四区域为公路以上区域，共6条沟渠，大部分流至村中公路主沟或直接流至公路上。

段七村沟渠系统较为完善，但道路未硬化。村外泄洪沟、农灌沟、主沟、支沟健全，村庄内的石砌沟和混凝土沟较多；公路上方基本无人工沟渠，大多为自然形成土沟，沟渠收集率较低。

2. 宝兴大村

沟渠系统分为三个区域。第一区域上至大村与中村连接处，下至P1排水口，共4条沟渠，流至村庄左边农田；第二区域左至客堂，右至磷肥厂传送带，上至养鸡场，共有7条沟渠；第三区域左至敬老院，右至客堂，共有沟渠4条，排至学校对面的秧田。

宝兴大村沟渠系统多为混凝土结构，无明显主干渠，村内支沟存在连接问题，沟渠收集率不高。

3. 李官营村

沟渠系统分为三个区域。第一区域右至入村第一条主干道，共6条沟渠，通过排水口排入农田；第二区域为左至第一条主干道，右至鱼塘，共有9条沟渠，流入鱼塘；第三区域为马路下方区域，直接排至农田。

李官营村沟渠系统不完善，大多为房基形成的土沟，支沟存在连接问题，路面硬化率低，沟渠收集率较低。

4. 石头村

沟渠系统分为三个区域。第一区域为泄洪沟上方区域，共6条沟渠，排至泄洪沟；第二区域为村落中间区域，共13条沟渠，该区域污水直接排入农田；第三区域为公路左侧区域，该区域污水直接排入河流中。

石头村泄洪沟横穿村落，村中部分污水流入泄洪沟。村中主沟渠大多为门前排水沟直接流入农田或河流中。

调查期间出现降雨情况时，对产生径流后的村庄沟渠系统情况做了初步调查，调查情况如图5-2所示。

通过对示范村庄雨后沟渠系统调查分析，可以看出示范村庄沟渠系统明显存在以下几个问题。

(1)沟渠多数没有安置盖板，导致沟内垃圾过多。在调查中，发现村庄内主沟、次主沟和农灌沟内村民生产生活垃圾较多。段七村农贸市场附近和宝兴大村主街道较为明显，

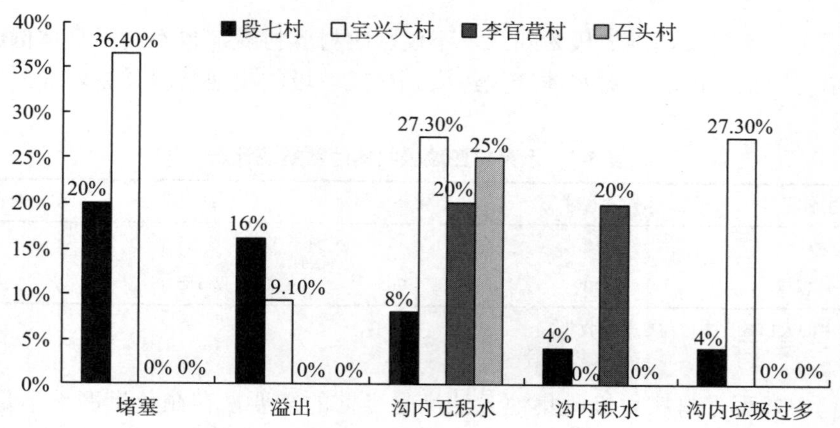

图 5-2　示范村庄沟渠系统雨后径流情况

垃圾主要为烂菜叶子与农业秸秆、塑料制品、家禽家畜粪便、淤泥等。

(2)沟渠堵塞情况严重。由于村内基础设施建设较为落后，沟道间连接情况较不理想，工程设计不合理，导致沟渠堵塞情况严重。其中段七村和宝兴大村较为明显。

(3)雨后沟渠内有积水或污水溢出。村庄内某些沟渠是自然形成沟渠，未考虑雨后最大排水量等因素，再者沟渠之间连接不理想，使得沟渠内污水溢出至路面。该现象在段七村和宝兴大村较为明显。

(4)沟渠收集率较低。调查中还发现由于沟渠设计不合理，导致雨水直接在路面上排下，未经过沟渠排出。4 个示范村均有此问题。

(5)村内旱厕较多，均修建在沟渠旁边。通过示范村庄基本信息普查发现，示范村庄旱厕使用率均在 95%以上，村庄内旱厕较多，而这些旱厕大多修建在沟渠系统旁边，旱厕满后污水会直接排入沟渠，影响村庄环境以及水质。

(6)未实现雨污分流。在调查中发现石头村第一区域污水直接排入泄洪沟内，下雨后雨水以及生活污水直接排入泄洪沟，通过泄洪沟再排入河流中，雨污合流。

5.2.4　生活垃圾

对示范区内 4 个村庄固体废弃物进行详细调查，调查内容包括地点、存在状态、清理频率、有无分类回收、有无集中处理、示范村典型户生活日均垃圾量调查、示范村垃圾存储或中转设施及管理体制情况调查。其特征如下。

随着经济社会的发展，农村垃圾成分变得复杂化，不仅包括日常的厨房垃圾(蔬菜叶、肉食和禽蛋等)、炉灰和果皮，还包括诸如废塑料、物品包装袋等垃圾，甚而还有动物死尸及废弃衣物等。没有发现高危险性和毒害性固体废弃物。

示范村庄社会经济相对落后，村民的文化水平程度都较低，在环境污染和治理保护方面都缺乏基本的意识与认识，在处理固废方面比较随意。

示范村庄垃圾存储处理的基础设施不够完善，导致垃圾被到处乱扔，随处可见，轻质垃圾时常飘走，畜禽粪便堆放极为随意，不仅影响村容村貌，也不利于身体健康。此外，垃圾聚集堵塞沟渠，同时又对水体产生污染。村庄垃圾收集池情况详见表 5-5。

表 5-5　示范村庄垃圾收集池数量统计表

村庄名称	段七村	宝兴大村	石头村	李官营村
数量/个	19	3	2	1
村庄规模/人	2409	905	165	420

注：村庄规模中的人口数据来自前期数据收集。

在调查中发现，村庄垃圾收集池无法满足当前的需要，存在数量严重不足和服务辐射半径不合理的现象。从管理和运行模式来看，要求缴纳 5 元/(人·年)的垃圾清运费，垃圾清运由村委组织或者承包给个人，但出现了费用收缴不到位和垃圾清运及管理上失职的现象。

段七村垃圾收集池 3～4d 清理 1 次，每个点每次清理的垃圾量约为 1t。宝兴大村垃圾收集池的清理周期视具体情况而定，有时半个月，有时则是 1～2 个月，每个收集点的清理量为 1.2～1.3t。石头村垃圾收集池的清理周期大约为半个月，每个收集点的清理量约为 0.5t。李官营村的垃圾清理周期约为半个月，每次的清理量为 1t。

在示范区 4 个示范村内抽选了 48 户典型户进行入户调查。调查情况详见表 5-6、表 5-7、表 5-8、表 5-9。

表 5-6　宝兴大村生活垃圾调查情况

情况划分		户主姓名	垃圾量/(kg/d)
收入/元	房屋结构		
3000 以内（含 3000）	砖房	李儒	0.025
	土木	李红艳	0.300
	土木	李树芳	0.400
3000 到 8000（含 8000）	砖房	区团	0.200
	砖房	李跃武	0.250
	土木	李凤鸣	0.350
	土木	李东	0.250
8000 以上	砖房	朱桂芳	0.150

表 5-7　李官营村生活垃圾调查情况

情况划分		户主姓名	垃圾量/(kg/d)
收入/元	房屋结构		
3000 以内（含 3000）	土木	李雷	0.250
	土木	李英	0.450

续表

情况划分		户主姓名	垃圾量/(kg/d)
收入/元	房屋结构		
3000 到 10000（含 10000）	砖房	杨朝武	0.300
	砖房	李伟	0.250
	土木	杨秀海	0.100
	土木	朱亮	0.225
10000 以上	砖房	叶辉	0.400
	砖房	杨利	0.350

表 5-8　段七村生活垃圾调查情况

情况划分		户主姓名	垃圾量/(kg/d)
收入/元	房屋结构		
一片区			
10000 以内（含 10000）	土木	陈华	0.200
10000 到 30000（含 30000）	砖房	李时迁	0.750
	土木	陈竹云	2.000
30000 以上	砖房	邓吉	0.750
	砖房	董光荣	0.025
二片区			
10000 以内（含 10000）	土木	王文尧	0.850
	土木	高松	0.000
10000 到 30000（含 30000）	砖房	钱俊敏	0.000
	砖房	李凤	0.050
30000 以上	砖房	顾玉明	2.000
三片区			
10000 以内（含 10000）	土木	段荣坤	0.550
10000 到 30000（含 30000）	砖房	焦克明	0.050
	土木	白文云	0.350
30000 以上	砖房	李伟	0.350
	土木	胡坤	0.500
四片区			
10000 以内（含 10000）	土木	周时	1.300
	土木	耿品良	0.025
10000 到 30000（含 30000）	砖房	段永科	0.300
	砖房	段彪	0.550
30000 以上	砖房	赵国顺	0.200
五片区			

续表

情况划分		户主姓名	垃圾量/(kg/d)
收入/元	房屋结构		
10000 以内(含 10000)	土木	严加林	0.150
	土木	朱文祥	0.450
10000 到 30000(含 30000)	砖房	兰树林	0.050
	砖房	李永泉	0.200
30000 以上	土木	陈志平	0.550
	砖房	张能	0.150

表 5-9　石头村生活垃圾调查情况

情况划分		户主姓名	垃圾量/(kg/d)
收入/元	房屋结构		
3000 以内(含 3000)	土木	薛伟	0.025
3000 到 20000(含 20000)	土木	李敏	0.000
	土木	李永良	0.000
	土木	李春林	0.025
20000 以上	土木	杨兴发	1.300

经统计，宝兴大村的户均垃圾量为 0.24kg/d；石头村的户均垃圾量为 0.27kg/d；李官营村的户均垃圾量为 0.29kg/d；段七村的户均垃圾量最高，为 0.475kg/d。

5.2.5　重点污染源

根据村庄普查结果，确定示范区内的重点污染源是学校、集市、卫生所、村委会。通过走访的形式对以上重点污染源进行调查，调查内容包括职工人数、生活区人数、生活用水量、生产用水量、排水量、污水排放情况和固废情况等。

调查结果显示，示范区内的重点污染源包括段七村的豆腐作坊及卤猪头作坊、段七村的 3 家饭店、石头村和李官营村的客堂、段七村及宝兴大村的小学和老年协会、段七村的农贸市场、段七村和宝兴大村的村委会，以及较大的猪、鸡等家禽养殖场。用水情况详见表 5-10、表 5-11、表 5-12、表 5-13。

表 5-10　学校生活用水情况统计表

单位	服务的学生数量	老师数量	食堂服务的人口	住宿的学生数量	住宿的老师数量	用水来源	用水量(除掉饮用水)	废水去处	废水有无处理
段七小学	589	30	221	191	26	自来水	10t/月	排入校外的沟渠	无处理
宝兴小学	284	15	17	0	10	自来水、井水	5.85t/月(其中井水 4t/月)	排入校外的水田中	无处理

表 5-11 老年协会生活用水情况统计表

单位	服务人口/人	用水来源	用水量/(kg/d)	废水去处	废水有无处理
段七老年协会	60～70	自来水	500	排入外面的沟渠系统	无处理
宝兴老年协会	30	井水	100	排入外面的水田	无处理

表 5-12 村委会生活用水情况统计表

单位	用水来源	用水量	排水方式	废水有无处理
段七村委会	自来水		排入沟渠系统	无处理
宝兴村委会	自来水、井水	40t(其中不包括井水，因为井水无法计量)	排入沟渠	无处理

表 5-13 小作坊与小餐馆生活用水情况统计表

调查对象	用水来源	用水量/(t/月)	主要污染环节	排水去处	有无处理
卤猪头店	自来水	10	卤猪头的水	外面的沟渠	无处理
豆腐店	自来水	5	作豆腐的水	外面的沟渠	无处理
鸿运饭店	自来水	14	洗碗水油较多	外面的沟渠	无处理

1. 段七村

段七村农贸市场。该贸易市场归私人所有，集中管理，卫生清洁有专人负责。农贸市场垃圾主要来自集市，每月逢 3 日、8 日有大规模的赶集活动。每 5d 开展 1 次垃圾清理工作，每次清理量为 0.7～0.8t。垃圾种类主要是各种果皮、蔬菜残叶、塑料袋及纸箱等包装废弃物。

段七小学。学校有 589 名师生，30 名老师，住宿生为 191 人。垃圾每星期清除 1 次，每次清除量为 0.25t。清运处理量为每次烧掉的剩余量。为此，每学期学校开支 500 元用于垃圾清理工作。

段七卫生所。每日大约有 7 到 10 人不等来卫生所就诊。垃圾主要为使用后丢弃的医疗设备，大约半个月处理 1 次，处理方式为集中运送到山上的处理点，焚烧后进行掩埋。这部分垃圾不包含吊瓶，其重量每次大约为 10kg。吊瓶采用出卖的方式进行处理。

豌豆加工作坊。本村拥有两个，以其中 1 个说明。正常情况下有 30 到 40 人工作，每日加工量为 0.25～0.3t。加工产生的豌豆茎叶由养牛户直接运走喂养牛。

养羊户。考虑到羊的健康生存，每两个月进行 1 次粪便清理，每次清理量约为 1t。由于粪便是很好的肥料，因此用于还田使用。

养牛户。每周清理 1 次牛圈，每两个月将清理出来的粪便出售 1 次，每次出售的粪便量为 16t。

2. 宝兴大村

宝兴村卫生所。每个月接待病人 70 到 80 人。垃圾自行处理，其中玻璃吊瓶卖掉，其余每半个月运输到垃圾处理点焚烧后掩埋，每次处理量约为 5kg。

宝兴小学。该校共有人员 299 名师生，垃圾每月清理 1 次，每次都采用焚烧后请人来运输的方式，每次付费 50 元。运输量为 0.1～0.15t。

该次调查收集并总结了 4 个示范村庄面源污染的主要信息，提供了详实的村庄污染现状基本情况，包括生活污水现状、沟渠现状、禽畜污染及固体废弃物污染负荷等方面的基本数据。

5.3 人工复合生态床处理技术

村庄的生活污水多数为明渠收集，容易混入垃圾，因此在进水渠中设置格栅拦截水中的粗大悬浮物和漂浮物后，污水进入布水沉淀池，布水沉淀池具有两个作用，一方面它具有初步沉淀的作用，能使污水中粒径比较小的无机和有机颗粒沉降下来，另一方面，具有调节水量和布水的作用。布水沉淀池的出水经过布水堰进入自由表面人工复合生态床，床内种植茭白，通过生物降解、沉淀、吸附和植物吸收等作用去除氮、磷、有机质等污染物质。然后，污水进入潜流人工复合生态床，床内填充炉渣和砾石等水力传导性能良好的填料，床表面种植水芹等常绿水生植物，通过过滤截留、生物降解、吸附、沉淀等作用进一步去除污水中悬浮物、有机质、氮和磷等。然后，污水进入综合生态塘，塘内种植莲、慈菇、马蹄莲等具有经济价值和景观作用的水生植物，能为鱼、虾、泥鳅、田螺等水生动物提供良好的生存环境，该区除了具有对水质进行深度处理的作用，还具有生态和景观作用。

人工复合生态床处理村庄生活污水技术的工艺流程如图 5-3 所示。

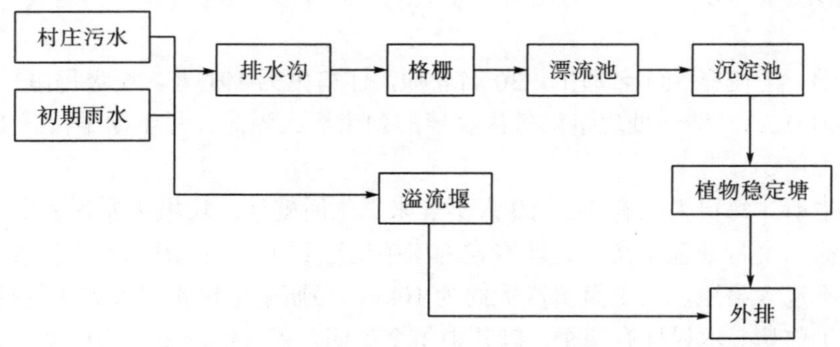

图 5-3 人工复合生态床工艺流程图

5.3.1 设计技术指标

人工复合生态床处理污水由处理生活污水和处理初期雨水两部分构成。

水量。①生活污水：村庄目前有乡村人口 420 人，人口自然增长率取 5‰，10 年后项目区人口为 435 人。按《云南省地方标准用水定额》(DB 53/T 168—2013)，并结合当地情况，村庄人均用水取 40L/(人·d) 计算，污水收集率取 80%，因此得出污水产生量为 13.9m^3。②初期雨水：村庄地处滇池流域，降雨量多集中在 5～10 月份，年降雨量 800～

1100mm，据多年的气象资料统计，暴雨强度取 20L/(s·hm^2)，暴雨前 10min 为初期径流量，平均径流系数取 0.20，汇水面积约 2.2ha，初期雨水量为 7.35m^3。村庄污水产生总量为①+②=21.3m^3，处理规模确定为 25m^3。

污染负荷：生活污水排放的污染负荷 COD、TN、TP 分别按 23.00g/(人·d)、2.56g/(人·d)和 0.51g/(人·d)计。生活垃圾污染负荷按农村生活垃圾人均产生 1.0kg/(人·d)计，取垃圾中含 N 量 1.5%，含 P 量 0.08%。污水处理规模为 25m^3/d，采用表流湿地+调蓄塘处理工艺，其中表流湿地水力负荷为 0.1m^3/(m^2·d)，调蓄塘水力负荷为 0.4m^3/(m^2·d)，工程总占地面积为 440m^2。

设计目标：①农村污水主要污染物去除率达到 50%以上；②建设投资与运行费不高于同期当地二级污水处理工艺(含脱氮除磷)费用的 50%；③农村生活垃圾收集率和清运率达到 90%以上。实际处理系统出水水质能达到《城镇污水处理厂污染物排放标准》(GB 18918—2002)一级 B 标准，从而有效削减生活污水进入滇池的污染负荷，达到从源头控制污染源、保护滇池的目的。

5.3.2　系统构造及原理

1. 人工复合生态床构造

人工复合生态床平面如图 5-4 所示。

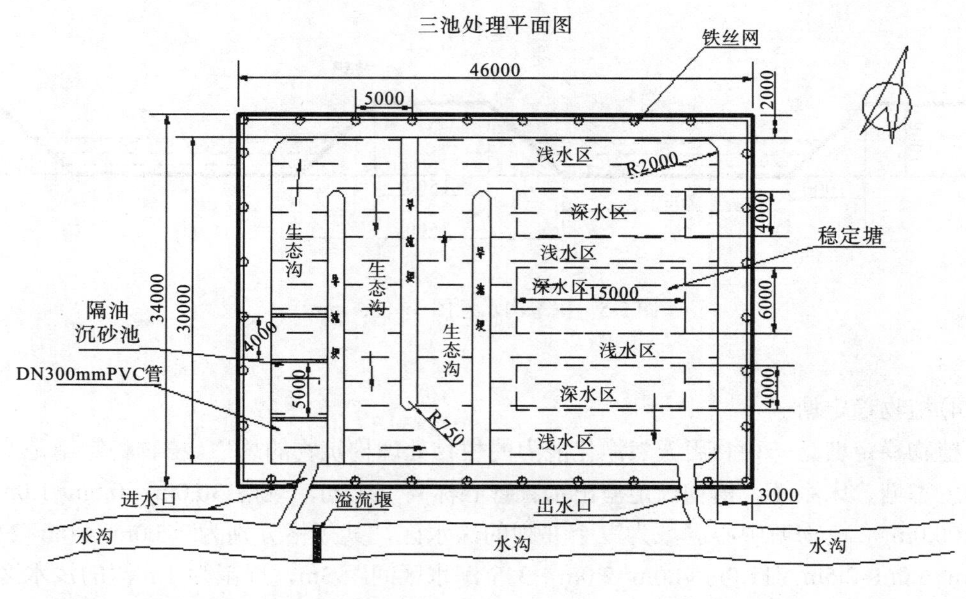

图 5-4　人工复合生态床平面图(单位：mm)

1）溢流堰

设计在进水口下方 0.8m 处，用混凝土浇筑或用砖块砌成，溢流堰顶标高为-0.70m（参照基准点）。由于集水沟渠是明渠，许多生活垃圾和作物秸秆等固体废物会进入沟渠，需在进水口上游 2m 处安置格栅，防止垃圾堵塞进水口或进入人工复合生态床系统。格栅长 1m，宽 0.6m，栅条间距 30mm。此外，被拦截的垃圾需及时打捞。

2）隔油沉砂池

本系统设计 2 个隔油沉砂池和 1 个沉砂池。隔油沉砂池参考国际图集 04S519 中的 GG-2S 型隔油池，进水管（材质 PVC）设置在隔油沉砂池的边角处，管径 DN 为 300mm，中心标高-0.55m；出水管（材质 PVC）设于该池进水口对角处，中心标高-1.20m。Ⅰ号隔油沉砂池规格 5.0m×4.0m×1.5m，240 砖混结构，停留时间 7.2h。Ⅱ号隔油沉砂池规格 5.0m×5.0m×1.5m，钢混结构，停留时间 8.9h。Ⅲ号沉砂池规格 5.0m×4.0m×1.5m，240 砖混结构，出水管管心标高-1.15m，停留时间 7.2h。3 个隔油沉砂池共占地 $65m^2$，总体积 $97.5m^3$，有效容积 $65m^3$。

3）折流式生态沟

污水从隔油沉砂池中自流流入生态沟，生态沟沟底 3.0m 宽，设计水深 0.5m，沟总深 1.0m，即截面为下底 3.0m，上底 5.0m，高 1.0m 的等腰梯形。生态沟全长 85.0m，为了节约土地和便于施工，把生态沟设计成迂回的折型。生态沟占地 $510.0m^2$，总体积 $360.0m^3$，有效容积 $148.8m^3$，停留时间 44h。沟埂截面为下底 3.0m，上底 1.0m，高 1.0m 的等腰梯形。生态沟如图 5-5 所示。

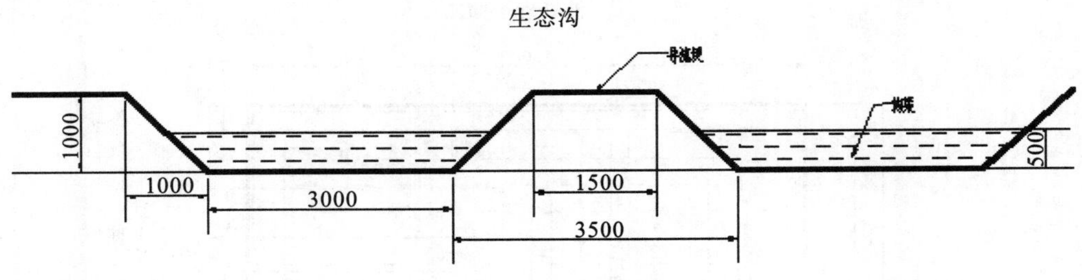

图 5-5　生态沟示意图（单位：mm）

4）植物稳定塘

植物稳定塘是一种利用天然净化能力的生物处理构筑物的总称。植物稳定塘是一个完整的生态塘、床系统。植物稳定塘出水管管心标高-1.15m。规格 30.0m×20.0m×1.0m，面积 $600.0m^2$，植物塘中心区域为三个并列的深水区，其规格分别为 15.0m×4.0m×2.0m，15.0m×6.0m×2.5m，15.0m×4.0m×2.0m，3 个深水区间距 3m，周围为 1m 深的浅水区。浅水区、深水区水深分别设计为 0.5m、1.5m。稳定塘有效容积 $534m^3$，停留时间 5.34d。稳定塘如图 5-6 所示。

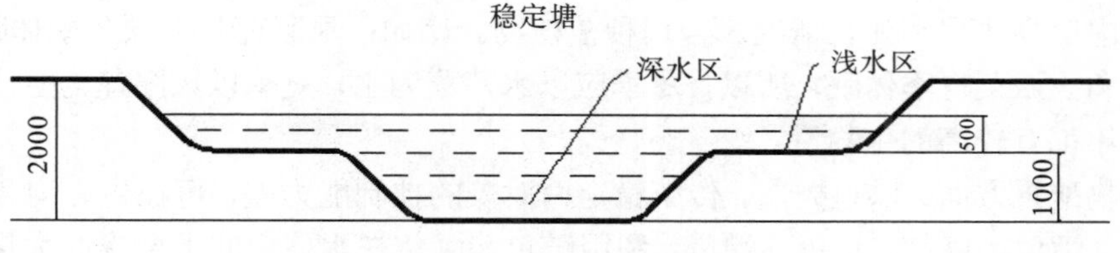

图 5-6　稳定塘剖面图(单位：mm)

5) 建立生态沟和植物稳定塘生态系统

植物配置方面：在浅水区、深水区种植漂浮植物：凤眼莲、大漂、水芹菜、浮萍、豆瓣菜等；在浅水区种植挺水植物：茭白、芦苇、风车草、旱伞草等；在浅水区种植根茎、球茎、种子植物：荷、芋头、慈菇等；在稳定塘种植对水质要求较高的沉水植物；在生态沟的沟埂上种植黑麦草、美人蕉和湿生乔木。

动物配置方面：适量引入鲢鱼、鳙鱼、草鱼、鲤鱼、鲫鱼、蚯蚓、贝、螺、虾、泥鳅、牛蛙等。

2. 人工复合生态床系统设计原理

溢流堰高度设计十分关键，即溢流堰不能高于进水管管顶，以确保生活污水表面的油污能随生活污水和部分初期雨水流进隔油沉砂池。

由于 2 个隔油沉砂池的隔油沉沙效果明显好于 1 个，所以本系统设计 2 个隔油沉砂池。由于含油污水中的油粒比重轻，会漂浮在水面，当污水以潜流式流进沉砂池时，油污就被截留在隔油池，及时打捞即可去除。污水进入隔油池和沉砂池后，污水流速减慢，泥沙、SS 发生自然沉降，通过打捞底泥可去除。

生态沟渠工艺是利用由人工建造和控制运行的与沼泽地类似的地面，将污水、污泥有控制地投配到经人工建造的湿地上，污水在湿地流动过程中，一部分污染物被植物的生长所吸收，另一部分被微生物“吃掉”分解吸收转化，从而使污水得以净化。

生态沟设计成折流式可以充分利用土地，减小占地面积和工程量。沟埂设计成底角 45° 的梯形，既解决了垂直沟埂易塌方的问题，又增加了埂表面湿生植物的种植面积。土埂坡面种植的湿生植物，成为“微型水陆交错带”，处于水生生态系统和陆生生态系统之间，有特殊的物理、化学、生物特性，对经过的物质流和能量流有拦截和过滤作用，可以提高对污染物的处理效率。

设计 3 个深水区取代传统稳定塘 1 个深水区，不仅可以解决传统稳定塘夏季底泥浮塘问题，还可以提高 BOD、COD、N、P、SS 等污染物的去除效率，提高稳定塘处理效率。构建菌、藻—浮游动物—鱼—鸭，藻—贝、螺，水草—鸭等食物链，形成 1 个十分复杂的食物网。该食物网具有非常稳定的生态结构，动物、植物、微生物相互作用，能对污水中的污染物进行有效的净化。

在植物配置方面：漂浮植物、挺水植物、鳞茎植物、沉水植物的配置增加了池塘生态系统的物种多样性，增强了水生态系统的稳定性。植物选择原则：生命力强，对环境适应性好，耐污能力强；生物量大，生长迅速；生命周期短；根系发达，N、P 吸收能力强；

同时应考虑植物休眠和死亡情况，合理种植植物。比如：凤眼莲和大漂冬季休眠或死亡，而水芹菜和豆瓣菜夏季休眠，所以，冬季应以水芹菜为主，夏季以凤眼莲为主，使整个沟塘系统全年都有较高的生物量。

在动物配置方面：以鱼控藻。传统稳定塘对藻的控制能力差，可在生态沟和稳定塘中放养鲢鱼、鳙鱼、草鱼、鲤鱼、鲫鱼。利用鲢鱼和鳙鱼在水体空间上层摄取大量藻类，从而有效控制藻类生长，降低富营养负荷。鲤鱼和鲫鱼在水体中、下层空间大量摄食有机碎屑，降低有机负荷。利用草鱼取食水生植物，控制植物生物量，使整个生态系统保持平衡。对鱼的捕捞除了能增加经济收入，还能去除水体中的N、P，降低污染负荷。

5.3.3 运行管理

人工复合生态床系统为自流每天连续运转。操作人员必须首先进行岗前培训，熟悉和掌握污水处理工艺流程及操作规程。

操作人员每日上岗工作时，应先检查集水井、沉砂池、调节池水位情况，并检查阀门井及设施是否正常。每天早上上班后，应先检查进水阀门开启情况，观察系统出水量情况，并对进水阀门做适度调整。

旱季不定期清理格栅井，雨季每天均需清理。集水井旱季每1个月清渣1次，雨季每周清渣1次。沉砂池旱季两个月进行1次清掏，雨季每月进行清掏。调节池每半年进行1次清掏。清掏的淤泥、泥沙干化后，定期清运至近距离的垃圾房倾倒。

地表草坪的管理，要求春、夏季每两周进行1次刈割，秋、冬季每月进行1次刈割。

降雨集中期间，关闭人工复合生态床配水井阀门。

按时交接班，认真填写运行记录台账；各班下班前，必须打扫周围环境卫生；管道及建筑物维护保养要求定期进行。操作人员必须有责任心，以上各项须严格执行。

5.4 土壤渗滤处理技术

污水收集干渠中的村镇生活污水首先进入预处理系统，预处理系统包括格栅、预沉池和调节池，其中格栅主要为了拦截悬浮物和漂浮物；预沉池通过沉淀作用将大部分悬浮物去除，并可去除部分有机污染物，以防止土壤渗滤示范的堵塞；由于农村地区的用水没有规律，水质水量变化很大，需建设工程调节池，以调节工程的进水水质和水量。调节池出水通过污水泵提升到土壤渗滤系统，通过土壤渗滤系统内的过滤、沉淀、吸附、生物降解、离子交换、氧化还原等作用，将污水中的悬浮物、有机质、氮、磷、细菌、病毒等污染物质有效地去除。土壤渗滤系统的地表种植黑麦草，一方面，通过地表草坪的同化吸收作用去除部分污水中的氮和磷；另一方面，黑麦草是一种优良的牧草，可以用来饲养牲畜和喂鱼，产生一定的经济收益；最后，黑麦草还起到景观美化的作用。

土壤渗滤处理村庄生活污水的工艺流程如图5-7所示。

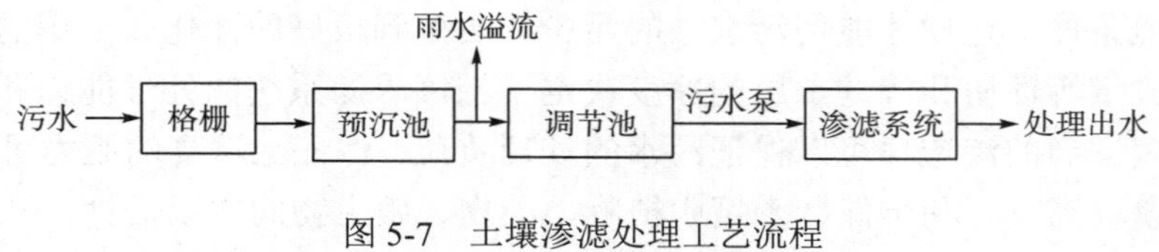

图 5-7　土壤渗滤处理工艺流程

5.4.1　设计技术指标

土壤渗滤处理污水由处理生活污水和处理初期雨水两部分构成。

水量。①生活污水：村庄目前有乡村人口 165 人，人口自然增长率取 5‰，10 年后项目区人口为 171 人。按《云南省地方标准用水定额》(DB 53/T 168—2013)，并结合当地情况，村庄人均用水取 40L/(人·d)计算，污水收集率取 80%。计算得出污水产生量为 5.47m^3。②初期雨水：村庄地处滇池流域，降雨多集中在 5～10 月，年降雨量 800～1100mm，据多年的气象资料统计，暴雨强度取 20L/(s·hm^2)，暴雨前 10min 为初期径流量，平均径流系数取 0.20，汇水面积约 1.6ha，初期雨水量为 4.21m^3。则村庄污水产生总量为①+②=9.68m^3，处理规模确定为 10m^3。

污染负荷：生活污水排放的污染负荷 COD、TN、TP 分别按 23.00g/(人·d)、2.56g/(人·d)和 0.51g/(人·d)计。生活垃圾污染负荷按农村生活垃圾人均产生 1.0kg/(人·d)计，取垃圾中含 N 量 1.5%，含 P 量 0.08%。

设计目标：①农村污水主要污染物去除率达到 50%以上；②建设投资与运行费不高于同期当地二级污水处理工艺(含脱氮除磷)费用的 50%；③农村生活垃圾收集率和清运率达到 90%以上。

5.4.2　系统构造及原理

土壤渗滤系统主要由布水系统、土壤渗滤层、集水系统三部分组成。污水由泵提升进入布水渠前端的布水井，布水渠后端连接布水管，组成土壤渗滤的布水系统。污水均匀分布到配制过的土壤中，受到土层吸附、微生物分解、植物吸收等作用。净化后的出水汇入收集系统，收集系统由收集管、集水渠、收集井组成。

土壤渗滤系统施工包括布水系统、集水系统、土壤置换、系统防渗和植物种植等方面内容，其中系统防渗和土壤置换是关键，系统防渗要严格按照垃圾填埋场建设规范的防渗要求，同时严格控制布水系统和集水系统的进、出水高程；土壤置换需要拌合陶粒填料和泥炭土，泥炭土具有较高的腐殖质含量和良好的团粒结构，有利于促进地表植物的生长和土壤微生物的活性，因此可将开挖出的泥炭土晾干后作为土壤渗滤系统土壤置换的拌和料。

1. 土壤置换填料的填充措施

对于土壤渗滤系统而言，填充介质(土壤)对污水的净化起着物理截留、化学沉淀、吸附、氧化还原、络合及离子交换等作用，同时为污染物质的分解者(土壤微生物)提供了必要的环境条件，这样才能使污水中的污染物质得到很好的净化。土壤的颗粒组成、土壤有机质含量等性质和渗滤土层的厚度决定了土壤渗滤系统的处理能力和净化效果。保证填充土壤适当的渗透率可以保证污水的处理负荷；保证土壤高的肥力可以使土壤中的有机质含量提高，有利于保持土壤中植物、动物、微生物的生物活性，从而保证污水的处理效率。

滇池的红壤土是一种黏性红壤土，由于渗透率不高和肥力较低，需要进行适当改良，以提高土壤的渗透速率和肥力。可在上层填充土壤拌合 25%的陶粒以增加土壤的渗透速率，在下层填充土壤拌合 33%的陶粒以增加土壤的通气、透水性能。为了增加土壤的腐殖质含量，改善土壤的团粒结构，为土壤微生物创造一个良好的生长繁殖条件，在表层 20cm 土壤中掺加一定的泥炭土，可使表层土壤的有机质含量达到 3%左右。

2. 系统防渗问题

由于土壤渗滤系统污水的净化过程是在地下 60cm 深处进行的，为了防止进入地下的污水向下渗透，导致地下水二次污染；同时也为了将处理后的污水进行有效收集和再利用，将对土壤渗滤系统采取全面的防渗措施。一般采用土工膜或同等防水材料的柔性防水材料进行底垫防渗，另外边坡也需进行特别的防渗处理。

5.4.3 运行管理

项目建设运行阶段：项目建成后，移交当地村委会管理，以强化当地村、组和群众参与的积极性和自觉性，并通过以下方式实现工程市场化的运行管理机制。

土地：污水处理工程所需占地 130m^2，采取租用的方式，土地使用权由村委会或村民小组通过调剂机动田的方式解决。

维护管理人员：污水处理设施建成后由村委会聘 1 人管理，负责整个污水系统的正常运行。

5.5 生物滤池处理技术

生物滤池处理系统的原则包括：易于建设、便于维护，运转费用低；运行、维护操作容易，无需专业技术人员，聘请附近村民即可；不产生污泥，无需后续处理；未来因人口发展需要进行设施扩建时较为便捷；表层可种植植物，与农村田园景观相协调。

村庄的工艺流程包括生物滤池主体和预处理系统两部分，其中预处理系统主要由隔油池、厌氧池、深度预处理设施、调节池等组成，如图 5-8 所示。村庄污水首先进入隔油池，厌氧池后经水泵抽入进行深度预处理，依靠砾石的过滤、吸附作用净化后，最终通过预留孔墙进入调节池。经调节池后进入生物滤池使污水中的污染物质被土壤、填料吸附，并被好氧和厌氧微生物降解、吸收、吸附。最后经出水井后外排。

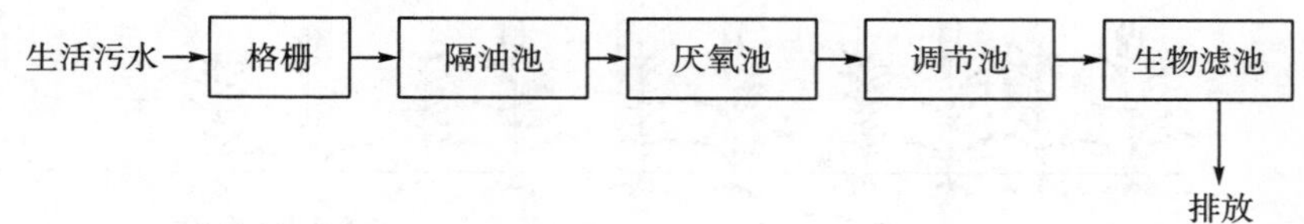

图 5-8　生物滤池处理技术的工艺流程

5.5.1　设计技术指标

村庄现有人口共计 1000 人，根据《云南省地方标准用水定额》(DB 53/T 168—2013)，结合滇池流域农村居民生活习惯，村庄人均用水定额以 75L/d 计，污水排放量以 80%计。生物滤池的建设规模按 5 年的发展期设计，其人口自然增长率按 7‰计，工程服务人口按 1036 人计。根据当地提供的村庄污水收集量资料，确定村庄生物滤池污水处理系统设计规模为 45t/d。

工艺参数：设计处理规模为 45t/d；水力负荷 $0.1m^3/(m^2 \cdot d)$；工程设计使用年限 20 年；结合目前我国居民的实际生活水平及生物滤池工程承载力，确定污水进水水质要求为 COD＜400mg/L，TN＜100mg/L，TP＜5mg/L。

设计目标：①农村污水主要污染物去除率达到 50%以上；②建设投资与运行费不高于同期当地二级污水处理工艺(含脱氮除磷)费用的 50%；③农村生活垃圾收集率和清运率达到 90%以上。实际出水水质可达到《城镇污水处理厂污染物排放标准》(GB 18918—2002)中的一级 B 标准，具体指标为 COD＜60mg/L，TN＜20mg/L，TP＜1.0mg/L。

5.5.2　系统构造及原理

生物滤池处理系统主要由 4 部分所构成，由上到下依次为：配水系统、厌氧层、好氧层和集水系统。其中配水系统由干管、支管、填料和专用尼龙网所组成；厌氧层是由聚氯乙烯薄膜围成的具有表面张力作用的厌氧性砂盘系统；好氧层由通气性填料组成；集水系统由集水干管和支管(表面打孔)、与集水支管末端连通的通气管组成。

生物滤池处理系统的工作原理是生活污水通过配水系统，进入到厌氧砂盘系统，然后通过“虹吸及表面张力作用”上升，其中污染物上升速度慢，水上升速度快，从而实现水污第一步分离；污水上升越过砂盘边缘，进入到好氧填料系统，向下层渗透，通过“土壤吸附过滤作用”，进一步实现污染物截留，最终清水进入集水管排出。在上述过程中，污水中的污染物质被土壤、填料吸附，并被好氧和厌氧微生物降解、吸收、吸附，如图 5-9 所示。

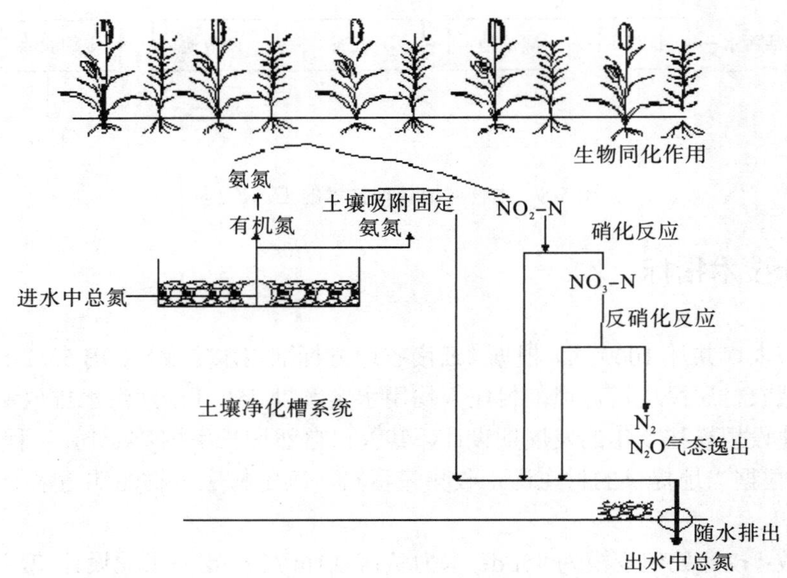

图 5-9 生物滤池原理示意图

5.5.3 运行管理

工程运行期间要注意根据原有的设计负荷进水，不能超过设计负荷；系统装置上方不能有重物压碾，如汽车、堆放重物等，以免引起系统内部布水管网的不均匀沉降，影响处理效果；在装置内起到与大气连通作用的透气支管要注意不能被雨水冲刷的泥土、枯草等堵死，需要每个月清理滤网 1 次；每周清理隔油池的漂浮物，每季度清除厌氧池的淤泥；每隔半年检查清理集水井；对草皮进行定期收割，经常性的收割有利于提高系统的处理效果；不定期检查隔油池、厌氧池以及出水井的出入管口，避免阻塞，影响处理系统的运行，降低处理效果；不定期清理沟渠和格栅，确保设施的正常运行。如发现问题应及时向上级主管汇报，以便尽快解决。排污管网应由管理人员定期巡视检查，如出现淤积，或沟渠管道的损坏，应及时清理、修复；工程设置 2 台潜污泵，1 用 1 备。当潜污泵出现故障时，应及时更换潜污泵，保证系统正常运行。

5.6 一体化净化设备+人工强化湿地处理技术

一体化净化设备+人工强化湿地处理技术处理的原则包括：①一体式污水处理设备采用工艺生物膜法，其停留时间长，脱氮效率高，可采用电解除磷设备使脱磷效率高；②一体式污水处理设备适用于分散型污水处理和湖泊污染综合治理中的农村村落污水面源控制；③人工强化湿地适用于污染负荷较低的生活污水的处理深度，可提高整体系统的去除效果；④沟渠内和垄埂上均可种植植物，不影响周边景观。

一体化净化设备+人工强化湿地处理技术工艺流程如图 5-10 所示。村庄流出的综合污水首先进入溢流井，下雨时雨水溢流，污水进入隔油沉砂池，厌氧调节池后经过一体化净化设备利用生物性脱氮反应除氮，使用间歇定量泵利用处理水池自动循环工艺除磷。进入兼性塘后经过生态填料土地处理系统处理成低浓度生活污水流入 S 型湿地进行处理（生态沟渠），污水在 S 形湿地处理（生态沟渠）中流动，通过水生植物摄取污水中的营养物质净化水质。经过处理的水用于农田灌溉后流入河道。

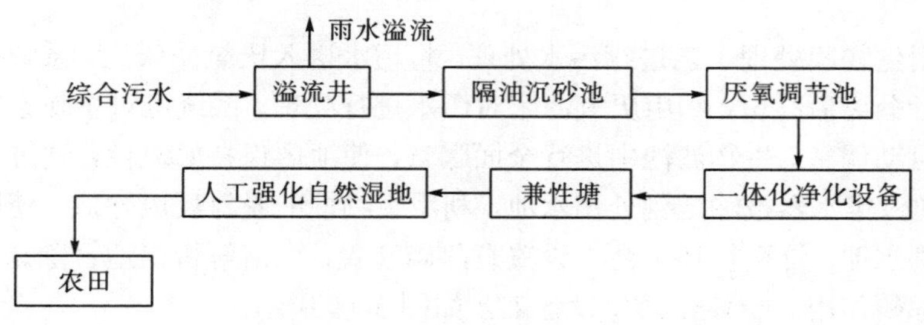

图 5-10　一体化净化设备+人工强化湿地处理技术的工艺流程

5.6.1　设计技术指标

一体化净化设备+人工强化湿地处理污水由处理生活污水和处理初期雨水两部分构成。

水量。①生活污水：乡村现有人口 2143 人，考虑系统使用寿命为 10 年，人口自然增长率取 5‰，10 年后项目区人口为 2253 人。按《云南省地方标准用水定额》（DB 53/T 168—2013），并结合当地情况，村庄人均用水取 40L/(人·d) 计算，污水收集率取 80%。计算得出生活污水产生量为 72m^3。②初期雨水：村庄地处滇池流域，降雨量多集中在 5～10 月份，年降雨量 800～1100mm，据多年的气象资料统计，暴雨强度按 20L/(s·hm^2) 计，暴雨前 10min 为初期径流量，平均径流系数取 0.20，汇水面积约 8.4hm^2，初期雨水量为 20.16m^3。则村庄污水产生总量①+②=92.16m^3，处理规模确定为 100m^3。

污染负荷：生活污水排放的污染负荷 COD、TN、TP 分别按 23.00g/(人·d)、2.56g/(人·d) 和 0.51g/(人·d) 计。生活垃圾污染负荷按农村生活垃圾人均产生 1.0kg/(人·d) 计，取垃圾中含 N 量 1.5%，含 P 量 0.08%，详见表 5-14。

表 5-14　村庄污染负荷年产生量汇总表

污染源	日产生量(t/d)	年产生量(t/a)	COD(t/a)	TN(t/a)	TP(t/a)
生活污水	92.16	32808.96	18.92	2.11	0.42
生活垃圾	2.253	822.35	—	12.34	0.66
合计	—	—	18.92	14.45	1.08

工艺参数设计：一体化设备采用地下式构筑物建设。考虑前端已采用一体化设备，加强型生态沟渠湿地水力负荷取 0.024m^3/(m^2·d)，占地面积为 6250m^2。

设计目标：①农村污水主要污染物去除率达到 50%以上；②建设投资与运行费不高于

同期当地二级污水处理工艺（含脱氮除磷）费用的 50%；③农村生活垃圾收集率和清运率达到 90%以上。

5.6.2 系统构造

1. 一体化净化设备及原理

主要采用生物膜处理工艺进行污水处理。将污水送入厌氧滤床池，系统把流入污水中的悬浮物进行分离后存留，利用厌氧滤床对污水进行处理。系统可对早晚家庭用水高峰期的进水高峰自动调整。生物滤池中进行全面曝气，使池内保持好氧性，通过氧化和硝化处理，澄清水通过集水器被输送到处理水池，利用生物性的脱氮反应除氮，使用间歇定量泵自动循环处理水池。这个循环工艺中设置有除磷装置，以溶解析出适合除磷量的铁，达到沉淀或过滤除磷作用。一体化净化设备工艺如图 5-11 所示。

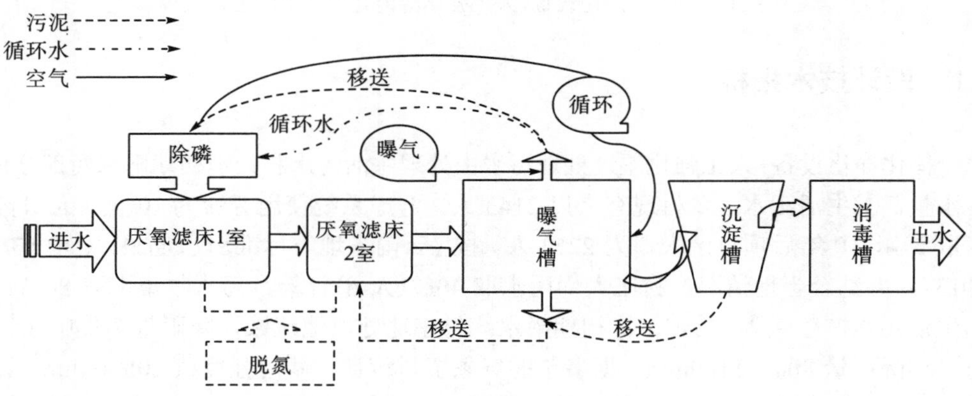

图 5-11 一体化净化设备工艺图

2. 人工强化湿地

生活污水经过前置预处理单元处理后进入沟渠湿地，通过生态填料表面微生物形成的生物膜、水生植物和沟壁土壤的共同作用，对水体中的悬浮物、氮、磷等污染物进行立体式吸收和拦截，使污水在流动过程中得到净化，如图 5-12 所示。

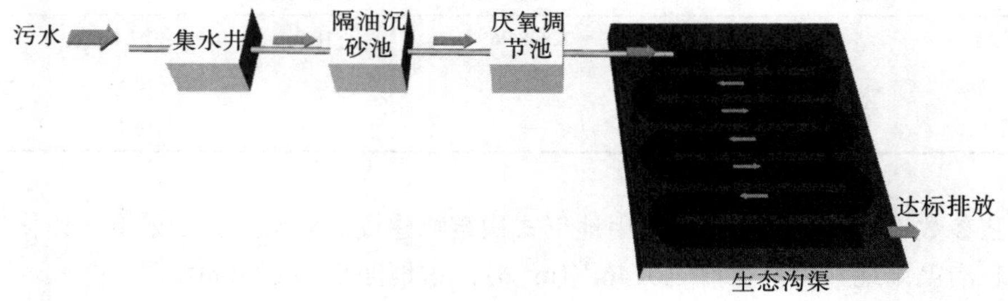

图 5-12 人工强化湿地示意图

5.6.3　运行管理

污水处理站一体式净化池每天连续两班运转(20h)。每位操作人员必须首先进行岗前培训，熟悉和掌握污水处理工艺流程及操作规程。

操作人员每日上岗工作时，应先检查调节池水位情况，并检查电路、管道、阀门及设施是否正常。每天早上上班后，先开曝气循环泵约 0.5h 后，再开一体式净化池上的水泵。关机时先关水泵，再关曝气循环泵。上水泵启动后，污水进入一体式净化池厌氧区，后自流进入好氧区。曝气时间为每曝气两小时停 0.5h，为 1 个周期。停止曝气的 0.5h 间隙，开启污泥回流泵。关闭污泥回流泵后，继续曝气。

排泥及清渣。一体式净化池厌氧区每 1 个月排泥 1 次，好氧区每 3 个月排泥 1 次。旱季不定期清理格栅井，雨季每天均需清理。沉砂池旱季 3 个月进行 1 次清掏，雨季每月进行清掏。调节池每半年进行 1 次清掏。清掏的淤泥、污泥干化后，定期清运至近距离的垃圾房倾倒。降雨集中期间，关闭一体式净化池进水口，打开溢流堰让污水直接进入后续的人工湿地系统。

按时交接班，认真填写运行记录台账；各班下班前，必须打扫周围环境卫生；设备、管道及构建筑物维护保养需按要求定期进行。

第6章　滇池流域农村沟渠-水网系统面源污染削减技术

针对山地及农田径流、农田回归水，结合田间沟渠断面的改造、沟渠生态系统修复、植物配种等方式，削减农田面源污染，对现有农田沟渠进行改造；利用沟渠坡度再造，联接等手段，优化沟渠水网系统，合理、高效引导来水进入农田灌溉系统，提高水资源的利用效率。

研究山地不同类型沟渠、塘窖的滞污、减污的关键影响因素，设计过渡区山地沟渠进行生态改造的主要途径；整合微生物分解污泥、净化水体的综合作用，将沟—渠—塘—坝与山-水-林-田-路进行整合，形成层次水网和立体景观，构建自净能力强、景观效果好的水网体系。

通过对沟渠、河道水生植被的恢复，有利于形成“水生植物—微生物—微型动物”“沟渠—塘—湿地”系统。水生植被恢复技术主要包括沟渠底部沉水植被恢复和沿岸挺水植被恢复，主要采用改善植物生长条件及人工移植栽培的方式，植被恢复尽量采用本地物种。稳定塘通过人工构筑的天然净化系统，以太阳能为能源，通过菌藻共生系统和在塘中种植的水生植物的共同作用，对农田尾水中的污染物进行降解、转化和去除，从而达到让农田尾水无害化、资源化的目的。

6.1　农村沟渠-水网系统面源污染输移特征

滇池流域农村沟渠是农田排水汇入河流和湖泊的通道，是农田主要排水设施，是农村面源污染进入滇池的主要通道。沟渠系统(Drainage ditches)一般起始于田间毛沟或农沟，经支沟、干沟排入河流，最终进入滇池。毛沟或农沟密度大，分布于地块之间，其断面较小，多为土沟形式，在灌溉(降雨)期间直接承接田间地表和地下渗漏排水，并逐级汇入支沟、干沟。在非灌溉(降雨)期则基本呈干涸状态，具有陆生和湿生的双重特点。沟渠中生长着适用于此环境的水生陆生植物，并在年内呈周期性生长变化特点。

沟渠的支沟、干沟多为“三面光”人工沟渠，有少量土沟。主要以排水功能为主。

根据调查，农田沟渠的基本功能有：促进农田的水和可溶性营养物质流动；延长水流的停留时间和营养物质的循环；促进沟渠内植物对N、P的吸收与释放；降解农田中的除草剂；减轻水土流失和与渠底营养物质的交流；为植物授粉提供方便，并控制害虫；为饲料和生物质提供来源；排水功能。

示范区位于柴河水库下游，沟渠包括毛沟(农沟)、支沟、干渠、河道及塘，如图 6-1 所示。

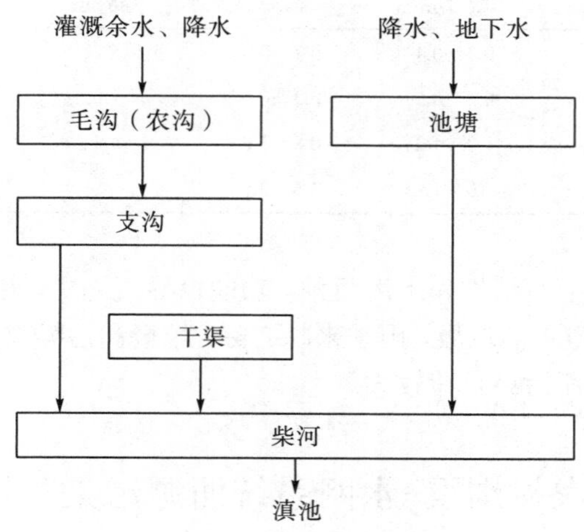

图 6-1　示范区现有沟渠系统

经调查，示范区内沟渠特点如下：

毛沟主要位于田间，均为土沟，断面以 U 形断面为主，由水流常年冲刷自然形成，为非规则断面，具有一定的多样性特点。沟宽较窄，约为 300～400mm，深度不超过 400mm。田块一侧的毛沟在灌溉时期用土块堵住出口，用于存水灌溉，雨季移走土块排水。植物以铁线草、苜蓿草为主。

支沟功能主要以导流为主，分布不规则，既分布于田间地头，也分布于道路两侧，承接田间径流。结构形式有土沟和毛石结构沟两种。在田间的支沟为土沟，为节省用地，不侵占农田，断面形式为 U 形，植物以铁线草、苜蓿草为主。在农田和道路之间的支沟为毛石结构沟渠或混凝土沟渠，底层为混凝土，断面是人工沟渠常见的规则矩形断面形式，结构比较单一，是输水渠道采用最多的断面形式。植物较少，断面形式难以满足景观生态效应。

在示范区东侧为台地丘陵，中间有一条东西向沟渠，由该片区冲沟汇集而成，是该片区面源径流的主要输水通道。该冲沟在公路以东部分为自然沟渠，屈曲蜿蜒，断面不规则，边坡破碎，两侧土地已经开垦为旱地。沟渠上口宽 800～1400mm，深度为 700～1000mm。植物有铁线草、苜蓿草、刺魁、紫茎泽兰、芦苇等。沟渠穿过公路后接进柴河，断面为 1800mm×2000mm(宽×高)的毛石结构“三面光”沟渠，一侧为土路，一侧为农田。由于耕作习惯，沟埂一侧堆积大量农田垃圾。

示范区以西石头村公路一侧沟渠内终年有水，为示范区外水库排水，该沟渠进入示范区后被部分截留灌溉，余水排入柴河。沟渠断面不规则，上口宽 1500～2000mm，深约 800～1200mm。

柴河自南向北穿过示范区，断面为梯形，上口宽约 6m，下口宽 3m，深 3～4m。植物以水花生、芦苇居多。详见表 6-1。

表 6-1 示范区沟渠汇总

沟渠类型	土沟			混凝土或毛石结构渠		
	长度/km	宽度/m	深/m	长度/km	宽度/m	深/m
毛沟	16	0.3～0.4	0.2～0.3			
支沟	6.5	0.4～0.5	0.3～0.6	1.8	1.0～1.2	0.8～1.0
干渠	2.4	1.0～1.2	0.8～1.0	4.4	1.5～2.5	1.8～2
河道	1.9	10～13	2.5～3.5			

示范区村庄沟渠有毛石结构和土沟两种，功能以导流为主，旱季污水淤积其中，同时因生活习惯，倾倒有大量生活垃圾，雨季来临之际，垃圾和污染物随雨水流入下游。因此，在村庄沟渠初期暴雨径流污染负荷较大。

6.2 农村沟渠-水网系统面源污染防控技术

通过人工工程手段对沟渠生态环境进行修复，包括断面改造、植物配种、边坡防护、生态缓冲带构建，以达成通过生态手段削减沟渠内污染物的目的，构建农村沟渠-水网系统(rural ditch-water network system)面源污染防控技术。

沟渠作为面源污染源与水体之间的缓冲过渡区，降雨径流污染物输出量的有效减少，是整个沟渠各种机理的综合作用结果。

污染物从农田向水体转移的途中，以地表径流、潜层渗流的方式通过沟渠进入水体，沟渠中的水生植物形成密集的过滤带。沟渠中的植物过滤带能增加地表水流的水力粗糙度，降低水流速度以及形成水流作用于土壤的剪切力，进而降低污染物的输移能力，促进其在沟渠中沉淀。沟渠中植物的地下茎和根形成纵横交错的地下茎网，水流缓慢时重金属和悬浮颗粒被其阻隔而沉降，防止他们随水流失，同时又在其表面进行离子交换、整合、吸附、沉淀等，不溶性胶体为根系吸附，凝集的菌胶团能把悬浮性的有机物和新陈代谢产物沉降下来。

沟渠底部沉积物中有植被生长，因而沟渠底部土壤中存在很丰富的有机物。同时沟渠底部存在由土壤和植物死亡后的腐殖质组成的沉积物，这些沉积物表面积较大，能将吸附的 N、P，进行沉积、转化。同时，随着沉积物间隙水的迁移，将沉积物表面的 N、P 转移到沉积物内部，从而将部分 N、P 通过矿化以及植物吸收等方式去除。

沟渠中种有各种水生植物，由于水生植物具有表面积很大的根(茎)网络，为微生物的附着、栖生繁殖提供了场所和条件，同时沟渠沉积物表面也附着大量微生物，这些微生物可对 N 进行硝化、反硝化等作用。植物的根将生成的氧传输到水中，扩散到周围缺氧的底泥中，在植物根区同时有好氧、厌氧及兼性微生物，形成好氧，厌氧和兼性的不同环境，从而构成了一个起着多种生化作用的微生物生态系统。同时，微生物的自身生长也会吸收一部分的 N、P。

6.2.1　技术原则

根据“因地制宜、减污节水、水资源再利用、管护简便、先进适用”的原则，充分利用农村原有排水沟渠、河道，进行一定程度的工程改造，建成生态拦截型沟渠系统，使之在原有的排水功能基础上，完成农村沟渠系统生态功能修复，并根据面源污染产生的输移特征，多层次、立体化削减过渡区面源污染负荷的向外输移。

生态沟渠建设密度应能满足农田排水要求和生态拦截需要，一般为每公顷农田 100m 生态沟渠。一般分布在农田四周与农田区外的河道之间。

生态拦截型沟渠系统主要由工程部分和生物部分组成，工程部分主要包括渠体及生态拦截坝(石谷坊、淤地坝)等，生物部分主要包括渠底和渠两侧的植物。

6.2.2　生态沟渠的设计要点

1. 沟渠改造

选择既适宜植物生长又不影响沟渠导流功能的沟渠断面形式。自然沟渠因流水的冲刷与剪切，断面一般为“U”形，其缺点从结构上说因沟壁垂直，植物无法生长，致使沟壁缺少植物的防护，雨水的冲刷容易造成沟壁垮塌；从减污效果来说，由于缺少植物对污染物的拦截、吸附，沟渠的污染物削减率较低，同时沟壁的塌方还会造成新的污染。

沟渠选择下部矩形上部梯形的复式断面，复式断面综合考虑高低水位的过流要求，分为主沟槽和行洪断面两部分，满足了高水位和低水位的景观生态效应，主沟槽为沟渠底部，采用高度 150mm 的砌体结构，以抵御雨水的冲刷。行洪断面为沟渠上部，护坡为 1∶2.5 的斜坡，可配种植物护坡。由于水流对沟底及下部沟壁冲刷较严重，沟底应将原土层平整后配种植物，通过植物的根系来保护沟底土层。从结构上避免沟渠受流水的冲刷，同时配种植物，使沟渠的生态拦截污染物功能得到恢复。在沟渠内增设水土截留设施及配种植物，达到截留水土的目的，是较为理想的断面形式。沟渠断面形式多样化，利于形成滩地生境，供鸟类、两栖动物和昆虫栖息。

护坡筛选植物为帖线草、苜蓿草、黑麦草，沟底配种铁线刺魁、绿蒿。沟渠断面改造剖面如图 6-2 所示。

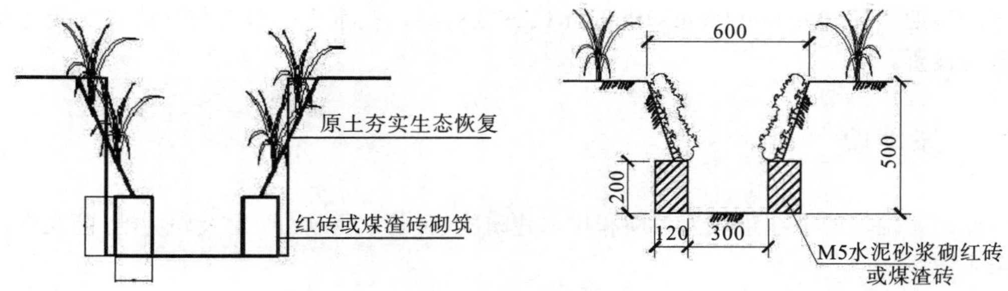

图 6-2　沟渠断面改造剖面图(单位：mm)

2. 石谷坊

抬高沟底侵蚀基点，防止沟底下切和沟岸扩张，并使沟道坡度变缓。拦蓄泥沙，减少输入下游的固体径流量。减缓沟道水流速度，使沟道逐段淤平，拦截泥沙。沟渠石谷坊断面及布局图如图 6-3 所示。

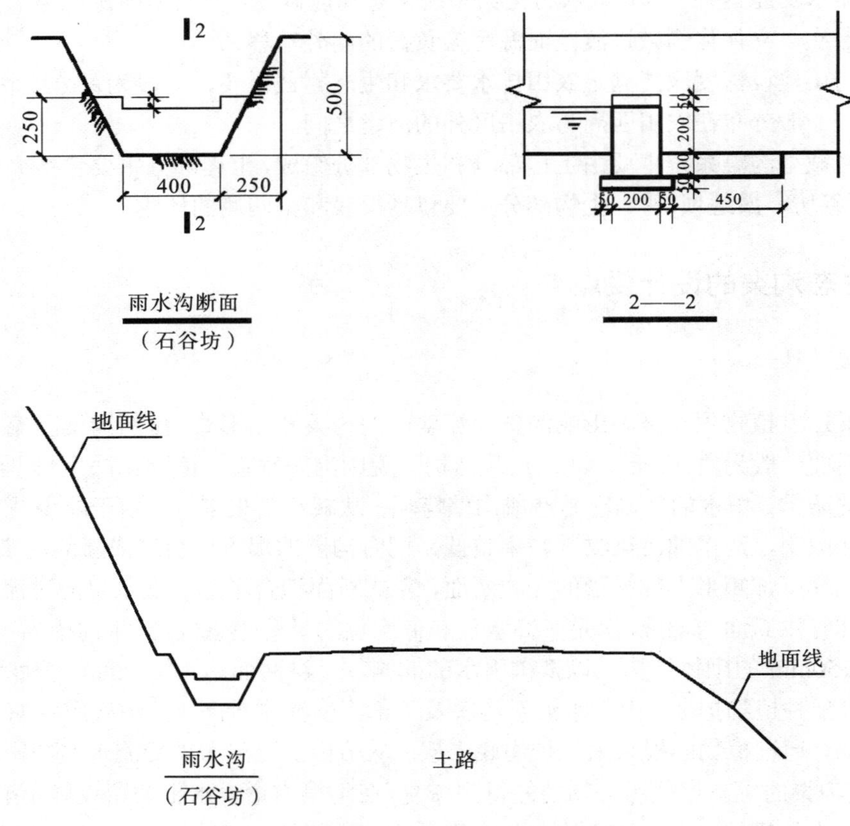

图 6-3 沟渠石谷坊断面及布置图(单位：mm)

设计参数：依据地势和沟渠坡度逐段设置，石谷坊高 150～250mm，厚 120mm，宽同沟宽。

沉砂池：1000mm×800mm×1000mm(长×宽×高)，在水土拦截沟与导流渠交接处及前水窖处设置。

6.2.3 淤地坝

冲沟淤地坝的枢纽组成为大坝和排水建筑物(卧管、涵洞、明渠及消力池)两大件，不设溢洪道。

1. 土坝设计

(1)筑坝土料设计。土质为中粉质壤土，其有机质含量小于 2%，水溶盐含量小于 5%，施工时土料的最优含水量应控制在 12%～15%。坝体干容重应不小于 1.55t/m^3。

(2)坝高计算公式：

$$H = h_{拦} + h_{滞} + h_{安}$$

式中，H——总坝高，m；

$h_{拦}$——拦泥坝高，m；

$h_{滞}$——滞洪坝高，m；

$h_{安}$——安全超高，m。

取最大坝高为 17.7m，相应坝顶高程为 1007.7m。

(3)坝体断面尺寸确定。

坝顶宽度 B=3m。

坝坡。因坝高 17.7m，上游坡比 1∶1.75，下游坡比为 1∶1.5。

排水沟。为防止暴雨冲刷坝面，在坝体与岸坡结合处设纵向排水沟，将坝面流水送出坝脚以外。排水沟为矩形断面，尺寸为 30cm×30cm(深×宽)，边墙、底板厚均为 20cm，用 M5.0 水泥砂浆浆砌块石砌筑，M10 水泥砂浆勾缝。

结合槽。为增加坝体稳定性，防止土坝与沟底结合面上透水，沿坝轴线方向从沟底到岸坡开挖 1 道梯形断面结合槽。结合槽底宽 1.0m，深 1m，边坡比 1∶1，结合槽用黄土人工回填夯实。

坝基和岸坡处理。坝体填筑前，必须对坝基和岸坡进行处理，清基范围应超出坝的坡脚线 0.6m，清基平均深度为 30cm，凡在清基范围内的地面表土、乱石、草皮、树木、腐殖质等均要清除干净，不得留在坝内做回填土用。与坝体连接的岸坡应开挖成平顺的正坡，土质岸坡不陡于 1∶1.5。

护坡。在土坝上游淤面以上及下游坝坡设置草皮护坡，防止雨水冲刷。

2. 排水建筑物设计

排水建筑物由排水卧管、输水涵洞及出口明渠段三部分组成。排水卧管布设在大坝上游左岸的红黏土地基上，涵洞及出口明渠段布设在大坝右侧底部的红黏土地基上。

1)卧管设计

卧管采用箱式方形结构，底坡为 1∶2，用 M7.5 水泥砂浆浆砌块石砌筑成台阶式。卧管台阶高 0.4m，盖板采用 C20 钢筋混凝土预制板。取排水孔孔径为 0.23m。

卧管断面尺寸确定。考虑在实际运用中，由于水位变化而导致的排水孔调节，卧管内流量比正常运用时应加大 20%～30%。

为保证排水孔水流跌落卧管时水柱的跃高不致淹没进水孔底缘，使卧管内不形成压力流，方形卧管的高度应为卧管正常水深的 3～4 倍，因此卧管断面高为 H=0.4m。

卧管断面尺寸确定为(宽×高)：0.4m×0.4m。

卧管结构尺寸确定。侧墙顶宽 0.3m，底宽 0.5m，基础外伸长 0.10m，基础厚 0.4m，盖板搭接长度 0.15m。

2)涵洞设计

根据地形条件，涵洞布置在左岸高程为 993.4m 的红黏土地基上，采用浆砌石拱涵，用 M7.5 水泥砂浆浆砌块石砌筑，M10 水泥砂浆勾缝。涵洞底坡为 1/100，进口与陡坡末端消力池连接，出口与消能段连接。涵洞与卧管消力池夹角为 125°。

涵洞断面尺寸确定。涵洞采用等截面半圆拱形式。根据涵洞水深计算结果，考虑到检修方便，取涵洞底宽 0.8m，高 1.2m，拱圈内半径 0.4m。

涵洞结构尺寸确定。涵洞基础厚 0.5m，拱圈厚 0.4m，墩高 0.8m，起拱面宽 0.5m，基础外伸长 0.1m，基础宽 0.85m，基础厚 0.5m。

3)涵洞出口消能段设计

涵洞出口建筑物由陡坡明渠段及消力池组成。明渠段水平段长 18.6m，底坡 1∶5，进口高 992.91m，出口高 989.2m。明渠段采用矩形断面，底宽 0.8m，用 M7.5 水泥砂浆块石砌筑，M10 水泥砂浆勾缝。在明渠段中部底板增设一道宽深各为 0.5m 的齿墙。

6.3 沟渠系统资源循环及污染削减技术

在生态修复和生态系统重建的基础上，在最小侵占塘内水面的前提下，在塘内实施单元分割、水位控制、布水等工程。通过污染物接入，利用自然界水生生态系统的自净能力，削减直接入湖的污染负荷。

通过对现有坝塘采取修复、人工配水和均匀布水、水生植物选培、塘地水位控制等措施，建立新的湿地生态净化塘系统，利用湿地的沉淀降解作用，处理周边农田径流，消减污染负荷。同时循环利用水资源，解决农田灌溉用水紧张的局面。

湿地-塘系统主要包括 3 个工艺单元，即沉淀系统单元、净化系统单元和稳定系统单元，污水通过布水沟均匀排入沉淀系统单元，经沉淀去除大颗粒悬浮物后通过布水堰进入净化系统单元，在净化系统单元和稳定系统单元通过菌藻共生系统和塘中种植的水生植物的共同作用分解有机污染物。

设计参数：初级沉淀塘设计水力停留时间 1～2d；氧化塘设计水力停留时间 5～8d；稳定塘设计水力停留时间 1d。塘深 1.5～2m。

6.4 沟渠及河道生态修复技术

1. 构建生态缓冲带

控制沟渠附近散流区面源污染的沉积和扩散。利用生物缓冲带将暴雨径流限制在沟渠附近，并尽可能使散流回流入沟渠，防止面源污染扩散。利用生物特有的分解污染物质的能力，去除散流区污染物(如土壤中的污染物)，达到清除环境污染的目的。沟渠附近散流区生态缓冲带(ecological buffer strip)剖面图、鸟瞰图分别如图 6-4 和图 6-5 所示。

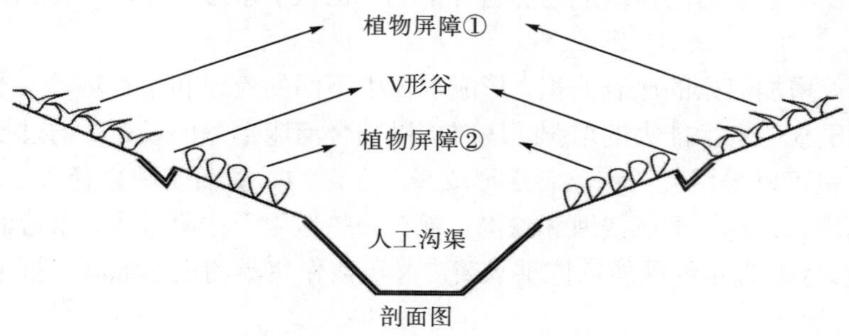

图 6-4　沟渠附近散流区生物缓冲带剖面图

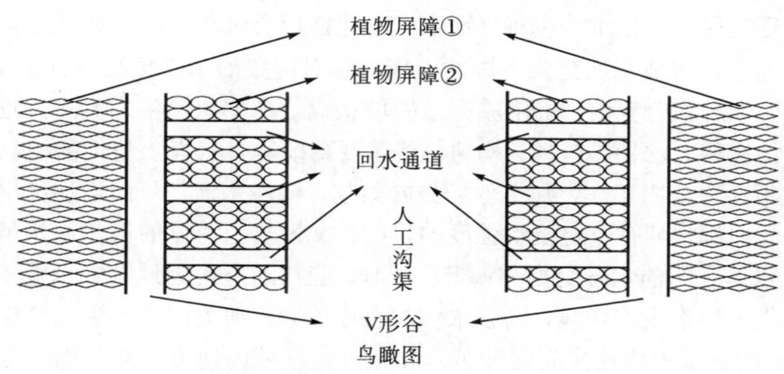

图 6-5　沟渠附近散流区生物缓冲带鸟瞰图

选择双重“植物屏障”+“V 形谷”的新型工程结构，工程结构原理为：①号“植物屏障”可以阻拦散流区外径流携带的颗粒物，防止“V 形谷”被泥沙填平，同时原位净化修复①号点的面源污染物。②号“植物屏障”阻拦沟渠溢出的散流及散流携带的固体颗粒物，防止“V 形谷”被泥沙填平，同时原位修复②号点的面源污染物。“V 形谷”是散流的缓冲区。若沟渠洪峰过大，淹没②号“植物屏障”时，“V 形谷”本身具有的容积可对水流起到缓冲作用。同时，如果区外径流过大，流过①号“植物屏障”时，也可被“V 形谷”消减一定的势能，减少对②号“植物屏障”的冲击。“V 形谷”与沟渠间连接水流通道，便于水流汇入沟渠，减少“V 形谷”积水。

设计参数：宽度根据现场确定，但不小于 500mm。植物配种白三叶、紫花苜蓿、高羊茅和香根草等本地植物。

2. 河道生态修复

断面改造，根据河道现状，护坡坡比改为适宜植物生长，受水流冲刷影响较小的坡度，坡比 1∶1～1∶2。

河道内适宜位置设置多级落差，河床比降较大的沟渠位置可人工设置多级落差，一方面通过跌水增强水体复氧能力，另一方面也利于水流的多样化，保持生物多样性。但在设置落差时必须考虑鱼类的迁徙，最大设计落差不得超过 1.0m。这样的人工落差易于鱼类迁徙，而且可以增强水体的复氧能力和自净能力，也利于水流形成多种变化，保持生物的多样性。

浅滩技术，增加河床的比表面积，形成水体中不同的流速和生存环境，丰富沟渠生物多样性，有利于水体自净能力的增强。浅滩可以结合河床落差的设置，通过挖掘和垫高的方式来实现，也可以采用置石和浮石带形成浅滩和深沟。置石是将直径大小在 0.8～1.0m 的砾石经排列埋入河床，形成浅滩和深沟。置石一般适用于比降较大，水流湍急且沟渠基础坚固的地方。浮石带是将既能抵抗洪水袭击又可兼作鱼巢的钢筋混凝土框架与置石结合起来。

水生植物群落恢复。水生植被恢复有利于形成“水生植物-微生物-微型动物”系统，主要包括沟渠底部沉水植被恢复和沿岸挺水植被恢复，依靠改善植物生长条件及人工移植栽培，植被恢复应尽量采用本地物种。水生植物死亡后会沉积水底并腐烂，向水体释放有机物质和氮磷元素，造成二次污染。因此，应注意对沟渠的水生植物进行定期收割。

河道、干渠生态综合整治。采用原泥土的坡状或阶梯型自然生态驳岸，通过水生植物的种植，如种植柳树、水杨、自杨、构树、芦苇及葛蒲等具有喜水特性的植物，由它们生长舒展的发达根系来稳固堤岸，加上他们枝叶柔韧，顺应水流，从而增加抗洪、护堤的能力。既达到稳固河岸，具有一定抗洪强度的目的，又恢复了河岸的自然原始风貌，充分保证河岸与河流水体之间的水分交换和调节。同时，应在河道内因地制宜设置多级落差，并结合浅滩，形成多样水生态环境，增强水体的自净能力。河堤用自然生态驳岸形式，在堤外外延 1～2m 的区域内构建生态缓冲带，即在一定区域内建设乔灌草相结合的立体植物带，对面源污染起到一定程度的缓冲作用，且具有一定的景观效果。同时在很大程度上弱化和模糊了堤岸界限，把滨水区植被与堤内植被连成一体，使河堤内外融合成为一个整体空间，形成一个水陆复合型、多生物共生的生态系统，也为人的多样性活动提供了环境基础。

植物配种。河床生态系统构建采用沉水、挺水植物和喜水乔木的配种，生态护坡包括乔木、灌木、草的生态系统构建。冲沟和沟底配种是铁线草、黑麦草，护坡配种为绿蒿、芦苇、苜蓿草和铁线草。

6.5 生态沟渠的植物设计

6.5.1 植物设计

植物选择要求。对 N、P 营养元素具有较强的吸收能力，生长旺盛，具有一定的经济价值或易于处置利用，并可形成良好生态景观的植物。

植物的配置构建。植物是生态拦截型沟渠的重要组成部分。生态沟渠中的植物由人工种植和自然演替形成，沟壁植物以自然演替为主，人工辅助种植如狗牙根(夏季)、黑麦草(冬季)，沟中种植夏季如空心菜、茭白，冬季如水芹。也可全年在水底种植菹草、马来眼子菜、金鱼藻等沉水植物。

植物的管养。水生植物死亡后沉积水底会腐烂，向水体释放有机物质和氮磷元素，造成二次污染，因此沟渠的水生植物要定期收获、处置、利用。

减少沟渠堤岸植物带受岸上人类活动、沟渠水流、沟渠开发等影响，保护生态多样性。

沟底淤积物超过 10cm 或杂草丛生，严重影响水流的区段时，要及时清淤，保证沟渠的容量和水生植物的正常生长。农田排灌沟渠的清理要适度，保留部分植物和淤泥。

6.5.2　生态沟渠构建

因地制宜，等高开沟，保证水流平缓，延长滞留时间，提高拦截效果。

生态沟渠(eco-ditch)采用梯形断面、复式断面和植生型防渗砌块技术，系统主要由工程部分和植物部分组成，它的两侧沟壁和沟底均由土组成，两侧沟壁具有一定坡度，沟体较深，沟体内相隔一定距离构建小坝减缓水速、延长水力停留时间，使流水携带的颗粒物质和养分等得以沉淀和去除。夏季在沟壁孔中隔行种植如多年生狗牙根等植物，沟底种植如空心菜等植物；冬季可在沟壁孔剩余行中种植黑麦草，在沟底种植水芹。所选择的植物生长旺盛，形成良好的生态景观。

6.5.3　技术效果

以沟渠出水口、河流支流入口水体作为农村沟渠系统生态功能修复与面源污染再削减技术的检测取样点。测定样品中氮、磷等污染物浓度，分析沟渠系统的生态修复、面源污染再削减及拦截、净化效果。该技术对农田排水 CODcr、TN、NH_4^+-N、TP 在雨季和旱季均有不同程度的削减，其中总氮、总磷的平均去除率能分别达到 50%和 40%，详见表 6-2。

表 6-2　工程处理效果

季节	进水量 (m^3/d)	CODcr/(mg/L)		TN/(mg/L)		NH_4^+-N/(mg/L)		TP/(mg/L)	
		进口	出口	进口	出口	进口	出口	进口	出口
雨季	2000	69.39	51.9	2.74	1.77	0.53	0.16	0.178	0.12
旱季	300	51.47	44.71	2.13	1.24	0.44	0.13	0.16	0.069

6.5.4　管理与维护

应适时对生态沟渠进行维护管理，根据暴雨、洪水、干旱等各种极限情况进行相应的维护，定期清淤，避免出现沟渠泥沙淤积、植被堵塞沟道的情况。河道岸边每 3 年清理一次。频繁的开挖会增加沟渠中的淤积。河道两岸留出一定的植物带可降低岸堤的塌陷概率。应根据植物的生长状况，进行缺苗补种，适时收割。每年秋季定期刈割沟渠和河道内植物。

6.6 坡耕地径流污染拦蓄与资源化利用技术

该研究通过构筑系列水窖、拦蓄沟、微型坝塘等截污系统，通过导流和引流将坡耕地径流引入截污系统中，在作物缺水时作为临时水源，同时降低径流及其携带面源污染的能力。

6.6.1 工艺设计

1. 水量设计

雨水流量采用汇水面积及暴雨强度公式计算，综合径流系数取0.20，暴雨重现期取2年，地面集水时间取30min。研究区暴雨强度公式参照昆明市暴雨径流公式进行计算。水量Q计算公式：

$$Q=\Psi\cdot q\cdot F$$

式中，F——农田汇水面积；

Ψ——综合径流系数，取0.20；

q——设计暴雨强度。

暴雨强度计算公式：

$$q=\frac{977(1+0.641\lg P)}{t^{0.57}}$$

式中，P——暴雨重现期，取2a；

t——降雨历时，取30min。

根据计算，1亩地产生的降雨径流量为7.84m^3/h。

2. 水窖设计

根据计算，坡耕地降雨径流量为7.84m^3/(h·亩)，故设计水窖容积为15m^3。为防止水窖中淤泥积累影响水窖使用，在水窖入水口处修建沉砂池1座。水窖平面图和剖面图分别如图6-6和图6-7所示。

3. 截流沟改造技术

截流沟根据不同区域功能需求，依据现有土沟进行生态沟改造。设计如图6-8所示。

1型生态沟下底宽0.4m，上宽1.2m，沟深0.6m，坡度为1∶0.67。其具体做法为在原有沟渠基础上进行平整削坡，然后夯实，土层夯实后铺设多孔生态砖，并于种植孔内种植狗牙根等草本植物。

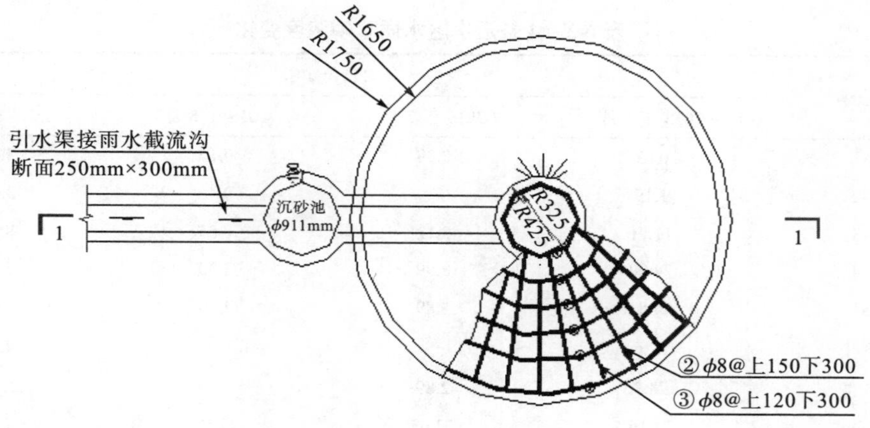

图 6-6　水窖设计平面图

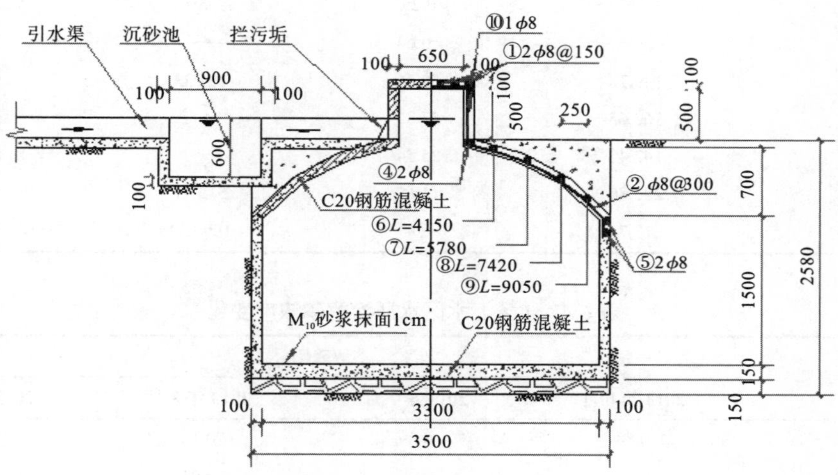

图 6-7　水窖设计剖面图(单位：mm)

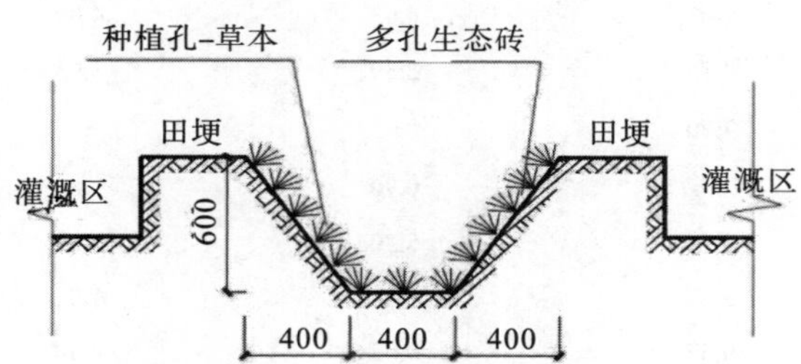

图 6-8　坡耕地生态沟渠改造图(单位：mm)

6.6.2　研发技术经济指标

坡耕地径流污染拦蓄与资源化利用技术主要包括坡耕地径流拦蓄及截流沟改造技术，研究结果详见表 6-3 和表 6-4。

表 6-3　4 条汇水区水质总磷浓度变化

采样点编号	TP/(mg/L)			
	2013 年 6 月	2013 年 7 月	2013 年 8 月	2013 年 9 月
1-1	0.83	2.38	0.16	3.66
1-2	1.19	—	0.46	3.67
1-3	11.71	3.12	0.83	8.77
1-4	74.00	8.99	3.30	5.56
2-1	34.52	5.89	4.30	—
2-3-中	182.64	—	—	4.59
2-3-侧	174.36	2.89	3.30	26.29
2-4	21.16	12.63	12.08	7.49
2-6	50.01	14.49	4.79	3.78
3-1	1.19	0.25	0.94	3.67
3-2	—	10.64	—	5.04
4-1	149.78	59.36	155.33	4.17
4-2	160.65	57.36	14.88	35.43
4-3	142.45	25.54	—	16.48
4-4	227.80	11.67	512.41	7.81
4-5	217.75	—	1099.34	9.81

表 6-4　4 条汇水区水质溶解磷浓度变化

采样点编号	溶解磷/(mg/L)			
	2013 年 6 月	2013 年 7 月	2013 年 8 月	2013 年 9 月
1-1	0.58	0.09	0.13	0.25
1-2	0.88	—	0.05	0.24
1-3	1.58	4.00	0.02	4.17
1-4	1.01	0.63	4.09	0.32
2-1	4.75	2.39	1.03	—
2-3-中	7.70	—	—	0.64
2-3-侧	10.67	0.90	0.80	0.27
2-4	2.74	5.30	5.83	2.76
2-6	5.88	5.38	1.02	0.39
3-1	0.33	0.05	0.38	0.26
3-2	—	3.78	—	1.02
4-1	6.13	2.10	7.53	0.50
4-2	14.21	16.15	6.68	0.27
4-3	8.90	2.03	—	0.29
4-4	4.13	5.32	6.98	0.31
4-5	4.38	—	10.16	0.36

从表 6-3 和表 6-4 可以看出，汇水区内部各采集点的变化差异很大，但整体上看 4 号沟的磷素流失在各个月份一直是最高的，2 号汇水区次之，只是溶解态磷在全部磷流失中的比例有所变化。并且各汇水区由于土质差异、植物生长、农田在雨季耕作等原因，各汇水区月际间的变化趋势差异很大。溶解态磷素的流失与总磷的流失浓度趋势存在一定差异，以 4 号汇水区最高，1 号、2 号汇水区次之，3 号汇水区流失浓度最低。也就是说 1 号汇水区的磷素流失从整体上看，溶解态比例高于其他 3 条汇水区。

表 6-5　4 条汇水区水质总氮浓度变化

采样点编号	TN/(mg/L)			
	2013 年 6 月	2013 年 7 月	2013 年 8 月	2013 年 9 月
1-1	0.65	1.91	0.56	2.14
1-2	1.03	—	1.09	1.17
1-3	4.28	1.63	1.09	2.62
1-4	1.84	1.89	4.48	1.07
2-1	3.02	0.93	2.08	—
2-3-中	1.71	1.41	1.99	2.33
2-3-侧	2.91	—	—	25.37
2-4	1.27	0.89	0.64	3.11
2-6	3.87	4.71	2.70	2.43
3-1	0.66	0.69	1.19	1.43
3-2	—	1.26	—	1.85
4-1	0.69	3.43	1.48	1.65
4-2	1.33	0.91	3.26	4.67
4-3	1.03	1.02	—	3.11
4-4	1.52	1.45	3.93	2.82
4-5	1.04	—	5.26	6.51

表 6-6　4 条汇水区水质溶解氮浓度变化

采样点编号	溶解氮/(mg/L)			
	2013 年 6 月	2013 年 7 月	2013 年 8 月	2013 年 9 月
1-1	0.42	0.96	0.54	1.36
1-2	0.49	—	0.96	0.98
1-3	3.45	0.67	0.72	2.25
1-4	1.09	1.72	2.97	0.90
2-1	1.17	0.91	1.88	—
2-3-中	1.09	—	—	2.09
2-3-侧	2.45	0.70	1.70	23.02
2-4	0.76	0.43	0.61	2.76
2-6	3.24	2.19	1.24	2.01

续表

采样点编号	溶解氮/(mg/L)			
	2013 年 6 月	2013 年 7 月	2013 年 8 月	2013 年 9 月
3-1	0.62	0.78	0.82	1.19
3-2	—	0.46	—	1.59
4-1	0.49	0.98	0.96	1.46
4-2	0.84	0.96	2.69	3.99
4-3	0.69	0.80	—	2.88
4-4	0.74	0.83	3.43	2.62
4-5	0.65	—	4.32	6.32

从总氮及溶解氮浓度变化来看，由于氮素的流失主要以溶解态流失为主，所以溶解态氮与总氮流失浓度的变化趋势基本相同，而且 1 号及 4 号汇水区的流失浓度最高(表 6-5、表 6-6)。具体原因可能有区域内农田分布较多、雨季蔬菜种植会使用大量氮肥及农家肥。而同样有农田分布的 2 号汇水区，由于农田分布的斑块化、位置处于较高的山坡、距离居住区较远以及此区域水资源缺乏及储存存在难度等原因，导致农田的耕作只发生在雨季，一般只种植玉米和豌豆，且施肥较少所以其流失浓度整体上较低。3 号汇水区流失浓度最低，主要是由于人为干扰小、无农田分布，并且优势群落为灌木丛，郁闭度在雨季初期较高。

从各汇水区月际间变化趋势上看 1、2、3 号汇水区在降雨初期 6 月份的氮素流失浓度较高，而 4 号汇水区流失浓度在降雨初期较低，在 8 月份最高，然后又有降低的趋势，可能是由于雨季初期开始施肥，到了 9 月份以后，降雨减少，蔬菜种植进入尾段，很多蔬菜进入采收时期，很多农田不再施肥或者施肥量骤减。

水样中颗粒态悬浮物(SS)流失浓度在各月份仍然以 4 号汇水区浓度最高，并且 4 条汇水区在降雨初期流失浓度较大，尤其是 4 号汇水区(表 6-7)。进入雨季中后期 4 条汇水区的 SS 流失浓度趋向降低，但是 4 号汇水区浓度仍然远高于另外 3 条汇水区。雨季中后期 SS 流失浓度降低，植被的作用很大，包括对雨水的截留及根系对土壤的固定能力，尤其是低矮的草本植物。4 号汇水区流失浓度较大，主要由于此汇水区内土壤翻动较大，表层土壤破坏较严重。

表 6-7　水样颗粒态悬浮物含量

采样点编号	颗粒态悬浮物/(g/L)			
	2013 年 6 月	2013 年 7 月	2013 年 8 月	2013 年 9 月
1-1	0.36	0.32	2.18	0.04
1-2	0.64	—	1.34	0.15
1-3	1.82	1.44	1.24	0.46
1-4	0.66	2.46	4.23	0.22
2-1	8.74	0.55	2.13	—
2-3-中	4.38	—	—	0.24
2-3-侧	1.84	1.21	0.43	0.45

续表

采样点编号	颗粒态悬浮物/(g/L)			
	2013 年 6 月	2013 年 7 月	2013 年 8 月	2013 年 9 月
2-4	1.44	1.14	3.05	0.19
2-6	1.88	1.54	1.02	0.18
3-1	0.38	0.91	1.64	0.58
3-2	—	5.28	—	0.28
4-1	4.94	83.58	15.17	10.52
4-2	5.24	7.55	2.98	74.19
4-3	4.90	30.97	—	17.41
4-4	4.96	2.58	16.64	4.39
4-5	3.28	—	71.35	5.70

表 6-8　水体化学需氧量含量

采样点编号	COD/(mg/L)			
	2013 年 6 月	2013 年 7 月	2013 年 8 月	2013 年 9 月
1-1	102.32	93.60	5.52	35.18
1-2	96.09	—	3.04	41.21
1-3	320.43	243.78	2.60	206.03
1-4	298.60	291.89	8.80	45.23
2-1	86.70	34.05	29.64	—
2-3-中	101.86	—	—	81.84
2-3-侧	98.79	86.04	82.63	105.53
2-4	169.15	152.80	16.10	769.83
2-6	86.41	74.87	69.78	109.55
3-1	60.07	50.01	5.18	71.36
3-2	—	201.57	—	246.23
4-1	700.25	605.84	17.66	173.87
4-2	77.87	69.37	8.65	709.53
4-3	378.86	268.36	—	175.88
4-4	208.08	124.58	19.57	85.43
4-5	730.47	—	51.81	199.50

从表 6-8 可看出，4 条汇水区 COD 含量在 8 月份最低，可能与 8 月份采样之前的降雨有关，此次采样之前晴天 2d，降雨天数 4d，总降雨量较大，达到了 55.6mm。丰厚的降雨量稀释了化学需氧量，但是从采样装置的状况得知，此次的径流量也较前两次降雨大得多。虽然此次径流样品 COD 含量整体较低，但是 2 号、4 号汇水区的浓度还是高于另外两个汇水区。

另外，1 号、3 号汇水区植被较低矮，在雨季植物茂盛时，对枯落物的截留能力远高于另外两个汇水区。低矮植被对降雨的截留及缓速能力也得到了很多证明，该因素也可能是此两个汇水区 COD 含量低的重要原因之一。

6.6.3　技术效果

以安乐片区为例，其坡耕地面积为83hm^2，水窖数量为50个，微型坝塘为4个。坡耕地水窖在雨季，平均可以蓄满约9次，坝塘可以蓄满6次，共收集地表径流为约18958m^3，约占坡耕地年径流量的14.3%.

6.7　农田植物网格化技术

在不同地块间构建生态沟渠系统，在农田中形成网格化植物缓冲带，使大面积农田形成的径流污染就地化解到所在的区间化的网格中。

6.7.1　工艺设计

1. 水量设计

雨水流量采用汇水面积及暴雨强度公式计算，由于大棚为塑料材质，综合径流系数取0.90，暴雨重现期取2年，地面集水时间取30min。项目区暴雨强度公式参照昆明市暴雨径流公式进行计算。水量计算公式为

$$Q = \Psi \cdot q \cdot F$$

式中，F——农田汇水面积；

Ψ——综合径流系数，取0.90；

q——设计暴雨强度。

暴雨强度计算公式：

$$q = \frac{977(1 + 0.641\lg P)}{t^{0.57}}$$

式中，P——暴雨重现期，取2a；

t——降雨历时，取30min。

根据计算，1亩地产生的降雨径流量为35.29m^3/h。大棚区降雨径流量为每亩35.29m^3/h，研究区每个大棚面积约为4亩，则单个大棚区域雨水量约为140m^3，大棚区域周长约252m。2型生态下底宽0.4m，上宽1.2m，沟深0.6m，坡度为1∶0.67。为防止生态沟内水体由于流动性较差引起水质恶化现象，在生态沟内种植的水生植物以净化水体的沉水植物为主，主要有金鱼草、苦草等。生态沟具体设计如图6-9所示。

2. 农田生态陷阱沟渠构建技术

设计尺寸：具体尺寸(陷阱和暗沟的宽长)可根据实际沟的大小和水量设定。

工艺流程：沟渠里的废水依次通过陷阱、过滤墙、暗沟和沉淀池，达到去除污染物的目的。暴雨时洪水可直接从陷阱、暗沟和沉淀池上方通过，不影响沟渠的排洪功能。生态

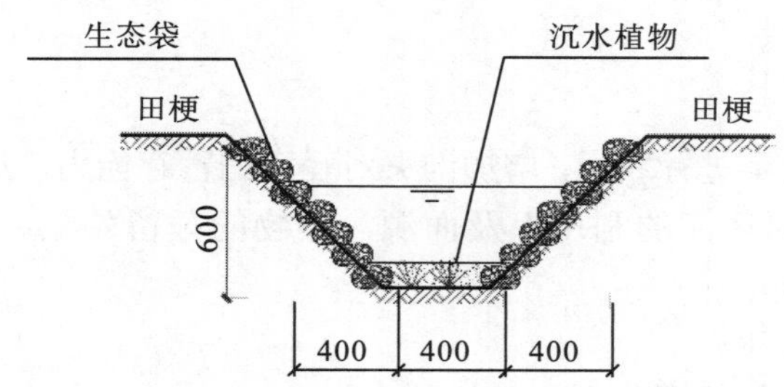

图 6-9　农田生态沟设计图(单位：mm)

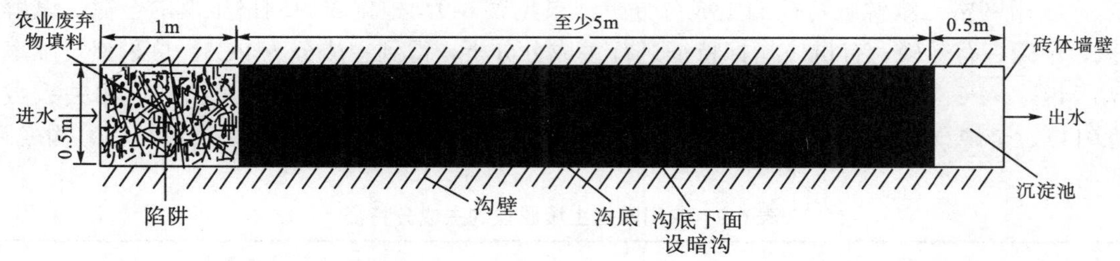

图 6-10　生态陷阱沟渠平面示意图

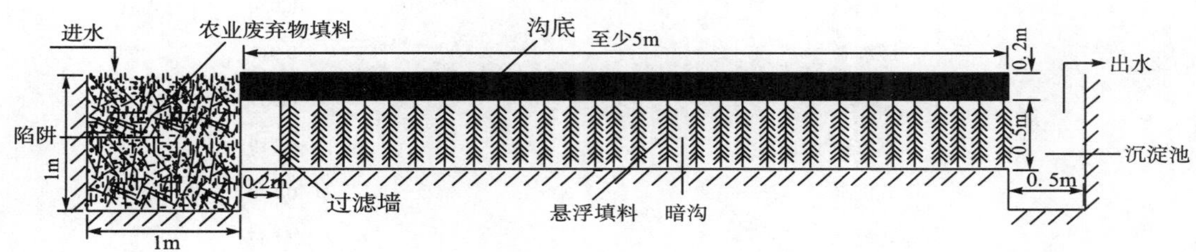

图 6-11　农田生态陷阱沟渠纵切面示意图

陷阱沟渠示意图如图 6-10 和图 6-11 所示。

工艺单元组成及功能：陷阱内的农业废弃物填料包括各种秸秆及菜叶等，需定期清理和更换。主要有 3 个作用：①过滤废水中的 SS；②为后面暗沟内发生的反硝化提供碳源；③处理农业固体废弃物，清理出来的剩余物可作为肥料回收利用，最终实现农业固体废弃物的资源化利用。

过滤墙宽约 0.5m，主要由陶粒、碎石等组成，其目的是过滤废水体中的悬浮颗粒物，以防长期运行过程中在暗沟内积累，堵塞暗沟。过滤墙内的材料需定期更换，以防堵塞。

暗沟内基本处于厌氧环境(沟渠越长、厌氧条件越好)，并设置有易于形成生物膜的悬浮填料，可为反硝化作用去除硝氮提供良好的微生物和理化条件。同时填料还具有过滤和吸附作用。

沉淀池：经陷阱和暗沟处理的废水进一步沉淀。沉淀淤泥需定期清理和打捞，打捞出来的淤泥也可作为肥料回田。

3. 沟渠网格化连接技术

通过对农田周围沟渠进行联通，增加沟渠对径流的蓄存能力，并增加径流在沟渠系统中的滞留时间，提供对径流的利用率及面源污染物的截留效能。网格化沟渠密度达到 $0.2m/m^2$ 以上。

6.7.2 研发技术经济指标

农田网格土壤源强特征的主成分分析结果见表 6-9，根据农田网格土壤的全氮、碱解氮、全磷、有效磷、有机质指标特征进行主成分分析，得到主成分为 PC5，总积累贡献率 76.949%。PC5 主要由农田网格沟渠土壤的全氮(相关系数 0.930)、碱解氮(相关系数 0.911)、全磷(相关系数 0.937)、有效磷(相关系数 0.719)、有机质(相关系数 0.870)构成。

表 6-9 农田网格土壤源强的主成分特征

影响因素	主成分
	PC5
全氮	0.930
碱解氮	0.911
全磷	0.937
有效磷	0.719
有机质	0.870
特征值	3.847

根据表 6-10 可以看出：①径流经过低网格程度样地后水体中氨氮含量及溶解态磷含量增加，经过中网格程度样地和高网格程度样地后氨氮含量削减。说明中等网格程度条件即可对氨氮及溶解态磷含量有效削减。②径流经过低网格程度样地和中网格程度样地后水体中溶解态氮含量、硝氮含量增加，经过高网格程度样地后硝氮含量削减。表明随网格化程度增加，硝氮输出减少，且有削减的趋势，高网格程度条件下可对溶解态氮含量、硝氮有效削减。③径流经过低网格程度样地、中网格程度样地和高网格程度样地后总磷含量均有削减。说明随网格化程度增加，总磷削减量呈增加趋势，低网格程度条件即可对总磷有效削减。④径流经过低网格程度样地、中网格程度样地和高网格程度样地后总磷 SS 含量、COD 含量均有增加。说明随网格化程度增加，SS 含量呈增加趋势，而 COD 含量呈先增加后稳定的趋势，COD 含量变化与 SS 含量变化存在相关性。

表 6-10 不同网格化情况下氮磷污染物输出特征

污染指标	低网格化	中网格化	高网格化
氨氮/(mg/L)	−0.212	0.4715	0.9927

续表

污染指标	低网格化	中网格化	高网格化
硝氮/(mg/L)	-4.955	-2.882	12.647
溶解态氮/(mg/L)	-4.091	-1.428	14.738
溶解态磷/(mg/L)	-0.026	0.0316	0.0321
总氮/(mg/L)	-5.735	1.9612	18.889
总磷/(mg/L)	1.101	1.0844	1.6492
SS/(g/L)	-0.266	-0.836	-1.805
COD/(mg/L)	-17.04	-47.33	-42.57

由表 6-11 中可以看出，农田网格化沟渠基本属性对径流中不同形态面源污染物削减滞留情况的影响因素各有不同，但对径流中面源污染物削减滞留有主要影响作用的因素为农田网格沟渠物理属性、农田网格土地利用属性和农田网格生物属性，通过对这些农田网格基本属性进行合理的配置与优化，可加强对径流中面源污染物的控制。

表 6-11　面源污染物相关指标削减情况的回归分析

指标	与主成分的回归方程
氨氮	Y=0.187PC1−0.122PC4+0.091PC5+0.393
硝氮	Y=0.313PC1−0.139PC2−0.241PC4−0.132PC6+0.606
溶解态氮	Y=0.385PC1−0.169PC2−0.279PC4−0.064PC6+0.506
总氮	Y=0.474PC1−0.099PC2−0.354PC4+0.453
溶解态磷	Y=0.127PC1−0.068PC3+0.173PC6+0.509
总磷	Y=0.200PC1−0.211PC4+0.180PC5+0.474
SS	Y=0.258PC1+0.188PC2−0.090PC4+0.353
COD	Y=0.248PC1+0.157PC2+0.074PC6+0.308

网格化沟渠根据大棚区原有的沟渠密度，对沟渠进行生态化改造，增加沟渠比表面积和植物的盖度。根据研究地点，沟渠长度设定为 270m，沟渠截面积 0.7m^2，沟渠植物盖度在 80%以上。根据野外径流监测，生态沟渠系统平均氮、磷削减率为 19.5%和 12.7%。

对径流中含氮污染物的削减滞留可通过优化农田网格沟渠物理属性和农田网格土地利用属性实现，通过增加农田的网格化程度和农田大棚设施可有效对径流中的含磷污染物进行削减滞留。

对径流中含磷污染物的削减滞留可通过优化农田网格沟渠物理属性实现，通过增加农田的网格化程度可有效对径流中的含氮污染物进行削减滞留。

对径流中的 SS、COD 的削减滞留可通过优化农田网格沟渠物理属性和农田网格生物属性实现，通过增加农田的网格化程度和农田沟渠中植物的多样性、均匀度和优势度可有效对径流中的 SS、COD 进行削减滞留。

6.7.3 技术效果

网格化沟渠根据大棚区原有的沟渠密度，对沟渠进行生态化改造，增加沟渠比表面积和植物的盖度。根据研究地点，沟渠长度设定为270m，沟渠截面积 0.7m^2，沟渠植物盖度在 80%以上。根据野外径流监测，生态沟渠系统平均氮、磷削减率为 19.5%和 12.7%。

6.8 农田生态潭强化处理技术

针对滇池流域柴河子流域农田附近的蓄水潭，通过优化规范田间沟渠网，将周边大棚、露地多余的田间径流以及暴雨所携带的大量污染物引入蓄水潭，选择适合的水生植物和填料及其组合，针对当地蓄水潭特点，利用生态浮床和渗滤技术组合技术，进行蓄水潭的提升和改造，建立适合当地的农田面源污染控制人工生态潭，使其实现生物净化功能，提高灌溉水资源的利用率，同时达到美化环境的功能。实现面源污染物的就地消纳，为农业面源污染的防治和控制提供新的思路和参考。

6.8.1 工艺设计

集水生态潭与生态沟相连，连接处通过可调节活动板调节生态沟与生态集水井水位，集水生态潭共分两部分，与生态沟相连部分的主要功能为水质净化，另一部分为大棚灌溉取水区，上述两部分由渗滤墙相隔。根据大棚区域闲置土地状况，本技术设计生态集水井单个容积为20～50m^3。集水生态潭详图如图 6-12、图 6-13 和图 6-14 所示。渗滤墙填料选择两种方式：碎石—石英砂—陶粒、火山岩—石英砂—煤渣；渗滤墙厚度为 50cm 和 80cm，淹水时间选择 2d 和 5d。

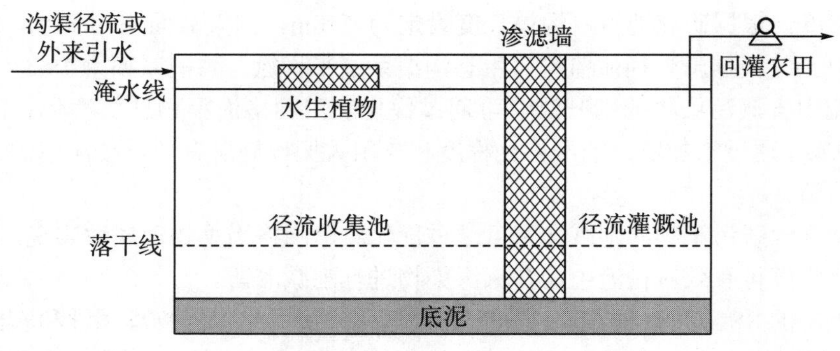

图 6-12 集水生态潭纵切面示意图

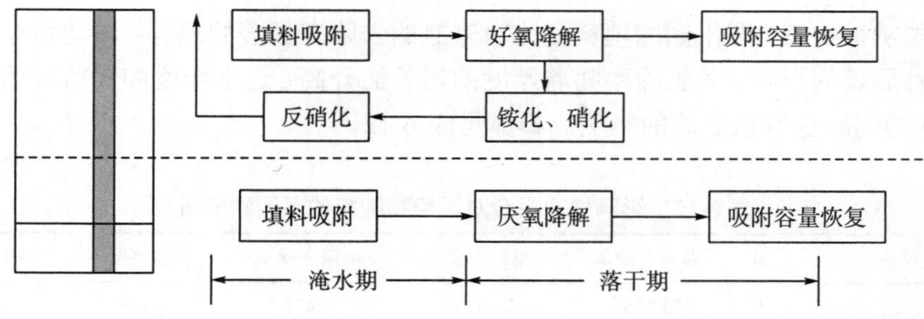

图 6-13　集水生态潭削减污染物示意图

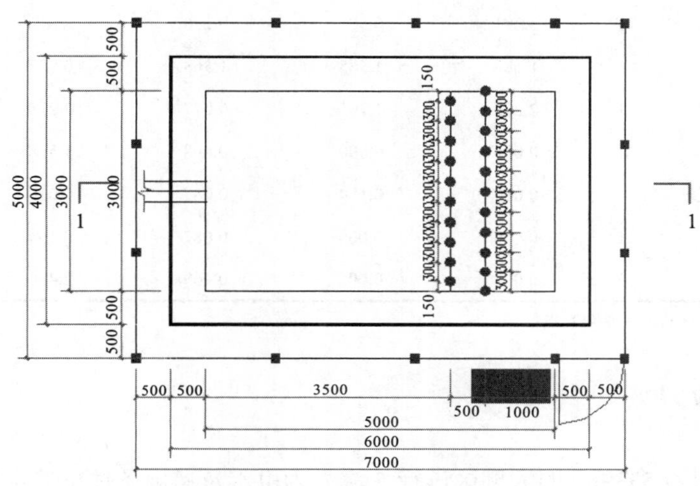

图 6-14　集水生态潭平面图(单位：mm)

6.8.2　研发技术经济指标

根据调查发现，农田灌溉后，一部分含有化肥的灌水会随土壤渗流回到潭中，占水潭容积的 1/4～1/3，含量较高，大部分水来自附近鱼塘，SS 含量较高。每个田间水潭所截留的污染物浓度存在一定的差异，其原因是由于每户农户所施的化肥量不同所导致。潭的容积与各潭污染物浓度的乘积，即为田间水潭对水体各污染物的截留量。

总体来看，不同田间水潭在不同月份对污染物的截留量情况为，TP 的截留范围为 4.75～766.43g/次，TN 的截留范围为 228.45～6193.02g/次，硝氮的截留范围为 115.61～2840.45g/次，氨氮的截留范围为 0.68g～542.17g/次，COD 的截留范围为 637.20～10573.06g/次，SS 的截留范围为 13.13～157.75kg/次。由此可见，田间水潭在农田中可截留大量的污染物，在潭内通过自净作用得到一定的削减缓冲，使进入河道的污染物负荷降低。

对总磷、总氮、氨氮、硝氮及 COD 进行测定，并通过分析发现：进水浓度对总磷、总氮和氨氮的削减有显著的影响，进水浓度越高，其去除率越高；停留时间对总磷、总氮和硝氮的削减有极显著的影响，其去除率随着停留时间的延长而增高；而填料配比只对氨氮的削减影响很显著，即不同的填料配比对氨氮的去除有显著的差异；渗滤墙厚度对氨氮的去除也有显著的影响，其去除率随着厚度的增长而升高；进水浓度和停留时间的交互作用对 COD 的削减也有极显著的影响。具体见表 6-12。

表 6-12 影响模拟组合对污染物削减的多因素分析

变量	df	总磷去除率	总氮去除率	硝氮去除率	氨氮去除率	COD 去除率
进水浓度	1	53.476**	77.414**	1.471	4.126*	1.283
停留时间	1	28.420**	82.684**	48.768**	0.010	2.783
填料配比	1	0.153	0.055	0.126	7.831**	0.679
渗滤墙厚度	1	3.291	0.000	0.298	5.101*	1.477
进水浓度×停留时间	1	1.185	1.965	1.368	0.853	12.842**
进水浓度×填料配比	1	2.272	1.202	0.077	2.225	0.034
进水浓度×厚度	1	0.094	0.000	0.608	1.598	0.382
停留时间×填料配比	1	0.019	0.134	0.087	0.010	0.357
停留时间×厚度	1	0.449	0.005	0.087	0.194	0.898
填料配比×厚度	1	0.001	0.005	0.469	2.486	1.018

注：*0.05 水平显著，**0.01 水平极显著。

6.8.3 技术效果

对 1 个面积为 5339m^2 的大棚区进行 5 次人为引水及暴雨条件下的水质监测分析，渗滤系统对 0～30cm 的水质削减效率分别是：TN 10%，TP 22.5%，COD 13.5%，SS 10%，NO_3^--N 13.3%。

6.9 农田废水仿肾型收集与再处理技术

按照仿生学原理，将富磷区地表按照生物体最大的解毒和净化器官—肾脏的工作原理，设计成微沟渠分流（入渗系统）和导出（汇集系统），使汇水区低污染水中的主要污染物就地消纳到土壤系统中。通过建立拦砂坝、沉砂池和草滤带降低泥沙和颗粒态磷的含量，通过填料和植物实现对溶解态磷吸附吸收。

6.9.1 工艺设计

查阅历年降雨资料并分析径流中 SS、总磷（TP）、溶解态磷（DP）、总氮（TN）的含量，根据降雨量和 SS 含量确定沉砂—滤砂系统的规模；根据降雨量、相关面源污染物的浓度确定所需的填料和植物的量；根据降雨量、汇水面积、径流量和水力停留时间、水力负荷、流量、流速等水力参数设计集水/排水沟渠的尺寸。

沉砂池设计：由于项目区内泥沙含量大，需沉砂能力较强的沉砂系统，沉淀池作为应用较为广泛的沉砂方式，技术较为成熟，对于去除一定粒径的泥沙具有较好的效果。根据当地的降雨量和径流量，建一个或多个矩形沉淀池，其长宽高的尺寸应使表面水力负荷 q 在 0.8～3.0 为宜。

草滤带参数设计：针对项目区泥沙量大、颗粒态磷含量高的特点，为更好地去除泥沙，设置了草滤带对径流中的泥沙进一步去除。由于受项目区立地条件的限制，草滤带的坡降和宽度可选择性较小，根据对草滤带去除效果的要求，设定草滤带长度为 30m。

沟渠系统的参数设定：根据实验结果，系统达到要求的去除效果时，水在沟渠系统中的停留时间需大于 20min，根据项目区的降雨量和汇水面积，并考虑充分发挥填料和植物的吸附作用，沟渠的长度设置为 310m，截面积为 0.44m^2。根据对单个填料及填料组合的吸附性能测试，选择填料组合为陶粒—铁矿渣—炉渣—碳渣；通过对不同植物组合下，径流水质净化效果的对比，植物组合选择香根草—高羊茅—黑麦草—早熟禾—狗牙根。工艺流程如图 6-15 所示。

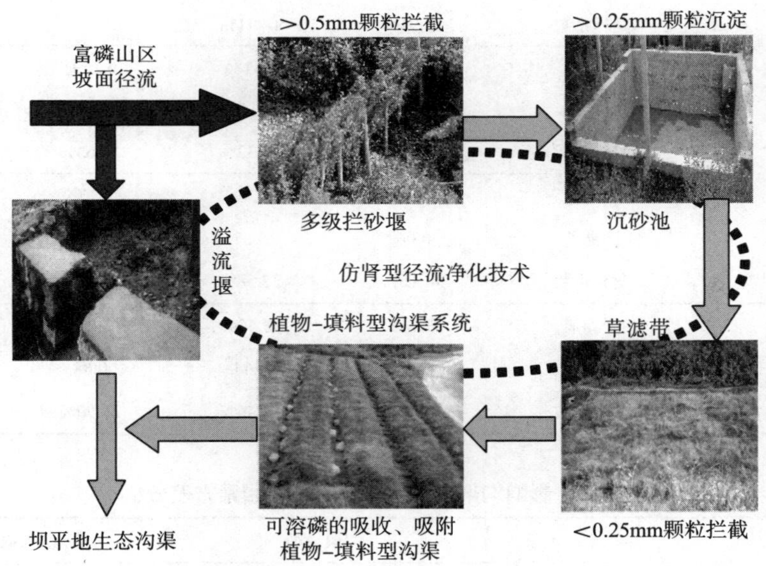

图 6-15　富磷区坡面汇水区仿肾型径流净化技术工艺图

6.9.2　研发技术经济指标

查阅历年降雨资料并分析径流中 SS、总磷(TP)、溶解态磷(DP)、总氮(TN)的含量，根据降雨量和 SS 含量确定沉砂-滤砂系统的规模；根据降雨量、相关面源污染物的浓度确定所需的填料和植物的量；根据降雨量、汇水面积、径流量和水力停留时间、水力负荷、流量、流速等水力参数设计集水/排水沟渠的尺寸。研究结果详见表 6-13、表 6-14。

表 6-13 不同降雨条件下生态沟渠与水泥沟渠面源污染物含量变化

变量		平均流量		最大流量	
		生态沟	水泥沟	生态沟	水泥沟
总氮/(mg/L)	平均值	6.20b	6.81b	8.01ab	9.66a
	标准差	1.69	1.69	4.35	0.88
	变异系数	27.28%	24.80%	54.26%	9.14%
可溶性氮/(mg/L)	平均值	5.37b	5.99b	7.97a	8.63a
	标准差	1.46	1.56	3.16	0.73
	变异系数	27.18%	26.05%	39.59%	8.44%
氨态氮/(mg/L)	平均值	3.21c	4.75bc	7.03a	6.19ab
	标准差	0.19	0.96	3.73	0.95
	变异系数	5.85%	20.16%	53.06%	15.37%
硝态氮/(mg/L)	平均值	0.053b	0.047b	0.074a	0.072a
	标准差	0.014	0.008	0.034	0.007
	变异系数	25.91%	17.71%	45.69%	9.10%
总磷/(mg/L)	平均值	0.297bc	0.418a	0.259c	0.396ab
	标准差	0.149	0.156	0.077	0.156
	变异系数	50.02%	37.32%	29.63%	39.54%
可溶性磷/(mg/L)	平均值	0.18b	0.26a	0.17b	0.28a
	标准差	0.06	0.07	0.05	0.11
	变异系数	34.16%	27.58%	27.15%	39.22%
固体颗粒物/(g/kg)	平均值	3.34a	3.45a	3.04a	3.68a
	标准差	0.69	0.64	0.88	0.76
	变异系数	20.59%	18.46%	28.99%	20.72%

表 6-14 影响沟渠面源污染变化的双因素方差分析

变量	流量	沟渠类型	流量×沟渠类型
df	1	1	1
总氮	9.38**	2.21	0.47
可溶性氮	20.13**	1.18	0.00
氨态氮	19.27**	0.34	3.94
硝态氮	15.28**	0.50	0.14
总磷	0.54	9.49**	0.04
可溶性磷	0.07	18.85**	0.28
固体颗粒物	0.03	2.76	1.39

6.9.3　技术效果

通过监测，该技术对颗粒态磷(粒径范围小于 0.05mm)的截留效果达 90%，对可溶态磷酸盐截流率在 60%以上，对氮的削减在 40%以上，对 COD 的削减在 70%左右。

第 7 章　滇池流域面山水源涵养林保护与清水产流功能修复技术

占流域 60%面积的山地，是滇池流域净流形成及水资源产生的关键地区，也是面源污染防治的重点区域。维护好山地水源涵养能力，形成流域清水产流机制是滇池水环境治理的重要基础条件。

所谓水源涵养林(forest for water source conservation)，也称水源林，是指调节、改善水源流量和水质的一种防护林。以涵养水源、改善水文状况、调节区域水分循环、防止河流、湖泊、水库淤塞，以及保护可饮水水源为主要目的的森林、林木和灌木林都可称作水源林。所谓清水产流机制(clean water runoff generation mechanism)，即根据不同湖泊流域的自然与社会经济现状特点，在调整流域经济结构、构建绿色流域的基础上，通过流域水源涵养与水土流失的控制保证源头清水产流，通过河流小流域的污染控制与生态修复实现河流汇流的清水养护与清水输送通道畅通，通过湖滨缓冲区构建与湖滨带生态修复最终使“清水”入湖。山地水源涵养区、入湖河流区、湖滨区分别作为清水产流机制的源头区、污染物净化与清水养护区(径流通道)以及湖滨入湖区，是构成清水产流机制的 3 个关键环节(金相灿等，2010)。

占流域 60%面积的山地产生的径流是滇池的生态水源，面山区域是维护滇池水环境最直接、最重要的陆地生态屏障。使面山恢复水源涵养能力、实现清水产流是滇池水污染治理取得成效的重要条件。通过研究，笔者提出了实现面山生态修复与水源涵养功能的技术路线(图 7-1)和构建适合滇池流域特点的山地水源涵养和面源控制的植被恢复技术思路，

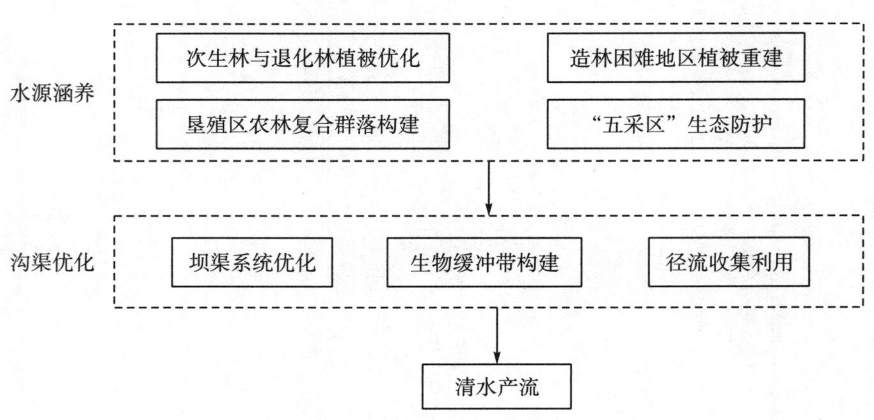

图 7-1　面山水源涵养林保护与清水产流功能修复技术组成图

开展面山次生林最佳水源涵养能力植物群落遴选和配置技术、面山造林困难地区植被重建技术、最佳经果树-粮食作物复合经营模式及适宜物种遴选和配置技术、面山垦殖区特色经果林-草群落构建技术、小流域尺度面山汇水区源流系统优化控制技术等关键技术的研发，形成滇池面山污染控制与生态修复的综合防控技术体系，并大幅度提高滇池面山生物群落及生态系统的结构与功能，形成流域面山污染控制与水源涵养林保护的长效良性互动机制，为面山生态系统的改善、面源污染的有效防控以及流域清水产流功能的恢复提供样板和模式，是当前滇池流域生态建设与环境保护形势的需要。

7.1　面山水源涵养林区域面源污染现状调查与污染特征分析

7.1.1　面山水源涵养林区域生态现状调查

2012 年 7 月在宝象河流域上游不同方位选取种植成片的地段设置具有代表性的样方，每个乔木样方面积 10m×10m，在样方对角线上分别设置 1 个 5m×5m 的灌木样方和 1 个 1m×1m 草本样方。在样方内对乔木进行每木测量，记录其基径、胸径、高度、枝下高、冠幅及盖度百分比；在灌木样方和草本样方中记录每种植物的高度、盖度和株数；同时记录样方的地理位置、海拔、经纬度、坡向、坡度、坡位、土壤、基岩等环境数据。主要选择了灌木草丛、云南松、华山松、柏木、黑荆、小漆树—华山松、麻栎、槲栎、滇青冈 9 种植物群落共计 80 个样方。

1. 植物种类组成

根据统计，项目区所调查的 79 个样方共有植物 46 科 104 属 112 种。其中，蕨类植物 5 种，隶属于 4 科 4 属，均为草本；裸子植物 6 种，隶属于 4 科 5 属，均为乔木；在被子植物中，双子叶植物 87 种，隶属于 29 科 81 属，以灌木和草本占多数；单子叶植物 14 种，隶属于 9 科 14 属，以草本居多(表 7-1)。

表 7-1　植物物种统计

类群	物种组成		
	科	属	种
蕨类植物	4	4	5
种子植物			
裸子植物	4	5	6
被子植物			
双子叶植物	29	81	87
单子叶植物	9	14	14
合计	46	104	112

2. 群落物种组成及其重要值

1) 灌草丛物种组成及其重要值

灌草丛样方共计 12 个。调查样方海拔 2022～2068m，坡向为半阳坡到阳坡，坡位以上坡较多，坡度为 17°～45°，群落总盖度均值为 86%，群落总高均值为 1.4m，群落结构复杂。灌木层共有植物 32 种，主要物种棠梨、小铁仔、牛筋木的重要值均在 10%以上；草本层共有植物 15 种，紫茎泽兰的重要值达 19.59%，其他如千里光、酢香草的分布较多。

2) 云南松群落物种组成及其重要值

云南松样方共计 14 个。调查样方海拔 1996～2100m，坡向为半阳坡到阳坡，坡位以中坡较多，坡度为 17°～67°，群落总盖度均值为 81%，群落总高均值为 6.8m，群落结构较简单。乔木层共有植物 12 种，主要物种为云南松、华山松等；灌木层共有植物 20 种，主要物种有小铁仔、西南荀子、川滇金丝桃等；草本层共有植物 22 种，旱茅和紫茎泽兰占优势。

3) 华山松群落物种组成及其重要值

华山松样方共计 14 个。调查样方海拔 1990～2061m，坡向为半阳坡到阳坡，坡位以中坡较多，坡度为 9°～37°，群落总盖度均值为 68%，群落总高均值为 9.9m，群落结构较简单。乔木层共有植物 9 种，主要物种为云南松、华山松等；灌木层共有植物 27 种，主要物种有多花杭子梢、猪栎、川滇金丝桃等；草本层共有植物 26 种，紫茎泽兰和荩草占优势。

4) 柏木群落物种组成及其重要值

柏木样方共计 11 个。调查样方海拔 1980～2073m，坡向为半阳坡到阳坡，坡位以下坡较多，坡度为 10°～25°，群落总盖度均值为 77%，群落总高均值为 10.9m，群落结构较简单。乔木层共有植物 3 种，主要物种为干香柏，有少量云南松和华山松；灌木层共有植物 21 种，主要物种有西南荀子、沙针、小叶女贞等；草本层共有植物 14 种，紫茎泽兰和皱叶狗尾草占优势。

5) 黑荆群落物种组成及其重要值

黑荆林样方共计 3 个。调查样方海拔 2060～2100m，坡向为半阳坡到阳坡，坡位以下坡较多，坡度为 18°～45°，群落总盖度均值为 83%，群落总高均值为 9.5m，群落结构简单。乔木层共有植物 2 种，主要物种为黑荆和云南松；灌木层共有植物 5 种，主要物种有小铁仔、火棘、西南荀子、垂序木蓝等；草本层共有植物 6 种，紫茎泽兰和荩草占优势。

6) 麻栎群落物种组成及其重要值

麻栎林样方共计 4 个。调查样方海拔 1992～2080m，坡向为半阴坡到阴坡，坡位以下坡较多，坡度为 23°～35°，群落总盖度均值为 87%，群落总高均值为 8.1m，群落结构简单。乔木层共有植物 3 种，优势物种为麻栎、主要物种有云南松和华山松；灌木层共有植物 3 种，主要物种有小铁仔、野杨梅和粉叶小蘗；草本层共有植物 4 种，蕨菜和毛蓼占优势。

7) 槲栎群落物种组成及其重要值

槲栎林样方共计 16 个。调查样方海拔 1846～2080m，坡向为半阴坡到阴坡，坡位以中坡较多，坡度为 15°～37°，群落总盖度均值为 93%，群落总高均值为 13.1m，群落结构较复杂。乔木层共有植物 5 种，优势物种为槲栎、主要物种有猪栎等；灌木层共有植物 18 种，主要物种有小铁仔、川滇金丝桃和棠梨；草本层共有植物 23 种，旱茅和紫茎泽兰占多数。

8) 小漆树—华山松群落物种组成及其重要值

小漆树林样方共计 3 个。调查样方海拔 2038m，坡向为阴坡，坡位以中坡较多，坡度为 35°～45°，群落总盖度均值为 83%，群落总高均值为 11.1m，群落结构简单。乔木层共有植物 4 种，主要物种有华山松和小漆树；灌木层共有植物 6 种，主要物种有棠梨和西南荀子；草本层共有植物 7 种，凤尾蕨较多。

9) 滇青冈群落物种组成及其重要值

滇青冈样方共计 3 个。调查样方海拔 2045～2067m，坡向为半阴坡到阴坡，坡位以上坡较多，坡度为 34°～55°，群落总盖度均值为 99%，群落总高均值为 11.9m，群落结构较复杂。乔木层共有植物 2 种，优势物种为滇青冈，有少量华山松；灌木层共有植物 10 种，主要物种有小铁仔、锦绣杜鹃等；草本层共有植物 6 种，凤尾蕨和紫茎泽兰占多数。

3. 物种多样性分析

由表 7-2 可知，各植物群落分层物种丰富度存在显著差异。灌草丛只有灌草两层；云南松林和华山松林乔木层物种较多，林下灌木和草本较少；柏木林、黑荆林、小漆树—华山松混交林、槲栎林、滇青冈林乔木层树种较单一，但林下灌草草本发育较好；麻栎林群落最为单一，乔灌草各层的物种丰富度指数均较低。

表 7-2　各群落类型分层物种多样性

植物群落	层次	物种丰富度指数	Shannon-Wiener 多样性指数	Simpson 优势度指数	Pielou 均匀度指数	jsw 均匀度指数
灌草丛	灌木层	32	0.89	1.09	0.92	0.74
	草本层	38	0.83	0.92	0.88	0.7
云南松	乔木层	15	0.46	0.51	0.49	0.44
	灌木层	18	0.78	1.02	0.83	0.81
	草本层	20	0.83	0.81	0.87	0.63
华山松	乔木层	9	0.56	0.59	0.63	0.61
	灌木层	25	0.67	0.76	0.7	0.55
	草本层	29	0.89	1.14	0.93	0.78
柏木	乔木层	3	0.21	0.17	0.31	0.35
	灌木层	21	0.65	0.71	0.69	0.54
	草本层	14	0.8	0.99	0.87	0.87
黑荆	乔木层	2	0.32	0.22	0.64	0.72
	灌木层	5	0.52	0.46	0.65	0.65
	草本层	6	0.67	0.58	0.81	0.74

续表

植物群落	层次	物种丰富度指数	Shannon-Wiener 多样性指数	Simpson 优势度指数	Pielou 均匀度指数	jsw 均匀度指数
小漆树—华山松混交	乔木层	4	0.68	0.53	0.75	0.49
	灌木层	6	0.77	0.68	0.92	0.87
	草本层	7	0.77	0.74	0.9	0.88
麻栎	乔木层	3	0.45	0.33	0.68	0.69
	灌木层	3	0.46	0.32	0.7	0.68
	草本层	4	0.65	0.51	0.86	0.84
槲栎	乔木层	5	0.68	0.52	0.85	0.75
	灌木层	18	0.79	0.85	0.83	0.67
	草本层	22	0.77	0.85	0.81	0.63
滇青冈	乔木层	3	0.36	0.23	0.71	0.78
	灌木层	10	0.45	0.49	0.5	0.49
	草本层	6	0.24	0.25	0.29	0.32

整体而言，灌草丛、云南松、华山松、柏木林、黑荆林、小漆树—华山松、麻栎、槲栎、滇青冈 9 种植物群落共计 80 个样方共有植物 46 科 104 属 112 种。其中，蕨类植物 5 种，隶属于 4 科 4 属，均为草本；裸子植物 6 种，隶属于 4 科 5 属，均为乔木；在被子植物中，双子叶植物 87 种，隶属于 29 科 81 属，以灌木和草本占多数；单子叶植物 14 种，隶属于 9 科 14 属，以草本居多。以灌草丛和人工林群落(云南松林、黑荆林、华山松林、柏木林)为主，并有少量的次生阔叶林群落。各植物群落结构都比较简单，可能是人工干扰较大的缘故。植物群落表现为上游地区植被状况较好，以次生阔叶林群落、云南松林群落、华山松林群落为主，中游地区植被状况较差，物种丰富度较低。

7.1.2 面山水源涵养能力及面源污染物输出特征

在项目研究区，选择荒坡灌草丛、云南松稀疏林、华山松次生林、针阔混交林、次生阔叶林 5 种典型退化林和次生林为研究对象，每种植被类型设置 2 个投影面积为 20m×5m 的标准径流小区，其中一个为对照，一个为处理，共计 10 个径流小区。在径流小区研究面山不同林型面山水源涵养能力及面源污染物输出特征。

1. 面山水源涵养能力

1) 林冠层水文特征

表 7-3 为 8 月份和 9 月份 4 次降雨的林冠截留，结果表明各林型林冠截留都表现为阔叶林＞针阔混交林＞华山松林＞云南松林。

表 7-3　不同林型林冠截留特征

日期	林型		林外降雨量/mm	林内降雨量/mm	林冠截留量/mm	林灌截留率/%
8 月 14 日	华山松林	对照	11.77	8.41	3.36	28.54
		处理	11.77	6.52	5.25	44.60
	云南松林	对照	11.77	8.89	2.88	24.47
		处理	11.77	7.70	4.08	34.63
	针阔混交林	对照	11.77	8.18	2.04	17.35
		处理	11.77	9.73	3.60	30.55
	阔叶林	对照	11.77	9.40	2.37	20.13
		处理	11.77	4.90	6.87	58.38
8 月 17 日	华山松林	对照	16.62	13.33	3.29	19.81
		处理	16.62	13.14	3.47	20.91
	云南松林	对照	16.62	14.97	1.65	9.95
		处理	16.62	14.65	1.97	11.83
	针阔混交林	对照	16.62	13.28	3.34	20.08
		处理	16.62	11.26	5.36	32.23
	阔叶林	对照	16.62	11.67	4.95	29.76
		处理	16.62	8.20	8.42	50.66
8 月 22 日	华山松林	对照	7.70	5.29	2.42	31.36
		处理	7.70	2.73	4.98	64.59
	云南松林	对照	7.70	4.50	3.20	41.54
		处理	7.70	3.92	3.78	49.06
	针阔混交林	对照	7.70	6.16	1.55	20.08
		处理	7.70	3.03	4.67	60.63
	阔叶林	对照	7.70	4.59	3.12	40.45
		处理	7.70	3.90	3.80	49.36
9 月 28 日	华山松林	对照	18.54	14.62	4.53	21.17
		处理	18.54	14.97	2.51	19.28
	云南松林	对照	18.54	16.99	0.75	8.34
		处理	18.54	16.59	1.30	10.52
	针阔混交林	对照	18.54	14.96	1.71	19.32
		处理	18.54	13.05	5.49	29.59
	阔叶林	对照	18.54	13.46	12.32	27.41
		处理	18.54	9.69	11.41	47.76

2) 枯落物层水源涵养能力

表 7-4 为不同林分枯落物蓄积量。可知，4 种林分完全蓄积量存在一定的差别，表现为，云南松林 (13.05t/hm^2) ＞阔叶林 (12.88t/hm^2) ＞针阔混交林 (11.45t/hm^2) ＞华山松林

(10.82t/hm²)，表明在 4 种不同林分中以云南松的枯落物蓄积量最大，体现了不同树种枯落物蓄积量之间的差异，即云南松作为本地树种而具有较大的优势。4 种林分枯落物蓄积量也存在一定差别，即阔叶林(11.98t/hm²)＞针阔混交林(7.67t/hm²)＞云南松林(7.31t/hm²)＞华山松林(7.03t/hm²)。半分解层蓄积量可以反映枯落物的分解速度等，半分解层所占比例越小，反映其分解速率越低，云南松林半分解层所占比例最小，为 48.70%。

表 7-4 不同林分类型枯落物蓄积量

林分类型	样品烘干重/g			总蓄积量/(t/hm²)	完全蓄积量/(t/hm²)	枯落物蓄积量			
						未分解层		半分解层	
	总量	未分解层	半分解层			蓄积量/(t/hm²)	占总蓄积量/%	蓄积量/(t/hm²)	占总蓄积量/%
华山松林	175.8	70.2	105.6	7.03	10.82	2.81	39.97	4.22	60.03
云南松林	182.8	93.8	89.0	7.31	13.05	3.75	51.30	3.56	48.70
针阔混交林	191.8	83.8	108.0	7.67	11.45	3.35	43.68	4.32	56.32
阔叶林	299.6	150.5	149.1	11.98	12.88	6.02	50.25	5.96	49.75

枯落物持水量与浸水时间具有一定的相关关系。可知，在最初浸泡的 1h 内，枯落物持水量迅速增加，1～8h 增加趋势减缓，8～24h 增加趋势逐渐趋于平稳，而未分解层与半分解层在分别浸水 8h 和 6h 后达到饱和状态。4 种林分中，未分解层和半分解层持水量均以云南松林最大，而从整体分析可以得出以下规律，即未分解层在各个时段的持水能力均比半分解层高。

3) 土壤层水源涵养能力

各林分土壤层自然含水率均值呈如下规律，即阔叶林＞针阔混交林＞云南松林＞华山松林，而此规律与枯落物蓄积量相同，自然含水率表现为雨季＞雨旱交替。总孔隙度的大小关系为阔叶林＞针阔混交林＞云南松林＞华山松林，而非毛管孔隙度又与土壤持水力密切相关，表现为阔叶林＞华山松林＞云南松林＞针阔混交林，而从毛管孔隙度和总孔隙度的垂直变化来看，均随土壤深度的增加而降低，表明土层越深，土壤越板结。土壤持水力变化趋势为：阔叶林＞华山松林＞云南松林＞针阔混交林，而土壤持水力与土壤层次之间的规律表现为，土壤持水力随土壤深度增加而增加，不同林型土壤含水量及物理性质详见表 7-5 和表 7-6。

表 7-5 雨季不同林型土壤含水量及物理性质

林型	土层	土壤含水率/%	容重/(g/cm³)	总孔隙度/%	毛管孔隙度/%	非毛管孔隙度/%	土壤蓄水量/(t/hm²)
荒坡灌草丛	0～20cm	24.39	1.40	47.69	38.60	9.09	487.87
	20～40cm	17.43	1.45	46.24	28.90	17.34	348.55
	40～60cm	13.80	1.63	40.13	24.90	15.23	275.90

续表

林型	土层	土壤含水率/%	容重/(g/cm^3)	总孔隙度/%	毛管孔隙度/%	非毛管孔隙度/%	土壤蓄水量/(t/hm^2)
华山松林	0～20cm	27.65	1.23	53.50	43.60	9.90	553.02
	20～40cm	23.79	1.41	47.49	39.70	7.79	475.85
	40～60cm	17.88	1.51	44.12	32.10	12.02	357.62
云南松林	0～20cm	28.42	1.32	50.29	44.10	6.19	568.41
	20～40cm	26.74	1.47	45.58	43.00	2.58	534.79
	40～60cm	25.56	1.48	45.02	41.60	3.42	511.13
针阔混交林	0～20cm	32.37	1.28	51.85	45.10	6.75	647.34
	20～40cm	29.91	1.39	47.95	44.50	3.45	598.28
	40～60cm	27.12	1.46	45.64	41.60	4.04	542.35
阔叶林	0～20cm	41.51	0.93	63.43	49.80	13.63	830.27
	20～40cm	32.93	1.24	53.17	46.40	6.77	658.58
	40～60cm	33.88	1.17	55.38	44.60	10.78	677.50

表 7-6　雨旱交替不同林型土壤含水量及物理性质

林型	土层	土壤含水率/%	容重/(g/cm^3)	总孔隙度/%	毛管孔隙度/%	非毛管孔隙度/%	土壤蓄水量/(t/hm^2)
荒坡灌草丛	0～20cm	15.65	1.21	54.09	37.70	16.39	312.91
	20～40cm	12.43	1.36	49.24	30.90	17.34	248.55
	40～60cm	9.80	1.13	42.13	25.90	16.23	195.90
华山松林	0～20cm	15.75	1.20	54.35	39.20	15.15	315.00
	20～40cm	19.37	1.27	52.21	36.50	15.71	387.35
	40～60cm	17.24	1.55	42.84	37.60	5.24	344.74
云南松林	0～20cm	16.88	1.38	48.41	40.10	8.31	337.68
	20～40cm	19.93	1.45	46.10	39.10	7.00	398.62
	40～60cm	22.12	1.45	46.07	36.10	9.97	442.45
针阔混交林	0～20cm	24.12	1.16	55.64	42.40	13.24	482.34
	20～40cm	21.58	1.38	48.55	41.70	6.85	431.69
	40～60cm	18.85	1.38	48.45	40.90	7.55	377.08
阔叶林	0～20cm	47.32	0.69	71.15	42.40	28.75	946.45
	20～40cm	22.68	0.96	62.24	40.40	21.84	453.69
	40～60cm	18.07	1.25	52.87	39.20	13.67	361.45

2. 面源污染物输出

TN 浓度表现为阔叶林和针阔混交林较高，TN 输出量表现为云南松林较高；NH_4^+-N 浓度表现为阔叶林和针阔混交林较高，NH_4^+-N 输出量表现为云南松林和针阔混交林较高；

硝酸盐氮浓度表现为阔叶林和针阔混交林较高，硝酸盐氮输出量表现为阔叶林和针阔混交林较高；TP 浓度表现为阔叶林最高，TP 输出量表现为阔叶林较高；COD 浓度和 COD 输出都表现为阔叶林和针阔混交林较高；除第 1 次降雨外，泥沙含量和输出量都表现为荒坡灌草丛＞云南松林＞华山松林＞针阔混交林＞阔叶林。

7.1.3 面山造林困难地区污染物输出状况

2013 年进行了 4 个月的雨水截流及污染物输出监测，测定的主要指标有：小区径流中的全氮、全磷、可溶态氮、可溶态磷、COD、SS、径流量，测定的数据及分析详见表 7-7。

表 7-7 雨季项目区径流的水质测定

小区号	TN/(mg/L)	TP/(mg/L)	可溶 N/(mg/L)	可溶 P/(mg/L)	COD/(mg/L)	SS/(mg/L)	径流量/L
2013.7.21 水样数据(降雨量：28.8mm；降雨持续时间：32h)							
1	2.06	1.03	0.50	0.12	60.0	53	6.67
2	＜0.05	0.61	＜0.05	＜0.01	24.0	29	71.11
3	0.56	＜0.01	0.26	＜0.01	108	53	46.67
4	0.74	＜0.01	0.42	＜0.01	84.0	40	35.56
5	0.76	＜0.01	0.10	＜0.01	33.6	40	46.67
2013.7.28 水样数据(降雨量：25.6mm；降雨持续时间：28.5h)							
1	1.79	2.38	0.91	2.18	93.6	186	4.44
2	1.05	1.36	0.04	＜0.01	192	801	84.44
3	0.93	2.15	＜0.05	0.04	144	953	27.78
4	1.48	0.03	＜0.05	＜0.01	36.0	751	33.33
5	0.52	0.05	0.09	＜0.01	48.0	856	46.67
2013.8.3 水样数据(降雨量：10.0mm；降雨持续时间：45.5h)							
1	2.05	0.57	1.08	0.06	258.2	476	5.56
2	2.01	1.71	＜0.05	0.05	142.1	654	2.22
3	2.09	3.39	0.53	0.11	231.8	1682	4.44
4	1.42	0.94	0.75	0.06	216	510	13.33
5	1.46	0.83	＜0.05	0.04	126.3	388	1.11
2013.8.11 水样数据(降雨量：59.0mm；降雨持续时间：272h)							
1	3.57	0.23	1.75	0.06	130.7	922	13.33
2	2.25	0.25	0.64	0.01	96.7	892	20
3	1.55	0.41	0.16	0.02	94.5	1298	20
4	1.27	0.29	0.38	0.02	101.3	1105	25.56
5	1.21	0.35	＜0.05	＜0.01	502.8	912	1.11

续表

小区号	TN/(mg/L)	TP/(mg/L)	可溶 N/(mg/L)	可溶 P/(mg/L)	COD/(mg/L)	SS/(mg/L)	径流量/L
2013.8.13 水样数据(降雨量：11.4mm；降雨持续时间：24h)							
1	1.73	0.23	0.12	<0.01	130.9	1293	214.44
2	2.46	0.29	<0.05	<0.01	123.7	2406	107.78
3	0.75	0.29	<0.05	0.01	63.5	1116	75.56
4	1.34	0.33	<0.05	<0.01	81.5	1643	253.33
5	0.53	0.27	<0.05	<0.01	63.9	1128	66.67
2013.8.21 水样数据(降雨量：24.8mm；降雨持续时间：132h)							
1	6.77	0.53	<0.05	0.07	303	7224	26.67
2	5.61	0.41	<0.05	0.07	342.7	8072	63.33
3	3.35	0.35	<0.05	0.07	130	2336	27.78
4	8.47	0.25	<0.05	0.07	140.8	3014	43.33
5	2.42	0.31	<0.05	0.07	128.1	2450	76.67
2013.8.25 水样数据(降雨量：26.4mm；降雨持续时间：38h)							
1	0.38	0.19	<0.05	0.07	75.3	566	13.33
2	0.53	0.19	<0.05	0.07	83.5	568	16.67
3	0.27	0.13	<0.05	0.09	42.7	468	20
4	0.42	0.15	<0.05	0.09	59.2	404	17.78
5	0.12	0.12	<0.05	0.07	62.2	480	11.11
2013.8.31 水样数(降雨量：36.8mm；降雨持续时间：47.5h)							
1	0.26	0.12	<0.05	0.08	37.6	763	148.89
2	0.35	0.14	<0.05	0.06	20	364	470.00
3	0.26	0.15	<0.05	0.07	12.8	290	84.44
4	0.33	0.12	<0.05	0.08	18.4	380	156.67
5	0.31	0.11	<0.05	0.07	22.4	487	316.67
2013.9.5 水样数据(降雨量：20.4mm；降雨持续时间：100h)							
1	5.44	0.10	<0.05	<0.01	16.0	303	116.67
2	3.86	0.12	<0.05	<0.01	22.4	219	132.89
3	4.69	0.12	<0.05	<0.01	20.8	204	72.22
4	3.17	0.08	<0.05	<0.01	24.8	170	175.11
5	5.16	0.08	<0.05	<0.01	12.0	217	161.11
2013.10.24 水样数据							
1	2.44	0.14	1.07	0.07	26.0	46	193.33
2	2.04	0.37	1.67	0.05	38.0	92	455.56
3	2.28	0.22	1.68	<0.01	40.0	128	193.33

续表

小区号	TN/(mg/L)	TP/(mg/L)	可溶 N/(mg/L)	可溶 P/(mg/L)	COD/(mg/L)	SS/(mg/L)	径流量/L
2013.10.24 水样数据							
4	2.78	0.07	1.57	0.05	30.8	34	206.67
5	2.42	0.44	1.65	0.55	22.0	69	178.89

7.1.4 面山垦殖区污染物输出状况

农林复合系统，测定了桃树—玉米，桃树—大豆，玉米—花椒模式对降水的冠层截流效果。得到了较空白地块或是单作模式，间作模式的冠层截流效果都很明显的后果。林草复合模式，测定了鸦茅—苜蓿—桃树、黑麦草—苜蓿—桃树两种模式，较空白地块和桃树单作模式，截流效果不是很明显，可能的原因是草类植物形态特征不同于大豆、玉米，就冠层而言截流的能力相对有限。

7.2 面山次生林最佳水源涵养能力植物群落遴选和配置技术

7.2.1 技术简介

选择面山次生林区域主要植被类型荒坡灌草丛、针叶林(华山松)、针叶林(云南松)、针阔混交林、次生常绿阔叶林的代表性地段设置投影面积为20m×5m标准径流小区，建立长期定位检测点，对各植被类型水文过程(大气降水量、林冠层降水截留量、树干干流量、林下灌木与草本层截留量、林下枯落物层截留量、林下土壤层涵蓄量、林地总蒸发量和地表径流量)、面源污染物输出量进行定位监测，遴选出具有较好水源涵养能力的植物群落。基于群落结构与生态功能之间的密切关系，通过次生林有效植物群落的优化设计，优化物种优化配置技术，人工促进群落演替技术，种子库保存技术，关键物种的抚育技术，次生林地植保技术等。引入保育植物改善植物生长发育，改善群落，促进群落正向演替速度，增强面山次生及人工林地的水源涵养和面源控制等生态系统服务功能。

7.2.2 技术设计

1. 样地设置

分别在华山松林、云南松林、针阔混交林、常绿阔叶林中设置5m×20m的标准样地，并对林木进行每木检尺，测量树高、胸径等因子(表7-8)。

表 7-8　不同林分标准地基本概况

林分类型	立地因子			林分因子				乔木层优势种	灌木层优势种
	海拔/m	坡向	坡度/(°)	林级	郁闭度	胸径/cm	树高/m		
华山松林	2057	SE	21	V	0.65	11.4	11.3	华山松	小铁仔、火棘、豆梨
云南松林	2065	SE	23	V	0.52	9.8	7.2	云南松	滇白珠、野坝子
针阔混交林	2062	N	25	IV	0.71	8.5	5.8	云南松、滇石栎	碎米花杜鹃、小铁仔
常绿阔叶林	2058	N	26	IV	0.89	12.4	9.7	滇石栎、栓皮栎	小铁仔

2. 林冠截留率

林外降雨量利用安置在林外空旷地的翻斗式自计雨量计测定；在每个样地随机放置 6 个口径为 23.6cm 的盛水桶，在每次降雨后测定每块样地盛水桶内的水量，最后计算林内穿透雨量(mm)；按照样地上、中、下坡位分别选择 2 株植被(共 6 株)，用 PVC 胶管做槽，用钉子及玻璃胶粘牢于样树上，并将树干径流导入储水瓶内，在每次降雨后测定瓶内水量并计算树干径流量(mm)。

林冠截留量=林外降雨量-穿透雨量-树干径流量

$$林冠截留率=\frac{林冠截留量}{林外降雨量}\times 100\%$$

3. 枯落物持水量

在每块样地内沿着对角线均等设置 50cm×50cm 的枯落物收集样方 5 个，按未分解层和半分解层将枯落物分别装袋，70℃烘干并称重，计算枯落物蓄积量；采用室内浸泡法测定其持水量，将未分解层和半分解层枯落物分别装入预先已标记称重的尼龙袋，并浸入水中，分别在 0.5h、1h、2h、4h、6h、8h、16h 和 24h 后取出枯落物至不再滴水(约 5min)后迅速称重即得枯落物湿重，该湿重与其烘干重的差值，即为枯落物在不同浸水时间的持水量；枯落物浸水 24h 的持水量为最大持水量，有效拦蓄量用于反映枯落物对降雨的实际拦蓄量。

$$W=(0.85R_{\mathrm{m}}-R_0)M$$

式中，W——有效拦蓄量，t/hm^2；

R_{m}——最大持水率，%；

R_0——平均自然含水率，%；

M——枯落物蓄积量，t/hm^2；

0.85——有效拦蓄系数。

4. 土壤持水力

采用剖面法分别按 0～20cm、20～40cm、40～60cm 取样，用烘干法测定土壤含水率，用环刀法测定土壤容重、毛管孔隙度和总孔隙度等物理性质。

土壤持水力：

$$S=10000hp$$

式中，S——土壤持水力，t/hm^2；

h——土壤层厚度，m；

p——非毛管孔隙度，%。

5. 植物配置技术关键参数选择

1) 次生林优化参数

针叶林优化方法：对一些自然生长的云南松和华山松进行透光抚育，在空闲地面补种6株乡土阔叶树种的苗木，有滇石栎、麻栎、滇青冈各2株，同时，将修整下来的枝叶分散铺于林地，以增加土壤有机质和提高水源涵养能力。植被建植方式为补种混交；整地方式为穴状方式，坡度<25°，深度为0.3m。乔木树坑采用50cm×50cm×40cm，灌木树坑采用20cm×20cm×20cm。

针阔混交林优化方法：滇石栎、麻栎、旱冬瓜、华山松、云南松等组成针阔混交林，该类型植物群落土壤层较厚，土壤含水量较高，能满足一些耐荫乔木树种的生长及发育。主要优化措施为：引入喜阴乔木滇青冈3株、滇石栎2株补种于空闲地面；整地方式为穴状方式，坡度<25°，深度为0.3m。乔木树坑采用50cm×50cm×40cm，灌木树坑采用20cm×20cm×20cm。

常绿阔叶林优化方法：进行透光抚育，在空闲地面补种2株滇青冈和2株麻栎苗木，同时，将修整下来的枝叶分散铺于林地，整地方式为鱼鳞坑方式，坡度≥25°，深度为0.3m。乔木树坑采用50cm×50cm×40cm，灌木树坑采用20cm×20cm×20cm。

2) 人工林构建参数

人工林构建选择荒山坡地营造混交林，根据立地条件进行乔灌草混交构建。主要树种应该选择当地的乡土树种，乔木可以选择不同的针叶树种和落叶阔叶树种混交，以及常绿阔叶树种和针叶树种混交。针叶树种有华山松(*Pinus armandii* Franch.)；落叶阔叶树种有滇朴(*Celtis tetrandra* Roxb.)、旱冬瓜(*Alnus nepalensis* D.Don)、黄连木(*Pistacia chinensis* Bunge)等；常绿阔叶树种有麻栎(*Quercus acutissima* Carruth.)、栓皮栎(*Quercus variabilis* Bl.)、滇石栎(*Lithocarpus dealbatus*(Hook.f.et Thoms.ex DC.) Rehd.)、球花石楠(*Photinia glomerata* Rehd.et Wils.)；灌木可选择：金丝桃(*Hypericum monogynum* Linn.)、小叶女贞(*Ligustrum quihoui* Carr.)、火棘(*Pyracantha fortuneana*(Maxim.) Li)、云南含笑(*Michelia yunnanensis* Franch.ex Finet et Gagnep.)、平枝荀子(*Cotoneaster horizontalis* Dcne.)等；可选择的草本有格桑花(*Cosmos bipinnata* Cav.)等。乔灌草混交林的营造采用乔木间距3m，灌木间距0.75m的造林密度(图7-2)。

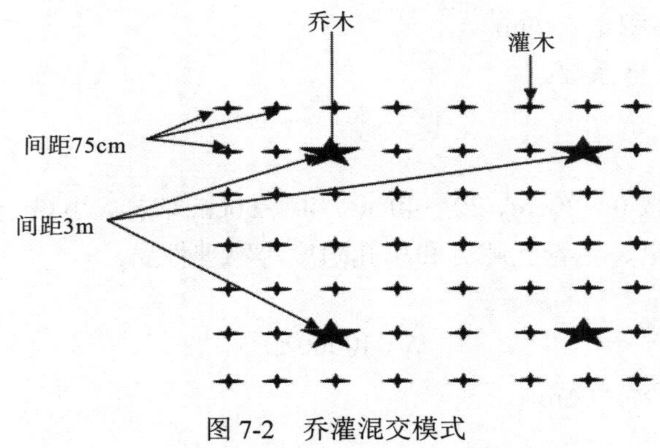

图7-2 乔灌混交模式

7.2.3　技术效果

1. 林内水分分配

不同样地类型地表径流量在不同降雨下基本呈现相同规律，即地表径流量为荒草坡＞针阔混交林＞云南松林＞华山松林＞常绿阔叶林，以常绿阔叶林最小，主要是因为常绿阔叶林具有较大的郁闭度、枯落物蓄积量及土壤孔隙度，能有效拦蓄径流，降低地表径流量。

树干径流量受降雨量、林冠冠幅等因素影响。几次降雨过程，树干茎流量均呈现相同的规律，即华山松林＞云南松林＞针阔混交林＞阔叶林。云南松林较华山松林树干径流量低，主要是因为云南松树干粗糙，能吸收大量水分，导致树干径流量相对降低。

穿透雨量和林冠截留率受林冠郁闭度、树种组成、林分密度、叶表面积等因素影响。林内穿透雨量和林冠截留率呈相反规律，即穿透雨量越大，林冠截留率越小，且树干径流量相较于穿透雨量可忽略不计。林冠截留率表现为，阔叶林＞针阔混交林＞华山松林＞云南松林，阔叶林因郁闭度大，叶表面积大，具有较强的林冠截留能力。

2. 林内径流养分含量

2013 年 7 月～2014 年 8 月，地表径流泥沙含量均是阔叶林最低，即阔叶林能有效降低径流泥沙含量，荒草坡和针阔混交林径流泥沙含量高；2014 年较 2013 年泥沙含量已有显著降低，而荒草坡泥沙含量明显增加，说明经过 1 年的人工抚育和群落构建，能很好地控制径流泥沙含量。径流 COD 含量以针叶林(云南松林和华山松林)含量最高，2014 年，COD 含量较 2013 年有明显的增加趋势，并以针阔混交林径流 COD 含量最低。径流总磷含量均表现为阔叶林最大，针阔混交林次之。且荒草坡、华山松林、云南松林径流总磷含量约为阔叶林含量的一半，原因可能是阔叶林枯落物蓄积，且较易分解，在径流的作用下枯落物中的养分发生淋溶等作用，从而导致径流总磷含量较高。径流总氮含量范围为 0.494～3.569mg/L，且以阔叶林含量最高，针阔混交林次之，荒草坡含量最低。地表径流量铵氮含量范围为 0.238～1.376mg/L，除 8 月 27 日，均以阔叶林铵氮含量最高。

3. 林内养分流失量

径流泥沙流失量均以荒草坡最大，流失范围为 354.29～6170.72mg/m^2，且均以阔叶林径流泥沙流失量最低，范围为 15.12～2110.48mg/m^2，进入 2014 年雨季，云南松林、华山松林、针阔混交林和阔叶林径流泥沙流失量明显减少，荒草坡无明显变化。原因在于一年森林植被的抚育和构建，增加了地被物储量，从而增加了地被物对地表径流的拦蓄和截留作用，并显著减少泥沙的输出。5 种不同样地类型 COD 输出量均有差异，径流 COD 输出量均以阔叶林最低，针阔混交林、华山松林和云南松林差异不明显，而荒草坡 COD 流失量仍较大。总磷流失量以荒草坡和针阔混交林最高，阔叶林次之，而总磷流失量在 0.012～0.591mg/m^2，针叶林流失量较低，原因主要是针叶林径流中总磷含量较低。径流总氮流失量以针阔混交林最大，阔叶林以径流总氮含量最大，最大流失量却维持在较低水平，范围为 0.114～3.537mg/m^2，说明阔叶林能很好控制林内总氮的流失。2014 年较 2013 年林内总氮流失量相对较低。铵氮流失量以针阔混交林最高，在 2014 年，林内铵氮含量流失量有明显降低，阔叶林铵氮流失量最低，对铵氮的控制效果最好。

4. 土壤养分含量的动态变化

土壤全磷含量均随着土层深度的增加而降低，且表现为针阔混交林＞阔叶林＞华山松林＞云南松林。0～20cm 土层全磷含量随雨季变化过程中，云南松林与阔叶林呈相反的变化趋势，而针阔混交林和华山松林呈相同的趋势，即在旱季达到最大，随着雨季的到来而逐渐降低。土壤全氮含量随土层深度的增加而降低，0～20cm 土层，华山松林、云南松林和阔叶林在旱季时均达到土壤全氮含量最大值；20～40cm 土层全氮含量均在旱季达到最大。表明旱季有利于土壤全氮含量的增加。土壤铵氮含量均呈现相同的变化规律，即铵氮含量随土层深度的增加而降低，并在雨季和旱季时达到土壤铵氮含量的最大值。0～20cm 土层，旱季土壤铵氮含量较雨季大，原因可能是在雨季土壤铵氮易与降雨形成的地表径流产生相互解吸和淋溶等作用从而进入径流产生流失，并最终造成 0～20cm 土层铵氮含量较低。20～40cm 及 40～60cm 土层铵氮含量均表现为旱季低于雨季，主要是该土壤层铵氮与地表径流的作用较低所致。

5. 群落演替对土壤有机碳的影响

群落正向演替，能显著增加 0～20cm 土壤层有机碳的含量，而在 20～40cm 与 40～60cm 土壤层中，出现先降低后逐渐增加的趋势。土壤有机碳的含量随着土壤层深度的增加而逐渐降低。各土层土壤易氧化有机碳含量随群落演替呈相同的变化规律。即先增加，演替到云南松林时含量有所降低，之后又逐渐增加并在阔叶林时达到最大。土壤微生物量碳含量可以间接反映土壤微生物的生物量、数量等生理指标。0～20cm 土层，土壤微生物量碳含量随群落演替先增加，并在云南松林降到最低值，即 105.06mg/kg，之后逐渐增加并以阔叶林最大，为 675.67mg/kg。20～40cm 和 40～60cm 土层微生物量碳表现为先降低，后逐渐增加的趋势，并以云南松林最低，分别为 89.92mg/kg 和 34.42mg/kg，以阔叶林最高，分别为 426.82mg/kg 和 391.12mg/kg。

综上，林冠层、枯落物层和土壤层作为森林生态系统水土保持效应的关键因素，林冠层郁闭度的增加能显著增加林冠层的截留率，枯落物蓄积量的增加能显著增加枯落物层最大持水量，增强对地表径流的拦蓄作用，土壤容重越小，孔隙度越大，越能增加土壤持水力，降低地表径流量。地表径流量的降低能显著降低泥沙的输出量，并显著减少 N 和 P 的输出。阔叶林具有较大的林冠郁闭度和降雨截留率、枯落物蓄积量、土壤孔隙度，能有效减少降雨产生的地表径流量，降低泥沙、N 和 P 等养分的输出，对滇池流域的水体保护及富营养化控制有着重要的意义。

6. 群落优化配置效果

1）群落构建与优化对土壤持水能力的影响

土壤含水率随着土层深度增加而逐渐减小，0～20cm、20～40cm 土层的含水率分别为 25.03%～32.03%、24.13%～30.69%，前者最低为荒草坡，最高为优化后的常绿阔叶林；

后者最低为人工林，最高为优化后的常绿阔叶交林。优化后的林分土壤平均含水率较未优化的有所增加，平均含水率大小为常绿阔叶林(优化)＞云南松林(优化)＞针阔混交林(优化)＞华山松林(优化)＞人工林＞荒草坡。

不同林分类型土壤容重与土壤含水率规律相反，随着土层深度的增加，土壤容重逐渐增大，0～20cm、20～40cm 土层的容重分别为 1.16%～1.58%、1.22%～1.69%，两土层最高和最低值分别都是荒草坡和优化后的常绿阔叶林。优化后的所有林分 0～20cm 和 20～40cm 土壤容重都较未优化的有所下降，优化处理后土壤容重大小表现为荒草坡＞人工林＞云南松林(优化)＞华山松林(优化)＞针阔混交林(优化)＞常绿阔叶林(优化)。土壤孔隙度的大小关系着土壤的透水性、透气性和紧实度。由表 7-9 可见，土层越深，总孔隙度、毛管孔隙度越小，荒草坡土壤孔隙度最小，优化后的常绿阔叶林孔隙度最大，说明其土壤结构松散，能很好地储存水分和养分。优化后的土壤孔隙度大小有所增加，优化后的华山松林、云南松林、针阔混交林、常绿阔叶林总孔隙度分别比未优化的增加了 3.04%、0.44%、1.47%、11.53%。

土壤持水力均以 0～20cm 土层最高，且 0～40cm 土层的土壤持水力以优化后的华山松林最高，为 403.6t/hm^2，其次是优化后的常绿阔叶林，优化后的针阔混交林最小，为 236.0t/hm^2。

表 7-9　不同林分类型土壤物理性质

林分类型	土壤层次/cm	土壤容重/(g·cm^3)	自然含水率/%	毛管孔隙度/%	非毛管孔隙度/%	总孔隙度/%	持水力/(t/hm^2)
荒草坡	0～20	1.58	25.03	32.11	8.21	40.32	164.2
	20～40	1.69	24.91	27.69	7.29	34.98	145.8
人工林	0～20	1.46	26.11	35.66	9.33	44.99	186.6
	20～40	1.53	24.13	30.45	8.65	39.10	173.0
华山松林(未优化)	0～20	1.33	26.73	39.78	10.01	49.79	200.2
	20～40	1.41	26.22	34.88	8.32	43.20	166.4
华山松林(优化)	0～20	1.28	27.33	40.03	11.04	51.07	220.8
	20～40	1.32	27.09	35.56	9.14	44.70	182.8
云南松林(未优化)	0～20	1.32	28.89	35.44	9.11	44.55	182.2
	20～40	1.47	26.14	32.14	7.21	39.35	144.2
云南松林(优化)	0～20	1.27	30.37	37.91	8.44	46.35	168.8
	20～40	1.35	26.36	33.49	6.39	39.88	127.8
针阔混交林(未优化)	0～20	1.33	29.05	43.22	9.02	52.24	180.4
	20～40	1.46	27.66	39.45	8.09	47.54	161.8
针阔混交林(优化)	0～20	1.20	29.33	48.21	6.69	54.90	133.8
	20～40	1.24	28.46	42.33	5.11	47.44	102.2
常绿阔叶林(未优化)	0～20	1.22	27.92	43.45	8.13	51.58	162.6
	20～40	1.35	25.67	40.26	5.66	45.92	113.2
常绿阔叶林(优化)	0～20	1.16	32.03	44.64	10.33	54.97	206.6
	20～40	1.22	30.69	41.92	8.04	49.96	160.8

2）群落构建与优化对径流和养分流失的影响

经监测期间 10 次降雨各林分类型对照与处理径流量累积流失量测定，荒草坡产生的累积径流量（以每次 236L 计）是构建人工林的 2.21 倍，另外 4 种林分，对照产生的累积径流量明显高于优化处理后的，分别高 1.80、1.51、1.62、1.71 倍。表明群落构建可有效地削减地表径流量，而群落优化效果最为明显的是华山松林。

各林分径流总氮输出量存在显著差异，且随降雨量的增加而增加。在 6 月 11 日、7 月 16 日、8 月 11 日、9 月 15 日、10 月 7 日这 5 个降雨观测点，各群落总氮累积流失量为 275.87～1066.52g/hm^2，以荒草坡流失量最大，处理后的常绿阔叶林最小。荒草坡累积流失的总氮较人工林高，可见群落构建对保持养分的流出具有效果。优化处理后的华山松林、云南松林、针阔混交林、常绿阔叶林也较未优化的有所降低，群落优化对次生林总氮输出量有控制效果。优化对次生林总氮累积流失量减少效果最明显的为常绿阔叶林。

与总氮累积流失总体趋势相同，检测期内总磷累积流失量表现为荒草坡＞人工林、优化＞未优化，各群落总磷累积流失量为 34.07～288.43g/hm^2，流失量最大的群落为荒草坡，最小的为优化后的常绿阔叶林。优化对次生林总磷累积流失量减少效果最明显的为华山松林和常绿阔叶林。

在 6 月 11 日、7 月 16 日、8 月 11 日、9 月 15 日、10 月 7 日这 5 个降雨观测点，COD 流失量为 336.41～8507.88g/hm^2，以荒草坡流失量最大，处理后的常绿阔叶林最小。优化处理后的华山松林、云南松林、针阔混交林、常绿阔叶林也较对照有所降低，优化对次生林 COD 流失量减少效果最明显的为云南松林。

面山次生林最佳水源涵养能力植物群落遴选和配置技术明确了影响滇池流域面山次生林水源涵养能力的关键立地条件和群落结构因子，在此基础上，构建适合滇池流域当地居民生产生活习惯的面山次生林保护关键技术，集成了关键物种的抚育、有效植物群落的优化设计、次生林地保护等面山次生林保护综合技术，达到有效提高面山次生林水源涵养能力和削减面源污染的效果，具有一定的创新性。

7.2.4 环境、经济和社会效益

林冠层、枯落物层和土壤层是森林生态系统水土保持效应的关键因素。林冠层郁闭度的增加能显著增加林冠层的截留率，枯落物蓄积量的增加能显著增加枯落物层最大持水量，增强对地表径流的拦蓄作用，土壤容重越小，孔隙度越大，越能增加土壤持水力，降低地表径流量。地表径流量的降低能显著降低泥沙的输出量，并显著减少 N 和 P 的输出。

阔叶林具有较大的林冠郁闭度和降雨截留率、枯落物蓄积量、土壤孔隙度，能有效减少降雨产生的地表径流量，降低泥沙、N 和 P 等养分的输出，对滇池流域的水体保护及富营养化控制有着重要的意义。

7.3　面山造林困难地区植被重建技术

7.3.1　技术简介

本技术采用生态学的一般原理进行植被构建，关键考虑植物适生性和群落结构的合理性，重点考虑生态效益，兼顾经济效益。经过两年的研究，筛选出适合滇池流域种植的植物物种及适合面山造林困难地地形的 4 种恢复模式：陡坡山地带状工程水土保持模式、石质山地保育及开发模式、石质山地薄层土壤植被恢复模式、陡坡山地自然禁封恢复模式，其中两种针对侵蚀陡坡，两种针对土壤薄层石质山地，对滇池流域面源污染负荷削减均达到 30%以上，面山水源涵养能力提高了 30%。

7.3.2　技术设计

在示范区选择一造林困难坡面，建成 5 个 $100m^2$ 的径流小区，规格为宽 5m（与等高线平行），长 20m（顺坡面水平投影），上方及两侧分别用地下 15cm，地上 20cm 的石棉瓦围隔，下端用彩钢瓦水槽收集径流，再连接 PVC 管接入径流收集桶（容积为 200L 的铁质废旧油桶），在径流小区内种植不同的人工群落模式，并辅以工程设施，共建立起 4 种模式，在雨季，每个小区独立采集水样进行研究，雨旱交替季进行植物生长量及土壤相关指标的测定。表 7-10 为每个小区的处理方式、主要功能及植物种类。

表 7-10　四种面山造林困难地利用模式基本情况

所属恢复模式	处理方式	所用植物	主要功能
陡坡山地带状工程水土保持模式	工程措施：隔坡水平沟 植物种植：沟内种植剑麻植物篱，沟下坡熟土带播撒灌木种子	剑麻（*Agave sisalana*）、地石榴（*Ficus tikoua*）、云南相思（*Acacia Yannanensis* Franch.）、木豆（*Cajanuscajan*（Linn.） Millsp.）、车桑子（*DodonaeaViscosa*（Linn.） Jacq.Enum.）、银合欢（*Leucaena leucocephala*（Lam.）deWit）	减少水土流失、恢复乡土物种
石质山地保育及开发模式	工程措施：鱼鳞坑、种植沟 植物种植：坡顶、坡中进行乔+灌+草立体鱼鳞坑种植，坡底种植沟内经济作物（花椒）	紫花苜蓿（*Medicago sativa* L.）、花椒（*Zanthoxylum Bungeanum* Maxim.）、金合欢（*Acacia farnesiana*（Linn）Willd）、木豆（*Cajanus cajan*（Linn.）Millsp.）	恢复山地土壤的生产功能，提高系统的经济效益
石质山地薄层土壤植被恢复模式	工程措施：隔坡水平沟、鱼鳞坑 植物种植：水平沟种植花期长的豆科灌木，沟下坡熟土扦插象草，水平沟之间的鱼鳞坑种植地石榴	黄花槐（*Cassia surattensis* Burm.f.）、金合欢（*Acacia farnesiana*（Linn） Willd）、象草（*Pennisetum purpureum* Schum.）、地石榴（*Ficus tikoua*）	利用不同措施，选择耐瘠薄而且根系发达的植物提高退化土壤系统的植被覆盖率，最终达到省工、省力且能绿化、美化的效果
	工程措施：鱼鳞坑 植物种植：在鱼鳞坑内种植耐瘠薄、根系发达的豆科灌草植物	黄花槐（*Cassia surattensis* Burm.f.）、紫花苜蓿（*Medicago sativa* L.）、木豆（*Cajanus cajan*（Linn.） Millsp.）	

续表

所属恢复模式	处理方式	所用植物	主要功能
陡坡山地自然禁封恢复模式	禁止当地农民进入小区放牧	自然状态下的植物(以禾本科草本植物为主)	促进乡土植物的生长，保护土壤防止流失

每场雨过后，小区的径流及泥沙全部进入主径流桶和分径流桶中，用钢卷尺测定桶中的径流水深，并计算径流量。用木棍将径流桶中的水搅匀，用取样瓶取 3L，带回实验室测定。测定项目选择表征水土流失及面源污染的指标：径流量、径流中的泥沙含量(SS)、径流中的总氮(TN)、总磷(TP)、径流中的溶解态 N、P 含量、径流中的 COD 总量。总氮采用碱性过硫酸钾消解紫外分光光度法；化学需氧量采用重铬酸盐法；总磷采用钼酸铵分光光度法；溶解态氮、磷使用 0.45μm 微孔滤膜过滤再用总氮及总磷的方法测定；径流中泥沙含量采用烘干法测定；径流量通过直接测定径流收集桶中的径流体积获得。

土壤容重采用环刀取土法测定，土壤含水量的测定采用铝盒取土烘干称重的方法。土壤容重及含水量分别在 2012 年 10 月、2013 年 10 月测定。

植物的基径、胸径、叶厚采用游标卡尺测量，株高采用卷尺测量，叶数则直接对已经全部展开成熟的叶片进行计数。

7.3.3 技术效果

1. 2013 年 6 月～2014 年 8 月各模式群落污染物输出分析

在试验小区的种植模式确立、种植之前，即 2013 年 6 月，进行了两次降雨径流的采集及分析工作，目的是摸清面山造林困难区的污染输出情况，为研究工作提供前期数据支撑。

在 5 种植物种植模式都已确定并种植完成的基础上，于 2013 年 7 月～2013 年 10 月进行了 4 个月的雨水截流及污染物输出监测，共监测 10 次降雨径流数据。于 2014 年 6 月～2014 年 9 月共监测了 5 次降雨径流数据。以下进行每个小区中 7 个指标在 17 场雨中的变化比较，以直观反映监测指标的动态变化。

1 号小区在人工群落及工程措施实施前，径流的 TN 含量在 6mg/L 以上，而进行人工恢复以后的第 1 年，径流中 TN 含量有了显著的降低，只有一次降雨后 TN 含量在 6mg/L 以上，其他 9 次径流 TN 含量都在 0～5mg/L。在植物生长 1 年以后，2014 年的 5 场雨后径流中的 TN 进一步降低，在 0～2mg/L。两次检测显示降雨径流中 TP 的含量在 1.5～2.5mg/L，构建人工群落的第 1 年，仅有 1 次降雨径流中 TP 含量超过 2mg/L，其余 9 次都在 1mg/L 以下。在植物生长满 1 年后，径流中 TN 进一步降低，5 场雨后检测 TP 含量均低于 0.5mg/L。降雨径流中可溶态 N 含量在 1～1.5mg/L，在种植植物以后，径流中的可溶态 N 在前 4 场雨中含量较高，以后的几场雨后又显著下降，均降低到 0.5mg/L 以下。2014 年降雨径流中可溶态 N 含量均降低到了 0.5mg/L 以下。降雨径流中的可溶态 P 含量接近 0.5mg/L，构建人工群落之后，其中一场雨径流中可溶态 P 含量在 2mg/L，其他 9 场雨径流中可溶态 P 都低于 0.2mg/L。2014 年的 5 场雨，可溶态 P 更是降低到了 0.01mg/L 以下。

降雨径流中 COD 含量在 300mg/L 以上，在构建之后，COD 含量显著下降，但在第 1 年中波动还比较大。在 2014 年中，降雨径流中的 COD 进一步降低，整体来看是逐年降低的趋势。降雨径流中 SS 含量稳定在 4000～5000mg/L，人工群落构建之后，2013 年有一场雨出现了 SS 的极值 7000mg/L，其余降雨中 SS 含量都降低到了 2000mg/L 以下。2014 年的 5 场降雨中，SS 含量更是进一步降低到 1000mg/L 以下。在构建后的第一年，径流量有显著的降低，由 300L 一度降低到 100L 以下。在 2014 年，径流量又有升高趋势，这主要跟降雨强度以及降雨量有关，2014 年大雨相对较多。

2 号小区在人工群落构建之前，降雨径流中的 TN 含量为 5～7mg/L，在构建人工群落的第 1 年，TN 的含量波动比较大，但都低于构建前。到 2014 年，径流中 TN 的含量就都降低到了 4mg/L 以下。降雨径流中 TP 含量在 1.5～2.0mg/L，构建之后，前 3 场雨 TP 含量还较高，之后的降雨径流中 TP 含量都降低到了 0.5mg/L 以下。降雨径流中可溶态 N 含量在 1.0mg/L，构建群落之后的第 1 年，有一次降雨径流中可溶态 N 的含量超过 1.0mg/L，其他都有显著降低，有 8 次降雨径流中可溶态 N 降到了 0.2mg/L 以下。第 2 年的 5 场降雨也都低于 0.5mg/L。降雨径流中可溶态 P 的含量均大于 0.25mg/L，在构建群落以后，可溶态 P 含量迅速降低到 0.1mg/L 以下。构建的第 2 年每场雨 P 含量均降低到 0.01mg/L 以下。2 号小区的降雨径流中 COD 含量均大于 300mg/L，构建群落后的第 1 年，径流中 COD 含量波动较大，但总体呈现下降趋势。构建群落的第 2 年，降雨径流中 COD 含量显著下降。降雨径流中 SS 含量均大于 4000mg/L，在构建人工群落的第 1 年，SS 下降显著，但波动性较大。第 2 年则保持稳定的低值水平。降雨径流量在 200L 以上，构建群落后的第 1 年降雨径流显著降低，但波动性较大。构建的第 2 年径流有所增加，这主要是由于第 2 年的降雨强度较第 1 年更大。

3 号小区在人工群落及工程设施构建之前，降雨径流中 TN 含量在 5mg/L 以上，在构建人工群落的第 1 年，径流中的 TN 显著下降，但还是呈波动性变化。在第 2 年，径流中 TN 含量进一步下降。降雨径流中 TP 含量均在 1.5mg/L 以上，在人工群落构建的第 1 年，有 2 次降雨径流中 TP 含量较高，超过了 2.0mg/L，其余 8 次降雨中径流 TP 含量都降低到了 0.5mg/L 以下。在群落构建的第 2 年，径流中 TP 含量又进一步降低。降雨径流中可溶态 N 含量为 0.8～1.4mg/L，群落构建的第 1 年，有一次降雨的可溶态 N 含量超过 1.4mg/L，其余 9 次降雨可溶态 N 含量都显著下降，均在 0.6mg/L 以下。群落构建的第 2 年，降雨径流中可溶态 N 含量均降低到 1.0mg/L 以下，并稳定降低。降雨径流中可溶态 P 含量均大于 0.3mg/L，在人工群落构建以后的第 1 年，径流中可溶态 P 含量显著降低，均低于 0.15mg/L。第 2 年里进一步降低到 0.01mg/L 以下。降雨径流中的 COD 在 300mg/L 以上，在构建群落之后 COD 下降显著，均在 250mg/L 以下，在构建群落的第 2 年，径流中 COD 含量均降低到 100mg/L 以下。降雨径流中 SS 含量均在 4000mg/L 以上，在构建人工群落后的第 1 年，降雨径流中的 SS 显著降低，均在 3000mg/L 以下。构建人工群落的第 2 年，降雨径流中的 SS 均降低到了 500mg/L 以下。降雨径流输出量均在 300L 以上，在人工群落构建以后，径流量有显著的降低。在构建后的第 2 年，径流输出量有一定程度的增加，这主要和降雨量及降雨强度有关。降雨径流中 TN 的含量都大于 6.0mg/L，在人工群落构建以后，TN 含量迅速降低到 2.0mg/L，其后又有波动，但整体呈降低水平。群落构建的第 2 年，降雨径流中的 TN 持续降低到 1.0mg/L 以下。

4 号小区在人工群落构建之前，降雨径流中 TP 含量均在 1.5mg/L 以上，在构建人工群落以后，每场降雨的径流中 TP 含量都低于 1.0mg/L，随着人工群落的生长完善，TP 含量更是降低到了 0.1mg/L 以下。降雨径流中可溶态 N 含量在 1.0mg/L 以上，在群落构建以后，降雨径流中的可溶性 N 含量降低到 0.8mg/L 以下，但还是有一定的波动，2013 年 10 月的一场雨可溶态 N 又上升到 1.6mg/L 以上。群落构建的第 2 年，径流中可溶态 N 均降低到 0.4mg/L 以下，并且较稳定。降雨径流中可溶态 P 含量为 0.15～0.30mg/L，在人工群落构建以后，降雨径流中可溶态 P 均降低到 0.1mg/L 以下。群落构建的第 2 年，可溶态 P 均降低到 0.05mg/L 以下。降雨径流中 COD 含量在 250mg/L 以上，在构建群落后的第 1 年，降雨径流中的 COD 含量降低到了 250mg/L 以下。第 2 年则均降低到了 100mg/L 以下。降雨径流中 SS 含量均高于 3500mg/L，在群落构建以后的第 1 年，径流中 SS 均降低到 3000mg/L 以下，但波动性较大。在群落构建的第 2 年，降雨径流中 SS 含量均降低到了 500mg/L 以下，SS 削减效果显著。降雨径流均在 250L 以上，在人工群落构建的第 1 年，降雨径流显著降低，均在 250L 以下。而群落构建的第 2 年，降雨径流又有所增加，这主要和降雨强度以及降雨量有关。

5 号小区在人工群落构建之前，降雨径流中 TN 含量在 6.0mg/L 左右，在人工群落构建之后的第 1 年，径流中 TN 含量显著降低，但波动性较大。在群落构建的第 2 年，径流中 TN 含量进一步降低并趋于稳定。降雨径流中 TP 含量在 1.5mg/L 以上，在人工群落构建以后的第 1 年，降雨径流中的 TP 含量下降到 1.0mg/L 以下。构建的第 2 年，降雨径流中的 TP 含量进一步降低，均降低到 0.5mg/L 以下。降雨径流中可溶性 N 的含量在 1.0mg/L 左右，人工群落构建的第 1 年，9 次降雨径流中可溶性 N 含量降低到 0.5mg/L 以下，但 10 月份的 1 次降雨径流中可溶性 N 含量有所升高。人工群落构建的第 2 年，降雨径流中的可溶性 N 含量均降低到 0.5mg/L 以下。降雨径流中可溶态 P 含量为 0.1～0.3mg/L，在人工群落构建以后，降雨径流中可溶态 P 含量降到了 0.1mg/L，但波动性较大。在群落构建的第 2 年，降雨径流中可溶态 P 含量均降低到了 0.01mg/L 以下。降雨径流中 COD 含量均为 300mg/L 以上，在构建人工群落之后，径流中 COD 含量显著下降，但波动性较大。在人工群落构建的第 2 年，COD 含量稳定在 100mg/L 以下。降雨径流中 SS 含量为 4000mg/L 以上，构建人工群落后的第 1 年，降雨径流中 SS 含量降低到 3000mg/L 以下。在构建人工群落的第 2 年，降雨径流中的 SS 稳定降低到 500mg/L 以下。降雨后的径流量在 250L 以上，在构建人工群落后的第 1 年，径流量有所下降。构建人工群落的第 2 年，降雨径流量又有所升高，这主要是由降雨量及降雨强度决定。

2. 不同模式群落 2013～2014 年雨季污染物输出综合比较

两种造林困难地共 4 种模式、5 个小区，经过 1 年的植物构建和 2 年的生长、测定，各人工群落及工程措施的结合使面山造林困难地的面源污染输出量大量降低，现比较见表 7-11。

表 7-11　2013～2014 年面源污染输出变化比较

小区编号		TN/(mg/L)	TP/(mg/L)	可溶 N/(mg/L)	可溶 P/(mg/L)	COD/(mg/L)	SS/(mg/L)	径流量/L
群落构建前污染物输出情况平均值(2 场雨)	1	3.70	1.89	1.17	0.38	353.5	4533	326.63
	2	6.13	1.74	1.28	0.35	319.5	4589.5	303.52
	3	6.13	1.97	1.14	0.34	381.5	4649.5	332.44
	4	3.23	1.88	1.17	0.24	325.5	4431	312.66
	5	3.26	1.88	1.03	0.22	367.0	4385	327.16
2013 年雨季污染物输出情况平均值(10 场雨)	1	2.65	0.55	0.54	0.27	113.13	1183.2	74.33
		28.38%	**70.90%**	**53.85%**	**28.95%**	**68.00%**	**73.90%**	**77.24%**
	2	2.02	0.55	0.24	0.03	108.51	1409.7	142.40
		67.05%	**68.39%**	**81.25%**	**91.43%**	**66.04%**	**69.28%**	**53.08%**
	3	1.67	0.72	0.26	0.04	88.81	852.8	57.22
		72.76%	**63.45%**	**77.19%**	**88.24%**	**76.72%**	**81.66%**	**82.79%**
	4	2.14	0.23	0.31	0.04	79.28	805.1	96.07
		33.75%	**87.77%**	**73.50%**	**83.33%**	**75.64%**	**81.83%**	**69.27%**
	5	1.49	0.26	0.18	0.08	102.13	702.7	90.67
		54.29%	**86.17%**	**82.52%**	**63.64%**	**72.17%**	**83.97%**	**72.29%**
2014 年雨季污染物输出情况平均值(5 场雨)	1	0.54	0.15	0.27	＜0.01	62.50	135.4	283.78
		85.41%	**92.06%**	**76.92%**	**＞97%**	**82.32%**	**97.01%**	**13.12%**
	2	1.93	0.08	0.23	＜0.01	24.52	203	598.00
		68.52%	**95.40%**	**82.03%**	**＞97%**	**92.33%**	**95.58%**	**+97.02%**
	3	1.04	0.29	0.45	＜0.01	45.06	233.6	233.64
		83.03%	**85.28%**	**60.53%**	**＞97%**	**88.19%**	**94.98%**	**29.72%**
	4	1.29	0.02	0.23	＜0.01	42.28	145.2	259.56
		60.06%	**98.94%**	**80.34%**	**＞96%**	**87.01%**	**96.72%**	**16.98%**
	5	1.44	0.05	0.21	＜0.01	39.58	139.8	256.67
		55.83%	**97.34%**	**79.61%**	**＞95%**	**89.22%**	**96.81%**	**21.55%**

注：表中加粗数值为与构建群落前收集的径流各指标平均值比较降低的百分比。

由上表可知，在群落构建的第 1 年就有效控制了面山造林困难地的面源污染输出，削减程度都达到 50%以上，说明工程措施和植物群落的有效结合在治理山地面源污染方面有显著的成效，适合大力推广。在植物群落构建 1 年以后，植物经过了一段时间的扎根、改土、繁殖，其在面源污染控制方面有了更进一步的提升，削减率都达到了 60%以上，有的甚至达到了 90%以上，这说明 2 种陡坡山地恢复模式和 3 种薄层土壤恢复模式都成功地定植到了造林困难山地，并逐年提升着自己的生态功能。

3. 不同模式群落综合截污能力比较

不同模式群落截污能力比较采用模糊隶属函数法，计算 5 个模式的截污能力隶属度来评价不同处理的综合截污能力。根据公式，先求出各污染指标在各模式中的隶属函数数值，然后对各物种隶属函数值进行累加，求其平均值，得出综合评价指标值。相关计算公式如下：

$$X(u) = (X - X_{\min}) / (X_{\max} - X_{\min}) \tag{7-1}$$

$$X(u) = 1 - (X - X_{\min}) / (X_{\max} - X_{\min}) \tag{7-2}$$

式(7-1)、式(7-2)中，$X(u)$为某模式某指标的截污隶属函数，X为该品种该指标的测定值，$X_{\max}$和$X_{\min}$为该指标最大和最小测定值。如果指标与截污能力成正相关，则使用公式(7-1)进行计算，如果指标与截污能力成负相关，则使用公式(7-2)进行计算。将每个模式各指标的截污能力隶属数值累加起来，求其平均数即为该模式的截污能力隶属函数，隶属函数均值越大，说明该模式的截污能力就越强，具体详见表 7-12。

表 7-12 不同模式群落截污能力综合评价指标

指标		群落模式				
		1	2	3	4	5
2013 年（10 场雨）	全 N 含量	0.6330	0.6406	0.6810	0.7774	0.7280
	全 P 含量	0.8018	0.7327	0.7873	0.7596	0.6916
	CODcr	0.6616	0.7257	0.6529	0.6919	0.8164
	SS	0.8416	0.8283	0.6497	0.7412	0.7250
	径流量	0.6672	0.6908	0.7206	0.6553	0.7162
	可溶态 N 含量	0.6897	0.8593	0.8435	0.8013	0.8885
	可溶态 P 含量	0.8757	0.5571	0.6273	0.5889	0.8545
	平均值	0.7387	0.7192	0.7089	0.7165	0.7743
	排序	2	3	5	4	1
2014 年（5 场雨）	全 N 含量	0.5677	0.4462	0.7066	0.7494	0.4355
	全 P 含量	0.6273	0.6429	0.7410	0.6333	0.6875
	CODcr	0.6091	0.7434	0.5152	0.7504	0.6398
	SS	0.7291	0.4596	0.4635	0.6109	0.5145
	径流量	0.5253	0.2740	0.5156	0.5733	0.5385
	可溶态 N 含量	0.4683	0.6970	0.6615	0.5391	0.1444
	可溶态 P 含量	—	—	—	—	—
	平均值	0.5878	0.5438	0.6006	0.6427	0.4934
	排序	3	4	2	1	5

注：2014 年 5 场雨采集的径流中可溶态 P 含量都低于检出限 0.01mg/L，可比性不强，因此用“—”代替，不计入计算中。群落模式 1—陡坡山地带状工程水土保持模式；群落模式 2—石质山地保育及开发模式；群落模式 3—石质山地薄层土壤植被恢复模式(乔灌草)；群落模式 4—石质山地薄层土壤植被恢复模式(豆科灌草)；群落模式 5—陡坡山地自然禁封模式。

由表 7-12 模糊隶属函数分析可知，2013 年(即群落构建的第 1 年)各群落的截污能力大小顺序为：5＞1＞2＞4＞3，这表示在人工群落构建的第 1 年，由于工程措施导致部分土壤被翻动，容易随降雨径流流失，导致截污能力有所下降，因此，第 1 年时模式 5，即自然禁封模式的截污能力较强。另外，模式 1 对剑麻和隔坡水平沟在种植第 1 年就表现出较强的截污能力。模式 1 和模式 5 均是针对陡坡山地的植物群落构建模式，在陡坡山地的综合治理方面都起到了重要作用。

2014 年(即群落经过 1 年的生长后)各群落的截污能力大小顺序为：4＞3＞1＞2＞5，这表明在人工群落构建的第 2 年，植物经过 1 年的生长及改土、固土等综合治理，在截污功能方面已经超过了自然禁封模式，正在发挥其优良的生态效应。

4. 2012～2013 年不同模式群落土壤参数分析

不同模式的植物群落对土壤结构的改良作用有一定的差异(表 7-13)。但 5 种模式对 0～5cm 表土的改良作用均要大于对 5～10cm 土壤的作用。其中，4 号小区对 0～5cm 土壤的改良作用最明显，在植物定植后土壤的容重降低了 13.01%，5 号小区 0～5cm 表土的容重也降低了 10.49。

在对土壤含水量的影响方面，5 个小区土壤含水量的增加量都大于 10%，其中 1 号小区的土壤含水量增加量均大于 20%。

表 7-13　不同模式群落土壤参数变化

小区号	土壤深度/cm	土壤容重/(g/cm³)			土壤含水量/%		
		2012 年 10 月	2013 年 10 月	容重变化	2012 年 10 月	2013 年 10 月	含水量变化
1	0～5	1.62±0.03	1.55±0.02	4.32%	31.54±3.43	39.49±1.38	25.20%
	5～10	1.51±0.02	1.39±0.03	7.95%	35.98±3.23	43.29±1.89	20.32%
2	0～5	1.53±0.01	1.43±0.03	3.74%	40.84±2.51	47.18±2.78	15.52%
	5～10	1.50±0.03	1.41±0.02	6.00%	47.79±2.46	55.62±2.84	13.48%
3	0～5	1.48±0.02	1.36±0.02	8.11%	33.46±2.44	39.30±1.17	17.45%
	5～10	1.43±0.02	1.39±0.04	2.80%	37.76±2.35	42.37±2.04	12.21%
4	0～5	1.46±0.02	1.27±0.02	13.01%	35.55±2.44	40.90±3.94	15.05%
	5～10	1.45±0.04	1.43±0.02	1.38%	39.40±1.25	48.57±1.60	23.27%
5	0～5	1.43±0.03	1.28±0.03	10.49%	42.66±2.26	47.19±2.16	10.62%
	5～10	1.48±0.02	1.35±0.04	8.78%	43.60±1.95	52.58±2.03	13.22%

5. 2013 年 10 月项目区植物相关参数的测定

植物构建以后，经过 4 个月的生长，对其进行了生长量的相关测定。表 7-14 所示，1 号小区剑麻在 2013 年雨季中，株高增加了 51.46%，叶数增加了 150%，叶厚增加了 60.10%，说明剑麻在侵蚀陡坡生长良好。木豆利用种子种植方式，经过 1 个生长季也生长良好。

表 7-14　1 号小区植物生长量

植物名称			株高/cm	叶数	叶厚/mm	基径/mm
2013 年 6 月	剑麻	平均值	24.72	3.60	2.03	—
		标准差	1.27	0.55	0.21	—

续表

植物名称			株高/cm	叶数	叶厚/mm	基径/mm
2013 年 6 月	木豆	平均值	—	—	—	—
		标准差	—	—	—	—
2013 年 10 月	剑麻	平均值	37.44	9.00	3.25	—
		标准差	4.75	1.22	0.34	—
	木豆	平均值	69.23	—	—	3.65
		标准差	3.79	—	—	0.26

表 7-15 所示，2 号小区黄花槐在经过 1 个雨季的生长后，株高增加 8.19%，胸径增加了 23.63%；金合欢的株高增长量为 17.57%，基径增长量为 19.06%；象草的株高增长量为 201.72%。

表 7-15 2 号小区植物生长量

植物名称			株高/cm	胸径/mm	基径/mm
2013 年 6 月	黄花槐	平均值	139.02	8.97	—
		标准差	44.87	4.63	—
	金合欢	平均值	26.80	—	3.20
		标准差	5.65	—	0.43
	象草	平均值	31.34	—	—
		标准差	1.42	—	—
2013 年 10 月	黄花槐	平均值	150.40	11.09	—
		标准差	47.21	4.23	—
	金合欢	平均值	31.51	—	3.81
		标准差	5.81	—	0.46
	象草	平均值	94.56	—	—
		标准差	9.25	—	—

表 7-16 所示，3 号小区采用植物定植方式并经过 1 个雨季以后，花椒株高的增长量为 10.94%，基径的增长量为 10.83%；金合欢株高的增长量为 15.16%，基径的增长量为 12.28%。

表 7-16 3 号小区植物生长量

植物名称			株高/cm	基径/mm
2013 年 6 月	花椒	平均值	35.57	3.97
		标准差	3.91	0.11
	金合欢	平均值	27.70	3.91
		标准差	2.78	0.09

续表

植物名称			株高/cm	基径/mm
2013 年 10 月	花椒	平均值	39.46	4.40
		标准差	3.86	0.11
	金合欢	平均值	31.90	4.39
		标准差	3.55	0.23

表 7-17 所示，4 号小区经过 1 个雨季，植物的生长情况为：黄花槐株高增长量为 4.21%，胸径的增长量为 11.41%；金合欢株高的增长量为 44%，基径的增长量为 24.71%。

表 7-17　4 号小区植物生长量

植物名称			株高/cm	胸径/mm	基径/mm
2013 年 6 月	黄花槐	平均值	136.66	10.96	—
		标准差	30.99	1.72	—
	金合欢	平均值	39.00	—	4.25
		标准差	9.36	—	0.64
2013 年 10 月	黄花槐	平均值	142.42	12.21	—
		标准差	31.93	1.75	—
	金合欢	平均值	56.16	—	5.30
		标准差	13.63	—	0.89

7.3.4　环境、经济和社会效益

(1) 5 种模式的人工群落降雨径流中 TN、TP、可溶态 N、可溶态 P、COD、SS 这 6 个指标在群落构建的 2 年中，降低幅度均远远大于 30%，有的甚至降低了 90%以上。但径流量降低的幅度不大，这主要跟降雨量及降雨强度密切相关。

(2) 通过对不同模式群落的截污能力进行综合比较得出：群落构建的第 1 年，各群落的截污能力大小顺序为：5＞1＞2＞4＞3；群落构建的第 2 年，各群落的截污能力大小顺序为：4＞3＞1＞2＞5。5 种群落在石质山地和侵蚀陡坡的治理中都起到了关键的作用，随着时间的推移，人工群落的截污能力逐渐超过了自然禁封恢复模式。

(3) 不同模式群落都对土壤结构及功能有一定的改良。4 号和 5 号小区对土壤容重的影响较大，均使容重降低 10%以上，说明这两种模式能使土壤的有机质含量增大。5 种群落模式都使土壤含水量增加了 10%以上，1 号小区和 4 号小区使土壤含水量增加了 20%以上。

(4) 经过 1 个雨季的生长结果显示，所选植物非常适应石质山地和侵蚀陡坡的环境，株高、基径、胸径、叶数等生长指标都有大幅增加。尤其是象草，在到达成活率 100%的前提下，其生长量增加量均达到了 200%以上。

7.4 最佳经果树-粮食作物复合经营模式及适宜物种遴选和配置技术

7.4.1 技术简介

针对滇池流域面山垦殖区的主要植物类型和复合模式，选择了桃树+大豆、桃树+玉米的等高种植模式，结合缓释肥施用，并利用农业秸秆覆盖以改变小地形增加地面糙率，减少地表径流和雨水对地表的冲击力，增加养分的循环利用，形成了经果—粮食作物复合模式的地表物养分循环技术。

7.4.2 技术设计

1. 试验设计

供试桃树品种为燕红(*Amygdalus persica* L.)，种植规格：行距 360cm，株距 250cm，栽培密度 75 株/亩，每个试验小区中均匀分布桃树 6 棵。大豆品种为早熟鲜食毛豆(*Glycine max*)，种植规格：16.7 万株/hm^2，行距 30cm，穴距 20cm，保护行 1m。供试玉米品种为滇超甜 1 号(*Zea mays* L.)，种植规格为行距 60cm，株距 30cm。

2013 年试验所选种植模式为桃树-大豆间作(A)，桃树-玉米间作(B)，桃树单作(C)，大豆单作(D)，玉米单作(E)。

2014 年试验针对桃树-大豆间作模式所施用的缓释肥量，根据 N：45kg/hm^2、P：40kg/hm^2、K：30kg/hm^2 的用量，分设计了 3 种不同的施用方式，处理 I 中施用 2/3 缓释尿素加 1/3 普通尿素(每个小区 0.75kg 缓释肥+0.60kg 复合肥)，处理 II 为全部施用缓释肥(每个小区 1.12kg 缓释肥)，处理III为全部施用复合肥(每个小区 1.8kg 复合肥)。每个模式设有三个重复。田间进行常规管理。

秸秆覆盖试验在 2014 年 6 月 2 日将毛豆种子播种到地里，行距 30cm，穴距 20cm，穴深 20cm，保护行 1m，施以相同量的复合肥。6 月 16 日进行秸秆覆盖，将秸秆切成 50cm 长左右均匀铺在小区内，A 处理覆盖 36kg，B 处理覆盖 54kg，E 处理不覆盖秸秆作为对照。

试验小区的水平投影面积均为 60m^2(12m×5m)，采用随机区组设计将其分为缓释肥和秸秆覆盖的 A、B、C、D、E 五个处理组，每个处理组 3 个重复。用石棉瓦将小区围成矩形，在每个小区左下角挖一个 70cm 深的坑，放置 1 个圆柱形聚乙烯塑料桶，并用 PVC 水管布设在小区左端，以便将小区产生的地表径流导入到塑料桶中。

2. 技术参数的筛选

根据水量平衡原理，冠层截留量的计算公式为

$$J = D - T - S$$

式中，J——冠层截留量，mm；

D——冠上水量，mm；

T——穿透雨量，mm；

S——茎秆流量，mm。

其中冠层上部水量的测定方法是在各试验小区中选取 3 株玉米或桃树，以每株玉米或桃树为中心，在其冠层东、南、西、北 4 个方向各均匀布置 1 个承雨筒(口径 15cm，高 20cm)。待每场降雨结束后，用量筒测出各承雨筒内水量，并利用筒口面积计算得出的平均值，即为该植株对应的实际冠层上水量 D(mm)。同时在 4 个方向的冠层下方各均匀布置 2 个承雨筒(承雨器口径 10cm，高度 20cm)，待降雨结束后，用量筒测出各承雨筒内水量，并利用筒口面积计算得出平均值，即得出该植株对应的实际穿透雨量 T(mm)。茎秆流量收集采用自制的带皮管收集瓶。用玻璃胶将剖开的皮管围绕一周固定在玉米茎秆和桃树干上，用一个口接入收集瓶。待每场降雨结束后，将筒中所收集到的水倒入量筒中测量其体积，并根据玉米和桃树种植的株行距将水量换算成茎秆流量 S(mm)。根据茎秆流量、穿透雨量、冠层截留量各占冠上水量的比例即可得出茎秆流率、穿透雨率、冠层截留率。

综合响应指数的计算公式为

$$\mathrm{RI}=\sum_{i=1}^{n}\left(\frac{t-c}{c}\right)\times 100\%$$

式中，RI——综合响应指数；

t——秸秆覆盖处理；

c——对照。

7.4.3　技术效果

1. 种植模式的比较分析与选择

1) 不同模式对地表径流流失与泥沙流失的控制

本阶段试验观测期为 2012 年 6 月至 2012 年 10 月，试验区域共有 67d 发生降雨，降雨总量 396mm，平均雨强 1.74mm/h。从降雨量来看，8 月降雨量最大，7 月次之，二者分别占了总降雨量的 42.5%和 23.6%，9 月降雨量最少，只占总降雨量的 8.23%。从降雨历时来看，8 月最长，为 102.9h，9 月降雨历时最短，只有 20.1h；从平均雨强来看，平均雨强 8 月最小为 1.63mm/h，7 月暴雨相对较为集中，平均雨强最大，为 2.02mm/h。

试验选取其中 9 场典型降雨事件，对各个模式的径流流失量与泥沙流失量进行分析。观测期间的产流产沙总量，径流流失量，由大到小依次为玉米单作(E)＞大豆单作(D)＞桃树-玉米间作(B)＞桃树单作(C)＞桃树-大豆间作(A)。桃树-大豆间作(A)削减效果最佳，径流流失量为 7.11L/m^2，相比于桃树单作(C)和大豆单作(D)模式，径流流失量削减了 7.66%和 18.27%。桃树-玉米间作(B)径流流失量为 7.94L/m^2，较桃树单作模式径流量增加了 3.11%，较玉米单作模式流失量减少了 8.74%。

泥沙流失量方面，由大到小依次为玉米单作(E)＞大豆单作(D)＞桃树单作(C)＞桃树

-大豆间作(A)＞桃树-玉米间作(B)。两种间作模式相比于各自的对照都有较好的控制效果，其中桃树-大豆间作(A)模式的泥沙流失量为 9.46kg/hm^2，较桃树单作和大豆单作模式分别削减了 13.36%和 49.33%。桃树-玉米间作(B)模式的泥沙流失量为 8.42kg/hm^2，在桃树单作和玉米单作的基础上分别削减了 22.89%和 34.46%。

基于最小显著差数法(LSD)的方差分析结果表明：径流流失量方面，桃树一大豆间作的径流流失量和泥沙流失量均显著低于桃树-玉米间作模式($P<0.05$)。而泥沙流失量方面桃树-大豆间作(A)与桃树-玉米间作(B)模式比较则差异不显著。

2) 不同模式对径流中 N、P 及 COD 流失的削减

在氮素流失量的控制方面，桃树-大豆间作和桃树-玉米间作模式相较于对应的单作对照模式均有较好的效果。

其中桃树-大豆间作模式的 TN、氨氮、硝氮流失量分别为 208.91g/hm^2、1.91g/hm^2、29.48g/hm^2。同桃树单作、大豆单作模式相比，TN 分别削减了 20.92%和 42.71%；氨氮分别削减了 35.69%和 63.75%；硝氮分别削减了 16.17%和 64.53%。桃树-玉米间作模式 TN、氨氮、硝氮流失量分别为 208.91g/hm^2、2.51g/hm^2、32.10g/hm^2。同桃树单作、玉米单作模式相比，TN 分别削减了 2.33%和 33.34%；氨氮分别削减了 15.48%和 42.95%；硝氮分别削减了 8.73%和 34.11%。

而对于磷的流失控制，桃树-大豆间作和桃树-玉米间作模式流失量分别为 21.47g/hm^2、30.73g/hm^2，控制效果均不理想。同桃树单作模式和大豆单作模式相比，桃树-大豆间作模式的 TP 流失量分别增加了 1.18%和 22.19%；同桃树单作模式和玉米单作模式相比，桃树-玉米间作模式的 TP 流失量分别增加了 44.81%和 126.79%。

两种间作模式相比，桃树-大豆间作模式有较好的效果。其 COD 流失量为 3.24kg/hm^2，而桃树-玉米间作模式 COD 流失量为 3.98kg/hm^2。

桃树-大豆间作模式同桃树单作、大豆单作模式相比，COD 流失量分别削减了 7.24%和 32.07%。桃树-玉米间作模式同桃树单作模式相比 COD 流失量增加了 13.71%，同玉米单作模式相比则削减了 23.82%。

3) 各模式中植物生长与截留能力比较

桃树-玉米间作模式中的玉米在株高、株幅和叶片数方面均不及玉米单作模式，可知在与桃树间作的模式中玉米的生长受到了抑制，生长状况不良。而在桃树-大豆间作模式中，大豆的生长状况则与此相反，其株高、株幅均显著的高于大豆单作。表明生长状况明显优于大豆单作。4 种模式的盖度属桃树-大豆模式最优，而桃树-玉米模式由于玉米生长受到抑制加之人为扰动较大，所以盖度最低，且显著的低于其他 3 个模式。而密植的大豆单作和玉米单作模式由于作物的正常生长其盖度同桃树大豆间作模式的差异并不显著。

桃树-大豆间作模式的冠层截留能力最强，冠层截留率达到了 31.19%，相比于桃树单作模式高出了 26.67%，其次桃树-玉米模式平均冠层截留率达到了 28.7%，平均穿透雨率仅为 36.6%。但与桃树单作模式比较则没有显著差异。玉米单作和玉米-花椒间作模式平均冠层截留率仅达到 10.7%和 9.8%，均穿透雨率则达到 59.1%和 64.9%。

2. 不同缓释肥条件对桃树大豆间作模式的影响

1) 不同处理条件对地表径流流失与泥沙流失的影响

本阶段试验观测期为 2014 年 6 月至 9 月，共记录试验区域形成径流的降雨 9 场。径流流失量方面，处理Ⅱ相比处理Ⅲ削减了 23.60%，处理Ⅰ相比处理Ⅲ削减 8.15%。泥沙流失量方面，处理Ⅱ相比对处理Ⅲ减了 18.55%，处理Ⅰ相比处理Ⅲ削减 5.25%。详见表 7-18。

表 7-18　不同模式径流流失量与泥沙流失量

降雨时间	径流流失量/m^3			泥沙流失量/g		
	Ⅰ	Ⅱ	Ⅲ	Ⅰ	Ⅱ	Ⅲ
2014.6.15	36.69±0.55	38.11±1.10	38.45±2.96	34.29±6.86	33.79±5.05	36.78±6.91
2014.3.34	50.36±0.78	49.24±2.66	53.90±2.27	43.66±5.64	44.67±2.37	44.04±1.74
2014.7.15	15.35±0.41	14.48±0.62	13.36±.101	20.10±1.99	24.69±10.53	15.92±0.68
2014.7.18	88.38±7.78	83.13±8.84	93.35±0.92	66.85±5.74	63.89±4.15	74.49±0.79
2014.8.10	22.58±17.35	10.66±4.75	24.69±12.33	25.80±7.49	10.75±3.66	18.80±6.74
2014.8.12	84.70±10.16	68.05±23.12	88.68±4.18	69.53±9.60	54.94±17.80	65.36±14.14
2014.8.20	69.33±17.05	61.20±45.02	71.70±38.46	54.09±9.68	53.60±31.20	60.74±23.63
2014.8.26	50.12±4.25	36.08±1.19	65.84±2.36	32.57±3.65	28.65±3.14	58.21±6.79
2014.8.27	87.46±4.79	55.82±32.66	92.54±1.37	69.89±3.70	40.16±24.55	68.49±3.39
总计	1503.13	1250.26	1633.75	1258.73	1081.98	1328.54

注：处理Ⅰ. 施用 2/3 缓释尿素+1/3 普通尿素；处理Ⅱ. 全部施用缓释肥；处理Ⅲ. 全部施用复合肥。

根据表 7-10 的观测统计数据，径流小区产沙量 y 与产流量 x 之间的线性关系显著，3 种处理坡面径流量与产沙量之间的关系详见表 7-19。从拟合方程的斜率可以看出，同 1 种植模式的 3 种施肥处理方式，其径流流失与泥沙流失之间的关系差异并不显著。

表 7-19　不同模式径流流失量与泥沙流失量的关系

处理	方程	R^2
Ⅰ	y=0.6683x+9.416	0.9495
Ⅱ	y=0.6597x+8.777	0.9384
Ⅲ	y=0.7111x+4.042	0.9404

2) 不同处理条件对径流中 N、P 流失的影响

不同处理条件的径流 TN 流失量由大至小顺序依次为：处理Ⅲ＞处理Ⅰ＞处理Ⅱ。处理Ⅲ最高达到了 64.01kg/hm^2，其中处理Ⅱ流失量为 31.17kg/hm^2，显著(P＜0.05)低于处理Ⅲ和处理Ⅰ，TN 流失量分别削减了 51.29%和 25.57%。

径流 TP 流失量方面，由大至小顺序依次为：处理Ⅲ＞处理Ⅰ＞处理Ⅱ。处理Ⅲ最高达到了 18.90kg/hm^2，其中处理Ⅱ流失量为 7.66kg/hm^2，显著(P＜0.05)低于处理Ⅲ和处理

Ⅰ，TP 流失量分别削减了 59.47%和 35.35%。

3) 不同处理条件对大豆生长的影响

处理Ⅱ在后期株高、株幅和盖度 3 个方面均优于处理Ⅰ和处理Ⅲ。

大豆根系的生长方面，表现为全部施用缓释肥的处理Ⅱ在单株根长和单株根重上优于处理Ⅰ与处理Ⅲ。但在根瘤数目上则显著低于处理Ⅰ与处理Ⅲ，可能的原因在于缓释肥的施用使大豆生长后期土壤中仍保持相对较高的氮含量，这对大豆根瘤的生长产生了一定的抑制作用。

4 次降雨的记录结果表明，处理Ⅰ的冠层截留能力最强，平均冠层截留率达到了 29.45%，平均穿透雨率为 41.18%。但与处理Ⅱ、处理Ⅲ比较则没有显著差异。可知桃树-大豆间作模式的冠层截留率为 27.3%～29.45%，而树干径流率为 29.34%～31.27%，穿透雨率为 41.84%～42.14%。

4) 不同处理条件下的产量比较

比较 3 种处理模式获得的桃树和大豆产量，可得全部施用缓释肥的处理Ⅱ桃树产量和大豆产量均略高于处理Ⅰ与处理Ⅲ，桃树亩产 625.6kg，大豆亩产 353.3kg。

3. 不同秸秆覆盖对桃树大豆间作体系中农田地表径流的削减

1) 不同秸秆覆盖处理对地表径流中 NH_3-N 含量的影响

秸秆覆盖能降低地表径流中的氨氮含量，并且随着时间的推移，削减程度在一定范围内增大，秸秆覆盖量为 36kg/小区在 8 月 26 日削减达到最大值，而 54kg/小区秸秆覆盖在 8 月 20 日削减达到最大值(表 7-20)。6 月 15 日、6 月 24 日、7 月 18 日、8 月 12 日和 8 月 20 日，覆盖量大的小区削减效果较明显。地表径流中氨氮含量均达到了《地表水环境质量标准》(GB 3838—2002) Ⅱ类，8 月 26 日，36kg/小区秸秆覆盖使得地表径流氨氮含量达到了Ⅰ类。

表 7-20 不同秸秆覆盖地表径流中氨氮含量

降雨时间	36kg/小区	变化率/%	54kg/小区	变化率/%	未覆盖
6.15	0.399	−15.5	0.377	−20.1	0.472
3.34	0.347	−1.1	0.242	−31.1	0.351
7.18	0.157	−38.2	0.144	−43.3	0.254
8.10	0.047	−78.0	0.083	−61.2	0.214
8.12	0.220	−18.2	0.065	−75.8	0.269
8.20	0.141	−52.2	0.048	−83.7	0.295
8.26	0.004	−98.8	0.084	−75.0	0.336

2) 不同秸秆覆盖处理对地表径流中 NO_3-N 含量的影响

无论何种处理条件，地表径流中硝态氮含量均随着时间推移而呈现下降趋势(8 月 10 日除外)。总体而言，与对照相比，54kg/小区秸秆覆盖对地表径流中硝态氮的削减程度大于 36kg/小区，并且在 8 月 26 日两种处理能对硝态氮均达到了最大削减效果。详见表 7-21。

表 7-21　不同秸秆覆盖地表径流中硝态氮含量

降雨时间	36kg/小区	变化率/%	54kg/小区	变化率/%	未覆盖
6.15	3.150	−24.3	3.387	−13.3	4.160
3.34	2.920	−2.9	1.960	−34.8	3.008
7.18	1.157	−24.2	0.764	−50.0	1.527
8.10	1.585	−30.4	1.595	−30.0	2.277
8.12	0.940	−44.6	0.267	−84.3	1.698
8.20	0.460	−67.9	0.317	−77.9	1.433
8.26	0.009	−99.3	0.023	−98.3	1.318

3) 不同秸秆覆盖处理对地表径流中 TN 含量的影响

地表径流中 TN 含量随着时间推移而降低(8 月 10 日和 8 月 26 日除外)，从削减程度上看，与对照相比，36kg/小区和 54kg/小区秸秆覆盖处理均在一定程度上削减了地表径流中的 TN 含量，但对于 TN 的削减，两种处理方式并未表现出明显的优势(表 7-22)。

6 月 15 日和 6 月 24 日，地表径流中 TN 含量为劣Ⅴ类，54kg/小区秸秆覆盖中的地表径流 TN 含量到 7 月 18 日达到了Ⅳ类标准，到 8 月 12 日达到了Ⅱ类标准，而 36kg/小区秸秆覆盖中的地表径流 TN 含量到 8 月 12 日才达到Ⅳ类标准，到 8 月 20 日才达到Ⅲ类标准，在 8 月 26 日，两种处理方式中的径流水质均有下降。从径流水质上看，54kg/小区秸秆覆盖对地表径流中 TN 的削减具有一定的促进作用。

表 7-22　同秸秆覆盖地表径流中总氮(TN)含量

降雨时间	36kg/小区	变化率/%	54kg/小区	变化率/%	未覆盖
6.15	4.295	−13.3	4.464	−13.0	5.130
3.34	3.835	−7.6	2.488	−40.0	4.150
7.18	1.832	−26.6	1.490	−40.3	2.496
8.10	2.525	−23.3	2.807	−18.0	3.322
8.12	1.214	−43.8	0.368	−83.0	2.160
8.20	0.642	−59.4	0.389	−75.4	1.582
8.26	1.091	−38.2	1.098	−37.8	1.765

4) 不同秸秆覆盖处理对地表径流中 TP 含量的影响

随着时间推移，54kg/小区秸秆覆盖和对照中的地表径流 TP 含量均持续下降，而 36kg/小区秸秆覆盖中的地表径流 TP 含量呈现较大的波动；覆盖 60d 内，54kg/小区秸秆覆盖对径流中 TP 的削减程度均大于 36kg/小区秸秆覆盖，60d 以后，54kg/小区秸秆覆盖对 TP 的削减效果逐渐下降，36kg/小区秸秆覆盖对 TP 的削减效果仍然能维持在相对较高水平(表 7-23)。

在 36kg/小区秸秆覆盖处理下，地表径流中的 TP 含量在 6 月 16 日至 8 月 12 日均为劣Ⅳ类，而到 8 月 20 日达到了Ⅱ类标准；54kg/小区秸秆覆盖处理结果如下：6 月 15 日至 8 月 20 日，径流中 TP 含量从劣Ⅳ类标准变为Ⅲ类。60d 后，36kg/小区秸秆覆盖相对于

54kg/小区秸秆覆盖表现出一定优势。

表 7-23 不同秸秆覆盖 6—8 月份地表径流中总磷(TP)含量

降雨时间	36kg/小区	变化率/%	54kg/小区	变化率/%	未覆盖
6.15	0.692	−44.7	0.497	−60.3	1.252
3.34	0.487	−56.0	0.355	−67.9	1.106
7.18	0.490	−51.0	0.335	−63.7	0.999
8.10	0.433	−56.1	0.265	−73.1	0.986
8.12	0.405	−54.6	0.257	−71.2	0.892
8.20	0.049	−81.6	0.130	−51.1	0.266
8.26	0.079	−69.5	0.157	−39.4	0.259

5) 不同秸秆覆盖处理对地表径流径流量的影响

随着时间推移，54kg/小区秸秆覆盖和对照中的地表径流均持续下降(8 月 27 日除外)，而 36kg/小区秸秆覆盖中的地表径流呈现较大的波动；覆盖 60d 内，54kg/小区秸秆覆盖对径流量的削减程度均大于 36kg/小区秸秆覆盖，60d 以后，54kg/小区秸秆覆盖对径流量的削减效果维持在较高水平(表 7-24)。

表 7-24 不同秸秆覆盖地表径流中径流量

降雨时间	36kg/小区	变化/%	54kg/小区	变化/%	未覆盖
6.15	35.18	−9	36.64	−5	38.45
3.34	52.39	−3	54.39	1	53.90
7.15	13.11	−19	13.21	−19	13.38
7.18	6.10	−3	5.62	−11	3.30
8.10	3.92	88	0.82	−61	2.08
8.12	5.21	−14	5.19	−14	6.06
8.20	5.59	11	2.35	−53	5.04
8.26	4.02	−17	2.56	−47	4.82
8.27	80.64	24	47.48	−27	65.29

6) 秸秆覆盖对不同生长期毛豆株高变化的影响

秸秆覆盖第 1 个月 A、B、E 三个处理中毛豆株高分别是 31.00cm、35.17cm、34.56cm；第 2 个月 A、B、E 三个处理中毛豆株高分别是 36.83cm、45.17cm、33.67cm；第 3 个月 A、B、E 三个处理中毛豆株高分别是 40.50cm、42.50cm、36.17cm。由此可见，秸秆覆盖能够较好地促进毛豆植株的生长，尤其是其盛花期的生长，其中，与对照相比，54kg/小区秸秆覆盖较 36kg/小区秸秆覆盖更能促进毛豆植株的生长。

7) 秸秆覆盖对不同生长期毛豆叶片数变化的影响

秸秆覆盖第 1 个月 A、B、E 三个处理中毛豆植株叶片数分别是 17 片、18 片、15 片；

第 2 个月 A、B、E 三个处理中毛豆植株叶片数分别是 27 片、34 片、21 片；第 3 个月 A、B、E 三个处理中毛豆植株叶片数分别是 21 片、24 片、20 片。在不同的生长期内，相对于无覆盖而言，54kg/小区秸秆覆盖最能促进毛豆植株叶片的生长，36kg/小区秸秆覆盖次之。因此，秸秆覆盖能促进植株叶片的生长，进而促进小区内毛豆群落盖度的建成，对拦截因降雨引起的地表径流起到了重要的作用。

8) 秸秆覆盖对不同生长期毛豆株重变化的影响

相对于无覆盖而言，秸秆覆盖能够大大增加毛豆植株的重量，然而，不同量秸秆覆盖对毛豆植株重量的改变又因生长期而异，即不同量秸秆覆盖对毛豆植株重量的改变具有一种“时间效应”。秸秆覆盖后第 1 个月，A、B、E 三个处理条件下毛豆植株重量分别为 15.92g、10.31g、9.67g，此时 36kg/小区秸秆覆盖更能促进植株重量的增加；而从第 2 个月开始，A、B、E 三个处理条件下毛豆植株重量分别为 14.73g、21.29g、9.56g；10.35g、11.07g、10.50g，30d 以后，54kg/小区秸秆覆盖则体现出了其对毛豆植株重量的增加效果。

9) 秸秆覆盖对不同生长期毛豆根长变化的影响

与株重的规律一致，相对于无覆盖而言，不同量秸秆覆盖对毛豆植株根长的改变也具有一种“时间效应”。秸秆覆盖后第 1 个月，A、B、E 三个处理条件下毛豆根长分别为：15.93cm、11.83cm、13.53cm，此时，36kg/小区秸秆覆盖更能促进毛豆根的生长；第 2 个月 A、B、E 三个处理条件下毛豆根长分别为：18.73cm、20.68cm、15.47cm；第 3 个月 A、B、E 三个处理条件下毛豆根长分别为：22.50cm、26.00cm、21.50cm，此时，54kg/小区秸秆覆盖更能促进毛豆根的生长。

10) 秸秆覆盖对不同生长期毛豆根重变化的影响

在不同生长期，秸秆覆盖均能不同程度地促进毛豆根系重量的增加。秸秆覆盖后第 1 个月，36kg/小区秸秆覆盖处理中毛豆的根重量最大，为 3.74g，54kg/小区秸秆覆盖和无覆盖中的毛豆根重相差不大，分别为 2.75g 和 2.69g；第 2 个月时，36kg/小区秸秆覆盖中毛豆的根重仍然最大，但此时其与 54kg/小区秸秆覆盖中的毛豆根重的差距明显缩小，分别为 4.53g 和 4.38g，均大于无覆盖；到第 3 个月，54kg/小区秸秆覆盖中的毛豆根重迅速增至最大，并明显区分于 36kg/小区秸秆覆盖中的毛豆根重。这表明 54kg/小区秸秆覆盖只有在一段时间(30d)后才能最大程度地发挥出其促进毛豆根系生长的作用。

11) 秸秆覆盖对不同生长期毛豆根瘤数变化的影响

不同生长期秸秆覆盖条件下毛豆根瘤数量变化主要呈现出两个方面的趋势，一方面与对照相比，秸秆覆盖均能增加毛豆根系的根瘤数量，而不同量秸秆覆盖对毛豆根系根瘤数量并未表现出明显的增加效应，另一方面，随着时间的推移，各个小区内毛豆根系根瘤数量均在不断减少。

12) 秸秆覆盖对不同生长期毛豆植株形态指标综合响应指数(RI)变化的影响

分别选取 36kg/小区秸秆覆盖和 54kg/小区秸秆覆盖条件下毛豆植株在不同生长期(第 1 个月、第 2 个月、第 3 个月)的株高、株重、根长、根重、叶片数、根瘤数 6 个形态指标，求出综合响应指数分别为：171、98、247、361、94、247。并通过比较综合响应指数大小，确定不同秸秆覆盖量对毛豆植株生长的影响，结果表明：从第 2 个月开始，54kg/小区秸秆覆盖中的毛豆综合响应指数才超过 36kg/小区秸秆覆盖，也就说明，36kg/小区秸秆覆盖和

54kg/小区秸秆覆盖在促进毛豆植株形态建成方面具有一定的时间效应。

13)秸秆覆盖对不同生长期毛豆产量变化的影响

毛豆产量与秸秆覆盖量呈正相关关系，无覆盖时毛豆产量为775kg/hm^2，36kg/小区秸秆覆盖和54kg/小区秸秆覆盖条件下毛豆产量分别为1286.11kg/hm^2、1369.44kg/hm^2，增产了66%和77%，按照每公斤14元的市场价格计算，36kg/小区秸秆覆盖和54kg/小区秸秆覆盖每公顷分别可使农民增收18005.54元和19172.16元，具有很好的增产效应和经济效益。

7.4.4 环境、经济和社会效益

(1)桃树-大豆间作模式在控制坡耕地地表径流流失、泥沙流失和N、P流失方面比桃树—玉米间作模式更为适合。

(2)桃树-大豆间作模式在不同缓释肥处理条件下，对径流中氮素的流失具有很好的控制效果，复合肥及缓释肥处理下的TN流失量，分别削减了25.57%和51.29%。

在桃树-大豆间作模式中，相比于部分施用缓释肥的处理模式和全部施用复合肥的处理模式，全部施用缓释肥的处理模式不仅对径流流失量以及泥沙流失量和径流中的N、P流失有很好的控制功能，同时也能在减少施肥的同时不影响作物的产量。

(3)54kg/小区秸秆覆盖对NH_4^+-N、NO_3^--N、TN、TP的削减程度均大于36kg/小区秸秆覆盖。对TN的削减效果具有时间长短的限制，秸秆覆盖对毛豆植株形态建成均具有一定程度的促进效应。不同量秸秆覆盖对毛豆生长及形态建成表现出明显的时间效应和空间效应。

7.5 面山垦殖区特色经果林-草群落构建技术

7.5.1 技术简介

结合云南特色农产品和滇池流域坡耕地与山地的特点，根据滇池流域面山坡耕地和退耕还林还草区的立地条件，因地制宜引进和开发面山垦殖区特色经果林草群落构建技术，在不降低农民收入的前提下，通过最佳特色经果林+中草药优化配置技术、特色经果林+牧草优化配置技术、特色经果林+废弃物循环利用构建技术，降低面山垦殖区面源污染输出量的30%以上。

7.5.2 技术设计

1. 试验设计

试验地点位于云南省昆明市大板桥镇，区域属亚热带高原季风气候，海拔1959m，近几年年平均气温15℃、年均降水量1000mm，试验小区土壤为山地红壤，试验区域为缓坡

地，于 2013 年 5 月中旬和 2014 年 5 月中旬分别建立试验小区，种植设计规格见表 7-25 和表 7-26。于每个小区下方开挖 1 个集水区，内置聚乙烯集水桶，并在桶上方连接 PVC 管，用于收集降雨时各小区产生的地表径流和径流携带的泥沙。小区之间修建土埂，便于汇水。

表 7-25　2013 年林草间作试验小区设计规格

作物及种植模式	规格	小区面积/m^2	数量/个
紫花苜蓿+鸭茅	12m×5m	60	3
紫花苜蓿+黑麦草	12m×5m	60	3
桃树-紫花苜蓿+鸭茅	12m×5m	60	3
桃树-紫花苜蓿+黑麦草	12m×5m	60	3
桃树单作	12m×5m	60	3

表 7-26　2014 年林药间作试验小区设计规格

作物及种植模式	规格	小区面积/m^2	数量/个
花椒-金银花	5m×6m	30	3
花椒-杭白菊	5m×6m	30	3
杭白菊单作	5m×6m	30	3
金银花单作	5m×6m	30	3
花椒单作	5m×6m	30	3

2. 试验材料和播种规格

2013 年试验：于 2013 年 5 月中旬对小区进行翻地播种，试验所用鸭茅（*Dactylis glomerata* L.）品种为美国安巴，紫花苜蓿（*Medicago sativa* Linn.）品种为美国 ML712，另外，还使用了黑麦草（*Lolium perenne* L.）。播种方式为条播。各种植物的播种规格见表 7-27。

2013 年试验所施基肥为农业用硝酸钾和粉状过磷酸钾，每个小区每种肥均施 500g。试验期间，于 8 月 13 日使用尿素对小区进行 1 次追肥。根据鸭茅和苜蓿的生长情况，于 2013 年 10 月 12 日对鸭茅和紫花苜蓿进行刈割称重。

2014 年试验：于 2014 年 5 月对小区进行苗期移栽，分别选择金银花（*Lonicera japonica* Thunb.）、杭白菊（*Chrysanthemum morifolium*）和花椒（*Zanthoxylum bungeanum*）2 年生苗进行移栽，同时，在不同的林药间作体系进行秸秆还田处理，秸秆还田量为秸秆用量：9000g/hm^2。各植物的种植规格见表 7-28。

表 7-27　2013 年不同林草种植模式的种植规格

种植模式	黑麦草		苜蓿		桃树		
	行距/cm	草量/g	行距/cm	草量/g	行距/cm	株距/cm	株数
桃树-紫花苜蓿+黑麦草	10	90	10	90	360	250	6
桃树-紫花苜蓿+鸭茅	10	90	10	90	360	250	6
牧草单作	10	45	10	45	—	—	—
桃树单作	—	—	—	—	360	250	6

表 7-28 2014 年不同林药种植模式的种植规格

种植模式	金银花			花椒		
	株距/m	行距/m	株数/株	株距/m	行距/m	株数/株
花椒-金银花	0.4	1	75	2	2.5	6
花椒-杭白菊	0.3	0.4	240	2	2.5	6
杭白菊单作	0.3	0.4	240			
金银花单作	0.4	1	75	—	—	—
花椒单作	—	—	—	2	2.5	6

7.5.3 技术效果

1. 不同林草种植模式下的产流产沙分析

2013 年试验期间各种植模式产流产沙量见表 7-29。整个试验过程中，桃树-紫花苜蓿+鸭茅间作模式地表径流量和泥沙量均为最小。相较于苜蓿+鸭茅模式和桃树单作模式，桃树-紫花苜蓿+鸭茅模式地表径流产生量分别减少了 20.15%和 27.50%；泥沙流失量分别减少了 23.84%和 42.13%。

表 7-29 桃树-鸭茅+苜蓿间作模式下地表径流量和泥沙流失总量

种植模式	桃树-紫花苜蓿+鸭茅	苜蓿+鸭茅	桃树
地表径流流失量/(m^3/hm^2)	73.19	91.66	100.95
径流携带泥沙量/(kg/hm^2)	268.95	353.13	464.78

6 月至 9 月产生径流的 9 次降雨中，以 7 月 19 日、7 月 28 日、8 月 13 日及 8 月 30 日的降雨量较大，4 次降雨过程中均产生了较大的地表径流量。强降雨条件下(7 月 19 日、7 月 28 日、8 月 13 日及 8 月 30 日)，桃树-紫花苜蓿+黑麦草的林草间作模式的地表径流流失量小于黑麦草+苜蓿的牧草单作模式及桃树单作种植模式。弱降雨条件下，桃树-紫花苜蓿+黑麦草的林草间作的地表径流流失量也小于单作种植模式。总体看来：产生径流的 9 次降雨中不同模式下的平均产流量分别为桃树-紫花苜蓿+黑麦草模式 0.74mL/m^2，紫花苜蓿+黑麦草模式 0.84mL/m^2，桃树单作模式 0.92mL/m^2。桃树-紫花苜蓿+黑麦草的间作模式相较于紫花苜蓿+黑麦草的单作模式、桃树单作模式产生的地表径流平均流失量分别削减了 11.7%、19.3%

2014 年在地表径流流失量方面，花椒-杭白菊模式比杭白菊和花椒单做模式分别削减了 3.3%和 20.5%。2013 年和 2014 年的试验结果均表明：单作模式由于地表的植被覆盖度很小，土壤耕作层的结构会被降雨破坏，表层土壤颗粒会随水流失。因此该模式下的地表径流流失量均大于间作模式(表 7-30)。

表 7-30　花椒-杭白菊间作模式下地表径流流失总量

种植模式	地表径流流失量/(L/m²)
花椒-杭白菊	18.08
杭白菊	19.27
花椒	22.73

降雨量的大小直接影响径流的大小，降雨越大，径流也越大，降雨经过土壤渗透后，多余的部分便形成径流流出，从而造成水土流失导致农业面源污染。2014 年 6 月至 9 月的 9 场降雨中，6 月 15 日、7 月 18 日、8 月 12 日及 8 月 20 日的降雨均产生了较大的地表径流，这 4 次地表径流流失量的规律均表现为：金银花-花椒＜金银花单作＜花椒单作。

6～9 月产生径流的 9 次降雨中，2 次较大的地表径流 SS 流失量均为 6 月 27 日及 8 月 13 日的第 1、第 7 次产流产生。相同降雨条件下，8 月 22 日桃树-紫花苜蓿+黑麦草的林草间作模式的 SS 流失量与紫花苜蓿+黑麦草的牧草模式及桃树单作模式差异不明显。强降雨条件下，桃树-紫花苜蓿+黑麦草的林草间作模式的 SS 流失量小于紫花苜蓿+黑麦草的牧草模式及桃树单作种植模式。弱降雨条件下，桃树-紫花苜蓿+黑麦草的林草间作模式的 SS 流失量也小于单作模式。总的来看，6 月到 9 月产生径流的 9 次降雨中不同模式下农田地表径流 SS 平均流失量分别为：桃树-紫花苜蓿+黑麦草模式 3.37mg/m^2，紫花苜蓿+黑麦草模式 4.21mg/m^2，桃树单作模式 3.10mg/m^2。桃树-紫花苜蓿+黑麦草间作模式比紫花苜蓿+黑麦草的模式、桃树单作模式产生的地表径流 SS 平均流失量分别削减了 20.1%、17.9%。

2. 不同种植模式下地表径流养分流失特征

2013 年试验过程中各模式地表径流养分流失随时间的累积变化中，TP 流失量表现为：紫花苜蓿+鸭茅模式＜桃树-紫花苜蓿+鸭茅间作模式＜桃树单作模式。苜蓿+鸭茅模式比桃树-紫花苜蓿+鸭茅间作模式和桃树单作模式地表径流 TP 流失量分别减少了 27.21%和 36.07%。TN、NH_4^+-N 和 NO_3^--N 流失量均表现为桃树-紫花苜蓿+鸭茅模式＜紫花苜蓿+鸭茅模式＜桃树单作模式。桃树-紫花苜蓿+鸭茅间作模式比苜蓿+鸭茅模式 TN、NH_4^+-N 和 NO_3^--N 流失量分别减少了 27.77%、28.50%和 34.31%；比桃树单作模式 TN、NH_4^+-N 和 NO_3^--N 流失量分别减少了 38.02%、43.33%和 45.30%。

6～9 月产生径流的 9 次降雨中，TN 的流失量以 7 月 28 日的第 4 次产生的为最大，第 2 大的 TN 流失量为 8 月 2 日的第 5 次产流。强降雨条件下，桃树-紫花苜蓿+黑麦草的林草间作模式的 TN 流失量小于黑麦草+苜蓿的牧草单作模式及桃树单作种植模式。弱降雨条件下，黑麦草+苜蓿-桃树的林草间作模式的 TN 流失量也小于单作种植模式。总的来看，6 月到 9 月产生径流的 9 次降雨中不同模式的 TN 平均流失量分别为：黑麦草+苜蓿-桃树模式 1.83mg/m^2，黑麦草+苜蓿模式 2.51mg/m^2，桃树单作模式 2.69mg/m^2。黑麦草+苜蓿-桃树的间作模式比黑麦草+苜蓿的单作模式、桃树单作模式产生的地表径流 TN 平均流失量分别削减了 27.0%、31.9%。

6～9 月产生径流的 9 次降雨中，氨氮的流失量以 8 月 30 日的第 9 次产生的为最大，第 2 大的氨氮流失量为 7 月 19 日的第 3 次产流。相同降雨条件下，8 月 2 日及 8 月 22 日桃树-紫花苜蓿+黑麦草的林草间作模式的硝态氮流失量与桃树单作模式和紫花苜蓿+黑麦草模式的差异均不明显。强降雨条件下，桃树-紫花苜蓿+黑麦草的林草间作模式的氨氮流失量小于紫花苜蓿+黑麦草模式及桃树单作种植模式。弱降雨条件下，桃树-紫花苜蓿+黑麦草的林草间作模式的硝态氮流失量也小于单作模式。总的来看，6 月到 9 月产生径流的 9 次降雨中不同模式的氨氮平均流失量分别为：桃树-紫花苜蓿+黑麦草模式 0.022mg/m^2，紫花苜蓿+黑麦草模式 0.026mg/m^2，桃树单作模式 0.030mg/m^2。桃树-紫花苜蓿+黑麦草的间作模式比紫花苜蓿+黑麦草模式、桃树单作模式产生的地表径流氨氮平均流失量分别削减了 18.5%、27.1%。

6～9 月产生径流的 9 次降雨中，硝态氮的流失量以 8 月 28 日的第 4 次产生的为最大，第 2 大的硝态氮流失量为 7 月 19 日的第 3 次产流。相同降雨条件下，8 月 2 日及 8 月 22 日桃树-紫花苜蓿+黑麦草的林草间作模式的硝态氮流失量与黑麦草+苜蓿的牧草单作模式差异不明显。强降雨条件下，桃树-紫花苜蓿+黑麦草的林草间作模式的硝态氮流失量小于紫花苜蓿+黑麦草模式及桃树单作种植模式。弱降雨条件下，桃树-紫花苜蓿+黑麦草的林草间作模式的硝态氮流失量也小于单作模式。总的来看，6～9 月产生径流的 9 次降雨中林草间作不同模式的硝态氮平均流失量分别为：桃树-紫花苜蓿+黑麦草模式 0.29mg/m^2，紫花苜蓿+黑麦草模式 0.42mg/m^2，桃树单作模式 0.43mg/m^2。桃树-紫花苜蓿+黑麦草的间作模式比紫花苜蓿+黑麦草模式、桃树单作模式产生的地表径流硝态氮平均流失量分别削减了 30.1%、32.9%。

6～9 月产生径流的 9 次降雨中，TP 的流失量以 8 月 13 日的第 7 次产生的为最大，第 2 大的 TP 流失量为 7 月 19 日的第 3 次产流。相同降雨条件下，8 月 22 日桃树-紫花苜蓿+黑麦草的林草间作模式的 TP 流失量与紫花苜蓿+黑麦草模式及桃树单作模式均差异不明显。强降雨条件下，桃树-紫花苜蓿+黑麦草的林草间作模式的 TP 流失量小于紫花苜蓿+黑麦草模式及桃树单作种植模式。弱降雨条件下，桃树-紫花苜蓿+黑麦草的林草间作模式的 TP 流失量也小于单作模式。总的来看，6～9 月产生径流的 9 次降雨中不同模式的 TP 平均流失量分别为：黑麦草+苜蓿-桃树模式 0.17mg/m^2，紫花苜蓿+黑麦草模式 0.25mg/m^2，桃树单作模式 0.26mg/m^2。桃树-紫花苜蓿+黑麦草的间作模式比紫花苜蓿+黑麦草模式、桃树单作模式产生的地表径流硝态氮平均流失量分别削减了 35.1%、35.8%。

通过 2014 年花椒-杭白菊间作模式地表径流养分流失随时间的累积变化得出，TP、TN、NH_4^+-N 和 NO_3^--N 流失量均表现为花椒-杭白菊间作模式＜杭白菊单作模式＜花椒单作模式。花椒-杭白菊间作模式 TP 流失量为 2.96mg/m^3，TN 流失量为 40.05mg/m^3，NH_4^+-N 流失量为 1.5mg/m^3，NO_3^--N 流失量为 9.83mg/m^3。相较于杭白菊单作模式 TP、TN、NH_4^+-N 和 NO_3^--N 流失量分别减少了 1.9%、13.4%、7.4%和 10.2%；比花椒单作模式 TP、TN、NH_4^+-N 和 NO_3^--N 流失量分别减少了 49.6%、30%、21.9 和 19.2%。

6～9 月产生径流的降雨中，氨氮的流失量以 8 月 12 日产生的为最大。6～9 月产生径流的降雨中氨氮的流失总量规律表现为：花椒-金银花模式＜金银花单作模式＜花椒单作模式。总的来看，6 月到 9 月产生径流的降雨中不同模式的氨氮平均流失量分别为：金银花-花椒模式 0.14mg/m^2，金银花单作模式 0.15mg/m^2，花椒单作模式 0.27mg/m^2。花椒-金银花的林药间作模式比金银花的单作模式、花椒单作模式产生的地表径流氨氮平均流失量分别削减了 10.9%、50.1%。

6～9 月产生径流的降雨中，硝态氮的流失量以 8 月 12 日产生的为最大，第 2 大的硝态氮流失量为 7 月 18 日产生。相同降雨条件下，金银花-花椒间作模式产生的硝态氮流失量小于金银花单作模式和花椒单作模式。6～9 月产生径流的降雨中硝态氮总流失量的规律表现为：金银花-花椒模式＜金银花单作模式＜花椒单作模式。总的来看，6 月到 9 月产生径流的降雨中不同模式的硝态氮平均流失量分别为：金银花-花椒模式 1.03mg/m^2，金银花单作模式 1.42mg/m^2，花椒单作模式 1.47mg/m^2。金银花-花椒的林药间作模式比金银花的单作模式、花椒单作模式产生的地表径流硝态氮平均流失量分别削减了 27.5%、30.0%。

6～9 月产生径流的降雨中，TN 流失量以 7 月 18 日产生的为最大。相同降雨条件下，金银花-花椒间作种植模式的 TN 流失量均小于单作种植模式，规律表现为：金银花-花椒模式＜金银花单作模式＜花椒单作模式。总的来看，6～9 月产生径流的降雨中不同模式的总氮平均流失量分别为：金银花-花椒模式 3.74mg/m^2，金银花单作模式 4.20mg/m^2，花椒单作模式 7.94mg/m^2。金银花-花椒的林药间作模式比金银花的单作模式、花椒单作模式产生的地表径流总氮平均流失量分别削减了 10.8%、52.9%。

6～9 月产生径流的降雨中，TP 的流失量以 7 月 18 日产生的为最大。相同降雨条件下，8 月 20 日及 8 月 26 日产生了较少的 TP 流失量，金银花-花椒的间作模式与金银花单作模式的 TP 流失量差异不明显，两种模式 TP 流失量均小于花椒单作模式。总的来说，TP 流失量的规律表现为：金银花-花椒模式＜金银花单作模式＜花椒单作模式。总的来看，6～9 月产生径流的降雨中不同模式的总磷平均流失量分别为：金银花-花椒模式 0.28mg/m^2，金银花单作模式 0.44mg/m^2，花椒单作模式 0.80mg/m^2。金银花-花椒的林药间作模式比金银花的单作模式、花椒单作模式产生的地表径流总磷平均流失量分别削减了 37.8%、65.6%。

3. 不同林草种植模式下的植物冠层截流分析

1) 不同种种模式冠层截流量

2013 年试验期间，桃树-紫花苜蓿+鸭茅间作模式、紫花苜蓿+鸭茅模式和桃树单作模式植物冠层截留量分别为 109.6m^3/hm^2、19.6m^3/hm^2 和 93.4m^3/hm^2。桃树-紫花苜蓿+鸭茅间作模式和桃树单作模式相较于紫花苜蓿+鸭茅模式有非常明显的截留效果。两种模式相较于紫花苜蓿+鸭茅模式截留增幅分别高达 82.1%和 79.6%。桃树单作模式由于没有地表植物覆盖，截留仅限于林分冠层。故截留量略低于桃树-紫花苜蓿+鸭茅间作模式。

8 月测量的 5 次冠层截留结果来看，桃树-紫花苜蓿+黑麦草的林草间作模式的桃树产生的截留效果优于桃树单作模式。桃树-紫花苜蓿+黑麦草的林草间作模式的桃树 5 次冠层截流量均大于桃树单作模式的桃树冠层截留量，分别为桃树单作模式冠层截流量的 2.21 倍，1.47 倍，1.62 倍，1.27 倍，1.35 倍，总的冠层截留量为桃树单作模式的 1.59 倍。

2) 冠层截流对产流产沙过程的影响

在试验过程中，植物的冠层截流效果直接影响到小区的产流产沙量。以苜蓿-鸭茅-桃树间作模式为例，冠层截流过程与地表径流、泥沙流失过程呈明显的反比关系。随着冠层截流量的增加，地表径流骤降，当冠层截流量下降时，地表径流流失量骤增。地表径流流失折线的斜率大于冠层截流过程。说明冠层截流量的改变，很大程度上影响着地表径流流失量。原因是在林草复合模式中，植物乔灌层在降雨过程中一定程度上降低了降雨的冲击力，雨滴落在桃树叶片上后其动能大幅减弱，削弱了其落到下方牧草或地面时的速度和能量。从而间接降低了降雨(特别是雨强较大的情况下)对土壤的侵蚀。

4. 不同种植模式下植物形态特征及生物量

2013 年试验过程中对桃树—紫花苜蓿+鸭茅间作模式中牧草形态指标和成熟期的产量和覆盖度进行了测定。紫花苜蓿+鸭茅模式中的紫花苜蓿、鸭茅总产量分别为 72.8kg、77.5kg，比桃树—紫花苜蓿+鸭茅间作模式分别高出 45.9%、54.2%；而在紫花苜蓿、鸭茅这类牧草的生长过程中，需要吸收大量的磷，生长状况的差异会影响牧草根系对磷的吸收。

鸭茅和紫花苜蓿在各项形态指标方面均有明显的变化，总的来看，鸭茅-苜蓿间作模式在株高、丛径方面都要好于鸭茅-苜蓿-桃树间作模式。可能的原因是鸭茅和苜蓿均为喜光植物，桃树的存在使得间作体系下鸭茅和苜蓿的光合作用下降，导致其生长缓慢，植株矮小。两种模式的覆盖度随时间先升高后降低，可能的原因是 10 月份气温降低，牧草部分受到冻害影响，导致牧草覆盖度降低。

在 2013 年的试验中，由桃树-紫花苜蓿+鸭茅模式中间作模式构成的林草复合模式，由于遮阴和养分竞争等原因，与紫花苜蓿+鸭茅模式形成两种不同的生态区域，造成牧草生长情况存在差异，从而影响了牧草根系对地表径流养分的吸收，原因在于林草复合模式中，林木往往具有更大的养分竞争能力。林草的生长会抑制一些牧草的分蘖数量和蘖枝的相对生长量，可能会不利于牧草的生产，甚至推迟其成熟期。如本试验中，TP 的流失量表现为紫花苜蓿+鸭茅模式＜桃树-紫花苜蓿+鸭茅模式。很可能是因为不同生态区域下的紫花苜蓿和鸭茅生长会产生差异，导致了苜蓿根瘤菌溶磷能力的差异，苜紫花苜蓿+鸭茅模式下牧草生长情况更好，更发达的根系可以改变深层土壤的理化性质，使土壤深层难被植物吸收的磷活化，更易被植物根系吸收利用。

7～10 月期间随着植株的生长，不同模式的株高都呈现升高的趋势，桃树-紫花苜蓿+黑麦草的林草间作模式黑麦草生长了 2.5 倍，苜蓿生长了 3.9 倍。桃树-紫花苜蓿+黑麦草间作模式的黑麦草生长了 3.6 倍，苜蓿生长了 3.4 倍。牧草单作模式黑麦草生长了 4.5 倍，苜蓿生长了 4.6 倍。桃树-紫花苜蓿+黑麦草的间作模式和紫花苜蓿+黑麦草模式的黑麦草和苜蓿生长趋势较好，可能是由于桃树树冠的生长遮蔽了阳光，导致桃树-紫花苜蓿+黑麦草的间作模式中黑麦草和苜蓿的光合作用过程受到抑制，植株生长效果不如与桃树间作和牧草单作的种植模式。

7～10 月期间，随着植株的生长，不同模式的黑麦草丛径都呈现上升的趋势，二苜蓿的丛径变化则不同。黑麦草+苜蓿-桃树的林草间作模式的苜蓿丛径呈现上升趋势，黑麦草+苜蓿-花椒及牧草单作模式中的苜蓿丛径呈现先上升后下降的趋势。

7～10 月期间，随着植株的生长，不同模式的黑麦草密度都呈现下降的趋势，而苜蓿的密度变化则呈现先上升后下降的趋势。

7～10 月期间，不同模式的黑麦草和苜蓿的盖度都呈现下降上升再下降的趋势，第 1 次盖度的下降是由于 7 月末进行了一次小区杂草清除活动，清除杂草的过程中可能由于人为的失误拔掉了一部分黑麦草和苜蓿，人为的干扰导致了盖度的下降。第 2 次作物盖度的下降可能是由于天气原因，温度的降低导致黑麦草和苜蓿生长停止，作物开始出现死亡现象。

10 月 26 日对所种植物进行收割，并采集样本运回实验室进行制样。2014 年试验过程中，对花椒-杭白菊间作模式中杭白菊、花椒两种植物进行株高，基径，分蘖数，叶片数、株幅和覆盖度的测定。总的来看，花椒与杭白菊各项形态指标均表现为间作好于单作，花椒-杭白菊间作模式在形态指标方面好于杭白菊和花椒单作模式。

6～9 月期间，金银花共采收过 4 次，花椒-金银花的林药间作模式下金银花的产量为 1245.32g，金银花单作模式的金银花产量为 526.95g，相比之下，林药间作模式的金银花不仅花蕾直径、花蕾生长优于金银花单作模式，并且增加了 1.36 倍的金银花产量(表 7-31)。

表 7-31　花椒-金银花模式下金银花的产量特征

种植模式	花蕾直径/mm		花蕾长/mm		鲜重/g	干重/g
	鲜	干	鲜	干		
花椒//金银花	3.34	2.81	35.54	25.07	1245.32	167.62
金银花单作	3.41	2.97	33.97	25.24	526.95	73.36

6～9 月期间，随着植株的生长，花椒-金银花林药间作模式下的株高都呈现升高的趋势，花椒-金银花的林药间作模式下花椒生长了 20.3%，金银花生长了 35.5%。花椒单作模式下花椒生长了 17.2%，金银花单作模式下金银花生长了 29.6%。林药间作模式下的花椒和金银花生长趋势均比单作种植模式好。

6～9 月期间，随着植株的生长，花椒-金银花的林药间作模式下的株高都呈现升高的趋势，花椒-金银花的林药间作模式下花椒生长了 20.3%，金银花生长了 35.5%。花椒单作模式下花椒生长了 17.2%，金银花单作模式下金银花生长了 29.6%。林药间作模式下的花椒和金银花生长趋势均比单作种植模式好。

6～9 月期间，随着植株的生长，不同模式下金银花的冠幅和花椒的株幅都呈现升高的趋势，金银花-花椒的林药间作模式下花椒的株幅增大了 15.5%，金银花冠幅增大了 63.1%。花椒单作模式下的花椒株幅增大了 5.4%，金银花单作模式下的金银花冠幅增大了 43.4%。林药间作模式下的花椒和金银花生长趋势均比单作种植模式好。

5. 不同种植模式下土壤理化性质分析

经过 2013 年和 2014 年的田间试验，于 2014 年 6～8 月采用环刀法对小区内土壤进行物理性质的测量，花椒-杭白菊间作模式下的植物生长好于单作模式，间作模式更好地改良了土壤性质，使土壤耕作层疏松，涵养水源能力提高。结果表明，截止到 2014 年 8 月，花椒-杭白菊间作模式在土壤含水率方面比杭白菊单作和花椒单作模式分别提高了 10.2%

和 25.3%；在土壤毛管孔隙度方面比杭白菊单作和花椒单作模式分别提高了 12.2%和 16.1%；在土壤容重方面比杭白菊单作和花椒单作模式分别降低了 6%和 9.1%。

8 月土壤的含水率较 6 月份时有所变化，花椒单作模式的土壤含水率较 6 月份增加了 5.26%，金银花单作模式的土壤含水量较 6 月份增加了 33.10%，金银花-花椒的林药间作系统土壤含水率较 6 月份增加了 37.76%。

不同种植模式 8 月份土壤容重的表现规律为：花椒-金银花＜金银花＜花椒。6 月至 8 月期间金银花-花椒间作模式的土壤容重降低了 21.95%，容重小说明该模式土壤疏松，有利于拦渗蓄水，减缓径流冲刷。容重大则相反。

6 月，金银花-花椒，金银花单作，花椒单作模式的土壤总孔隙度分别为 39.78%、38.16%、41.50%。8 月份时，金银花-花椒，金银花单作，花椒单作模式的土壤总孔隙度分别为 47.22%、43.91%、44.30%。其中金银花-花椒的土壤总孔隙度增加了 18.71%。金银花-花椒间作模式改变了土壤的结构，增加了土壤的总孔隙度，土壤变得疏松，有利于贮水。

6～8 月期间不同模式下的土壤毛管孔隙度都有所增加，其中花椒单作模式的毛管空隙度增加了 9.42%，金银花单作模式的毛管空隙度增加了 23.60%，金银花-花椒间作模式的毛管孔隙度增加幅度较大，为 28.27%。金银花-花椒的间作模式改变了土壤结构，毛管孔隙度越大，土壤中有效水的贮存容量越大，可供植物根系利用的有效水分的比例越多。

田间持水量是衡量田间土壤保持水分能力的重要指标，对农田灌溉和作物水分管理具有十分重要的意义。6～8 月期间花椒单作模式的田间持水量增加了 14.49%，金银花单作模式的田间持水量增加了 36.77%，金银花-花椒模式的田间持水量由 14.98%增长至 23.90%，增长了 59.57%。

7.5.4 环境、经济和社会效益

(1) 林草间作模式中，地表径流产生量和泥沙流失量表现为桃树-紫花苜蓿+鸭茅间作＜紫花苜蓿+鸭茅＜桃树单作；桃树-紫花苜蓿+黑麦草的林草间作模式削减农田地表径流和径流污染的效果最好。

TN、NH_4^+-N 、NO_3^--N 流失量表现为桃树-紫花苜蓿+鸭茅间作＜紫花苜蓿+鸭茅＜桃树单作。TP 流失量表现为紫花苜蓿+鸭茅＜桃树-紫花苜蓿+鸭茅间作＜桃树单作模式。径流量的降雨的中径流量、SS、氨氮、硝氮、总氮、总磷流失量规律均表现为桃树-紫花苜蓿+黑麦草＜桃树-紫花苜蓿+黑麦草＜牧草单作。

(2) 林药间作模式中，地表径流流失量、径流各类养分流失量表现为花椒-杭白菊间作＜杭白菊单作＜花椒单作。径流量、径流量中氨氮、硝氮、总氮、总磷流失量规律均表现为：花椒—金银花＜金银花单作＜花椒单作。

综合来看，桃树-紫花苜蓿+鸭茅和桃树-紫花苜蓿+黑麦草间作模式能有效控制地表径流养分流失。中草药搭配花椒种植后，中草药间作模式在降低径流养分流失和植物自身生长发育方面均好于单作模式。因此，在注重环境保护效应和经济效应的前提下，选择高产、高效的林草植物搭配模式是坡耕地综合利用的重点。

7.6　小流域尺度面山汇水区源流系统优化控制技术

7.6.1　技术简介

通过排水系统优化、沟壑水土流失治理技术及排水与灌溉系统相结合，优化渠系系统结构，使渠系结构配置合理，从工程措施上控制水害的发生，并起到截水引流及灌溉的双重作用，从而达到削减水源形成区沉淀污染物产生的目的。并结合项目区现有沟渠，增设排水(截水)、灌溉沟渠，在雨季对地表径流进行控制的同时也在旱季起到灌溉的作用。

7.6.2　技术设计

结合项目区现有沟渠，增设排水(截水)、灌溉沟渠，在雨季对地表径流进行控制的同时也在旱季起到灌溉的作用。首先实地测量项目区内的灌溉系统，查清渠系整个系统的布置情况，根据实地合理布置沟渠，人工调控径流，防治水土流失。沟渠断面为人工土质明沟，尺寸为 0.2m×0.3m 的梯形断面。此外，在沟壑中逐级建造拦砂坝，拦砂坝的作用是将沟壑中的土石拦截起来，防治冲向下游。通过逐级拦砂，达到逐渐消除冲沟地貌，恢复冲沟植被的目的。

集雨采用的水窖为瓶式水窖，水窖容积为 $24m^3$，将排水(截水)沟导向进口引水渠与沉砂池，经沉砂池沉淀后排入水窖蓄积起来。

通过水窖蓄水作用，达到有效利用水资源的目的，起到节水灌溉的示范作用。

7.6.3　技术效果

1. 排水系统调查分析

区域内排水系统为天然土质沟渠，共有 1 条主排洪沟，数条天然形成的小冲沟，主排洪沟宽度不均，基本宽度为 1.5m，出口最宽处有 15m。近年来，降雨形成径流造成排洪沟形成了一定淤积，深度减小。小冲沟分布于林地、田块较低位置，均为土质冲沟，为约 30cm 深的不规则梯形断面。

水土流失的原因分为重力侵蚀、风力侵蚀及水力侵蚀，本区域内，无裸露的陡坡及沟壑，且常年风速较小，不存在重力侵蚀及风力侵蚀，故水土流失是由水力侵蚀造成。众所周知，水土流失携带大量污染物，不仅会使土地生产力下降甚至丧失，且污染物在水流作用下进入到江河湖泊中，造成淤积，同时污染江河湖泊的水质从而影响生态平衡。

针对此类水土流失，专题采用了多种工程措施进行控制，减少水土流失量。主要工程措施有：硬化部分小冲沟、设置拦砂砍、设置沉沙过滤水池系统。

小冲沟硬化点的选取应根据区域内产生水土流失较严重范围，并结合其他用途综合考虑。本区域内，林地的森林覆盖率较高，基本无地面裸露，水力作用下基本不会产生水土流失，水力侵蚀水土流失严重的地方主要发生于地块及道路中，因此，小冲沟的硬化点应优先设置在地块及道路系统中。此外，硬化小冲沟应结合地块的排水灌溉用途，使硬化后的小冲沟具备防冲、排水、灌溉的作用。布置的基本原则应遵循以下几点：第一，灌溉排水沟应满足自流排水、自流灌溉的要求，即沟渠底部坡度应为正向坡，顺地形走势变化，利于排水灌溉；第二，布置宜短而直，做到占地少，土方量少，力求经济合理；第三，要安全可靠，尽量避免深挖、高填；第四，流量宜控制在 0.002～0.003m^3/s。灌溉排水沟共布设长度约 300m，布置于道路与地块结合处，且为了不影响对地块的耕作，渠道沿地块外围(地埂)进行布置，占地少，便于排水与灌溉。平面布置如图 7-3 所示。

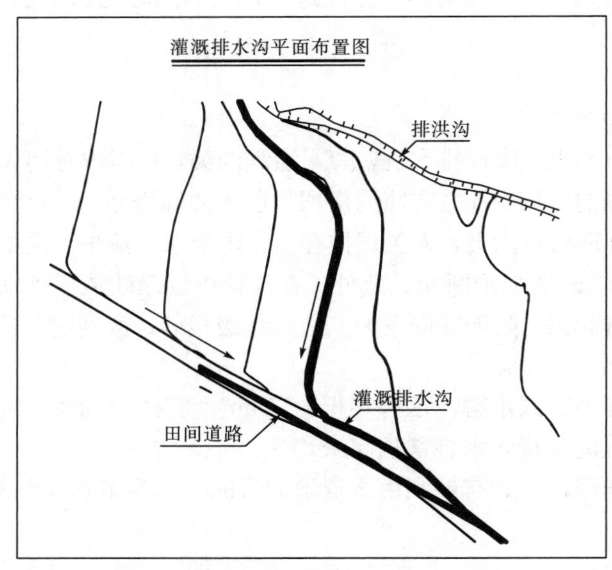

图 7-3　灌溉排水沟平面布置图

排水灌溉渠断面尺寸为 240mm×240mm，材料为普通砖，渠道内进行砂浆抹面(图 7-4)。

区域内产生的固体物通过拦砂坎及沉沙过滤系统来削减，拦砂坎是在沟道中以拦蓄山洪及泥石流中固体物质为主要目的的拦挡建筑物，是山沟治理工程的主要形式之一。拦砂坎设置原则应遵循：位于排洪沟较陡底坡处、高度与排洪沟相匹配、设置排水通道。本区域内，共设置 3 道拦砂坎，拦砂坎为衡重式浆砌石结构，内坡为 1∶0.3，高度根据设置位置的地形情况布置，但不宜超过 2m，排水采用 DN63PE 管进行排水，排水管间距为 500mm×500mm 梅花型布置(图 7-5)。

区域汇水出口污染物控制采用沉沙过滤系统，作为控制区域的最后一道污染物控制系统，沉砂池与过滤池尤为重要。沉砂池及过滤池尺寸确定应考虑的因素有：控制区域大小、地形地质条件、区域多年平均降雨量、多年水流痕迹等。沉砂池布设于示范点尾部，平面布置为 12m×12m 的梯形结构，引渠段长 24m，底部设置溢流堰，将泥沙拦在内部的同时能够使水流平顺地导向下游。平面布置及断面结构如图 7-6 所示。

梯级反滤池布置于示范点尾部，水流经沉砂池后进入到反滤池，过滤后排入下游河道。反滤池为浆砌石结构，第一级为 5m×4m 梯形布置，第二级为 5m×3m 梯形布置，底部设 150mm 厚 C15 混凝土底板及 250mm 厚人工碎石(5～40mm)，水流通过设置于混凝土底板上的排水管经碎石过滤后导向下游。布置及结构如图 7-7 所示。

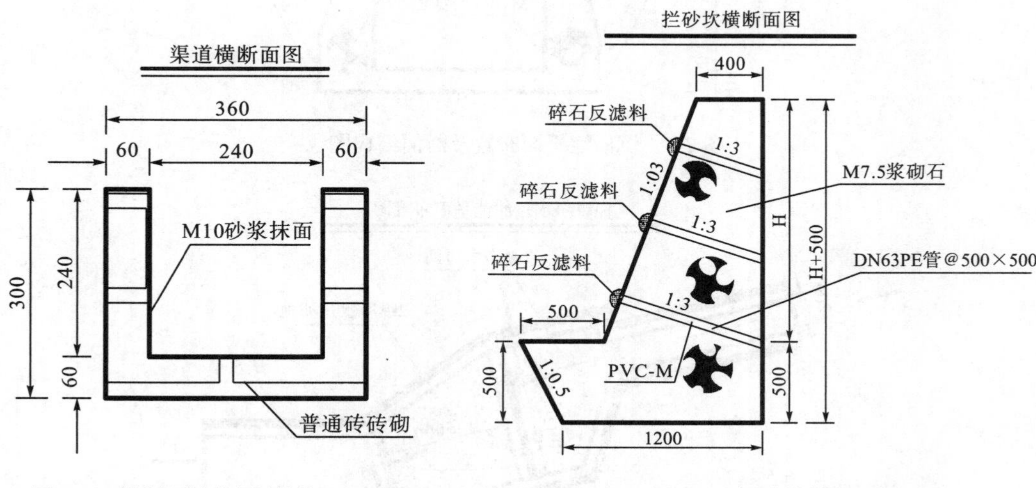

图 7-4　横断面结构图(单位：mm)　　　　图 7-5　拦砂坎横断面图

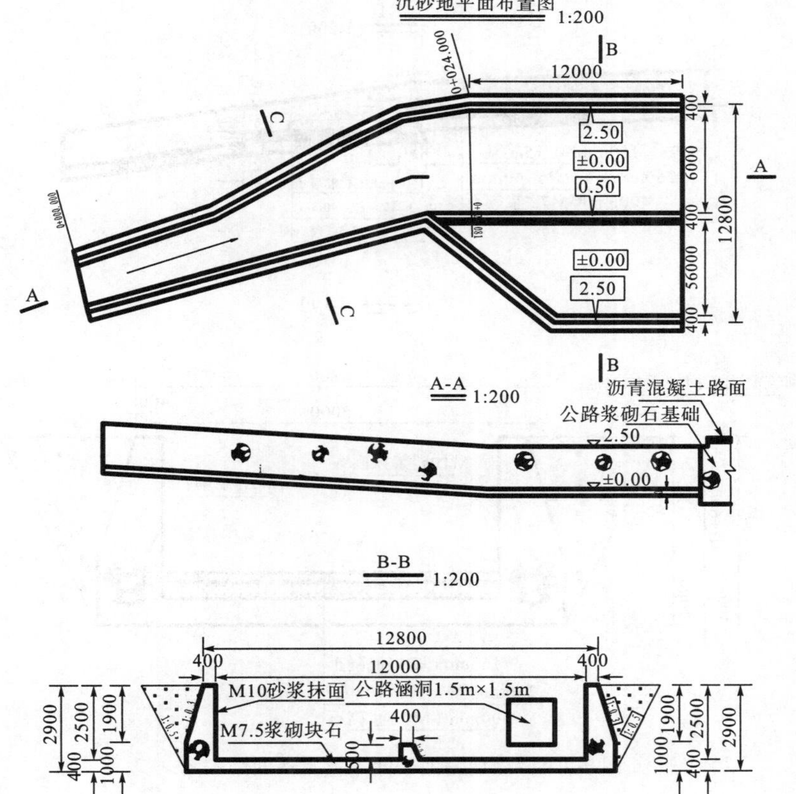

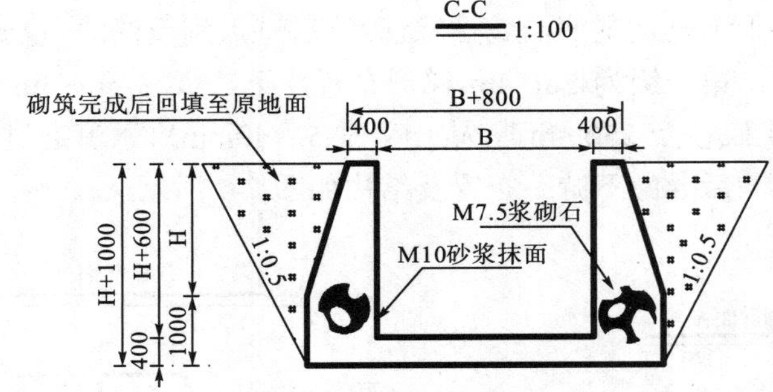

图 7-6 沉砂池平面布置及断面结构图

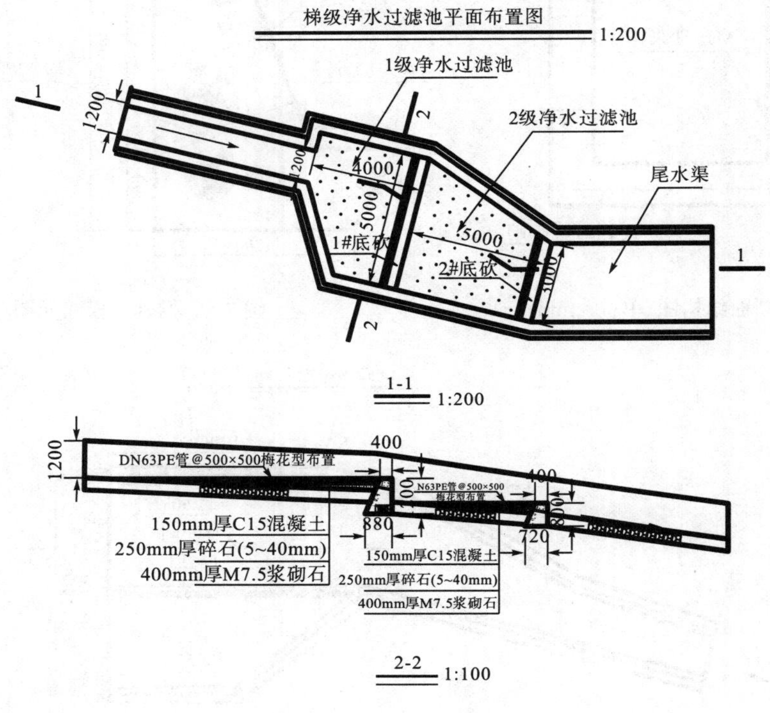

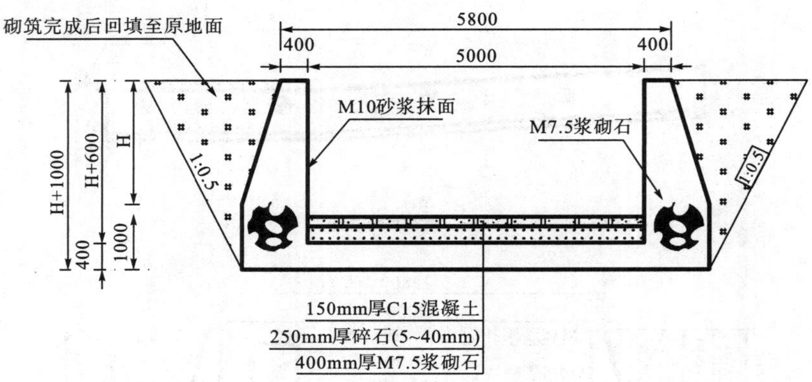

图 7-7 梯级反滤池平面布置及断面结构图

2. 径流收集调查分析

技术研发区域内地块灌溉完全靠降雨，近几年的云南干旱中，地块作物种植受到严重影响，产量下降严重，因此，对降雨产生的径流进行收集并加以利用对农民增收增产具有重要的意义。此外，对径流进行收集，会减少径流对裸露地块的冲刷作用，具备一定水土保持作用，削减了污染物的输送。径流收集方式根据结构形式不同而不同，在地块中应用时需考虑的因素有：土石方开挖量小、建筑材料用量小、施工技术成熟、管理应用方便(便于灌溉)、利于径流收集、保证人畜安全等。综合以上因素，专题采用 24m^3瓶式水窖的方式进行径流收集，平面布置上，根据地块和水流的走向，共布置两个水窖。

7.6.4　环境、经济和社会效益

根据面山汇水区水流和综合利用特点，建设以谷坊、前置库为主要手段的拦截系统，并优化汇水口和排水口，形成水流的生态滞留和迂回，提高水资源的利用水平和污染去除能力；沿冲沟建设生物缓冲带，削减冲刷动力，增强水土保持功能，提高溪流和冲沟输送清水的能力，维护和恢复汇水区的自然生态景观。

第 8 章　滇池流域五采区污染防控及生态修复技术

滇池流域的农村面源污染不仅包括传统意义上所说的农业生产过程及其相关生产环节所产生的农业环境污染、农村生活中产生的污染，还包括在整个滇池流域历史上形成的、目前已关停的数百家“五采区”（采石、采砂、采矿、取土、砖瓦窑地）及其废弃地因缺乏有效治理和恢复所产生的面山环境污染。这些“五采区”已成为影响滇池流域面源污染发生、发展的主要因素之一。

目前，在滇中地区的“采石场”及废弃地的生态防护及植被恢复技术大多采取工程治理措施，即：采取大型机械降坡，工程拉网式护坡，客土工程回填，绿化大树栽种等模式，治理工程投入巨大。如何辅以必要的工程手段，采用人工促进生态修复的技术手段，提高“五采区”的地被生态质量，减少面源污染输出，控制“五采区”的污染隐患，对滇池治理十分重要和紧迫。

8.1　“五采区”及其废弃地污染物输出状况

1. 土壤水分含量

采石坡面的 5 个径流小区每个小区上下各采 1 个点，共 10 个点；山顶平台 3 个搭配种植试验区，每个试验区各采 2 个点，共 6 个；采石坑采 3 个点；石缝采 3 个点；土坡采 3 个点，共 25 个土样。结果显示，在雨季，土壤含水量以采石坑最大，达到 39.71%，土石坡最小为 26.08%，含水量的大小依次为采石坑(39.71%)＞石缝(33.29%)＞土坡(29.22%)＞山顶平台(27%)＞土石坡(26.08%)。

2. 面源污染输出特征

各径流小区主要 6 个小区的水体 N、P、COD 等含量，见表 8-1。

表 8-1　不同径流实验小区水体 N、P、COD 及 pH 比较

采集日期	水样编号	TN/(mg/L)	TP/(mg/L)	COD/(mg/L)	pH
2013.9.21	坡面样地 1	1.693	0.280	120.41	8.13
2013.9.21	坡面样地 2	1.567	0.166	104.08	8.24
2013.9.21	坡面样地 3	1.277	0.244	91.84	8.33

续表

采集日期	水样编号	TN/(mg/L)	TP/(mg/L)	COD/(mg/L)	pH
2013.9.21	坡面样地 4	2.926	0.334	91.84	7.96
2013.9.21	坡面样地 5	1.478	0.351	93.88	8.18
2013.9.21	坑口样地 1	1.168	0.273	100.00	7.77

8.2 技 术 简 介

针对滇池流域“五采区”数量众多、范围广泛、污染严重的特点，从流域生态学、景观生态学的角度出发，运用恢复生态学、水土保持学、生态与环境工程学的理论和方法，以“五采区”高陡边坡的防护、污染物的原位控制以及植被恢复和重建为重点开展技术研发。探索对污染物的就地消纳和原位控制技术；在植被恢复和重建方面，建立对极端地形、严重污染区域具有高度适应性的植物物种的合理选择及其优化配置的技术体系。实现有效控制“五采区”(采石场)的污染输出、改善景观条件和增强生态功能、最大程度地控制流域内面源污染发生范围和最大程度地降低面源污染危害强度、改善流域水质的目标。通过集成的技术方案能有效节约治理成本，并提高治理效率。

8.3 解决问题的基本原理

“采石区及其废弃地生态防护技术”以“适地适树(草)”“因地制宜”为理念，从流域生态学、景观生态学的角度出发，运用恢复生态学、水土保持学、生态与环境工程学的理论和方法，结合种群生物学、种群生态学、群落生态学以及植被生态学等科学基本理论，开展采石区及其废弃地的植被恢复及重建工作。

8.4 技术研发思路

在滇中地区，“五采区”(采石区)及其废弃地的立地条件较为复杂，野外常见的立地条件主要有：土坡、土石坡、采石坑、岩石裸露、石壁等 5 种类型，由于采石的人为影响，生态破坏主要表现在：直接导致植被破坏，使得土壤松动引起土壤流失，造成流域面源污染。针对不同的立地条件，结合滇中地区“干湿”季分明的气候特点，采取不同的控制措施及技术手段和方法，从“识别立地类型，消除安全隐患—确定适宜植物种类—选择适宜防护植物栽种配置模式”出发形成技术研发思路。

识别立地类型，消除安全隐患。确定拟治理的“五采区”(采石区)及其废弃地后，首先对其基本要素开展详细调查，包括：①需治理区域的总面积；②识别立地类型(识别有无土坡、土石坡、采石坑、岩石裸露、石壁等)；③测算各立地类型的面积；④确定植物物种及数量；⑤确定集水区，并在集水区开挖集水池(底部和四周用塑料布铺垫防渗漏)。所有的“五采区”(采石区)及其废弃地都存在高陡边坡(土石坡)及悬石等安全隐患，需要进行地面改造工程，包括对治理区域内可能发生地质灾害的地段尤其是高陡边坡采取机械降坡整治工程，达到人能正常站立即可，以及人工消除悬石等工程。

确定适宜植物种类。包括确定“乔-灌-草-藤”几类适宜植物种类。乔木(选用 1～2 年生实生袋苗)种类包括：①落叶类：麻栎、栓皮栎、槲栎、旱冬瓜、黄连木、滇朴；②常绿类：滇青冈、清香木、干香柏(或侧柏)。灌木种类：1 年生实生袋苗火棘、云南紫荆、迷迭香、马桑、牛筋条。种子直播：坡柳。草本种类种子直播：白草、紫花苜蓿、蔗茅、扭黄茅、芸香草。根茎栽种：毛蕨菜、戟叶酸模、狗牙根。藤本种类茎段扦插育苗：地石榴、野葛藤、锁莓。

选择适宜防护植物栽种配置模式。根据不同的立地条件，植物配置可采取“乔-灌-草”“乔-灌-藤”“乔-草”“灌-草”和单一种植模式。

8.5 单项关键技术

8.5.1 采石区及其废弃地生态防护技术

通过大量的野外调查，结合滇中“采石区及其废弃地”的自然地理条件以及物种的生态生物学特性确定以下物种为适宜植物。

1. 乔木物种(选用 1～2 年生实生袋苗)

(1) 常绿乔木：滇青冈、清香木、干香柏(或侧柏)。
(2) 落叶乔木：麻栎、栓皮栎、旱冬瓜、黄连木、滇朴。

2. 灌木物种

1 年生实生袋苗火棘、云南紫荆、迷迭香、马桑、牛筋条。
种子直播：坡柳。

3. 草本物种

种子直播：白草、紫花苜蓿、蔗茅、扭黄茅、芸香草。
根茎栽种：毛蕨菜、戟叶酸模、狗牙根、锁莓。

4. 藤本物种

茎段扦插育苗：地石榴、野葛藤、锁莓。

8.5.2　土坡治理生态防护技术

在土坡地段，其立地条件相对较好，有较好的生长基质，但容易产生水土流失以及土壤水分蒸发，在旱季导致土壤干旱，因此需要在土壤表面覆盖 1 层碎石(大小在 10cm 以内即可)，这样既能减少土壤水分蒸发又能防治水土流失，并利于植物的生长及存活。

植物配置：采取“乔-灌-草”和“乔-灌-藤”相结合的配置方式，乔木选择黄连木、清香木、旱冬瓜；灌木选择火棘、迷迭香、坡柳；草本植物选择紫花苜蓿、毛蕨菜；藤本植物选择锁莓。

栽种时间：雨季初期(每年的 6 月中下旬)。

栽种方式：乔木与灌木交替栽种，其中，乔木物种按照常规的袋苗挖坑的栽种方式，株行距 1.5～2m，栽种后浇透定根水；灌木火棘用 1 年生袋苗挖坑栽种方式，株行距 1.5～2m，栽种后浇透定根水；灌木坡柳采取种子直播种植方式，直接用处理后的种子拌湿土散播，以 1kg/亩为宜；草本植物紫花苜蓿直接用种子撒播的直播方式，以 1kg/亩为宜；毛蕨菜采取挖坑的栽种方式直接将带芽及根的根状茎埋于土中，栽种后浇透定根水，株行距 1m 左右；藤本植物锁莓采取挖坑的栽种方式直接将带芽及根的茎段埋于土中，栽种后浇透定根水，株行距 2m 左右。于第二年的旱季(2～5 月)每月用集水池的水浇灌 1 次，之后即可不用浇水，按照林业部门“封山育林”的常规管理模式管理即可；3～5 年后植被覆盖率可达 60%以上。

8.5.3　土石坡治理生态防护技术

土石坡是采石场及其废弃地面积较大的立地类型，土石比例不均一，差异较大。首先需要确定土石的体积比，土石体积比大于 25%的立地条件可以直接栽种适宜的植物物种；土石体积比小于 25%的立地条件需要采取客土回填的整治措施，使其土石体积比大于 25%，再栽种适宜的植物物种，才能利于植物的生长及存活。

植物配置：采取“乔-灌-草”相结合的配置方式，乔木选择旱冬瓜、黄连木、清香木、栓皮栎(麻栎)、滇青冈；灌木选择火棘、坡柳、迷迭香、马桑；草本选择紫花苜蓿、戟叶酸模、白草(或扭黄茅、芸香草、蔗茅)；藤本植物选择地石榴、锁莓。

栽种时间：雨季初期(每年的 6 月中下旬)。

栽种方式：乔木与灌木交替栽种，其中，乔木物种按照常规的袋苗挖坑的栽种方式，株行距 1.5～2m，栽种后浇透定根水；灌木火棘、迷迭香、马桑等均用 1 年生袋苗挖坑栽种方式，株行距 1.5～2m，栽种后浇透定根水；灌木坡柳采取种子直播种植方式，直接用处理后的种子(见专利)拌湿土散播，以 1kg/亩为宜；草本植物紫花苜蓿及白草直接用种子撒播的直播方式，其中紫花苜蓿种子以 1kg/亩为宜，白草种子以 0.2kg/亩为宜；藤本植物地石榴及锁莓采取挖坑的栽种方式直接将带芽及根的茎段埋于土中，栽种后浇透定根水，株行距 2 左右。于第二年的旱季(2～5 月)每月用集水池的水浇灌 1 次，之后即可不用浇水，按照林业部门“封山育林”的常规管理模式管理；3～5 年后植被覆盖率可达 70%以上，其中以戟叶酸模和白草效果最好，覆盖率可达100%。

8.5.4 采石坑治理生态防护技术

在采石坑地段，其立地条件往往是无土壤或仅有极少的土壤，因此需要采取客土回填的技术措施，客土选用土夹石(土石体积比在50%～75%为宜)，不宜用纯土(原因见土坡治理管理措施)，回填厚度30～50cm为宜；在采石坑口用石头砌一拦土墙，高度30～50cm即可。

植物配置：采取“乔-草”相结合的配置方式，乔木选择：黄连木、清香木、旱冬瓜及滇朴；草本植物选择：紫花苜蓿。

栽种时间：雨季初期(每年的6月中下旬)。

栽种方式：乔木物种按照常规的袋苗挖坑的栽种方式，株行距1.5～2m，栽种后浇透定根水，于第二年的旱季(2～5月)每月用集水池的水浇灌1次，之后即可不用浇水，按照林业部门“封山育林”的常规管理模式管理即可；草本植物直接用种子撒播的直播方式。3～5年后植被覆盖率可达70%以上。

8.5.5 岩石裸露及石隙治理生态防护技术

岩石裸露及石隙地段往往呈现有土壤和无土壤两类立地条件，只要在有土壤的岩石缝隙于雨季初期(每年的6月中下旬)交替栽种麻栎-火棘-云南紫荆(均选用1年生实生袋苗)，栽种后浇透定根水，之后即可按照林业部门“封山育林”的常规管理模式管理，3～5年后植被覆盖率可达40%以上。

8.5.6 石壁治理生态防护技术

石壁地段常常较为陡峭，且无植物生长所需要的土壤，因此，结合滇中地区的气候特点，选用两种本地的乡土藤本植物(地石榴、葛藤)(使用袋苗)，采取以下具体措施：于雨季初期(每年的6月中下旬)分别在石壁的上端和下端有土夹石的位置对应栽种地石榴-葛藤，即：上端(地石榴)-下端(葛藤)；上端(葛藤)-下端(地石榴)；间距1.5～2.0m，上端栽种的植物生长点(顶芽)向下，下端栽种的植物的生长点(顶芽)向上，栽种后浇透定根水，于第二年的旱季(2～5月)每月用集水池的水浇灌1次，之后即可按照林业部门“封山育林”的常规管理模式管理，3～5年后即可见该两种藤本植物攀附于石壁上。

8.5.7 滇青冈种子育苗及种植技术

滇池流域是以半湿性常绿阔叶林为典型代表的植被类型，滇青冈(*Cyclobalanopsisglaucoides*)是常见的优势树种之一，主要生于海拔500～2500m的石灰岩山地或中山陡坡，具有耐砍伐，萌生力强的特性，是值得推广的生长在石灰岩地区具有荒山绿化、水土保持、薪炭用材等功能的树种。然而，目前没有得到推广应用。

遵循“因地制宜、适地适种”的原则，根据昆明城市周边采石场的实际情况，结合其自然地理条件及自然植被状况，为加快昆明周边“五采区”的生态恢复治理进程，并为选择适宜物种提供科学依据及指导，以昆明东部大板桥杨梅山采石场为试验研究基地，完成了滇青冈种子采收、筛选、贮藏、育苗及种植技术研究，取得了较好的效果。根据试验研究的结果，结合昆明城市周边采石场的自然状况，集成了滇青冈种子育苗及种植技术。

1. 种子采收

(1) 采收时间：每年的 10 月份。

(2) 采收方法：果实成熟后自然掉落，掉落地上后直接手工捡收。

2. 种子筛选

将采收的种子用 2 倍体积的 50℃温水筛选和杀虫，10min 后弃除漂浮于水面的种子，剩下沉入容器底部的种子即为成熟饱满的种子，同时杀死种子中的虫卵。将种子选出并放置于室内常温下经过 24h 风干后备用，风干期间人工去除有虫眼的种子。

虽然 2 倍体积的 50℃温水能杀死种子中的大部分虫卵，为了保证种子出苗整齐，同时预防病虫害的发生，需在种子贮藏前再用 1%硫酸铜溶液或福尔马林(40%甲醛)200 倍液浸泡 20min 或者用 1%的次氯酸钠浸泡 10min。

3. 种子贮藏

由于滇青冈种子具有休眠特性，自然休眠时间是 4～5 个月，因此，种子采收后需要贮藏一段时间才能萌发。种子筛选后即可贮藏，即每年的 10 月下旬或 11 月上旬即可开始贮藏。贮藏滇青冈种子可采取以下两种方式。

1) 室内沙藏

(1) 选择砖铺地面、门窗完好的房屋，打扫干净并进行室内消毒。

(2) 把提前准备好的细沙晒干后，移入室内用福尔马林或硫酸铜或高锰酸钾等溶液对干沙进行消毒，并不停翻搅使其均匀，并让湿度达到 60%左右。

(3) 底层铺 20cm 湿沙，然后一层种子一层沙，每层种子距沙层边沿 20cm。沙堆呈梯形，且不高于 70cm。最后，给沙堆盖上无纺布或草帘，窗子微开通风，为保持湿度要定期或不定期在无纺布或草帘上洒水，判断层间含水量的标准为：“土抓起来成团放在地上就散”。

2) 室外自然土壤贮藏

(1) 选地及挖坑：贮藏时一般选择地势高燥、排水良好、背风向阳的地方进行挖坑，坑的宽度一般为 0.5m，深度为 40～50cm。

(2) 处理坑底：坑底的环境不同，处理的方法也不一样，若坑底是沙土或轻壤土，则坑底不需要处理，可直接把要储藏的种子放入其中；若坑底是黏土，则必须处理，可在坑底铺一层红砖或木板，该砖或木板在放入之前需用水浸透，然后再将种子放入。

(3) 覆盖土壤的处理：用太阳暴晒后再用福尔马林或硫酸铜或高锰酸钾等溶液对干沙进行消毒，并不停翻搅使其均匀，并让湿度达到 60%左右。

(4)底部铺 1 层 10cm 厚的覆盖土壤，然后一层种子一层土壤，最后一层种子覆盖 5～10cm 土壤。最后在土壤上盖上无纺布或草帘，为保持湿度要定期或不定期在无纺布或草帘上洒水，判断层间含水量的标准为：“土抓起来成团放在地上就散”。

(5)在贮藏坑周围放置一些灭鼠药或防鼠装置，防止家鼠或松鼠偷食。

4. 育苗

育苗方式可采用袋苗或裸根苗两种，两种育苗方式各有优缺点，袋苗成本较高，但移栽种植成活率高；裸根苗成本较低，但移栽种植成活率低。

1)袋苗

(1)一次性营养袋的选择：口径 8～10cm，深 15～20cm。

(2)育苗基质：腐殖土∶红土＝1∶2，均匀混合。

(3)装袋：将混合均匀的土壤基质装入营养袋，深度以基质表面离袋口 1cm 为宜。

(4)播种：种子贮藏 5～6 个月后开始萌发，将胚根长 2～5mm 的种子定植于装有基质的营养袋中(挖 1 约 3～4cm 深的小坑，能放入种子即可，表面盖上 1～2cm 的土壤)，每盆定植 2 粒种子。

(5)浇水：种子定植后需浇透水，以营养袋底部有水渗出为宜。

(6)管理：按照常规种子育苗的管理方法进行日常管理即可。

2)裸根苗

(1)选择 1 个露天平整的场地，将场地整成宽 1m 的条块状苗床，上面铺 1 层 10～15cm 厚的育苗基质(同袋苗育苗基质)。

(2)将胚根长 2～5mm 的种子按照株行距均 5cm 的标准播种在铺好育苗基质的条块状苗床上，再盖上 1 层厚 3～5cm 的育苗基质，浇透土壤基质水分。

(3)按照常规种子育苗的管理方法进行日常管理即可。

5. 移栽种植

由于采石场的立地条件极不均一和规则，按照“宜种则种”的原则，株行距只要不小于 0.5m 即可。

(1)种子直接种植，5 月下旬，用十字镐尖头挖 5cm 深的洞穴并放入 1 粒种子，盖土踩实。

(2)袋苗的移栽种植。

移栽种植时间：每年的 6～7 月(雨季)。

坑穴大小：坑径 10～15cm，深 20cm。

移栽种植：去除育苗袋，尽量不要把土球抖散，定植于之前挖好的坑穴，将坑穴培实，浇透定根水。

浇水：若条件允许，为保证较高的存活率，可于第二年的 2～4 月进行人工浇水，每月 2 次即可，之后即可不浇水。存活率可在 80%以上。

(3)裸根苗的移栽种植。

原则：当天取苗当天移栽种植。

种苗要求：取苗时须带有子叶，否则极难移栽成活。

坑穴大小：只要能将根系和子叶埋入基质中即可。

移栽种植后将坑穴培实，浇透定根水。

浇水：若条件允许，为保证较高的存活率，可于第二年的 2～4 月进行人工浇水，每月 2 次即可，之后即可不浇水。存活率仅在 40%左右。

8.5.8　壳斗科两种落叶乔木树种栓皮栎和麻栎种子育苗及种植技术

壳斗科植物是滇池流域常见并具典型代表的植物类群，而栓皮栎和麻栎又是常见的并具有代表性的两种落叶森林树种，常生于石灰岩山地，适应性强，耐干旱、瘠薄，并具有较强的抗污染、抗尘土、抗风能力以及具有耐砍伐，萌生力强的特性，是值得推广的生长在石灰岩地区具有荒山绿化、水土保持、薪炭用材等功能的树种，然而，在滇中地区目前没有得到推广应用。

遵循“因地制宜、适地适种”的原则，根据昆明城市周边采石场的实际情况，结合自然地理条件及自然植被状况，为加快昆明周边“五采区”的生态恢复治理进程及为选择适宜物种提供科学依据及指导，以昆明东部大板桥杨梅山采石场为试验研究基地，完成了两种落叶乔木树种栓皮栎和麻栎种子的采收、筛选、贮藏、育苗及种植技术研究，取得了较好的效果。根据试验研究结果，结合昆明城市周边采石场的自然状况，集成了“栓皮栎和麻栎种子育苗及种植技术”规程。

1. 种子采收

采收时间：每年的 9 月下旬至 10 月中旬。

采收方法：果实成熟后自然掉落，掉落地上后直接手工捡收或在树下铺设塑料布收集。橡实落地后易被野兽啮食，所以要及时采集。采收后要清除壳斗、小枝、叶片及有缺陷的橡实，保留饱满的种子。

2. 种子筛选

将采收的种子用 2 倍体积的 50℃温水筛选，10min 后弃除漂浮于水面的种子，剩下沉入容器底部的种子即为成熟饱满的种子，将其选出并放置于室内常温下经过 24h 风干后备用，风干期间人工去除有虫眼的种子。

虽然 2 倍体积的 50℃温水亦能杀死种子中的大部分虫卵，为了保证种子出苗整齐，同时预防病虫害的发生，需在种子贮藏前再用福尔马林（40%甲醛）200 倍液浸泡 20min 或者用 1%的次氯酸钠浸泡 10min。

种子晾晒：经浸泡的种子要及时摊开晾晒，以防发热霉烂。晾晒地点选在平坦、干燥的地方，摊放厚度 3～5cm 为宜，每天要翻动 4～5 次，晾晒 7～8d 后，种皮由红褐色逐渐变为黄褐色，有少部分种皮欲开裂时，便可将种子收集起来，暂时摊放在通风、无阳光直射的屋内。摊放厚度控制在 10cm 左右，要定期翻动，使其含水量保持在 30%～60%，以防发芽、变质和干裂。

3. 种子贮藏

由于栓皮栎和麻栎种子成熟后即可萌发，没有休眠特性，若采用直接上山的播种方式，种子就需要贮藏，且只宜采用室内混沙埋藏的方法，才能较好地控制种子提前萌发，不利于雨季时播种。具体贮藏步骤如下。

选择通风、不受阳光直射、砖铺地面、门窗完好的房屋，打扫干净并进行室内消毒。

把提前准备好的细沙晒干后，移入室内用福尔马林或硫酸铜或高锰酸钾等溶液进行消毒，并不停翻搅使其均匀，让湿度达到60%左右。

底层铺 10cm 湿沙，然后 1 层种子 1 层沙，每层种子距沙层边沿 10cm。沙堆呈梯形，且不高于 50cm，最上一层封盖 10cm 细沙。最后，给沙堆盖上无纺布或草帘，窗子微开通风，为保持湿度要定期或不定期的在无纺布或草帘上洒水，判断层间含水量的标准为："手握成团，松开即散为宜"。

4. 育苗

育苗方式采用营养袋苗，具体步骤如下。

一次性营养袋的选择：口径 8～10cm，深 15～20cm。

育苗基质：腐殖土∶红土＝1∶2，均匀混合。

装袋：将混合均匀的土壤基质装入营养袋，深度以基质表面离袋口 1cm 为宜。

种子催芽：先在地面铺 4～5 层无纺布或 1～2 层草帘，再将筛选出的饱满种子摊放 5～6cm 厚，上面盖一层无纺布，每天翻动 2 次，种子干燥时要适时喷水。一般 4～5d 后，当种子有 30%左右发芽时，便可播种。

播种：将催芽处理过的种子定植于装有基质的营养袋中(挖一个约 3～4cm 深的小坑，能放入种子即可，表面盖上 1～2cm 的土壤)，每盆定植 2 粒种子。

浇水：种子定植后需浇透水，以营养袋底部有水渗出为宜。

管理：按照常规种子育苗的管理方法进行日常管理即可。

5. 移栽种植

由于采石场的立地条件极不均一和规则，按照"宜种则种"的原则，株行距只要不小于 0.5m 即可。

直接播种种植：在 5 月下旬，用十字镐挖 5cm 深的洞穴，每个洞穴放入 1 粒经过催芽处理的种子，盖土踩实即可。

袋苗的移栽种植：

移栽种植时间：每年的 6～7 月(雨季)。

坑穴大小：坑径 10～15cm，深 20cm。

移栽种植：去除育苗袋，尽量不要把土球抖散，定植于之前挖好的坑穴，将坑穴培实，浇透定根水。

浇水：若条件允许，为保证较高的存活率，可于第二年的 2～4 月进行人工浇水，每月 2 次即可，之后即可不浇水。存活率可在 80%以上。

8.6 技术效果

以成活及覆盖率为评价指标，得出“土石坡地石榴＋戟叶酸模混合种植固土”为最好(盖度：85%)；“土石坡白草种子单一播种固土”(盖度：65%)和“土石坡地石榴＋白草藤草混种固土“(盖度：50%)次之；”土石坡马桑＋白草灌草混种固土”(盖度：35%)和“土石坡坡柳种子单一播种固土”(盖度：10%)较差。

采用了几种乡土物种(乔、灌、草相结合)进行水土流失原位控制试验，用成活率、生长量、基径生长量、分枝数等参数作为监测指标，结果显示，以旱冬瓜、火棘和黄连木整体表现最佳。

选择了几种本地乡土物种移栽种植，用成活率、生长量、基径生长量、分枝数等参数作为监测指标，乔木树种以旱冬瓜和黄连木表现最好，灌木以火棘表现最佳。

针对“五采区”(采石区)及其废弃地，遴选了坡柳、戟叶酸模、旱冬瓜、地石榴、火棘等先锋物种，根据不同的立地条件，选择适宜的物种、适宜的植物种植配置技术以及适宜的栽种时间(每年的 6 月份)，构建了高陡边坡固土与植物配置、废弃采石场水土流失污染控制与生态重建等模式，植物种植的成活率提高，使植被覆盖率提高了 70%～95%。实现了有效控制“五采区”的污染输出、改善景观条件和增强生态功能的目的，最大程度控制了流域内面源污染发生范围及降低了面源污染危害强度，改善了流域水质。

参 考 文 献

曹大伟, 李先宁, 李孝安, 等, 2008. 地埋式一体化生物滤池工艺处理农村生活污水[J]. 中国给水排水, 24(1): 30-34.

曹晶潇, 付登高, 阎凯, 等, 2014. 滇池流域富磷山地优势植物种群生态分化[J]. 生态学杂志, 33(12): 3230-3237.

曹蕾, 陆继来, 周军, 等, 2015. 江苏省太湖流域农村生活污水处理技术评价[J]. 环境科技 (1): 24-27.

曾向辉, 刘世荣, 李云开, 等, 2007. 集约化畜禽养殖再生水灌溉的研究现状与趋势分析[J]. 灌溉排水学报, 26(6): 1-5.

陈吉宁, 李广贺, 王洪涛, 2004. 滇池流域面源污染控制技术研究[J]. 中国水利(9): 47-50+5.

陈金林, 潘根兴, 张爱国, 等, 2002. 林带对太湖地区农业非点源污染的控制[J]. 南京林业大学学报(自然科学版), 33(2): 17-20.

陈明会, 莫明和, 马莉, 等, 2012. 滇池富磷区土壤中溶磷真菌的筛选及其对油菜的促生作用[J]. 农业工程学报, 28(25): 209-215.

陈澍, 荆文涛, 祖艳群, 等, 2015. 林草复合系统削减滇池流域农业面源污染研究[J]. 中国水土保持(4): 46-49.

陈永喜, 2007. 阿科蔓生态基在大金钟湖治理中的应用[J]. 广东水利水电(5): 1-3+7.

戴丽, 郭慧光, 汤承彬, 等, 2002. 滇池农村固体废物和化肥流失治理试验研究[J]. 云南地理环境研究, 14(2): 70-79.

单立楠, 何云峰, 陈英旭, 等, 2013. 适用于旱地农田的高效生态拦截沟渠: CN103233449A[P].

丁爱中, 陈繁忠, 雷剑泉, 等, 2000. 光合细菌调控水产养殖业水质的研究[J]. 农业环境保护, 19(6): 339-341, 344.

董凤丽, 袁峻峰, 马翠欣, 2004. 滨岸缓冲带对农业面源污染 NH_4^+-N, TP 的吸收结果[J]. 上海师范大学学报(自然科学版), 33(2): 93-97.

段昌群, 2018. 抓住云南高原湖泊治理中面源污染的“牛鼻子”精准施策[J]. 民主与科学, 174(05): 27-29.

段昌群, 和树庄, 刘嫦娥, 等, 2010. 基于生态系统健康视角下的云南高原湖泊水环境问题的诊断与解决理念. 中国工程科学, 12(6): 60-64.

段昌群, 王焕校, 高圣义, 1999. 云南可持续发展的若干生态约束及优先研究领域[J]. 云南环境科学, 18(3): 12-15.

方瑞征, 吴征镒, 1987. 越桔属新分类群[J]. 植物分类与资源学报, 9(4): 379-395.

付登高, 段昌群, 侯秀丽, 2009. 基于水土保持效益的植物功能类型的划分. 第十三届世界湖泊学大会论文集[C]. 北京: 中国农业大学出版社: 1777-1781.

付登高, 何锋, 郭震, 等, 2013. 滇池流域富磷区退化山地马桑-蔗茅植物群落的生态修复效能评价[J]. 植物生态学报, 37 (4): 326-334.

付登高, 吴晓妮, 何锋, 等, 2015. 柴河流域不同景观类型径流氮磷含量及其计量比变化特征[J]. 生态与农村环境学报, 31(5): 671-676.

高峰, 雷声隆, 庞鸿宾, 2003. 节水灌溉工程模糊神经网络综合评价模型研究[J]. 农业工程学报, 19(4): 84-87.

高胜兵, 丁朝辉, 胡平, 等, 2008. 植物-土壤渗滤系统处理农村生活污水[J]. 农业环境与发展, (6): 63-65.

高阳俊, 曹勇, 陈小华, 等, 2010. 浮床技术在淀山湖千墩浦前置库区的应用. 中国环境科学学会 2010 年学术年会论文集[C]. 上海: 上海市环境科学研究院: 2591-2594.

葛俊, 黄天寅, 胡小贞, 等, 2014. 砾间接触氧化技术在入湖河流治理中的应用现状[J]. 安徽农业科学, 42(34): 12225-12228.

关梅, 朱玲, 周路, 等, 2012. 菜-鱼立体共生模式对池塘水体的净化效果研究[J]. 安徽农业科学, 40(14): 8088-8089, 8132.

郭攀, 2016. 水稻节水减排防污综合调控技术[J]. 中国水利, (3): 65-67.

郭攀, 李新建, 2017. 漓江典型小流域农田面源污染治理技术及应用[J]. 水电能源科学, 35(9): 49-52, 89.

郭雪松, 刘俊新, 刘锦伟, 等, 2015. 一种立体循环一体化氧化沟及操作方法: CN104591375A[P]. 2015-05-06.

郭雪松, 刘俊新, 魏源送, 等, 2005. 清洁型污水一体化处理系统研究. 中小城镇市政污水处理工程技术工艺高级研讨会论文集[C]. 北京: 中国土木工程学会: 72-77.

何锋, 段昌群, 杜劲松, 等, 2010. 滇池北部重点水域蓝绿藻季节性变动下水体 N: P 比值变化研究[J]. 中国工程科学, 12(6): 93-99.

何军, 崔远来, 吕露, 等, 2011. 沟渠及塘堰湿地系统对稻田氮磷污染的去除试验[J]. 农业环境科学学报, 30(9): 1872-1879.

和树庄, 段昌群, 2010. 滇池流域面源污染源数据的分类描述。第十三届世界湖泊学大会论文集[C]. 北京: 中国农业大学出版社: 2098-2101.

贺克雕, 段昌群, 杨世美, 等, 2016. 土地利用/覆被变化的水文水资源响应研究综述[J]. 水资源研究, (4): 240-248.

洪丽芳, 付利波, 尹梅, 等, 2010. 设施农业污染防控型水肥循环利用技术: CN101830562A[P]. 2010-09-15.

洪丽芳, 付利波, 尹梅, 等, 2013. 一种设施农业面源污染物就地拦截与消纳方法: CN103190268A[P]. 2013-07-10.

洪丽芳等, 2013. 云南省农业科学院农业环境资源研究所. 一种设施农业面源污染物就地拦截与消纳方法: CN201310124849.5[P]. 2013-07-10.

侯秀丽, 付登高, 阎凯, 等, 2013. 滇中不同植被恢复策略下土壤入渗性能及其影响因素[J]. 山地学报, 31(3): 273 -279.

侯永平, 段昌群, 何峰, 2005. 滇中高原不同植被恢复条件下土壤肥力和水分特征研究[J]. 水土保持研究, 12(1): 49-53.

候秀丽, 段昌群, 付登高, 2009. 滇中不同次生演替阶段植被类型对树冠截留的影响[J]. 昆明理工大学学报(理工版), 34(6): 92-97.

胡斌, 段昌群, 王震洪, 等, 2002. 植物恢复措施对退化生态系统土壤酶活性及肥力的影响[J]. 土壤学报, 39(4): 604-609.

胡凯泉, 曾东, 许振成, 等, 2015. 潼湖地区水环境原位生态修复示范工程的运行效果[J]. 中国给水排水, 31(23): 15-19.

胡万里, 付斌, 段宗颜, 等, 2009. 低纬高原湖泊农业面源污染防治研究进展[J]. 中国农学通报, 25(8): 250-255.

胡雪琴, 2015. 生物过滤带在农业面源污染防治中的应用[J]. 中国水土保持, (8): 35-38.

胡湛波, 刘成, 王雄, 等. 2012. 折流式景观型复合人工湿地污水处理系统: CN202594913U[P]. 2012-12-12.

黄伯平, 李晓慧, 2017. 南京市江心洲农村污水分散处理技术及应用[J]. 中国给水排水, 33(6): 102-105.

黄伯平, 李晓慧, 2017. 南京市江心洲农村污水分散处理技术应用[J]. 江苏水利, (2): 69-72.

黄沈发, 吴建强, 唐浩, 等. 2009. 利用缓冲带控制平原感潮河网地区农业面源污染的方法: CN101555071[P]. 2009-10-14.

黄伟丽, 吴江涛, 张继彪, 等, 2010. 复合式生物滤池处理农村生活污水工程实例[J]. 环境工程, 30(5): 47-49.

贾本帅, 2018. 洱源县种植业面源污染防控技术集成示范点建设方案[D]. 陕西: 西北农林科技大学.

姜达炳, 樊丹, 甘小泽, 2004. 运用生物埂治理三峡库区坡耕地水土流失技术研究[J]. 长江流域资源与环境, 13(2): 163-167.

姜莉莉, 齐清文, 张岸, 2011. 基于网格的精准农业数据库及示范应用——以黑龙江农场双山基地为例[J]. 地球信息科学学报, 13(6): 804-810.

蒋尚明, 袁先江, 周玉良, 等, 2013. 巢湖流域塘坝灌溉系统对农业非点源污染负荷的截留作用分析. 第三届中国湖泊论坛暨第七届湖北科技论坛论文集[C]. 安徽省: 合肥工业大学: 355-363.

金继运, 1998. “精准农业”及其在我国的应用前景[J]. 植物营养与肥料学报, 4(1): 1-7.

金秋, 黄涛, 李先宁, 等, 2016. 脉冲双层生物滤池与人工湿地组合工艺处理农村生活污水[J]. 环境科技, 29(2): 21-24.

金书秦, 邢晓旭, 2018. 农业面源污染的趋势研判、政策评述和对策建议[J]. 中国农业科学, 51(3): 593-600.

金相灿, 胡小贞, 2010. 湖泊流域清水产流机制修复方法及其修复策略[J]. 中国环境科学, 30(3): 374-379.

井光花, 2012. 沂河上游农业面源污染前置库控制技术研究[D]. 山东: 山东师范大学.

乐成银, 2015. 生物膜法与人工浮岛组合净化小城镇污水的研究[D]. 安徽: 安徽建筑大学.

李宝, 刘前进, 于兴修. 2013. 一种山地丘陵区农业面源污染净化前置库串联系统: CN102874972A[P]. 2013-01-16.

李博, 阎凯, 付登高, 等, 2016. 滇中地区 4 种覆被类型地表径流的氮磷流失特征[J]. 水土保持学报, 30(2): 50-55.

李存雄, 夏品华, 林陶, 等, 2012. 滞留塘系统在山区面源污染控制中的效果研究[J]. 贵州师范大学学报(自然科学版), 30(3): 22-24.

李峰, 2017. 东江上游小流域河口前置库技术应用及库区沉积物变化特征研究[D]. 兰州: 交通大学.

李峰, 张波, 何义亮, 等, 2017. 前置库技术在农业面源污染治理中的研究进展[J]. 广东化工, 44(05): 103-106.

李杰, 钟成华, 邓春光, 2007. 波式流人工山地湿地系统处理中等浓度奶牛养殖场废水的应用研究[C]. //第二届全国农业环境科学学术研讨会. 西南大学%重庆市环境监测中心; 重庆市环境科学研究院: 579-582.

李杰峰, 铁柏清, 杨余维, 等, 2009. 植物-土壤渗滤法对农村生活污水降解研究[J]. 湖南农业科学, (6): 73-75.

李军幸, 2008. ABR-人工湿地组合系统处理农村生活污水试验研究[D]. 天津: 天津大学.

李旭东, 房云清, 纪婧, 等, 2018. 一种农业面源污染控制的旱地土壤渗滤系统及方法: CN108557988A[P]. 2018-09-21.

李绪兴, 2007. 水产养殖与农业面源污染研究[J]. 安徽农学通报, 13(11): 61-67.

李业春, 隋雪萍, 李业东, 等, 2010. 阿科蔓生态基在我国北方污水治理中应用示范研究[J]. 科技信息(8): 105-106.

李玉全 李 健 王清印, 等. 2006. 对虾工厂化养殖与池塘养殖系统结构与效益比较分析, 海洋水产研究, 27(5): 85-90.

李裕元, 吴金水, 刘锋, 等, 2013. 一种生态沟处理面源污染物的方法. 湖南: CN103395886A[P]. 2013-11-20.

李元, 祖艳群, 吴伯志, 等, 2012. 利用玉米与西兰花菜、马铃薯间作控制农田面源污染的种植方法: CN102498896A[P]. 2012-06-20.

林玉锁, 2007. 土壤中农药生物修复技术研究[J]. 农业环境科学学报, 26(2): 533-537.

凌霄, 陈钟卫, 陈满, 等, 2013. 厌氧生物滤池/生态浮床工艺处理南方农村生活污水[J]. 中国给水排水, 29(14): 69-72.

刘保双, 付登高, 吴晓妮, 等, 2013. 滇中次生常绿阔叶林优势树种的空间格局[J]. 生态学杂志, 32(3): 551-557.

刘嫦娥, 赵健艾, 易晓燕, 等, 2011. 静态条件下沉水植物净化污水厂尾水能力研究[J]. 环境科学与技术, 34(S2): 271-274, 304.

刘超翔, 胡洪营, 张建, 2003. 不同深度人工符合生态床处理农村生活污水的比较[J]. 环境科学, 24(5): 92-96.

刘光崧, 1996. 土壤理化分析与剖面描述[M]. 北京: 中国标准出版社.

刘宏斌, 翟丽梅, 习斌, 等, 2011. 利用清水通道防治山区/半山区农村面源污染的方法: CN102168410A[P]. 2011-08-31.

刘慧颖, 孙占祥, 王全辉, 等, 2018. 美国加利福尼亚州农业面源污染防控的实现及启示[J]. 世界农业(1): 48-52, 71.

刘坤, 任天志, 吴文良, 等, 2016. 英国农业面源污染防控对我国的启示[J]. 农业环境科学学报, 35(5): 817-823.

刘庆玉, 焦银珠, 艾天, 等, 2008. 农业非点源污染及其防治措施[J]. 农机化研究, (4): 191-194, 230.

刘文祥, 1997. 人工湿地在农业面源污染控制中的应用研究[J]. 环境科学研究, 10(4): 15-19.

刘文英, 姜冬梅, 陆根法, 2005. 太湖面源污染控制工程及其融资机制[J]. 环境保护(8): 38-41.

刘雪梅, 杜卫刚, 许晨红, 等, 2011. 组合式三效生态浮床的构建及应用研究[J]. 安徽农业科学, 39(34): 21256-21258, 21261.

刘焱选, 白慧东, 蒋桂英, 2007. 中国精准农业的研究现状和发展方向[J]. 中国农学通报, 23(7): 577-582.

楼迎华, 崔良, 于燕玲, 2007. 防治农业面源污染, 推进农业清洁生产农业[J]. 农业科技管理, 26(6): 24-26.

卢少勇, 张彭义, 余刚, 等, 2003. 农田排灌水人工湿地处理工程的设计[J]. 中国给水排水, 19(11): 75-77.

鲁庆尧, 王树进, 2015. 我国农业面源污染的空间相关性及影响因素研究[J]. 经济问题, (12): 93-98.

陆贻通, 黄锦法, 柴伟国, 2000. 一种减少化肥污染的土壤微生物增肥剂的使用技术[J]. 环境污染与防治, 22(5): 23-25.

罗金耀, 李道西, 2003. 节水灌溉多层次灰色关联综合评价模型研究[J]. 灌溉排水学报, 22(5): 38-41.

吕江南, 王朝云, 易永健, 2007. 农用薄膜应用现状及可降解农膜研究进展[J]. 中国麻业科学, 29(3): 150-157.

吕锡武, 宋海亮. 2004. 水培蔬菜法对富营养化水体中氮磷的去除特性研究. 江苏环境科技, 17(2): 1-3.

马丽莎, 2013. 滇中湖群流域内土壤磷素空间分布特征及流失风险研究[D]. 昆明: 云南大学.

毛妍婷, 雷宝坤, 陈安强, 等, 2016. 一种硬化沟渠生态化改造的方法: CN105220666A[P]. 2016-01-06.

莫明和, 周薇, 张克勤. 2005. 一种提高真菌菌剂在土壤中生长和繁殖能力的方法: 03117929. 0[P]. 2005-4-20.

莫绍周, 2005. 复合人工湿地在农业面源污染治理中的应用研究[D]. 昆明: 昆明理工大学.

倪喜云, 杨苏树, 杨怀钦, 等, 2008. 洱海流域坡耕地面源污染治理技术与模式研究[J]. 农业环境与发展, 25(5): 90-92.

宁夏引黄灌区农业面源污染阻控技术研究与示范[Z]. 宁夏农林科学院农业资源与环境研究所等. 2016.

欧洋, 阎百兴, 王莉霞, 等, 2013. 利用草带控制东北黑土区水源地农业面源污染的方法: CN103283337A[P]. 2013-09-11.

彭世彰, 熊玉江, 罗玉峰, 等, 2013. 稻田与沟塘湿地协同原位削减排水中氮磷的效果[J]. 水利学报, 44(6): 657-663.

邱德文, 2015. 生物农药的发展现状与趋势分析[J]. 中国生物防治学报, 31(5): 679-684.

裘知, 胡智锋, 孔令为, 等, 2014. 叠层生态滤床技术在生活污水处理中的应用研究[J]. 环境污染与防治, 36(12): 43-45, 49.

曲品品, 张可, 2015. 农业面源污染治理的政策效用评估以江苏省海安县的测土配方施肥推广为例[J]. 中国农村水利水电, (8): 63-68.

任建锋, 高文武, 吴德刚, 2015. 辽河源头区坡地面源污染控制技术研究[J]. 渤海大学学报(自然科学版), 36(2): 145-151.

沈迎春, 2008. 江苏省生物农药现状及发展对策研究[J]. 农药科学与管理, 29(1): 54-56.

盛婧, 郑建初, 陈留根, 等, 2013. 一种减少旱地氮磷面源污染的方法: CN103071671A[P]. 2013-05-01.

施畅, 张静, 刘春, 等, 2016. 基于生物-生态耦合工艺的农村生活污水处理研究[J]. 河北科技大学学报, 37(1): 102-108.

施卫明, 薛利红, 王建国, 等, 2013. 农村面源污染治理的“4R”理论与工程实践-生态拦截技术[J]. 农业环境科学学报, 32(09): 1697-1704.

孙毓冲. 1982. 云南磷矿资源的特点及开发意见[J]. 云南化工技术, (4): 44-46.

索滢, 王忠静, 2018. 典型节水灌溉技术综合性能评价研究[J]. 灌溉排水学报, 37(11): 113-120.

台喜荣, 商卫纯, 陈昌仁, 等, 2018. 生态沟渠人工强化净化基质材料在面源污染控制中的应用[J]. 环境科技, 31(2): 12-16, 22.

谭永强, 2013. 百菌清在水中和辣椒表面的光化学降解研究[D]. 合肥: 安徽农业大学.

汤爱萍, 万金保, 李爽, 2014. 基于 BMPs 的鄱阳湖区小流域农村面源污染控制[J]. 长江流域资源与环境, 23(7): 977-984.

唐翀鹏, 张玲, 张旭, 2010. 人工沸石复合湿地技术控制面源污染应用研究[J]. 安徽农业科学, 38(14): 7501-7503.

万金保, 刘峰, 汤爱萍, 等, 2010. 小流域典型面源污染最佳管理措施(BMPs)研究[J]. 水土保持学报, 24(6): 181-184.

万金保, 孙蕾, 刘峰, 等, 2012. 鄱阳湖区农村面源污染控制中最佳管理措施示范研究[J]. 水土保持通报, 32(3): 296-300.

万晔, 段昌群, 王玉朝, 等, 2004. 基于 3S 技术的小流域水土流失过程数值模拟与定量研究[J]. 水科学进展, (5): 650-659.

万晔, 韩添丁, 段昌群, 等, 2005. 云南水土流失态势、分区与区域特征研究[J]. 中国沙漠, 25(3): 442-447.

王超, 王沛芳, 侯俊, 2006. 景观型多级阶梯式人工湿地护坡系统: CN2770315[P]. 2006-04-12.

王国友, 2011. 测土配方施肥对农业面源污染氮防控效果研究[J]. 农业环境与发展, 28(5): 83-85, 101.

王立志, 2016. 一种用于重污染水体水质净化组合式生态浮床: CN105347495A[P]. 2016-02-24.

王琳, 甘露, 程寒飞, 等, 2018. 旁路循环净化生态沟系统: CN208135957U[P]. 2018-11-23.

王甜甜, 付登高, 阎凯, 等, 2014. 滇池流域山地富磷区常见植物的水土保持功能比较[J]. 水土保持学报, 28(3): 67-71.

王震洪，段昌群，2001. 滇中山地三种典型人工林群落结构与土壤侵蚀关系研究[J]. 水土保持研究，8(2)：74-79.

王震洪，段昌群，等，2001. 滇中山地三种人工林群落控制土壤侵蚀和改良土壤效应[J]. 水土保持通报，21(2)：23-27.

王震洪，段昌群，起联春，等，1998. 我国桉树林发展中的生态问题探讨[J]. 生态学杂志，17(6)：64-68.

王忠敏，梅凯，2012. 氮磷生态拦截技术在治理太湖流域农业面源污染中的应用[J]. 江苏农业科学，40(8)：336-339.

韦慧，2008. 复合生态塘治理农村生活污水应用示范研究[D]. 云南：昆明理工大学.

文亚雄，谭石勇，郭帅，等，2018. 农村综合面源污染的生态控制体系：CN207918633U[P]. 2018-09-28.

文亚雄，谭石勇，谭武贵，等，2018. 一种小流域水体面源污染修复控制体系及其构建方法：CN108558016A[P]. 2018-09-21.

吴浩恩，魏才倢，吴为中，2016. 多级土壤渗滤系统处理低有机污染水的脱氮效果与机理解析[J]. 环境科学学报，36(12)：4392-4399.

吴金水，李裕元，肖润林，等，2013. 一种平原河网区面源污染治理的方法：CN103449607A[P]. 2013-12-18.

吴普特，冯浩，牛文全，等，2007. 现代节水农业技术发展趋势与未来研发重点[J]. 中国工程科学，9(2)：12-18.

吴若静，谢三桃，2016. 多塘系统在巢湖山丘区面源污染控制中的应用[J]. 水利规划与设计，(3)：18-21.

吴永红，胡正义，杨林章，2011. 农业面源污染控制工程的“减源-拦截-修复”(3R)理论论与实践[J]. 农业工程学报，27(5)：1-6.

吴永红，颜蓉，姬红利，等，2010. 山区集中式饮用水水源地面源污染防控与饮水工程相结合的建造方法：CN101691265A[P]. 2010-04-07.

席运官，刘明庆，王磊，等，2013. 东江源山地果畜结合区面源污染生态化控制模式与效果分析[J]. 东北农业大学学报，(2)：92-97.

夏体渊，吴家勇，段昌群，等，2009. 滇中 3 种林冠层对降雨的再分配作用[J]. 云南大学学报(自然科学版)，31 (1)：97-102.

谢德体，2018. 三峡库区及上游流域农村面源污染控制技术与工程示范[J]. 乡村科技，(29)：117-120.

谢德体，倪九派，丁恩俊，等，2014. 三峡库区小流域农业面源污染多重拦截消纳系统：CN103918373A[P]. 2014-07-16.

谢德体，倪九派，张洋，等. 生态保育措施对三峡库区小流域地表氮磷排放负荷的影响[J]. 三峡生态环境监测，2016，1(1)：19-27.

熊万永，李玉林，2003. 光合细菌在农业面源污染控制方面的应用[J]. 污染控制技术，16(4)：122-125.

徐建芬，2012. 浙江省农业面源污染的影响因素研究[D]. 浙江：浙江工商大学.

许铁强，韩吉利，王笑春，等，2017. 柯桥区农村生活污水处理技术及应用案例分析[J]. 价值工程，36(6)：94-95.

薛旭初，2006. 化肥、农药的污染现状及对策思考[J]. 上海农业科技，(5)：37-40.

严小龙，廖红，戈振扬，等，2000. 植物根构型特性与磷吸收效率[J]. 植物学通报，17(6)：511-519.

阎凯，付登高，何峰，等，2011. 滇池流域富磷区不同土壤磷水平下植物叶片的养分化学计量特征[J]. 植物生态学报，35(4)：353-361.

杨非，王建清，张亚平，等，2018. 农田排水河道的生态修复工程设计与实际效果[J]. 中国给水排水，34(18)：95-99.

杨会改，罗俊，刘春莉，等，2014. 湖库型乡镇饮用水水源地非点源污染控制研究[J]. 中国农村水利水电，(11)：63-67.

杨静，湛方栋，李元，等，2011. 秸秆覆盖对滇池流域西兰花-马铃薯轮作模式下面源污染负荷的影响[C]//第四届全国农业环境科学学术研讨会论文集. 云南农业大学，2011：502-509.

杨林章，冯彦房，施卫明，等. 我国农业面源污染治理技术研究进展[J]. 中国生态农业学报，2013，21(1)：96-101.

杨林章，王德建，夏立忠，2004. 太湖地区农业面源污染特征及控制途径[J]. 中国水利，(20)：27-28+3.

杨林章，吴永红，2018. 农业面源污染防控与水环境保护[J]. 中国科学院院刊，33(2)：168-176.

杨树华，闫海忠，1999. 滇池流域面山的景观格局及其空间结构研究[J]. 云南大学学报(自然科学版)，21(2)：120-123.

杨伟球, 吴钰明, 2011. 太湖流域典型蔬菜地氮磷流失生态拦截工程的实施与成效[J]. 安徽农业科学, 39(31): 19402-19404.

杨育华, 和兰娣, 支国强, 等, 2013. 滇池沿湖地区农田污染生态控制关键技术研究[J]. 环境科学导刊, 32(1): 29-32, 90.

姚燃, 刘锋, 吴露, 等, 2018. 三级绿狐尾藻表面流人工湿地对养殖废水处理效应研究[J]. 地球与环境, 46(5): 475-481.

叶长兵, 杨勇, 李兰, 2013. 西南村镇生活污水处理技术适宜性研究分析[J]. 环境科学导刊, 32(2): 75-77.

易琼, 张秀芝, 何萍, 等, 2010. 氮肥减施对稻-麦轮作体系作物氮素吸收、利用和土壤氮素平衡的影响[J]. 植物营养与肥料学报, 16(5): 1069-1077.

殷小锋, 胡正义, 周立祥, 等, 2008. 滇池北岸城郊农田生态沟渠构建及净化效果研究[J]. 安徽农业科学, 36(22): 9676-9679, 9689.

尹澄清, 单保庆, 2001. 多水塘系统: 控制面源磷污染的可持续方法[J]. Ambio-人类环境杂志, 30(6): 369-375, 386.

于淼, 马国胜, 赵昌平, 等, 2015. 氮磷生态拦截集成技术治理湖泊岸区农业面源污染分析研究[J]. 环境科学与管理, 40(1): 72-74.

于兴修, 刘前进, 吴元芝, 等, 2012.. 一种构建小流域面源污染综合防治体系的方法: CN102677626A[P]. 2012-09-19.

袁丽红, 朱建雯, 冯翠梅, 等. 2008. 不同氮素水平对 3 种叶菜硝酸盐含量的影响, 新疆农业大学学报, 31(2): 25-28.

袁伟刚, 樊智毅, 2011. 农村面源污染生态基技术综合治理[J]. 水工业市场, (5): 27-30.

张建锋, 单奇华, 钱洪涛, 等, 2008. 坡地固氮植物篱在农业面源污染控制方面的作用与营建技术[J]. 水土保持通报, 28(5): 180-185.

张建锋, 许华森, 汪庆兵, 等, 2017. 一种平原水网区农田面源污染全过程生态控制网络体系及其构建方法: CN106638512A[P]. 2017-05-10.

张曼雪, 邓玉等, 2017. 农村生活污水处理技术研究进展[J]. 水处理技术, 43(6): 5-10.

张敏, 梅凯, 张睿, 等, 2011. 组合植物型人工浮岛连续净化生活污水研究[J]. 安徽农业科学, 39(9): 5199-5200, 5202.

张萍, 卢少勇, 潘成荣, 2017. 基于层次-灰色关联法的洱海农业面源污染控制技术综合评价[J]. 科技导报, 35(9): 50-55.

张腾飞, 陈勤, 2012. 生态基和人工浮岛在杭州河道治理工程中的应用[J]. 广州化工, 40(5): 132-135.

张铁坚, 张小燕, 李炜, 等, 2015. 基于 AHP 的河北平原地区农村生活污水处理技术筛选[J]. 浙江农业学报, 27(6): 1037-1041.

张维理, 武淑霞, 冀宏杰, 等, 2004. 中国农业面源污染形势估计及控制对策 I. 21 世纪初期中国农业面源污染的形势估计[J]. 中国农业科学, 37(7): 1009-1009.

张伟, 张忠明, 王进军, 等, 2007. 有机农药污染的植物修复研究进展[J]. 农药, 46(4): 217-222, 226.

张文艺, 罗鑫, 刘明元, 等, 2012. 常州市武进区农村生活污水处理示范工程[J]. 中国给水排水, 28(12): 75-78.

张文艺, 郑泽鑫, 占明飞, 等, 2013. 断头河浜水环境原位修复工程示范[J]. 湖北农业科学, 52(11): 2669-2672.

张毅, 2016. 垂直生物滴滤池-水平多介质土壤层系统处理污水的性能[D]. 湖南: 湖南大学.

张毅敏, 张龙江, 唐晓燕, 等, 2013. 平原河网区面源污染控制前置库技术研究及应用[J]. 中国科技成果, (23): 91-92.

张永春, 张毅敏, 胡孟春, 等, 2006. 平原河网地区面源污染控制的前置库技术研究[J]. 中国水利, (17): 14-18.

赵金辉, 陆毅, 赵晓莉, 2014. 植草沟-湿地滞留塘控制农田径流污染效能[J]. 环境科学与技术, 37(10): 117-120, 125.

赵军, 张杰, 2014. 人工强化生态滤床在条子河污染治理中的工程应用[J]. 中国给水排水, 30(6): 77-80.

赵琦, 曹林奎, 丁国平, 等, 2015. 一种控制稻田面源污染的生态拦截阻断系统: CN104355410A[P]. 2015-02-18.

赵琦。上海交通大学, 上海青浦现代农业园区发展有限公司. 一种控制稻田面源污染的生态拦截阻断系统: CN201410625297.0[P]. 2015-02-18.

赵书华, 2014. 生物/生态复合净化塘处理农村生活污水[J]. 漯河职业技术学院学报, (2): 7-8.

赵欣, 2017. 浅析中国农业面源污染防治研究现状与对策[J]. 中国农学通报, 33 (33): 80-84.

赵宇航, 2012. 浙江省苕溪流域小康型村镇生活污水处理适用技术的研究[D]. 浙江: 浙江工业大学.

郑志伟, 胡莲, 邹曦, 等, 2016. 生态沟渠+稳定塘系统处理山区农村生活污水的研究[J]. 水生态学杂志, 37(4): 42-47.

周婷, 2008. 沟渠式生物接触氧化法处理农村面源污水的试验研究[D]. 雅安: 四川农业大学.

周晓莉, 2016. 村庄生活污水治理适宜技术选择和设施规范化建设研究[D]. 江苏: 东南大学.

朱兴业, 袁寿其, 刘建瑞, 等, 2010. 轻小型喷灌机组技术评价主成分模型及应用[J]. 农业工程学报, 26(11): 98-102.

祝鹏, 马友华, 储茵, 2014. 复合型人工湿地处理农业面源污水试验[J]. 宿州学院学报, 29(7): 93-95, 114.

左剑恶, 刘峰林, 杨波, 等, 2013. 基于植物篱及多层渗滤塘的农业面源污染控制系统与工艺: CN103073151A[P]. 2013-05-01.

Carpenter S R, 2005. Eutrophication of aquatic ecosystems: Bistability and soil phosphorus[J]. Proceedings of the National Academy of Sciences of the United States of America, 102(29): 10002-10005.

Chao Q Y, Xiao H, Han C, et al., 2019. Managing nitrogen to restore water quality in China[J]. Journal of nature, 567: 516-520.

Corwin D L, Loague K, Ellsworth T R, 1998. GIS-based Modeling of Nonpoint Source Pollutants in the Vadose Zone[J]. Journal of Soil and Water Conservation, 53(1): 34-38.

Fei X H, Song Q H, Zhang Y P, et al., 2018. Carbon exchanges and their responses to temperature and precipitationin forest ecosystems in Yunnan, Southwest China[J]. Science of the Total Environment, 616-617: 824-840.

Fu D G, Duan C Q, Hou X L, et al., 2009. Patterns and relationships of plant traits, community structural attributes, and eco-hydrological functions during a subtropical secondary succession in Central Yunnan (Southwest China) [J]. Arch. Biol. Sci. (Belgrade), 61(4): 741-749.

Fu D G, Wu X N, Guan Q Y, et al., 2018. Changes in functional structure characteristics mediate ecosystem functions during human-induced land-cover alteration: a case study in Southwest China[J]. Journal of Soil and Water Conservation, 73(4): 461-468.

Fu D G, Wu X N, Huang N, 2018. Effects of the invasive herb Ageratina adenophora on understory plant communitiesand tree seedling growth in Pinus yunnanensis forest[J]. Journal of Forest Research, 23(1): 1-8.

Gitau, M W, Veith, T L, Gburek, W J, et al., 2006. Watershed level best management practice selection and placement in the Town Brook Watershed, New York[J]. The Journal of the American Water Resources Association, 42 (6): 1565–1581.

Hamilton P A, Miller T L, 2001. Differences in social and public risk perceptions and conflicting impacts on point / non－point trading rations[J]. American Journal of Agricultural Economics, 83(4): 934-941.

Hao F H, Chen L Q, Liu C M, et al., 2004. Impact of land use change on runoff and sediment yield[J]. Journal of Soil Water Conservation, 18(3): 5–8.

Hou X L, Duan C Q, Tang C Q, et al., 2010. Nutrient relocation, hydrological functions, and soil chemistry in plantations as compared to natural forests in central Yunnan, China[J]. Ecological Research, 25(1): 139-148.

Hou X L, Fu D G, Li B, et al., 2010. The runoff and soil erosion of land use and its effect on the nutrient transport in Samachang catchment of Yunnan, China[C]. Proceeding of XIII Congress of the Lakes in the World, 904-907.

Huang Y, Xu C K, Ma L, et al., 2010. Characterisation of volatiles produced from Bacillus megaterium YFM3. 25 and their nematicidal activity against Meloidogyne incognita[J]. European Journal of Plant Pathology, 126(3): 417-422.

Karami E, 2006. Appropriateness of farmers' adoption of irrigation methods: The application of the AHP model[J]. Agricultural Systems, 87(1): 101-119.

Lai Y C, Yang C P, Hsieh, C Y, et al., 2011. Evaluation of non-point source pollution and river water quality using a multimedia two-model system[J]. Journal of Hydrology, 409(3): 583-595.

Lam Q D, Schmalz B, Fohrer N, 2009. Modelling point and diffuse source pollution of nitrate in a rural lowland catchment using the SWAT model[J]. Journal of Agricultural Water Management, 97(2): 317–325.

Lam Q D, Schmalz B, Fohrer N, 2011. The impact of agricultural best management practices on water quality in a North German lowland catchment[J]. Journal of Environmental Monitoring and Assessment, 183(1-4): 351–379.

Li J, Huang Y, Duan C Q, 2012. Effects of Environmental Factors on Phytoplankton Assemblage in the Plateau Lakes. 2012 International Conference on Frontier of Energy and EnvironmentEngineering, HongKong, December 11-13, 2012. www. ICFEEE. org (EI, ISTP).

Liu R, Xu F, Zhang P, et al., 2016. Identifying non-point source critical source areas based on multi-factors at a basin scale with SWAT[J]. Journal of Hydrology, 533: 379-388.

Liu X, 1996. Minimum effective compost addition for remediation of pesticide-contaminated soil[J]. The science of composting' (2): 903-912.

Lockwood L J, 1988. Evolution of Concepts Associated with Soilborne Plant Pathogens[J]. Annual Review of Phytopathology, 26(1): 93-121.

Maringanti C, Chaubey I, Arabi M, et al., 2011. Application of a multi-objective optimization method to provide least cost alternatives for NPS pollution control[J]. Environmental Management, 48(3): 448-461.

Monaghan R M, Carey P L, Wilcock R J, et al., 2009. Linkages between land management activities and stream water quality in a border dyke-irrigated pastoral catchment[J]. Agriculture Ecosystems & Environment, 129(1): 201-211.

Moss B, 2008. Water pollution by agriculture[J]. Philosophical Transactions of the Royal Society B: Biological Sciences, 363(1491): 659-666.

Ongley E D, Zhang X L, Yu T, 2010. Current status of agricultural and rural non-point source pollution assessment in China[J]. Journal of Environmental Pollution, 158(5): 1159-1168.

Ouyang W, Wang X L, Hao F H, et al., 2009. Temporal–spatial dynamics of vegetation variation on non-point source nutrient pollution[J]. Ecological Modelling, 220(20), 2702-2713.

Panagopoulos Y, Makropoulos C, Mimikou M, 2011. Reducing surface water pollution through the assessment of the cost-effectiveness of BMPs at different spatial scales[J]. Journal of Environmental Management, 92(10): 2823-2835.

Ramos T B, Šimu°nek J, Gonçalves M C, et al., 2011. Field evaluation of a multicomponent solute transport model in soils irrigated with saline waters[J]. Journal of Hydrology, 407(1-4): 129-144.

Tang C Q, Hou X, Gao K, et al., 2007. Man-made Versus Natural Forests in Mid-Yunnan, Southwestern China[J]. Mountain Research and Development, 27(3): 242-249.

Thomas T, Segerson K, and Braden J, 1994. Issues in the Design of Incentive Schemes for Nonpoint Source Pollution Control[M]// Dosi C and Tomasi T. Non-point Source Pollution Regulation; Issues and Analysis. Dordrecht; Kluwer Academic Publishers, (6), 2-10.

Wang Z H Duan C Q, 2010. How do plant morphological characteristics, species composition and richness regulate eco-hydrological function? [J]. Journal of Integrative Plant Biology, 52(12): 1086-1099.

Wang Z H, Duan C Q, 2005. Plant species diversity and ecosystem functioning about soil and water conservation at different scales. Abstract of 90th Annual Meeting (ESA) August 7-12, 2005 Montreal, Canada, held jointly with IX international congress of ecology (INTECOL) (http: //abstracts. co. allenpress. com/pweb/esa2005/document/54120).

Wang Z H, Duan C Q, Chen M, et al., 2002. The ecological hydrological characteristics of the three manmade forest communities in the central Yunnan Province. In: Process of Soil Erosion and Its Environment Effects Vol. II. – Proceedings of 12th International Soil Cerservation Organization Congress. Beijing: Tsinghua University. 541-550. (ISTP).

Wang Z H, Duan C Q, Yuan L, et al., 2010. Assessment of the restoration of a degraded semi-humid evergreen broadleaf forest ecosystem by combined single-indicator and comprehensive model method[J]. Ecological Engineering, 36(6): 757-767.

Withers P J, Neal C, Jarvie H P, et al., 2014. Agriculture and eutrophication: Where do we go from here?[J]. Sustainability, 6(9): 5853-5875.

Wong H G, Duan C Q, Long Y C, et al., 2010. How will the Distribution and Size of Subalpine Abies Georgei Forest Respond to Climate Change? A Study in Northwest Yunnan, China[J]. Physical Geography, 31(4): 319-335.

Wu J J, Babcock B A, 2001. Spatial Heterogeneity and the Choice of Instruments to Control Nonpoint Pollution[J]. Staff General Research Papers Archive, 18(2): 173-192.

Yan K, Duan C Q, Fu D G, et al., 2015. Leaf nitrogen and phosphorus stoichiometry of plant communitiesin geochemically phosphorus-enriched soils in a subtropicalmountainous region, SW China[J]. Environmental Earth Sciences, 74(5): 3867-3876.

Yan K, Duan C Q, Zhang L, et al., 2014. P stoichiometry and nutrient resorption in phosphorus-enrichedsoils in a mountainous region of the Dianchi Lake watershed[J]. Advanced Materials Research, 955-959: 3687-3690.

Yang L Z, Shi W M, Xue L H, et al., 2013. Reduce retain reuse-restore technology for the controlling the agricultural non-point source pollution in countryside in China: General countermeasures and technologies[J]. Journal of Agro-Environment Science, 32(1): 1-8.

Ying P N, Ling J, Wei Z H, et al., 2019. Experimental evidence that water-exchange unevenness affects individualcharacteristics of two wetland macrophytes Phalaris arundinacea andPolygonum hydropiper. Ecological Indicators, 107: 105617.

You W H, Duan C Q, He D M, 2006. Climatic difference in dry and wet season under effect of the lonitudinal Range-Gorge and its influence on transboundary river runoff[J]. Chinese Science Bulletin, 51(S): 69-79.

Zerihun D, Wang Z, Rimal S, et al., 1997. Analysis of surface irrigation performance terms and indices[J]. Agricultural Water Management, 34(1): 25-46.